Essential of Foodprocessing

# 알기 쉬운 식품가공저장학

김정숙 · 배태진 · 오창환 · 이나겸
이명헌 · 이정훈 · 장재선 · 한정순

㈜지구문화
JIGU CULTURE Co.Ltd

# 머리말

식품의 저장은 모든 동물이 변화하는 환경과 먹이경쟁에서 비롯되었고, 식품의 가공은 우리 인류가 불을 발견하면서부터 시작되었다고 볼 수 있습니다.

그 후 인류는 다른 동물과의 경쟁에서 우위를 점했을 뿐만 아니라 사람들간에도 치열한 싸움과 경쟁으로 과학이 고도로 발달하면서 식품의 가공과 저장 분야도 눈부신 발전을 거듭하여 오늘에 이르렀습니다.

우리나라는 세계 유래없는 경제발전으로 전통적인 식생활과 생활양식의 서구화가 혼재되어 식품가공 · 저장 분야가 다양하고 복잡하게 얽혀 있습니다.

필자들은 이와같이 다양한 식품의 가공과 저장의 기초지식과 원리를 익히는데 적합하도록 쉽게 이해할 수 있게 구성하였습니다.

모쪼록 대학의 식품관련학과 학생들이나 이 분야에 관심있는 분들의 필독서가 되었으면 하는 바램입니다.

앞으로도 계속 새로운 내용의 보완과 오류를 바로 잡아 나아갈 것을 약속드리며, 선배제현의 아낌없는 지도와 성원을 부탁드립니다.

끝으로 이 책을 펴내는 데 수고를 아끼지 않은 ㈜지구문화 임직원들에게 심심한 감사를 드립니다.

계묘년 새 봄에

필자 대표

# 차례



# PART I 총 론

## Chapter 1 서 론



## Chapter 2 식품가공의 단위조작



## Chapter 3 식품가공 · 저장에 영향을 미치는 인자

Contents

## Chapter 4 식품가공과 미생물 및 효소



## Chapter 5 식품첨가물

# PART Ⅱ 식품의 저장

## Chapter 6 식품의 저장



# PART Ⅲ 농산식품가공학

## Chapter 7 곡류 및 서류의 가공



## Chapter 8 양 조 (釀造)

Contents

## Chapter 9 채소의 가공



## Chapter 10 과실의 가공



# PART IV 축산식품가공학

## Chapter 11 식육 및 식육가공(食肉加工)

## Chapter 12 난 가 공(卵加工)



## Chapter 13 우유 및 유제품

Contents

# PART V 수산식품가공학

## Chapter 14 수산식품가공



# PART VI 식용유지

## Chapter 15 식용유지

# PART Ⅶ 기호식품

## Chapter 16 제 과



## Chapter 17 인스턴트 식품

# Part I 총 론

Chapter 1

# 서 론

## 1. 식품가공·저장의 정의

식품을 천연적 또는 인위적인 처리로 물리 · 화학적 변화를 가하여 더욱더 가치있는 이용과 경제적인 절약을 하면서 저장성과 영양가를 높이고 기호성을 최대로 향상시켜 식생활에 알맞도록 하고 또 우리들의 생활에 필요한 새로운 제품을 개발하여 내는 것을 식품가공이라고 할 수 있다.

이와 같이 식품가공은 식품을 원료로 하여 물리 또는 화학적인 변화를 시켜 최대한 저장성을 높이는 동시에 우리들의 식생활에 편리하도록 제품을 가공하여 소비자에게도 이익을 줄 수 있도록 만드는 것이다.

「식품공전」에 나와 있는 가공식품의 정의를 보면 "농 · 임 · 축 · 수산물 등 식품원료를 그 원형을 알아볼 수 없도록 분쇄 · 절단 등의 방법으로 변형시키거나, 이와 같이 처리한 것을 서로 혼합 또는 이에 다른 식품이나 식품첨가물을 사용하여 제조 · 가공한 식품"으로 되어 있다.

식품의 저장과 가공을 명확히 구별한다는 것은 쉬운 일이 아니지만 설명의 편의상 이를 간단히 정의하면 다음과 같다.

- 식품의 저장 : 식품의 원재료를 그대로 또는 적절히 가공한 상태로 보존하여 식품의 변질 · 부패를 방지하는 것.
- 식품의 가공 : 식품의 원재료를 물리적 · 화학적 · 미생물적 방법으로 처리하여 식품의 품질을 향상시키고 이용가치를 높이는 것.

그러나 이 두 정의 사이에 항상 이와 같은 명확한 구별이 있는 것만은 아니다. 저장을 목적으로 행한 처리가 식품의 품질을 바꾸고 그 결과 원재료와는 전혀 다른 새로운 가공식품이 되는 경우도 있다. 예를 들면 오징어와 말린 오징어, 우유와 치즈, 포도와 건포도 등이 그 예이다.

또 기호성에 맞추어 가공한 결과 저장성이 향상되는 경우도 생각할 수 있다. 이와 같이 식품의 저장과 가공은 서로 보완하면서 발전하고 있는 경우가 많다. 또 가공의 원료에는 가공적성을 갖춘 가공전용 품종이 쓰이는 경우가 많다. 예를 들면 과실 통조림에는 시판하는 1차 식품(과일)과는 다른 통조림 전용 품종이 사용되고 있다.

## 2. 식품가공·저장의 목적

식품의 가공은 각종 식량자원, 식품소재, 식품재료를 사용해서 제품용으로 만들거나 혹은 가정에서 조리하여 그대로 식용으로 공급되도록 만드는 공정을 말하는 것이다. 물론 조리에 사용하는 재료라도 생식을 할 경우에는 대부분 가공공정을 거치지 않으며 공장에서 처리하는 공정이 가정에서 행하는 조리와 같은 목적의 공정인 경우도 있다.

식품가공은 식품이 가지는 원료의 한계성을 극복하기 위한 것으로, 식품의 유통과 저장 중에 미생물학적 또는 생화학적 변화를 방지하여 유통기간을 연장시키며, 식품에 다양한 맛과 색, 향미, 조직감을 제공하여 식품의 다양성을 증가시키고, 생산량과 품질을 균일하게 유지하며, 수요와 공급의 비탄력성을 완화시키는 것이 식품가공의 목적이라 할 수 있다.

이와 같이 식품가공은 조리를 포함하고 있으며, 동시에 공장규모에서 생산하는 식품의 처리공정을 포함한다고 생각해도 좋다.

인스턴트 식품의 경우에는 공장에서 조리하고 가정에서는 가열 · 가수만 하면 되는 것이며, 현미 그대로를 분해 · 포장하는 현미, 소맥분, 정백맥처럼 가공이 비교적 단순한 식품도 있다. 우리의 식생활에는 여러가지 유형으로 가공된 식품이 많이 사용되고 있다. 예를 들면 빵, 우동, 인스턴트 라면 등의 주식으로부터 소시지, 햄, 연육 등의 부식, 홍차, 커피 등의 기호품에 이르기까지 다양하다.

이와 같은 식품들은 적합한 저장법으로 보존하지 않으면 쉽게 부패, 변패, 또는 미생물에 의해 오염되기 쉽다. 예를 들면 냉동식품을 해동하면 그 후의 보존기간이 대단히 짧아지며, 유지(油脂)를 공기 중에서 장시간 빛을 쬐이면 쉽게 산화된다. 이와 같은 현상은 가공법과 저장의 발달에 따라서 향상될 수 있다.

모든 신선식료품을 구입 후 냉장고에 보관한다고 해서 오랜기간 보존되는 것은 아니다. 이에 비해 가공식품은 신선식료품의 가공품이어서 가공되지 않은 식품에 비해 장기간의 저장이 가능하다.

· 식품가공의 효과

① 식품의 저장성이 확보된다.

② 불리한 물질이나 독성물질을 제거하여 안정성이 확보된다.

③ 수송과 저장이 용이하며, 일년 내내 식량의 공급을 조절할 수 있어, 시간적 · 지역적 제약이 극복된다.

④ 식품의 맛과 영양성을 향상시키고 다양한 기호성을 얻을 수 있다.

⑤ 식품 원료의 품질을 적절한 가공을 통해 균일한 품질로 개선시킨다.

⑥ 새로운 식품 또는 건강 기능성 식품의 개발을 가능하게 한다.

⑦ 부산물을 효율적으로 이용할 수 있으며, 식품 원료의 부가가치를 향상시킨다.

⑧ 식품 고유의 품질요소인 향미, 조직감, 외관 등이 바뀔 수 있다.

## 3. 식품가공저장의 분류

식품의 가공 방법은 다음과 같이 분류할 수 있다.

① 식품소재를 그대로 조리하거나 생식하기 곤란한 것을 이용하기 쉽게 가공하는 방법이 있다.

[예] 현미 ⇒ 백미
밀 ⇒ 소맥분
메밀 ⇒ 메밀분

② 식품소재 또는 자원 중에서 특정한 성분만을 분리해서 이용하는 방법

[예] 사탕수수, 사탕무 ⇒ 설탕
고구마, 옥수수 ⇒ 전분
대두 ⇒ 대두분리 단백질, 식물성기름 등

③ 식품소재, 재료 등을 몇 가지 합쳐서 사용하는 것으로 보다 좋은 가공도(加工度)로 식품소재의 특성을 살려서 새로운 식품을 만드는 방법

[예] 육(肉) ⇒ 소시지, 어묵 ⇒ 연제품
소맥분, 쇼트닝 ⇒ 빵, 비스킷 등

④ 건조, 염장, 훈연, 포장, 가열 등의 처리에 의하여 식료품의 신선도 보존 기간을 연장하는 방법

[예] 건조(차, 생선의 간물(干物), $\alpha$ 미, 일부의 과자류 등)
염장(콘비프, 햄, 염간물 등 다른 방법과 병용되는 것이 많다.)
훈연(스모크 제품)
포장(진공포장, 통조림, 병조림, 탈산소제 사용 등)
가열(흔히 사용하는 방법으로서 살균, 멸균 등의 목적에 따라 행한다. 이 경우 제품을 넣을 용기의 형태에 의해서 달라진다.)
가당(염장과 같이 미생물의 생육 저지의 목적으로 가해진다.)

⑤ 미생물의 작용을 이용하여 식품의 가공을 행한다.

[예] 주류, 미소(味素), 장류, 치즈, 유산균 음료 등

⑥ 효소의 작용을 이용하여 특징이 있는 식품을 만든다(특히 풍미, 색, 맛 등의 개량에 유효하다).

[예] 홍차, 커피 등

이와 같이 가공의 목적은 여러가지로 분류되므로, 그 의의를 요약하는 것은 쉬운 일이 아니다. 또한 모든 가공법의 목적도 원료보다 조리나 가공을 함으로써 보존기간을 연장한다든지, 여러가지 식품소재의 특장(特長)을 살려서 원료와 다른 유형의 식품을 만들어 내기 위한 것이다.

따라서 가공법이나 저장법은 식품 중의 어떠한 특성을 이용하여 가공을 행하거나 또는 어떠한 저장법의 원리를 이용하여 가공이 행하여지는가를 이해한다는 점이 중요하다 하겠다.

이처럼 가공과 저장법이 공통된 관계를 갖는 이유 중 하나는 1차 식료품과는 달리 가공된 제품이 공장으로부터 소비자에게까지 전달되는데 시간이 소요되기 때문이라고 할 수 있다. 제품에 따라서 그 기간이 짧은 것(축육, 어육의 가공품이 많다)과 길어도 거의 영향을 받지 않는 제품(이 기간 중에는 미생물에 의한 부패의 문제가 발생하는데 멸균과 살균의 경우, 수분함량에 따라 진공포장이나 상압포장의 경우, 탈산소제 사용의 유무 등이 영향을 주고 있다)이 있다.

또한 최근 어업수역의 설정, 수산자원의 보호로 인한 어획량의 제한, 무역의 확대에 의한 식량자원의 수입 확대 등에 의해서 우리들이 종래 식품의 소재로 이용해 온 자원과는 성질이 다른 자원도 수입하게 되었다. 이러한 식생활의 변화는 새로운 식량자원의 이용, 개발에 의한 기술의 진보도 요구하고 있다.

토양과 환경이 다른 새로운 지역으로부터 수입되는 식량자원의 효율적인 이용의 문제가 종래 행해져오던 방법과 병행하여 새로운 식량자원의 저장 · 가공에 대한 연구의 필요성을 부각시켰으며, 어업자원, 단백질 자원의 공급원에 대한 연구가 점차로 요구되고 있다.

표 1-1 식품가공의 종류

- 식품가공
  - 농산식품가공
    - **식용작물** - 곡류, 콩, 서류를 원료로 하는 것
    - **원예작물** - 과실, 채소를 원료로 하는 것
    - **공예작물** - 유채류, 인삼 등을 원료로 하는 것
  - 축산식품가공
    - **우유가공** - 우유를 원료로 버터, 치즈 등을 만드는 것
    - **육가공** - 육류를 이용한 햄, 소시지 등을 가공하는 것
    - **난(卵) 가공** - 달걀, 오리알 등을 원료로 하는 것
  - 수산식품가공
    - **건조가공** - 마른오징어, 찐 마른정어리, 멸치, 대구포 등
    - **염장 및 젓가공** - 새우젓, 멸치젓, 명란젓 등
    - **연제가공** - 어육소시지, 생선묵 등
    - **수산 통조림가공** - 꽁치, 고등어, 골뱅이 등
    - **해조류가공** - 한천, 알긴산, 카라기난, 김 등

표 1-2 제품의 성질에 따른 분류

- 식품가공
  - **전분질원료** : 전분, 덱스트린, 가용성 전분 등
  - **유지** : 면실유, 채종유, 대두유, 쇼트닝, 마가린 등
  - **양조품** : 알코올, 장류, 식초, 기타
  - **기호품** : 커피, 녹차, 홍차, 연초, 침채류 등
  - **감미료** : 설탕, 물엿, 녹말당, 벌꿀 등
  - **향료 및 약용료** : 박하류, 박하뇌, 천연향료, 제충국, 효모 등
  - **공예료** : 대마, 저마, 두마 등
  - **과실제품** : 건조과실, 잼, 과즙, 주스, 넥타 등
  - **유제품 및 육제품** : 버터, 치즈, 햄, 소시지, 베이컨 등

Chapter 2

# 식품가공의 단위조작

식품가공에 사용되는 처리조작 중 주로 물리적인 처리조작을 단위조작 (unit operation)이라 하는데 수송 · 세척 · 분쇄 · 혼합 · 열교환 · 건조 · 증발농축 · 증류 · 추출 · 흡착 · 흡수 · 포장 · 가열 · 저장 · 냉동 및 냉장 등을 말한다. 한편 유지의 수소첨가나 전분의 산당화 등과 같이 화학반응을 수반하는 것을 단위반응과정(unit reaction process)이라 부른다.

식품가공은 단위조작과 단위반응과정을 조합시켜 이루어지고 있으며, 모든 공정을 능률적이고 합리적인 방법으로 운영하여 제조목적을 달성하여야 한다. 그러기 위해서는 공정의 원리와 방법을 충분히 이해하여야 한다.

## 1. 수송(輸送)

식품가공공장 내에서의 수송은 분립체(粉粒體)의 수송과 액체의 수송으로 대별할 수 있는데 분립체의 수송에는 기계식 수송기와 공기수송장치가 있다. 기계수송기에는 상승수송에 적합한 bucket elevator나 수평수송에 적합한 chain, conveyer, screw conveyer 또는 belt conveyer 등이 있고, 공기수송장치에는 상승수송이나 수평수송 어느 것에도 적합한 진공흡인식, 저압흡인식, 고압압송식 및 흡인압송식이 있다.

액체수송은 pipeline 수송이 주된 것으로 동력은 각종 pump를 이용하고 있다. 액체수송은 유가공공장, 양조공장, 청량음료수 제조공장 및 전분공업에서 특히 중요한 수송수단이 되고 있다.

## 2. 세정(洗淨)

세정은 원료에서 협잡물을 분리하거나 가공식품의 용기 또는 제품 중에 함유되어 있는 미생물과 같이 품질을 해치는 물질을 제거하는 조작이다. 세정조작은 건식세정법과 습식세정법으로 대별할 수 있는데, 건식세정법에는 사별(篩別), 흡인, 연마 및 자력선별법 등이 있고, 습식세정법에는 침지, spray, shower, 부력세정, 초음파세정, 여과 및 정치침강분리 등이 있다.

나이프나 포크, 접시 등과 같은 식기류의 세정에는 중성세제와 함께 28Hz 정도의 초음파가 이용되고 있는데, 이 방법은 brush 세정이나 shower 세정과 비교하여 세정효과면에서 조금도 손색이 없는 것으로 알려지고 있다. 한편 회수된 병을 세정할 경우에는 묽은 가성소다용액을 사용한다.

## 3. 분쇄(粉碎)

분쇄는 고체원료를 기계의 힘을 이용하여 작은 입자로 만드는 조작으로 식품을 분쇄하는 이유는 다음과 같다.

① 조직을 파괴하면 필요한 성분의 추출이나 분리가 용이하다.

② 각종 향신료의 제조나 초콜릿의 정제공정에서 볼 수 있는 바와 같이 일정한 입경(粒徑)으로 세분화하는 것이 제품의 품질을 향상시킨다.

③ 원료의 입경이 작을수록 단위질량당 표면적은 커지므로 습한 고체인 경우 건조속도가 빨라지고, 고체와 액체 간의 접촉면적이 커지므로 추출속도가 빨라지며, 또 자숙이나 데치기(blanching) 등의 조작을 행할 경우 세절하면 열 효율이 커져서 가열시간이 단축된다.

④ 타재료와 혼합 또는 조합을 시킬 경우 입경의 크기가 같으면 균일한 제품을 만들 수가 있다.

분쇄에는 건식과 습식이 있으며, 건식분쇄의 예로는 파쇄 롤러를 사용하는 방법으로, 소맥을 소맥분으로 분쇄하는 기계와 초콜릿의 정제용 기계 등이 널리 이용되고 있다. 습식분쇄의 예로는 전분제조에서 고구마의 마쇄와 향신료의 분쇄에서 습식으로 행해지는 것이 있다.

# 4. 혼합(混合)과 유화(乳化)

## 1. 혼합

혼합은 2가지 이상의 성분이 하나의 공간 내에서 서로 뒤섞여 균일한 상태로 존재하게 하는 조작이다. 혼합에는 원료의 성상에 따라 고체와 고체, 액체와 액체, 고체와 액체, 그리고 액체와 기체 등의 경우가 있다. 빵가루와 옥수수가루의 혼합이나 향신료의 혼합 등에서는 용기에 원료를 넣고 회전시켜 혼합하고, 음료공업에서는 배합, 햄, 마요네즈 및 크림의 제조시에는 교반날개가 달린 교반기가 사용된다.

## 2. 유화

일반적인 상태에서는 혼합되지 않는 2종류의 액체를 균일하게 혼합하는 조작을 유화라 한다. 유화에는 일반적으로 유화제(emulsifying agent)를 사용하는데 물과 기름의 혼합물인 미요네즈 소스와 버터 등이 유화의 전형적인 예이다.

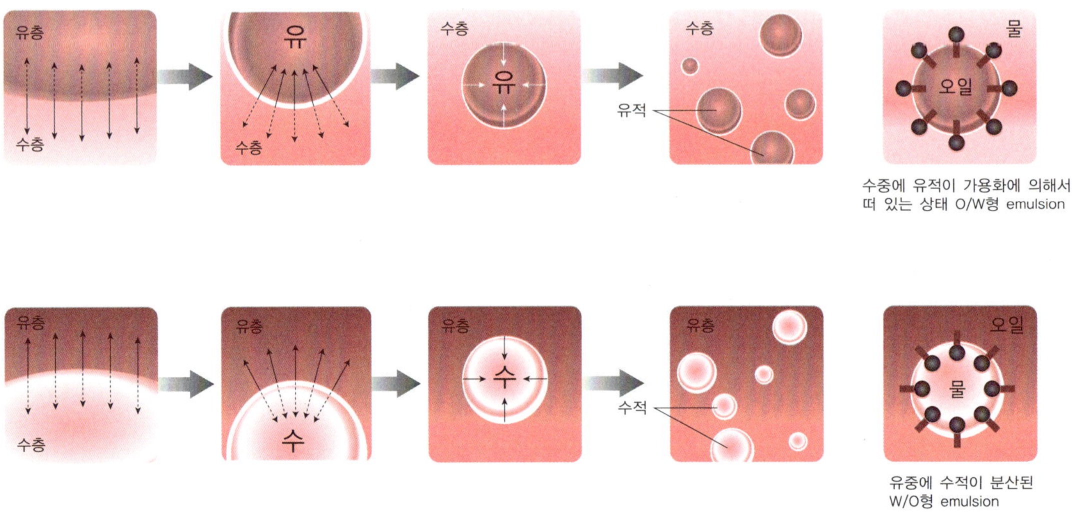


그림 2-1 유화의 2가지 형태

유화형에는 그림 2-1에서 보는 바와 같이 마요네즈 소스로 대표되는 수중유적형(oil in water type, o/w)과 버터로 대표되는 유중수적형(water in oil type, w/o)의 2가지가 있다. 유화형을 결정하는 주된 요인은 유화제이며, 친수성이 강한 유화제는 o/w 형을, 소수성이 강한 유화제는 w/o 형을 만들기 쉽다.

유화분산을 한 식품의 예로는 간유유제, 식물유유제, 균질우유, 마요네즈, 샐러드 드레싱, 과즙, 유화향료, 아이스크림, 토마토 케첩, 땅콩버터와 향유 등 많은 예가 있다.

## 5. 분리(分離)

어떤 물체에서 특정 성분을 뽑아내는 것을 목적으로 행하는 조작을 '분리'라 한다. 분리에는 제분에서와 같이 고체입자의 혼합물에서 입도의 차이에 따라 사별하여 분리하는 경우 또는 말린 표고버섯을 사별 분리하여 등급을 가르는 등의 고체와 고체 간의 분리, 과일의 액즙의 예와 같이 압착에 의한 고체에서 액체의 분리, 장유제조시 전국에서 간장을 분리하는 경우와 같이 여과에 의해 액체에서 고체를 분리하거나 또는 과즙의 청징(淸澄)이나 동식물유의 정제, 우유에서 크림(cream)의 분리, 전분의 분급과 수세 · 농축, 그리고 이스트(yeast)의 분리 등에 사용되는 원심분리가 있다.

그 밖에 건조, 증발, 증류 등도 원리적으로는 상(相)의 변화를 이용한 분리조작이다.

## 6. 건조(乾燥)

건조의 목적은 저장기간을 연장하는 동시에 건조가공식품을 만들기 위해 식품원료에서 수분을 제거하는 것이다. 또한 건조식품은 건조 전 식품의 품질과는 다른 건조 자체로서의 독특한 색, 향미, 조직감을 부여하므로 이를 통해 상품적 가치를 높이기 위해 식품을 건조하기도 한다.

건조에 의해 식품원료는 ① 미생물이나 효소의 작용을 억제하여 보존성이 좋아지고, ② 중량이 감소하여 수송이나 저장이 쉬워진다. ③ 또한 건어물이나 말린 표고버섯 등과 같이 보존성이 좋아짐과 동시에 ④ 원료와는 다른 새로운 풍미와 조직(texture)을 갖게 된다.

건조법은 크게 자연건조법과 인공건조법으로 나눌 수 있다. 자연건조법에는 천일건조법과 자연동건법이 있고, 인공건조법에는 일반적으로 많이 사용하는 열풍법과 미과(米菓) 등의 제조에 사용되는 방법으로 가열과 가압 및 감압을 수반하는 가압법, 그리고 분유제조와 같이 액체식품원료를 고온 또는 저온의 건조공기 중에 분무시켜 순간적으로 건조하는 분무법, 매시드 포테이토(mashed potato) 제조시와 같이 roller상에 피막을 만들어서 건조하는 피막법, 마이크로파에 의해 가열하는 microwave법, 진공으로 하여 건조하는 진공법 등이 있다. 진공법에는 비교적 저온에서 행하는 경우와 동결 후 진공으로 하는 동결진공법이 있다.

## 7. 농축(濃縮)

농축은 액체 중에 포함된 용질의 농도를 높이는 조작으로, 일반식품에 들어 있는 다량의 수분을 제거하는 것을 말한다. 건조와 농축 모두 수분을 제거하는 과정이나, 수분제거 후 식품의 형태가 고체인 경우 건조이고 액체인 경우를 농축이라 한다.

농축의 목적은 ① 건조제품을 만들기 위한 전처리 ② 용질성분의 분리 ③ 잼과 같이 농축에 의해 새로운 물성과 풍미의 부여 ④ 농축에 의한 제품의 보존성 및 저장성 향상과 동시에 수송경비의 절감 등이다.

수분을 제거하기 위해 보통 액상으로 존재하는 수분을 가열하여 수증기로 만들어 증발시켜 제거하는 방법과 수분을 냉동시켜 얼음으로 만들어 제거하는 방법이 있다. 농축을 하는 경우 상압에서 실시하면 착색이나 성분의 분해가 일어나서 농축물의 품질이 떨어지지만, 진공농축은 이와 같은 착색이나 성분의 분해가 적고 농축제품의 변질이 적어 최근에 많이 이용되고 있다.

농축에는 가열에 의한 방법 외에 한외여과(ultra filtration, UF)와 역침투(reverse osmosis, RO)에 의해서도 농축이 가능하다.

이들 방법은 반투막과 같은 막을 이용하는 것으로 막처리라고도 불리우고 있다. 막을 이용하는 공통의 목적은 열을 필요로 하지 않기 때문에 에너지의 소비량이 적고, 가열을 하지 않기 때문에 품질의 열화를 최소화하면서 목적으로 하는 성분을 농축하거나 분리할 수 있다.

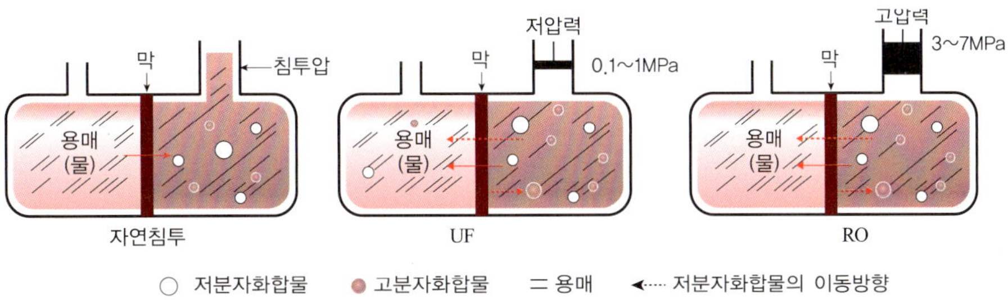


그림 2-2 UF와 RO에 의한 농축원리

## 8. 포장(包裝)

포장은 식품의 저장성의 향상과 수송성의 개선 등을 목적으로 한다.

포장재료로서 사용되고 있는 것은 금속, 유리, 셀로판(cellophane), 합성수지 및 복합재료 등이 있으며, 이들 포장재료들은 위생상 안전하여야 하며, 식품의 품질을 보존하고 저장성을 높일 수 있는 성상이 요구된다.

이들 재료들에 대한 장 · 단점을 알아보면 다음과 같다.

① 금속으로는 양철과 알루미늄 등이 이용되고 있다. 양철판(tiniplate or blik)은 엷은 강철판에 주석을 도금한 것으로서, 포장재료 중에서 밀봉성, 내열성, 방습성이 가장 좋다. 그러나 약간의 부식성이 있는 것이 결점이다. 이 결점은 내부도장관, 무도석강판관(tin free steel can) 등으로 보완이 되고 있으며, 주로 통조림의 용기, 김과 차 용기의 뚜껑, 에어로졸(aerosol) 용기로써 이용되고 있다.

알루미늄은 가볍고 내식성이 있으며, 전연성(展延性)이 있기 때문에 얇게 압연할 수 있으므로 캔이나 튜브를 만들어 이용한다. 또한 알루미늄박 (aluminium foil)은 초콜릿의 포장에 이용되는데 알루미늄은 빛과 기체를 차단하는 성질이 있기 때문에 종이나 plastic film에 laminate하여 이용되고 있다.

② 유리는 병으로 널리 이용되고 있으며, 밀봉은 왕관이나 screw cap 등으로 행한다. 완전밀봉이 가능하며 양철관과는 달리 부식되지 않고 관취(罐臭)도 생기지 않으며 내용물을 볼 수 있는 장점이 있다. 하지만 빛을 투과하고 기계적 강도가 약하며 열전도가 낮아 온도의 급변으로 파괴되기 쉬운 결점이 있다.

③ 종이는 비교적 재질이 강하고 차광성이 있으며 인쇄성이 좋은 장점이 있지만, 방습과 방수성이 나쁘고 가열하여도 열접착성이 없는 결점을 갖고 있다. 그러므로 플라스틱과 병용하여 이러한 결점들을 보완하여 이용하고 있다.

④ 셀로판(cellophane)은 투명하고 film 상으로 인쇄하기 쉬운 특징이 있다. 방습성과 열접착성이 없기 때문에 종이와 마찬가지로 이러한 결점을 보완하기 위하여 plastic을 도포하거나 laminate 한 가공 셀로판이 이용되고 있다. 분말식품용의 봉지와 과자, 빵 등의 포장에 이용되고 있다.

⑤ 플라스틱은 많은 소재가 있는데 저 · 중 · 고밀도 폴리에틸렌 (polyethylene, P.E), 폴리프로필렌(polypropylene, P. P), 폴리스티렌(polystyrene, P.S), 폴리에스테르(polyester), 염화비닐(polyvinyl chloride, P.V.C), 염화비닐리덴(polyviny－lidene chloride, P. V. D. C), 염산고무(rubber hydrochloride), 폴리카보네이트(polycarbonate, P. C), 폴리아미드(polyamide, nylon) 등이 있다. 이와 같은 플라스틱 소재 중에 열가소성이 있는 것은 용기로 성형을 하여 사용하고, film은 그대로 각종 냉동식품이나 식육가공품, 과자류 및 조미료 등의 포장에 사용되고 있다.

⑥ 복합재료를 사용하는 경우로는 관의 통부(胴部)를 플라스틱이나 가공지로 만든 것 등이다.

식품포장에 사용되는 밀봉법은 통조림에서는 권체기(seamer)에 의한 밀봉, 병은 왕관 타전(打栓)에 의한 밀봉, 플라스틱을 사용한 여러 가지 종류의 포장에서는 가열에 의해 플라스틱을 녹여 밀착하는 열접착(heat seal)이 많이 사용되고 있다(표 2-1 참조).

포장시에는 식품을 포장재에 넣어 내부의 공기를 탈기하고 밀봉하는 진공포장과 진공포장을 하기 어려운 경우 공기를 질소가스와 같은 불활성 가스로 치환한 질소가스충전 포장이 있다. 이런 방법들은 호기적 미생물의 발육을 억제함과 동시에 식품성분의 산화에 의한 열화(劣化)를 방지할 수 있다.

최근에는 공기를 차단하는 성질을 갖고 있는 포장재로 만들어진 용기에 식품과 함께 산소가스 흡수제, 가스치환제, 알코올증기 발생제, 에틸렌가스 흡수제 등 가스를 제어할 수 있는 물질을 통기성이 있는 작은 봉지에 넣어 식품의 저장성을 높이는 방법이 개발되어 이용되고 있다(표 2-2). 알코올증기 발생제는 곰팡이의 발생과 노화를 방지하는 효과가 기대되고 있다. 본 제재는 ethylalcohol을 고농도로 micro-capsul화 한 분말 알코올을 알코올 투과성이 있는 소재로 만든 작은 봉지에 넣은 것으로서 기화하는 알코올에 의해 여러가지 효과가 생긴다.

에틸렌가스 흡수제는 활성탄, bendonite, zeolite, 활성백토 등 다공성 흡수제를 사용한 것이며, 에틸렌가스 분해제는 과망간산칼륨 또는 염화팔라디움을 도포한 활성탄을 사용한 것이다. 후숙현상을 일으키는 과실은 climacteric rise 직전에 에틸렌가스를 0.01~3.0$\mu$L/L 정도 축적하는데, 이것이 과실의 성숙 호르몬으로 작용하여 호흡을 상승시키는 것을 흡수제가 에틸렌가스를 제거함으로써 방지하여 후숙을 지연시킨다.

표 2-1 식품의 저장과 포장재의 종류

| 저장목적 | 식품 | 저장목적에 적합한 film의 성질 | | | | | | 사용 film의 예 |
|---|---|---|---|---|---|---|---|---|
| | | 비중 | 투기성 | 투습성 | 내열성 | 내한성 | 강도 | |
| 상 온 | 과 실 | 1.05 | ○ | ○ | | | ○ | 연신 polystylene |
| 저 온 | 야 채 | 0.91 | ○ | ○ | | ○ | △ | 저밀도 polyethylene |
| 저 온 | 축 육<br>어개류 | 1.4 | ◎ | ○ | | ○ | △ | 연질염화 vinyl |
| 단 기<br>(1개월) | 곡 류 | 0.91 | ○ | ○ | | | ○ | polypropylene |
| 장 기<br>(6개월 이상) | | | ○ | ○ | | | | cellophane, 연신 polyamide,<br>polyethylene의 laminate |
| 단 기<br>(1개월) | 가 공<br>식 품 | | ○ | ○ | | | | 평면방습 cellophane,<br>polyethylene의 laminate |
| 장 기<br>(6개월 이상) | | | × | × | | | | polyester,<br>polypropylene의 laminate |
| retort 살균 | | | × | × | ◎ | | | polyester, 알루미늄 박,<br>polypropylene의 laminate |
| 장 기<br>(6개월 이상) | 건 조<br>식 품 | | × | × | | | | polyester, 알루미늄박,<br>polypropylene의 laminate |
| 장 기<br>(3개월 이상) | 냉 동<br>식 품 | | × | | | ◎ | | polyester, 알루미늄 박,<br>polypropylene의 laminate |
| 단~장기 | 우 유<br>과 실<br>음 료 | | × | × | | | ○ | craft지, polyethylene(지용기) |

표 2-2 품질유지제의 분류

| 품질유지제 / 기능분류 | 탈산소제 | 가스치환제 (1) | 가스치환제 (2) | alcohol 증기발생제 | ethylene 가스흡수제 |
|---|---|---|---|---|---|
| 산소흡수 | ○ | ○ | ○ | (○) | (○) |
| 탄산가스 발생 | | ○ | | (○) | |
| 탄산가스 흡수 | | | ○ | | |
| ethylalochol 증기발생 | | | | ○ | |
| ethylene 가스 흡수 | | | | | ○ |
| 구체적 용도 예 | 가공식품 및 일부 청과물 | 가공식품 일반 | 레귤러커피, 발효식품 | 반 생과자류의 곰팡이 발생 방지 | 사과, 배, climacteric rise를 갖는 청과물의 선도 유지 |

## 9. 냉장 및 냉동

식품을 저온에 보관하여 품질의 열화를 방지하는 것을 저온저장이라 한다. 이 경우 빙결점 이상의 온도에서 15℃ 사이에 저장하는 방법이 냉각냉장이며, 2~-2℃ 사이의 온도대에서 저장하는 것을 빙온저장, 그리고 식품을 동결하여 -18℃ 부근에서 저장하는 방법을 동결저장이라 한다.

저온상태를 만드는 경우 널리 이용되는 방법으로는 융해잠열의 이용과 증발잠열을 이용하는 2가지 방법이 있다.

① 융해잠열을 이용하는 것은 얼음을 사용하는 경우로서, 얼음 1kg이 융해할 때 주위에서 79.68kcal를 빼앗는 성질을 이용한 것이다.

② 증발잠열을 이용하는 경우 액체 암모니아는 1기압 하에서는 -33℃에서 기화하여 1kg당 326kcal의 열량을 흡수한다. 즉 액체 암모니아는 기체로 변할 때 기화잠열을 주위에서 흡수함으로써 주위의 온도를 내리는 것이다.

이와 같이 주위에서 열을 흡수하여 온도를 내리는 물질을 냉매(冷媒 : refrigerant)라 한다. 냉매는 동시에 쉽게 액화될 수 있는 성질을 가져야 한다. 냉매에는 암모니아 외에 freon 가스, methyl chloride($CH_3Cl$), 탄산가스 등이 있으며, 냉매는 위와 같은 성질 외에 독성이 적어야 하고, 기폭성이나 연소성이 없어야 한다. 또 화학적으로 안정하여 금속에 대해서 부식성이 없는 등의 성질이 필요하다.

냉매는 냉동장치 내에서 다음과 같은 순서로 순환하고 있으며, 이것을 냉동 cycle 이라 한다. 냉동 cycle에서 액체가 기체로 기화할 때 압축액화 된 냉매를 팽창변을 통해 압축기에서 압축한 고온 · 고압가스는 음축기에서 액체로 변화되어 팽창판을 거쳐 증발되어 저온 저압의 가스체로 변화하는 cycle을 냉동 cycle이라 한다.

급격히 압력을 내리게 되면 냉매는 기화잠열을 흡수하므로 저온이 발생한다. 냉열(冷熱)의 전달에는 공기동결법, 송풍동결법, 금속판접촉법, 침지동결법(brine 동결법) 등이 있다.

① 공기동결법은 단열된 동결 실내에 냉각관을 선반식으로 조립하여 식품을 선반 위에 올려 놓고 동결하는 방법으로, 냉각관과의 접촉부분은 빨리 동결하지만 접촉하지 않는 부분은 동결이 늦어진다.

② 송풍동결법은 동결실이 터널 모양으로 되어 있으며, 식품을 터널의 이쪽 끝에서 저쪽 끝으로 이동시키거나 또는 냉각시킨 공기를 3~5m/sec의 속도로 불어 넣어 동결시키는 방법이다. 이 방법은 공기동결법에 비해 동결속도가 빠르다.

③ 금속판접촉법은 열전도도가 좋은 금속판을 냉각시켜 놓고 여기에 식품을 끼워 넣어서 급속동결시키는 방법이다. 소형이나 각형은 금속판과의 접촉 면적이 크기 때문에 동결속도가 빠르다.

④ 침지식 동결법(brine freezing)은 염화나트륨(NaCl), 염화칼슘($CaC1_2$), 염화마그네슘($MgC1_2$), propyleneglycol, ethyleneglycol 등의 부동액(brine) 중에 식품을 침지하여 급속으로 식품을 동결하는 방법이다. 부라인은 공기보다 열전도도가 크기 때문에 식품을 빠르게 동결시킬 수 있다. 이 경우 식품은 밀착 포장된 상태에서 부라인에 침지하여야 한다.

⑤ 이 밖에 액체질소(비점 −196℃)를 식품에 분무하거나 침지시켜 순간적으로 동결시키는 방법도 있다(자세한 내용은 제2편 참조). 식품을 저온에 저장하는 경우 냉장고를 이용하는데 표 2−3은 가정용 냉장고 이외에 대형냉장고의 종류와 능력을 나타내었다.

표 2-3 대형냉장고의 분류

| 냉장고 급 별 | 냉장 온도 | 수용 품명 | 방열재의 두께 (cork 판) mm |
|---|---|---|---|
| 초 A급 | −20℃ 이하 (통상 −23℃) | 아이스크림, 동결육, 동결어 | 175 |
| A급 | −12℃ 이하 (통상 −15~−20℃) | 동결육, 동결어 | 150 |
| B급 | −12℃ (통상 −4~−9℃) | 햄, 치즈, 훈제품, 버터(장기), 동결란 | 125 |
| C급 | −4℃ 이상 (통상 −4℃) | 우유, 주류, 야채, 연유, 버터(단기), 떡, 과실, 생육, 란류, 어류(단기), 염건어, 연제품 | 100 |

Chapter 3

# 식품가공·저장에 영향을 미치는 인자

건조에 의한 저장은 식품 내의 수분을 감소시키고 용질의 상대적 농도를 높여 수분의 활성도(water activity : $A_{\omega}$)를 저하시켜서 미생물에 의한 식품의 부패, 효소에 의한 변질, 식품성분의 화학적 변화에 의한 식품의 품질을 저하 · 억제하는 효과가 있다.

건조에 의한 저장은 식품에 함유되어 있는 수분과 깊은 관계가 있다. 일반적으로 식품 중의 수분을 건조(drying, dehydration)해서 식품의 보장성을 높일 수 있는데, 이것은 식품을 건조할 때 식품에 함유된 수분 가운데 미생물에 이용되는 자유수가 상실되며 그 결과로 수분활성이 저하되기 때문이다.

식품을 건조하면 식품의 보장성이 높아지고 식품의 중량이 경감되어 체적이 축소되므로 저장시에 필요한 공간이 적어진다. 또한 수송성도 좋게 되며, 포장이 쉽게 되므로 여러 가지 경제적인 효과가 생긴다. 이러한 효율적인 식품건조의 대표적인 예를 들면 무말랭이, 곶감, 건어물 등이 있다.

## 1. 물리·화학적인 변화에 관한 인자

### 1. 수분활성

미생물의 번식을 방지하고 장기간 저장에도 견딜 수 있는 가공식품으로는 젤리, 잼, 소시지, 빵류, 건조과실(곶감) 등이 있다. 우리가 상식(常食)하고 있는 식품들은 대체로 많은 수분을 함유하고 있다.

식품 중의 수분은 식품 중에서의 존재상태에 의해 결합수(bound water)와 자유수(free water)로 대별할 수 있는데, 자유수는 모두 자유롭게 분자운동을 하고 있지만 결합수는 다른 식품성분, 예를 들면 당질이나 단백질 등이 어떠한 상호작용을 하고 있어서 많거나 적거나 속박된 상태로 되어 있다. 이와 같은 상태를 수화(水和)라 한다.

최근 기기분석이 발달함에 따라 식품 중의 결합수에는 A와 B의 두 가지 상태가 있다는 것이 밝혀졌다. 그림 3-1은 단백질에 대한 물의 결합을 표시하였다. A는 강하게 결합한 상태인데 단백질의 구성성분으로 볼 수 있다. 따라서 이 상태로 보면 물의 결합력은 비교적 약하지만 양이 많고, 단백질 분자는 10~20개로 되어 있다.

대부분의 결합수(結合水)는 B상태의 물로, 단백질, 기타 식품성분의 분자 표면을 직접적으로 감싸고 있다고 추정한다. 따라서 이 상태의 물은 자유수(그림 3-1의 C층)의 빙점에서도 얼지 않으므로 부동수(不凍水)라고 부른다.

결합수는 용매로서의 기능이 없어져 미생물에 이용하기 어렵다. 이에 반하여 자유수는 용매로서의 기능을 최대로 발휘하여 미생물에 이용하기 쉽다. 그러므로 식품의 수분량과 저장성의 관계는 모든 수분량보다도 자유수를 기준으로 생각하는 것이 합리적이다. 순수한 물은 모두가 자유수이며, 이 경우의 수분활성을 1.000으로 한다. 이것은 수분활성으로 존재하는 모든 분자수에 대한 자유수의 비율이며, $A_{\omega}$로 표시한다. 따라서 수분활성이 1에 가까울수록 자유수를 많이 함유하고 있다고 볼 수 있다.

여기에 자유수가 있다고 하자. 이 자유수에 용질이 용해되면 자유수는 용질과 상호작용하여 결합수가 된다. 그 결과 자유로이 운동하는 물분자의 수가 감소해서 수분활성은 낮게 된다. 그러므로 $A_{\omega}$는 용질농도와 관계가 있다.

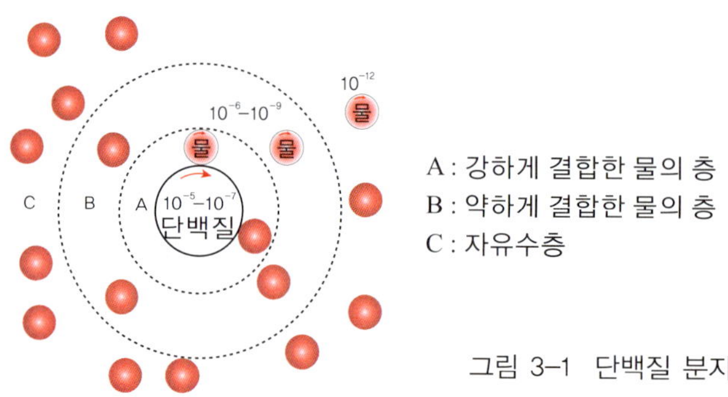


그림 3-1 단백질 분자의 결합수

표 3-1 물에 이상물질을 용해했을 때 수분활성과 소금 및 설탕을 용해했을 때의 수분활성

| 수분활성 ($A_\omega$) | 물 1,000g(55.5몰) 중의 용질의 몰(mole) | | |
|---|---|---|---|
| | 이 상 | 소 금 | 설 탕 |
| 1.000 | 0 | 0 | 0 |
| 0.995 | 0.281 | 0.147 | 0.272 |
| 0.990 | 0.566 | 0.304 | 0.534 |
| 0.982 | 1.00 | 0.550 | 0.91 |
| 0.980 | 1.13 | 0.618 | 1.00 |
| 0.965 | 2.00 | 1.10 | 1.69 |
| 0.960 | 2.31 | 1.27 | 1.92 |
| 0.940 | 3.54 | 1.91 | 2.72 |
| 0.920 | 4.83 | 2.56 | 3.48 |
| 0.900 | 6.17 | 3.16 | 4.11 |
| 0.850 | 9.80 | 4.63 | 5.98 |
| 0.800 | 13.9 | – | – |
| 0.750 | 18.5 | – | – |
| 0.700 | 23.8 | – | – |
| 0.650 | 30.0 | – | – |

표 3-1은 물에 소금 또는 설탕을 용해했을 때 $A_\omega$의 저하도를 모아놓은 것이다. 식염을 물에 용해하면 이온화하여 $Na^+$과 $Cl^-$이 되므로 1몰의 식염이 용해할 경우에는 2몰 분으로 계산하여 $A_\omega$를 구할 수 있다.

$$A_\omega = \frac{P}{P_0} = \frac{n_2}{n_1 + n_2}$$

단, $P_0$ : 용매(물)의 증기압 : 어떤 온도에서 순수한 물의 수증기압

$P$ : 용액의 증기압 : 그 식품이 나타내는 수증기압

$n_1$ : 용질의 몰 수

$n_2$ : 용매(물)의 몰 수(55.5 몰)

자당(sucrose)은 −OH기와 같이 친수관능기가 풍부한 물질로 수화되기 쉬운데, 이 결과 식품의 자유수 함량을 감소시키게 된다($A_\omega$를 저하시킨다). 이러한 물질을 습윤제(Humectant)라 하며, 대표적인 것은 소르비톨(Sorbitol)이다. 잼이나 젤리는 자당의 습윤제 효과를 이용한 보존방법을 취한 것이다.

$A_\omega$가 높은 식품이 미생물의 공격을 받기 쉬우며, $A_\omega$가 아주 낮은 식품은 공기 중의 산소와 직접 접촉하기 때문에 쉽게 산화하게 된다. 따라서 $A_\omega$가 낮게 되면 저장성이 좋게 되며, $A_\omega$와 수분함량의 균형에 의해서 열화원인이 달라진다.

그림 3−2는 고체 혹은 반고체(gel) 식품과 같이 수분함량이 낮은 식품의 여러가지 수분함량과 그것에 대응하는 $A_\omega$의 관계를 나타내었다. 일반적으로 이 곡선은 실험의 결과로 나타낸 것이며 흡습과 탈습정도에 따라 다른 값을 갖게 된다. 이러한 현상을 이력현상이라고 한다. 이 범위 내에서는 수분함량은 같다고 해도 $A_\omega$는 다른(반대로 $A_\omega$는 같다고 해도 수분함량은 다르다) 두 개의 상태가 존재한다.

그림 3−2와 같이 흡습, 탈습에 따른 수분함량과 $A_\omega$와의 관계를 나타내는 곡선을 등온흡습 · 탈습곡선이라고 한다. 잼, 젤리, 살라미, 소시지, 빵류, 건조과실 등의 $A_\omega$는 0.65∼0.85의 범위이며 이를 중간수분식품이라고 부르는데 이 영역에서는 세균의 번식이 비교적 일어나기 어려우며, 지질의 자동산화가 일어나기 쉽다는 것을 알 수가 있다.

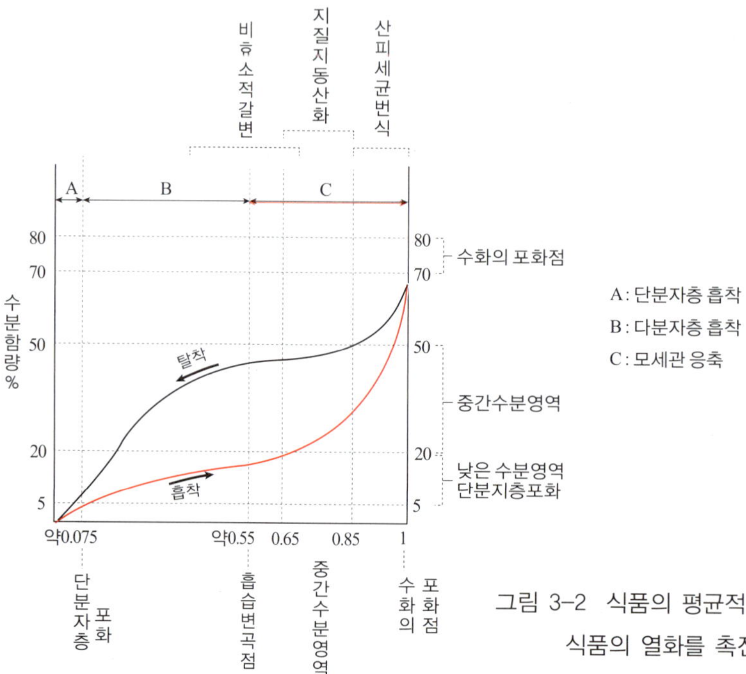


그림 3−2 식품의 평균적 등온흡습 · 탈습곡선과 식품의 열화를 촉진시키는 수분활성영역

미생물이 발육되는 $\alpha_\omega$의 범위는 대개 식품의 pH나 영양성분에 의해서 변화하고, 미생물의 종류에 의해서 정해진다. 표 3-2에 나타낸 바와 같이 발육가능성에 있어서 $\alpha_\omega$의 한계가 세균류에는 0.90, 효모류 0.88, 사상균류 0.8과 같이 각각의 미생물에 대한 범위가 대단히 좁다.

표 3-2 미생물의 증식과 $A_\omega$(전반적 경향)

| 미 생 물 | 증식한계 $A_\omega$ |
|---|---|
| 일반 세균 | 0.90 이상 |
| 일반 효모 | 0.88 |
| 일반 곰팡이 | ≦ 0.80 |
| 호염 세균 | 0.75 |
| 내건성 곰팡이 | 0.65 |
| 내침투압성 효모나 곰팡이 | 0.60 |

일반적으로 $A_\omega$가 낮으면 발육이 급속히 나쁘게 된다. 따라서 미생물은 $A_\omega$가 극단적으로 낮은 환경을 특히 좋아하게 되며, 어떤 종의 내침투압성, 내건성 미생물 중에는 $A_\omega$가 0.6~0.7 정도로 낮은 영역에서 발육되는 것도 있다. 이와 같이 좋은 $A_\omega$를 모든 식품에 일률적으로 적용하기는 어렵다.

물의 경우 식품의 열화인자라고는 할 수가 없다. 그러므로 물의 존재량과 존재상태에 의해서 식품의 열화속도에 차이가 나타난다. 따라서 $A_\omega$는 식품의 열화를 조절하는 인자라고 보는 것이 적절하다 하겠다.

## 2. pH

pH는 모든 생물의 생육환경을 규정하는 중요한 인자의 하나로서, 용액 중의 수소이온의 농도를 말한다. 수중에는 항상 수소이온과 수산이온이 존재하고 있으며, 다음과 같은 관계가 성립되고 있다.

$$\underset{\text{물}}{H_2O} \rightleftharpoons \underset{\text{수소이온}}{H^+} + \underset{\text{수산이온}}{OH^-}$$

이 화살표의 크기에서 알 수 있는 바와 같이 대부분의 물은 이온화하지 않은 상태 ($H_2O$) 로 존재하므로 수소이온($H^+$)과 수산이온($OH^-$ )의 존재량은 적다. 용액수의 수소이온과 수산이온의 적(積)은 어떤 경우에도 일정하므로 실온에서는

$$K_\omega = [H^+] \times [OH^-] = 10^{-14}$$

와 같은 관계가 성립된다(여기서 [ ]는 농도를 표시).

순수한 물 1몰 중에 존재하는 $H^+$ 및 $OH^-$의 양은 각각 0.0000001 ($= 1 \times 10^{-7}$) 몰이다. 이와 같이 수소이온 농도를 몰 수로 표시하면 토마토 주스 중의 수소이온 농도는 0.0002( $= 2 \times 10^{-4}$) 몰이며, 냉면 등을 만들 때 사용하는 간을 한 물의 수소이온 농도는 약 0.000000001 ($= 1 \times 10^{-9}$) 몰이다.

이와 같이 수소이온 농도를 몰 수로 표시한다면 아주 미미하다고 할 수 있겠으나 상호 비교하는 경우 항수(桁數)가 서로 변해서 복잡하다. 따라서 이것을 마이너스(−)의 상용대수로 표시하면 토마토 주스는 3.7로, 간수는 약 9라고 간결하게 표현할 수가 있다. 이와 같이 수소이온 농도를 마이너스(−)의 상용대수로 표시한 것이 pH이다.

$$pH = -\log [H^+]$$

앞에시와 같이 $[H^+]$ 와 $[OH^-]$의 적(積)은 일정하므로, pH의 범위는 0 부터 14 사이로 한정시킨다. 따라서 pH 7을 중성, $pH < 7$을 산성, $pH > 7$을 알칼리성이라고 한다. 즉 pH 가 낮을수록 수소이온농도는 높고 강한 산성이며, pH가 높을수록 수소이온강도는 낮고 강한 알칼리성이다. 대부분의 생물학적 현상은 비교적 좁은 범위로 제한되고 있다(표 3−3).

표 3−3 생물체 내의 액체의 pH치

| 액 체 | pH 범위 | 액 체 | pH 범위 |
|---|---|---|---|
| 혈 액(사람) | 7.30~7.45 | 위의 내용물(사람) | 1.5~3.0 |
| 뇌척수액(사람) | 7. 35~7.40 | 십이지장의 내용물(사람) | 4.5~8.0 |
| 체 액(사람 이외의 동물) | 6.7~7.9 | 뇨(사람) | 4.8~8.0 |
| 모 유(사람) | 6.4~7.6 | 사과주스 | 2.9~3.3 |
| 우 유(소) | 6.4~6.8 | 레몬주스 | 2.2~2.4 |
| 타 액(사람) | 6.4~7.6 | 라임주스 | 1.8~2.0 |
| 타 액(소) | 8.3~8.5 | | |

특히 고등생물은 pH에 민감하다. 예를 들면 사람의 혈액은 pH 7.30~7.45의 좁은 범위로 유지되고 있는데 어떠한 원인으로 pH 7.0 이하가 되거나 pH 7.75 이상이 되면 곧 죽게 된다.

모든 생물은 각각 생육에 가장 적합한 pH가 있는데 이것을 최적 pH라 하며, 최적 pH보다도 pH가 높거나 낮으면 생육은 어려워진다. pH 4 이하, 혹은 pH 9 이상에서도 생육할 수 있는 생물은 거의 없다.

한편 세균의 최적 pH는 대체로 7 부근이다. 유산균과 같이 산을 만드는 세균에도 pH가 낮을수록 생육은 좋지 않게 된다. 효모의 생육에 적합한 최적 pH는 4~5이며, 곰팡이는 pH 2~8.5 사이에서 생육할 수 있는데, 일반적으로 산성영역에서 생육하기 쉽다.

초(酢)를 사용한 식품(초에 담근 것, 예를 들면 피클 등)이나 산유 및 치즈 제품, 감귤과실의 경우 산미를 내는 산은 주로 구연산이며, 식품의 산미를 내기 위해 사용하는 또 다른 산으로는 주석산, 사과산 등이 있다. 또 청량음료는 비교적 오랫동안 유지되고 있으나 이 중에 용해되어 있는 인산이나 탄산 등의 산에 의해서 pH가 낮아지게 된다.

이와 같이 제품의 pH는 미생물이 생장재생(분열)되는 한계의 pH보다 낮다. 일반적으로 식품은 pH를 완충하는 능력을 가지고 있는데, 이 완충능력 때문에 식품의 pH는 일정하게 보존되며, 쉽게 상하지 않게 된다.

식품에 있어서 완충능력의 한계는 성분조성에 따라서 정해지고 있는데, 특히 단백질이 많은 식품은 대단히 큰 완충능력을 나타내고 있다. 이 때문에 일반적인 조리조건에서는 식품의 pH가 크게 변화하지 않는다. 그러므로 필요에 따라 pH를 대폭 내리거나 올리는 경우가 있는데 대표적인 예가 육류의 가공이다. 보통의 육류는 pH 6.3 정도이며, 이 pH에는 질소계 화합물을 사용하므로 육(肉)의 발색효과를 나타내는 반응은 잘 일어나지 않지만 pH를 4.5 정도까지 내리면 천천히 반응이 되므로 강산을 사용하게 된다.

pH의 변화에 의해서 식품의 품질이 저하될 경우가 있다. 이러한 경우에는 식품성분이 가수분해 된다든지, 변색, 이취의 발생 등 이상적인 변화가 일어나는데 단백질을 가열할 때 일어나는 유화수소나 암모니아의 발생이 그 예이다. 이 반응은 pH 4.5 이하에서는 일어나지 않지만, 중성으로부터 알칼리성에 기울어질수록 쉽게 일어난다. 또 육류나 어류 등의 통조림에서 가끔 볼 수 있는 유리편상의 결정(strurite)은 중성이 알칼리성 쪽으로 기울어질 때 석출이 일어나게 된다.

생물은 약산성을 나타내기 때문에 식품도 약산성의 것이 많지만 원래 알칼리성인 식품도 있다. 그래서 식품가공상 알칼리 처리를 하는 경우가 있는데, 단백질의 성질을 바꾸거나 간수 처리에 의해서 약알칼리성을 나타내게 된다.

피클의 완성된 제품은 산미절임으로 되어 있으나 주원료인 채소는 미리 알칼리 처리시킨다. 식품공업적으로 단백질을 추출하는 경우에는 강한 알칼리가 사용되는 경우가 있다. 이 경우에 바람직한 부가반응이 일어나기 쉽다. 즉 리시노알라닌(lysinoalanine)의 생성이 그것이다. 그러나 리시노알라닌의 형성이 시작되면서부터 리신(lysin)의 감소현상이 나타나므로 독성이 염려된다. 이와 같이 식품이 알칼리 환경에서 산성화되는 것을 될 수 있는 대로 방지하는 것이 좋다.

## 3. 산소

산소는 대기의 주성분일 뿐만 아니라 액체나 고체로도 존재하는 보편적인 물질이다. 산소는 반응성이 대단히 강하며 많은 물질과 쉽게 결합하는데 이것을 좁은 뜻으로 산화라 한다. 이 반응은 열역학적으로 일어나기 쉬운 반응이기 때문에 보통 상태에서 반응이 진행될 경우가 많다. 공기 중에 방치한 식품이 산화·변질되기 쉬운 것은 직접·간접적으로 공기 중의 산소가 영향을 미치고 있기 때문이라고 생각할 수 있다.

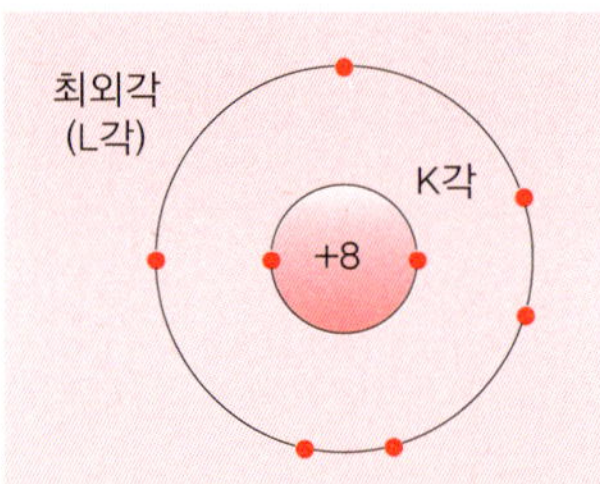


그림 3-3 산소원자의 전자 배치

산소가 반응하기 쉽다는 것을 알아보기 위해서 산소가 어떤 원자인가를 간단히 알아보기로 한다. 산소원자(O)는 원자번호 8의 원자이며, 따라서 8개의 전자를 가지고 있으며 최외각(이 경우 L각)에 6개의 전자가 배치되고 있다. 그림 3-3에서 볼 수 있듯이 최외각에 전자가 들어갈 여지가 있는 것이 산소의 반응성을 결정하고 있다. 대기 중의 산소는 이와 같은 원자 2개로부터 형성되는 분자($O_2$)로 존재하고 있다.

산소분자에 있어서 전자의 존재상태는 산소분자의 반응에 따라 다르다. 비교적 반응이 이루어지지 않은 기저상태의 산소분자는 삼중항상태라 부르며, 반응하기 쉬운 여기상태의 산소분자의 경우는 일중항상태라 한다.

또 전자가 1개 늘어나 초산화물 anion으로 되면 산소는 반응성이 확실히 높아진다. 이와 같은 반응성이 높은 산소는 식품성분 산화에 커다란 영향을 미치게 되며, 이 결과 식품을 열화하게 되는데 이때에 가장 큰 문제는 기름의 산화이다.

일상생활에서 유지, 땅콩류, 포테이토칩이나 스낵류, 쿠키 등을 공기 중에 방치하여 두면 냄새가 나는 것을 가끔 경험한다. 이것은 식품 중의 유지가 산화되어 일어나는 현상이다. 이와 같은 변화를 산패라고 부르며, 냄새를 산패취라고 한다. 산패가 될 때까지의 산화과정은 다른 반응에 비해 특이한 점이 있다. 이것은 자기가 자기반응을 진행하는(자기촉매반응) 특징이다. 따라서 일단 반응이 시작되면 연쇄적으로 반응이 일어나, 가속적으로 반응이 빨리 일어난다.

이와 같은 원리로 인한 산패의 과정을 자동산화라 한다. 자동산화의 초기단계에는 산소분자($O_2$)가 지방과 반응하여 어떠한 종류의 과산화물이 생긴다. 일단 과산화물이 생기면 그 자신이 다음으로 지방분자를 공격하여 연쇄적으로 그 양은 급속히 증가한다(그림 3-4 참고).

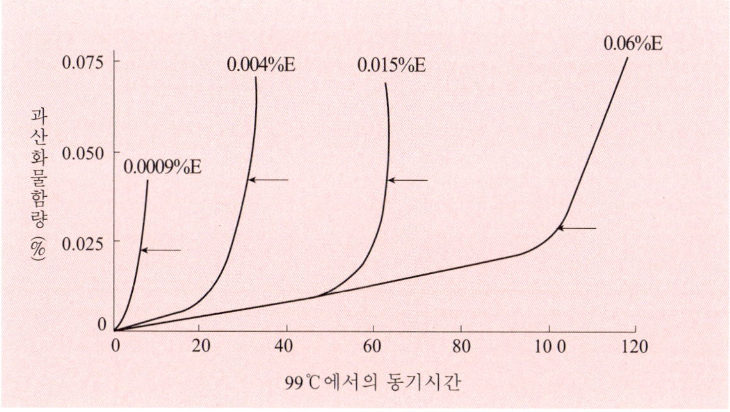


그림 3-4 지방에 과산화물함량의 단계적 증가

이 지방은 처음에는 과산화물을 함유하지 않으며, 여기에 $\alpha$-토코페롤(E)을 그림 속의 수치만큼 첨가하였다. 실제로 산패가 일어난 것을 나타냈다.

또한 이에 따라 반응에 이용된 산소는 급속히 증가한다. 반응한 산소가 식품에 존재하는 지방중량의 약 0.05~0.10%의 양에 달하면 대개 식품에는 산패가 일어난 것이다.

산소의 반응(소비)속도는 온도와 직접적인 관계가 있는데, 온도가 올라감에 따라 반응속도가 빨라진다. 0℃ 부근의 저온에서도 산패는 서서히 일어나지만, 온도가 높아지면 그만큼 산패속도가 빨라진다.

예를 들면 200℃의 공기 중에 방치하여 두고 2~3개월 안정한 지방이라도, 1,000℃에서는 몇 시간~1일 정도에서 공기 중 산소에 의해서 산화를 받게 된다. 튀김 등에 사용하는 기름은 대단히 산화를 받기 쉬운 상태가 된다는 것을 알 수 있다.

공기 중에 산소가 지방을 공격하는 경우 공격 목표는 지방을 구성하는 지방산의 2중 결합탄소 혹은 이것에 인접한 탄소이다.

$$-CH_2CH = CHCH_2-$$

위의 4개의 탄소 중 1개가 산소($C_2$)의 공격을 받아서 과산화물을 형성한다. 일단 이 반응이 일어나면, 이 지방분자는 반응이 대단히 빨라져서 다른 지방분자를 공격하게 된다. 때에 따라서는 분자 자신까지도 분해하여 분자량이 작은 유리기(遊離基)로 되어, 가까이 있으면서 다른 분자와 반응하거나 또는, 즉시 산화되기도 한다.

이 과정에서 일시적으로 생기는 반응성이 높은 분자 중에는 서로 반응해서 분자량이 큰 분자를 형성하는 것도 있다. 여러 번 사용한 튀김유나 생선의 간물에 기름이 점조한 느낌을 주는 것은 산화가 진행되어 유지의 중합물이 형성되기 때문이다. 한편 산화반응을 더디게 하는 물질을 항산화제라고 하는데 천연에 존재하는 대표적인 항산화제는 비타민 E(토코페롤)이다.

항산화제는 또 유지 및 유지를 함유한 식품이 공기 중의 산소에 의해서 열화되는 것을 막는다는 의미에서 보존료라고 하는데 항산화성을 가진 중요한 물질로는 몰식자산과 각종 유도체, 기타 천연페놀 화합물, 구연산, 인산, 아스코르브산(비타민 C) 등이 있다. 그 밖에 합성품으로 강력한 항산화성을 가진 BHA와 BHT 등이 널리 알려지고 있지만, 안전성에 약간 문제가 있기 때문에 현재는 별로 사용하지 않고 있다.

## 4. 빛(光)

식물은 광합성에 의하여 태양의 빛에너지를 직접 화학에너지로 바꾸어서, 이로 인하여 생기는 화학에너지를 이용하여 여러가지 생체성분을 합성하고 있다. 사람은 또한 이들 식물이나 동물을 섭취함으로써 생명을 유지하고 있다. 이와 같이 태양으로부터 발산되는 방사선(광) 에너지는 모든 생명의 근원이라고 할 수 있다. 또 광은 파(波)로서의 성질을 가지고 있는데, 즉 전자파의 일종이라고 할 수가 있다.

에너지(E)와 진동수(ν[π] : 1초당의 진동수)의 사이에는

$$E = h\nu \quad (h\text{는 프랭크의 상수})$$

의 관계가 성립된다.

진동수와 파장(λ : 람다)의 관계는

$$\nu = C/\lambda \quad (c\text{는 광속})$$

와 같은 식이 성립되므로 결국,

$$E = hc/\lambda$$

와 같은 공식이 성립된다.

이와 같은 식으로 파장이 짧을수록 광이 가지는 에너지는 커짐을 알 수 있다. 결국 극히 짧은 파장을 가진 방사선은 높은 에너지를 가지고 있으며, 생물에 치명적인 영향을 주고, 라디오 전파와 같이 파장이 긴 광은 에너지가 대단히 적은 것이다.

표 3-4에 여러가지 전자파의 파장을 정리하였다. 이 중 태양광선의 중요한 요소로는 적외선(열선), 가시광선, 자외선이 있다.

적외선은 열로서 전달되는 것으로 비교적 에너지가 적기 때문에 다른 분자를 이온화하는 능력은 적다. 이에 비하여 자외선은 파장이 짧고 에너지는 대단히 크다. 이 때문에 자외선을 받은 분자는 강한 이온화가 되어 화학반응성이 대단히 높게 된다.

표 3-4 방사에너지의 전자 스펙트럼

| 전 자 파 | 파 장(m) |
|---|---|
| 일반적인 라디오파 | 500~100 |
| 단파라디오, TV, 레이더 통신 | 100~0.01 |
| 초단파(마이크로웨이브) 가열 | 0.3~0.01 |
| 적외방사가열 | $3 \times 10^{-4} \sim 7 \times 10^{-7}$ |
| 가시광(적, 황, 녹, 청, 자) | $7 \times 10^{-7} \sim 4 \times 10^{-7}$ |
| 자외광 | $4 \times 10^{-7} \sim 1 \times 10^{-8}$ |
| 태양광의 지표 도달한계 | $2.92 \times 10^{-7}$ |
| 살균 유효범위 | $2.8 \times 10^{-7} \sim 2 \times 10^{-7}$ |
| X 선 | $1.5 \times 10^{-8} \sim 1 \times 10^{-11}$ |
| γ 선 | $1.4 \times 10^{-10} \sim 5 \times 10^{-13}$ |
| 우주선 | $5 \times 10^{-14}$ |

따라서 햇볕을 받으면 식물이 타들어가게(일소) 되지만, 적외선 곤로나 천둥에는 타지 않는 것은 전자가 자외선과 같이 에너지의 높은 빛을 함유하고 있는데 비하여, 후자는 적외선이나 가시광선과 같이 에너지가 낮은 빛이기 때문이다. 고에너지의 방사선은 살균이나 감자의 출아방지 등의 목적으로 식품의 저장에 많이 이용되고 있으나, 먼저 광에 의한 열화가 어떤 방법으로 일어나는가를 알아보자.

커다란 에너지를 가진 이온화 방사선이 식품의 분자에 흡수되면 그 분자는 순간적으로 하나의 전자나 양자(프로톤)를 잃든지, 때에 따라서는 분자 자체가 파괴되어 변화를 가져오게 된다. 전자 또는 양자를 잃게 되면 분자는 하전을 띤 이온으로 되며, 때로는 유리기(원자핵의 전자가 대를 형성하지 않는 분자)로 되기도 한다. 이와 같은 이온이나 유리기는 주위에 있는 분자와 무차별로 반응하여 때때로 또 하나의 새로운 유리기를 만들어서 연쇄적으로 반응을 하게 된다.

또한 광의 흡수로 활성화한 물질을 통해서 다른 물질이 화학반응을 일으키는 충분한 에너지를 획득하여(유리기의 형성 등) 화학반응을 일으키는 경우를 광증감반응이라고 한다. 또 광증감제가 색소라면 이것을 광증감색소라고 부른다. 클로로필, 리보플라빈, 메칠렌블루, 로즈벤갈(식용적색 105호) 등의 비디아조계 색소에 빛을 비추면 이것이 광증감제로 작용하여, 산소분자를 일중항상태 쪽으로 활성화한다는 것이 알려져 있다.

이와 같이 활성화된 산소분자가 산화반응에 영향을 미치는데, 광에 의한 식품의 열화관계를 살펴보면 광증감색소의 작용이 매우 중요하다. 식품 중에는 천연식품과 합성식품 할 것 없이 색소를 함유하고 있다.

천연색소로는 야채 등에 존재하는 녹색색소로 클로로필이나 육류에 존재하는 적색색소인 헴화합물이 알려져 있으며, 식용색소를 첨가하는 경우도 많다. 이들 색소가 지질과 공존하는 식품에 빛이 쬐이면 곧바로 색소가 여기(원자나 분자에 있는 전자가 바닥상태에 있다가 외부의 자극에 의하여 일정한 에너지를 흡수하여 보다 높은 에너지로 이동한 상태) 되어, 즉시 색소에 의해서 지질(지방산)의 유리(遊離)가 형성된다.

chlorophyll이 용해되면 식물유에는 660nm(청색)의 가시광선을 맞게 되어 유리기가 생기게 된다. 일반적으로 색소를 함유하는 식품은 이와 같은 장파장(에너지가 적은) 광에 의해서 영향을 받게 되므로 저장 중에는 차광의 배려가 특히 필요하다.

색소가 공존하면 지질뿐만 아니라 단백질도 변화하게 되는데 이것은 단백질을 구성하고 있는 아미노산을 아미노산잔기가 함유하기 때문이며, 이들 아미노산잔기 등은 광증감 분해되기 쉬운 잔기를 포함하고 있기 때문이다. 특히 광에 민감한 것은 히스틴잔기, 티로신잔기, 트립토판잔기, 메치오닌잔기들로 이들은 리보플라빈(비타민 $B_2$, 황색색소)과 같이 천연의 식품성분에 의해서 분해될 가능성이 크다. 이 경우 산소가 존재하면 그 분해는 쉽고 빠르게 진행된다.

이와 같이 지방이나 단백질은 빛에 의해서 간접적으로 열화되며, 리보플라빈과 같은 비타민이 열화를 준다. 우유 중에 많이 함유된 비타민 $B_2$는 위에서 말한 바와 같이 리보플라빈이라 부르는 황색물질로서 빛에 먼저 공격을 받게 된다. 즉 비타민 $B_2$는 빛에 대단히 약하여 우유를 2시간쯤 직사광선에 쪼이면 비타민 $B_2$의 50~70%는 분해되고 만다. 또 리보플라빈과 같은 형광색소는 식품 중에서뿐만 아니라 생체 중에 들어간 후에 생체의 빛에 대한 감수성을 높이게 되는 것이다.

빛이 생체에 미치는 작용의 하나는 광력작용이라고 한다. 예를 들면 메밀을 먹은 사람이 직사광선을 쬐면 피부가 타서 염증이 생기게 되는데 이의 원인물질은 chlorophyll의 분해물인 페오포바이드(phàeophorbide)라 한다. 이와 같이 광의 작용은 색소를 통해서 일어나는 경우가 많다.

식품은 여러가지 색소를 함유하고 있으며, 조리, 가공, 수송 등을 밝은 낮에 하는 것도 적지 않다. 그러므로 이때 광증감에 의한 식품성분의 변화를 무시할 수 없다. 따라서 가공 · 저장 중의 식품을 직사일광에 쪼이는 일이 없도록 충분히 주의하여야 한다.

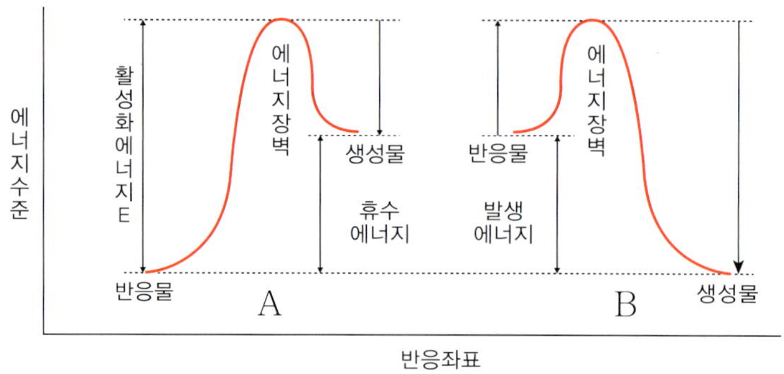


그림 3-5 반응 전후의 에너지

## 5. 온 도

빛은 에너지를 가지고 있으므로 경우에 따라서는 광에너지가 열에너지로 변환하게 된다. 열도 에너지의 일종이므로 한 개의 물질분자를 고온에서 가열하면 이 분자는 커다란 에너지를 갖게 된다. 이 에너지에 의하여 식품 중에서 종종 화학변화가 일어나게 된다. 어떤 분자가 화학반응 하기 위해서는 에너지의 벽을 넘지 않으면 안 된다.

이 벽을 넘어가는데 필요한 에너지를 활성화 에너지라고 하며, 활성화 에너지 이상의 에너지가 주어지면 반응이 진행되어 반응생성물을 얻게 된다(그림 3-5). A의 경우와 같이 생성물이 가진 에너지가 반응 전 물질(반응물)의 에너지보다도 높은 경우에는 열을 흡수하는 반응(흡열반응)이 일어난다.

반대로 B와 같이 생성물의 에너지가 반응물에 의해서 낮아지는 경우에는 열을 내는 반응(발열반응)이 일어나며 반응 결과, 분자는 보다 안정한 화합물로 변화하게 된다. 이 과정은 산화반응 등에서 흔히 볼 수가 있는데, 열역학적으로 일어나기 쉬운 현상이다. 상온에서도 일어나기 쉬운 반응이므로 고온에서는 대단히 빠르게 진행된다. 산소에 대해서는 앞에서와 같이 유지의 자동산화의 반응속도가, 온도의 상승에 따라 대단히 빠르게 진행되는 사례가 이에 해당한다.

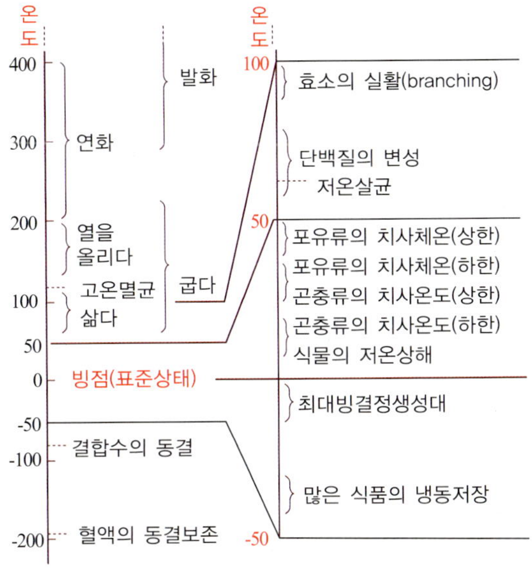


그림 3-6 가열 · 냉각조작 및 자연현상과 온도

식품을 가열하면 여러가지 종류의 산화물이 생성되어 독특한 배소 플라보(flavor)가 생긴다. 불에 굽는 것이나 기름에 튀긴 식품을 공기 중에 방치해 두면 당질, 단백질, 지질 등의 식품성분으로부터 가열에 의해서 생기는 배소 Flavor 성분의 일부가 곧 산화되어, 향기가 약하게 되며 변향하게 된다. 이와 같은 현상을 Staling이라고 하는데 이것은 특정한 화학변화를 나타내는 말로서 조리 후 산미된 식품을 먹을 수 있는 경우가 있다.

Staling을 방지하기 위해서는 가열 후 식품과 공기와의 접촉을 피하고 동시에 온도를 조절하는 것이 필수적인 조건이다. 일반적으로 식품의 조리, 가공에 사용하는 온도는 200℃ 정도까지 이용되고 있으나(그림 3-6) 고기를 굽는 등의 경우와 같이 식품을 수백도의 고온으로 가열하면, 이 분자를 구성하는 강한 공유결합 등이 고온 처리에 의해 공유결합이 끊어지며 대개 도중에 에너지가 높은 유리기가 생긴다.

이와 같이 반응성이 높은 유리기는 거의 무질서한 반응을 되풀이하기 때문에 식품을 고온처리하면, 여러 종류의 예측할 수 없는 생성물이 형성된다. 식품의 배소 Flavor가 다수의 복잡한 성분으로 구성되는 것은 이 때문이다.

예전의 배소 Flavor는 풍미를 좋게하는 경향이 있었으나 근년에 와서는 배소에 의해 생성한 성분 중에 발암성이 있는 물질이 존재한다는 것을 발견하였다. 예를 들면 구운 생선의 탄 부분에서 발견된 강력한 발암성 물질은 triptophane의 분해물이다. 이 같은 이유로 해서 최근에는 불에 탄 동물성 식품에 대해서 주의를 하고 있다.

식품은 이와 같은 상태에서 극히 심한 화학적 변화가 일어나, 화학적 열화를 받을 경우가 많다. 뿐만 아니라  식품을 장기간 저장할 경우나 고온에서도 주의해야 하며, 상온을 중심으로 100℃ 전후에서는 생물(미생물)에 의한 열화도 주의해야 한다.

표 3-5 10℃의 온도상승에 따른 반응속도의 증가($Q_{10}$) (Deatherage, 1978)

<table>
<tr><th>반응형</th><th>무생물계 반응</th><th>$Q_{10}$</th><th>온도범위<br>(℃)</th><th>생물의 반응</th><th>$Q_{10}$</th><th>온도범위<br>(℃)</th></tr>
<tr><td rowspan="10">열화학</td><td>대부분의 반응</td><td>2~3</td><td></td><td>광합성(진주)</td><td>1.6</td><td>4~30</td></tr>
<tr><td rowspan="2">효소(발효아밀라제)에 의한 전분의 소화</td><td rowspan="2">2.2</td><td rowspan="2">10~20</td><td>세균(E.coli) 생육</td><td>2.3</td><td>20~37</td></tr>
<tr><td>근육(소장) 수축</td><td>2.4</td><td>28~38</td></tr>
<tr><td rowspan="4">효소(트립신)에 의한 카제인의 소화</td><td rowspan="4">2.2</td><td rowspan="4">20~30</td><td>사탕무의 호흡</td><td>3.3</td><td>15~25</td></tr>
<tr><td>오렌지의 호흡</td><td>2.3</td><td>10~25</td></tr>
<tr><td>콩나물의 호흡</td><td>2.4</td><td>10~25</td></tr>
<tr><td>선액물질의 세포 중의 투과</td><td>2.4~4.5</td><td></td></tr>
<tr><td>단백질 응고</td><td></td><td></td><td rowspan="2">가열살생 ⎧ 포자<br>⎩ 세균</td><td>2~10</td><td>40~140</td></tr>
<tr><td>알부민</td><td>625</td><td>69~76</td><td>12~136</td><td>48~59</td></tr>
<tr><td>헤모글로빈</td><td>14</td><td>60~70</td><td>원생동물</td><td>890~1000</td><td>36~43</td></tr>
<tr><td rowspan="3">광화학</td><td rowspan="3">사진필름 노출</td><td rowspan="3">1.05</td><td rowspan="3">−85~30</td><td>세균의 자외선 살생</td><td>1.06</td><td>5~36</td></tr>
<tr><td>광합성(제한광)</td><td>1.06</td><td>15~25</td></tr>
<tr><td>안구광증감색소표백</td><td>1.0</td><td>5~36</td></tr>
</table>

이 온도영역은 biokinetic zone이라고도 하며, 일반적으로 미생물이 생육하기 쉽고, 또 산소의 공격을 받기 쉽다. 이와 같은 영역에서는 약간의 온도변화가 문제되는 것으로 $Q_{10}$이라고 하는 parameta를 사용해서 물질이 반응하기 쉬운가(안전성)를 검토하는 것이 좋다. $Q_{10}$은 온도가 10℃ 상승하면 반응속도가 몇 배가 되는가를 표시하는 것으로 온도계수라고도 하는데 같은 10℃ 정도의 온도를 올리더라도 $Q_{10}$이 클수록 변화가 심하게 나타난다.

여러가지 반응의 $Q_{10}$을 표 3-5에 나타내었다. 이 표를 통해 알 수 있는 바와 같이 일반적으로 $Q_{10}$은 화학반응의 2~3배이다. 단백질 응고의 경우나 살생된 원생동물의 경우에 예외적으로 큰 $Q_{10}$을 나타내는데, 이것은 달걀이 응고하는 경우를 생각해보면 알 수가 있다. 이와 같은 것은 어떤 작은 온도범위에 특이하게 반응이 진행하기 때문이라는 것을 의미한다.

일반적으로 식품성분이 저장 중에 이와 같이 특이한 변화를 나타내는 경우는 별로 없으며, 대개는 $Q_{10}$ = 2~3의 범위이다. $Q_{10}$이 3일 경우, 실온저장과 냉장은 약 20℃가 달라지므로, 안정성에 약 10배의 차가 생긴다. 이 경우 미생물의 성장을 저지하든지, 생야채나 과실과 같은 생식물의 대사 속도나 호흡률을 감소시키면 화학적인 열화속도도 약 10배 지연될 수가 있기 때문이다. 이와 같은 방법을 식품의 냉장 · 냉동저장 등에 이용하면 식품을 신선하게 보존하는데 크게 기여할 수 있다.

한편 저온저장에도 몇 가지 문제점이 있다. 한 예로 생선 · 과실 등에서 볼 수 있는 저온손상을 들 수 있는데, 바나나나 고구마를 냉장고에 넣었을때 표면이 흑색으로 변하게 되는 경우가 그에 해당한다.

생식품은 살아있는 것으로 대사활동을 계속하고 있다. 이 대사계는 일련의 효소반응으로 진행되고 있으며, 그 중에 어떤 효소반응이 저온으로 기능이 미비하게 되면 그 결과 대사전체의 적정한 활동이 영향을 받아, 식품의 품질을 나쁘게 만드는 것이다. 저온저장의 문제점은 냉동(해동하는 것도 포함)을 하는데서 발생된다.

식품 중의 자유수가 많을 경우 -1~-50℃에서 빙결하는데 이 온도대를 최대빙결정생성권이라 한다. 이 온도대를 천천히 통과한 것은 대형의 결정을 생성하는 것을 볼 수가 있는데 이 대형 결정은 세포막을 파괴하여 해동할 경우 drip 현상으로 수분과 같이 식품의 다른 성분을 함께 유출할 우려가 있다. 그러므로 최대빙결정생성권을 빨리 통과시키는 것이 해동시킬 때 식품을 원래의 상태로 보존하는 첩경이 된다. 일반적으로 식품을 냉동저장하는 온도는 -30~-40℃ 정도이다.

최근 과학기술의 발달로 -200℃의 저온으로부터 어느 정도의 고온까지도 온도관리가 가능하게 되었다. 이와 같이 온도의 조절로 인하여 다른 인자(물, 산소, pH, 광)에 의한 적정관리가 쉽게 될 수 있다. 이와 같은 현상은 온도를 식품의 열화를 억제하는 인자로써 적극적으로 이용한 것이다.

# 2. 생화학·생물학적 인자

## 1. 효 소 (enzyme)

사람이 먹고 사는 식품의 대부분은 생물에서 얻으며, 생물은 수확 또는 포획 후 효소활성을 가지고 있지 않는 경우가 많다. 이들의 효소는 생물이 살아 있는 동안은 질서 있게 통제하는 기능을 갖고 있으며, 수확되어서도 생명을 유지하기 위하여 반응하게 된다. 이 때 무질서한 반응일 경우에는 식품 중의 성분이 변화를 받아 열화하는 경우가 많다.

효소란 생체 내의 화학반응을 촉진하는 물질로 주성분이 단백질로 구성되며, 단백질은 그것을 구성하는 아미노산 배열에 의하여 각각 특수한 구조로 된다.

모든 화학반응은 반응물질 외에 소량의 촉매가 존재함으로써 반응속도가 빨라진다. 이 때 반응받는 물질을 기질이라고 하는데 효소와 기질은 열쇠와 열쇠구멍 같은 관계로 되어 있어서, 기질(열쇠)이 효소의 활성중심(열쇠구멍) 부분에 결합하면, 특이한 반응이 촉진된다. 하나의 효소는 개개의 구조를 가지고 있으므로 이 열쇠의 관계가 되는 기질에만 반응하게 되는데 이것을 기질특이성이라고 한다.

따라서 기질과 구조가 다른 물질과는 효소반응이 일어나지 않으므로 효소는 어떤 특징한 반응만을 촉매로 할 수 있는데 이것을 반응특이성이라고 한다. 이 반응특이성에 의해서 효소는 다음의 여섯 부문으로 대별할 수가 있다.

① 산화환원효소 (oxido-reductase)
② 전위효소 (transferase)
③ 가수분해효소 (hydrolase)
④ 절단, 개열, 분해효소 (lyase)
⑤ 이성화효소 (isomerase)
⑥ 합성효소, 축합효소 (ligase)

효소와 단백질은 열쇠구멍에 상당하는 활성중심을 가지고 있다. 효소반응은 일반적인 화학반응과 같이 온도가 높아질수록 반응속도가 증가하지만 온도가 너무 높아지면 효소 단백질은 열변성을 일으켜서 오히려 활성이 저하하게 된다. 냉동 소채류의 변질을 방지하기 위한 열처리를 할 경우가 있는데, 이것은 효소를 실활시켜 저장 중의 효소반응을 억제하게 하는 것이다.

이와 같은 처리조작을 블랜칭(Blanching)이라고 한다. Blanching을 함으로써 냉동저장 중인  식품의 Flavor를 파괴하여 변질되는 완두콩, 참두콩 등의 과산화물가의 상승 등 효소에 의한 여러가지 열화를 방지할 수가 있다.

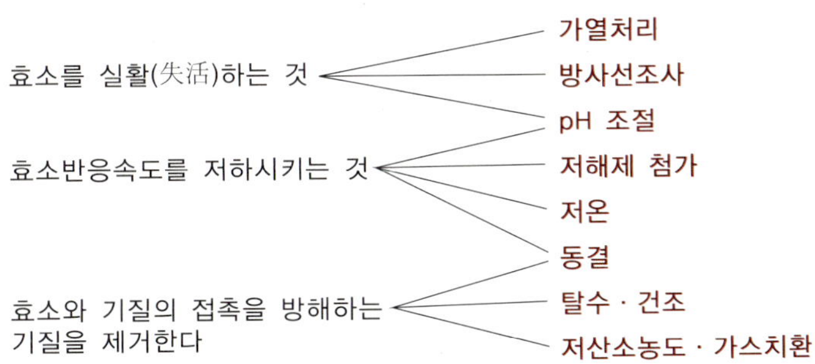


그림 3-7 효소반응의 제어와 식품보장

그 밖에 효소를 불활성화하는 방법으로는 방사선 조사가 알려져 있는데, 방사선 조사는 저장 중의 감자의 발아방지 등에 실제로 사용되고 있다. 한편 효소반응을 억제하는 방법은 열쇠(기질)를 열쇠구멍(효소)에 접촉시키지 않는 것이다. 효소반응기질 등의 기질은 식품의 구성성분이므로 제거한다는 것은 일반적으로 불가능하다. 이 경우에는 탈수, 건조, 저산소 등으로 기질과의 접촉을 방해하는 방법이 있다. Blanching에 의하여 Lipoxidase(지방산화효소)의 기침이 되는 지질이 분리 · 제거되어, off-flavor의 발생이 방지되는 경우가 있는데 이것은 예외적인 것이다.

또 저해제를 사용하여 반응을 저지하거나 pH 조절이나 저온으로 효소반응을 억제하는 방법이 있다. 이와 같이 효소에 의한 식품의 열화를 제어하는 방법과 각 저장법과 관련된 것을 그림 3-7에 나타내었다.

식품의 열화에는 off-flavor의 발생, 외관의 악화, 텍스처(Texture)의 변화, 영양가의 저하 등이 밝혀졌으나 이들의 변화는 주로 가수분해 효소나 산화효소가 관계되고 있다. 탄화수소나 단백질, 지방 등과 같은 식품성분 등의 효소가 작용하는 것을 분류해서 표 3-6에 나타내고 있다.

표 3-6 식품의 연화에 관한 중요한 효소

| | | | |
|---|---|---|---|
| (1) 탄수화물의 변화 | 포스포릴라아제<br>아밀라아제<br>해당계효소군<br>펙틴분해효소 | | 디아밀라아제<br>크산틴옥시다아제 |
| (2) 단백질의 변화 | 프로테아제 | (5) Flavor의 변화 | 폴리페놀옥시다아제<br>카탈라아제<br>퍼옥시다아제<br>클로로필라아제<br>풍미효소류 |
| (3) 지질의 변화 | 리파아제<br>리포옥시게나아제 | | |
| (4) 핵산의 변화 | 미오키나아제<br>APT아제 | (6) 영양소의 변화 | 아밀라아제<br>아스코르브산옥시다아제 |

### (1) 탄수화물을 분해하는 효소

동물의 glycogen, 식물의 전분이나 pectin은 1종류 또는 복수종류의 단당류가 다수 연결되어 있는데 이것을 다당류라고 한다. Glycogen은 사후, phosphorylase에 의해서 가인산 분해된 후 해당계의 제효소에 의해서 대사되어 유산이 되는데 이로써 pH는 저하한다.

전분은 저장 중에 amylase류에 의해서 분해되어 glucose를 거쳐서 대사하게 되며, amylase는 전분 분해 양식에 의해서 $\alpha$-amylase, $\beta$-amylase, gluco-amylase, isoamylase, amylo-1, 6-glucosidase로 대별한다.

고구마나 감자 등의 전분질 식료가 저장하는 동안에 이들의 분해효소에 의해 작용을 받으면, glucose가 생겨서 조리가공할 때 식품의 색, 맛, 질감에 영향을 주게 된다. 또 과실이나 야채의 pectin질이 pectin 분해효소의 작용을 받으면 조직이 연화하여 Texture 가 손실된다.

### (2) 단백질을 분해하는 효소

일반적으로 protease로 총칭되는 단백질 분해효소는, 소화기관을 비롯하여 생체의 각 기관에 보편적으로 존재하고 있다. 소화기관에 존재하는 protease에는 trypsin, chymotrypsin, pepsin 등이 있으며, 육(肉)의 저장에 영향을 미치는 것은 cathepsin이 있다. 여기서 cathepsin은 소화기관 이외의 조직에 존재하는 protease의 총칭이다.

가축은 도살 직후 사후경직이 일어나며, 그 후 해경하여 육질이 연화되면 식감이 좋아지게 된다. 이 해경의 과정에서 근육 중에 존재하고 있는 각종의 cathepsin이 크게 관여하게 된다. 따라서 즉시 분해가 진행하게 되며, 연화가 과중하게 되면 유리아미노산이나 저분자 peptide가 증가하여 고미가 출현하는 등의 문제가 생긴다.

### (3) 지질을 열화시키는 효소

지방의 분해에 관여하는 주된 효소인 lipase는 중성지방을 가수분해하여 지방산을 유리시킨다. 이에 의해서 산도가 증가하고 off-flavor가 출현하게 된다. 이것은 식품에 존재하는 lipase에 의해서 일어나는 경우와 식품에 오염된 미생물이 산생되어 lipase에 의해서 일어나는 경우가 있다. 유지방이 우유 lipase 혹은 미생물 lipase의 작용을 받으면 강한 낙산취가 발생하게 된다.

지질의 열화에 관계하는 또 하나의 효소로 lipoxidase가 있는데, 이것은 주로 식물, 특히 두류과 식물의 종자에 많이 존재한다. lipoxidase는 지질의 중요한 구성 성분인 리놀레산(linoleic acid)이나 리놀렌산(linolenic acid)의 산소첨가를 촉매하여 하이드로페옥시드를 만들게 한다. 이 hydroperoxide는 식품의 중요한 성분을 산화할 뿐만 아니라 자기 자신도 분해하여 식품의 off-flavor 성분인 휘발성 aldehyde로 변하게 된다.

### (4) 핵산을 분해하는 효소

핵산관련 물질인 inosin-5'-인산(5'-IMP), guanosine-5'-인산(5'-GMP) 등은 식육에 있어서 중요한 지미 성분이다. 가다랑어 지미의 주성분은 5'-IMP로서 5'-IMP 자신도 ATP로부터 효소적 분해를 받아 생성한다. 즉 분해를 받아서 고미를 가진 inosine이나 하이포크산틴까지 분해한다. 이 때문에 이들의 핵산관련 물질의 존재량비는 어육의 경우 선도판정의 기준이 된다.

### (5) 색, 맛, 향기를 열화시키는 효소

식품을 변색시키는 효소로는 polyphenol-oxidase가 있으며, 맛, 향기의 변화에 관계되는 효소로는 flavor 효소로 총칭하는 효소군이 있다. polyphenol-oxidase는 polyphenol 류를 함유하는 식물, 특히 감자 · 과실 · 차 등에 함유되어 있으며, 과실이나 야채의 효소적 갈변의 주역을 하고 있다.

껍질을 벗긴 사과나 배 등이 갈변하는 것은 이 효소의 작용에 의한 것이다. 이 효소는 외관이나 flavor를 나쁘게 할 뿐만 아니라 비타민이나 아미노산의 분해를 일으켜 상품가치와 영양가를 저하시키는 한편 홍차 · 커피 · 담배 등의 색소형성에 중요한 역할을 한다. Flavor 효소는 마늘을 갈 때 특유한 향기가 생기게 하는 알리나아제에 의해서 특이한 냄새가 나게 한다. 또 고추냉이의 향기 생성에 관계되고 있는 미로시나아제도 flavor 효소인 것이다.

## 2. 미생물

식품을 방치하여 두면 시간이 경과함에 따라 외관적으로나 내용적으로 변화가 생겨서 식용에 부적합하게 된다. 이와 같은 변화의 형태는 미생물에 의한 식품성분의 부패, 변패에 의한 것이다.

미생물의 증식에 의해 생산되는 효소군의 작용에 의해서 단백질이 분해되어 저분자의 악취를 풍기는 물질 등으로 변화하는 현상을 부패라고 하며, 탄수화물이나 지방이 증식한 미생물의 작용을 받아 분해되어 풍미를 해치고, 식용에 적합하지 않은 상태로 변패된 것을 변질이라고 한다. 그러나 이것은 단백질에 있어서의 부패와는 구별되는 것이 많다.

일반적으로 식품의 부패는 구성성분으로부터 만들어지는 것으로 부패의 경우 탄수화물이나 지방의 분해가 동시에 일어나는 것이다. 또 변패 혹은 변질의 경우에도 일반적으로 일부 단백질의 분해가 일어난다. 따라서 이와 같이 부패와 변패, 변질을 구별하기는 어렵다.

부패에 의한 변화는 다양하며, 사람의 감각역치는 대부분이 $1\times10^{-7} \sim 1\times10^{-12}$ 몰농도의 범위이며, 약간의 변화에도 그것을 관찰하여 알 수가 있다. 부패취는 각종의 휘발성 아민, 저급지방산과 그의 에스테르, 카르보닐화합물과 그 에스테르, 유화합물 등이 미세하게 혼합된 것이다. 일반적으로 분해에 의해서 생성하는 질소화합물이나 유화합물은 악취가 많으며, 역치가 낮은 것이 많다. 이와 같은 것은 생체방어상에서 유리한 것이다.

색의 변화도 부패, 변패에 의한 것으로 알려져 있다. 미생물의 증식에 의해서만 식품고유의 색조나 광택이 파괴되는 것이 아니고, 미생물이 생산하는 색소(carotenoid, melanoidin)에 의해서 변색하는 경우도 있다. 식품자체가 변색하는 예로는 세균이 생산한 유화수소에 의해서 술포미오글로빈을 생성하여 육류 혹은 육제품이 녹변한 예를 볼 수가 있다.

특징적인 맛의 변화는 탄수화물계 식품에서 볼 수 있는 산미, 단백질계 식품에서 볼 수 있는 고미 등이 있다. 맛의 변화는 식품에 변질을 주는 환경, 특히 온도에 의해서 큰 영향을 받으며, 이와 같은 것은 미생물이 생산하는 분해 효소군의 종류와 성질, 그리고 이와 같이 활성을 발현시키기 좋은 조건이 다르기 때문이다. 그 밖에 부패의 진행에 따라서 식품조직의 연화, 가스의 발생, neto(생선묵 등 표면이 눅진하게 된 것) 등 외관의 변화가 일어난다.

미생물은 크게 핵에 핵막이 없는 원핵생물과 핵막으로 덮여 있는 진핵생물로 나눈다. 세균, 방선균, *Escherichia*, *mycoplasma* 등의 단세포 생물은 원핵생물이다. 진균류인 곰팡이나 효모는 진핵생물로 분류한다.

이와 같이 생물분류학상의 위치에 따르지 않고 영양요구형식에 의해서도 분류할 수가 있다. 영양요구형식에 의하면 생육에 유기물을 필요로 하지 않으며, 광합성에 의하여 에너지를 획득하고 있는 독립영양균과 유기물을 이용해서 필요한 에너지를 얻는 종속영양균의 두 가지로 대별한다.

곰팡이, 효모와 같은 대부분의 세균류, 그리고 우리 생활주변의 유용미생물이나 유해미생물의 대부분은 종속영양형이다. 따라서 미생물의 입장에서 본다면 부패나 발효는 생명을 유지하기 위한 필수적인 과정이다.

인류는 미생물을 이용하여 술, 치즈, 된장, 장류 등과 같이 유용한 것을 많이 만들어 왔다. 이와 같은 과정을 발효라고 하며, 사람에게 나쁜 영향을 미치는 미생물 반응, 즉 부패와 변패는 구별하여 인식한다.

식품의 부패 · 변패 및 식중독에 관계하는 세균에는 다음과 같은 것이 있다.

[Gram 음성 간균]

① 원래 수생균 group : *Vibrio* 등
② 장내세균 group : *Proteus*, *A erobacter* 등
③ 비아포간균 group : 유산간균의 일부
④ 호기성 내열성 아포균인 *Bacillus*
⑤ 혐기성 아포균인 *Clostridium*
⑥ 구균 group : *Micrococcus* 등

식중독을 일으키는 것으로 알려져 있는 보툴리누스균이나 포도구균은 각각 Gram 음성균 ⑤, ⑥에, 또 장염 Vibrio는 Gram 음성균의 ①에, 살모넬라균은 ②에 속하고 있다.

미생물의 증식은 화학적 요인인 영양소(물, 무기이온, 탄소원, 질소원, 미량발육인자)에 의한다. 물리적 환경요인인 온도, 습도, 수분활성 삼투압, pH, 방사선, 산화환원전위 등 생물학적 환경요인인 생물 등의 복잡한 여러 갈래를 거쳐서 여러가지 인자의 영향을 받는다.

자연계의 많은 미생물은 환경의 화학적 · 물리적 조건에 의해서 경합 · 길항 · 공생 · 공동 등의 작용이 끊임없이 계속 반복되어 존재하고 있다.

① **온도는 미생물의 증식과 생존에 매우 중요한 영향 요인이다.** 대개의 미생물은 10℃ 이하의 저온이나 50℃ 이상의 고온에서는 증식, 생존이 곤란하다. 이와 같은 균을 중온균이라고 한다. 그러나 수생균은 0℃ 부근의 저온에서도 증식이 가능한데 이러한 균을 저온균이라고 한다.

이와는 반대로 고온균이라 부르는 group은 최고 80℃ 정도까지 생육이 가능하다. 이들 세균으로는 온천균, 유아포간균이 있는데, 일반적으로 식품에서 행하는 고온살균처리에도 이들 내열성 미생물은 사멸하지 않는다. 장염 vibrio나 살모넬라균은 열에 약하여 저온살균으로 사멸하며 생산하는 독소도 열로 파괴하기 쉽다. 그러나 보툴리누스균이 생산하는 아포(균체독소는 열에 약하다)나 포도구균은 열에 대단히 안정하므로 고온살균의 경우에도 매우 주의하여야 한다.

② **물은 모든 생명활동에 있어서 불가결한 존재이다.** 식품 중의 물의 일부는 결합수로, 일부는 유동적인 자유수가 존재하고 있다. 미생물이 생존과 증식에 활용하는 물의 양을 나타낼 경우 수분활성($A_\omega$)을 사용하는데 수분활성과 미생물류 증식의 관계는 앞에서 언급한 바와 같다.

③ **삼투압과 수분활성은 밀접한 관계가 있다.** 그러나 호염성 미생물은 반대로 삼투압이 낮으며 물의 침입으로 사멸한다. 일반적으로 Gram 양성균이 Gram 음성율보다 내삼투압성이라 한다. 염장과 사탕지 등의 저장법은 고삼투압을 이용하여 식품을 미생물로부터 보호하게 된다. 다만 어류나 가공품에서 볼 수 있는 장염 Vibrio는 호염세균이므로 염장에서도 사멸하지 않기 때문에 충분히 주의해야 한다.

④ **pH는 수소이온농도를 나타내는 지표라고 할 수 있다.** 일반적으로 식품과 관계가 깊은 세균의 증식 pH 범위는 3.5~9.5이고, 적당한 pH는 7 부근이다. 식품은 산성인 것이 많다. 레몬이나 초지물(酢漬物) 식품은 부식되지 않고, pH가 낮아질수록 미생물의 증식을 제어할 수가 있다. 그러나 그 한계는 미생물의 종류나 산의 종류 또는 온도에 의해서도 다르다.

⑤ **산소는 고등생물에서도 없어서는 안 되는 것이다.** 그러나 미생물 중에는 지구상에 최초의 생명이 탄생한 시대와 같이 산소의 존재를 필요로 하지 않는 것도 있고 오히려 해가 되는 것도 있다. 이와 같은 세균을 혐기성 세균이라고 부르며, 식품 안에 산소가 적은 부분에 존재하는 것이 많다. 치사율이 높은 보툴리누스균은 편성 혐기세균이며 열에 대단히 강한 아포를 형성한다.

통조림이나 소시지의 내부는 무산소 상태로 되어 있으며, 내열성의 저미생물도 존재하지 않으므로 보툴리누스균의 아포가 생성하기 좋은 곳이다. 이와는 반대로 산소를 대단히 좋아하는 세균을 호기성세균이라 하는데 미생물의 호기도 또는 혐기도를 나타내는 척도로, 산화환원전위가 사용되고 있다.

⑥ **광합성에 의해서 영양(에너지)을 얻고 있는** 일부의 광합성 세균들도 클로렐라와 같이 빛을 이용하는 생물을 제외하고, 엽록소를 갖지 못하는 미생물이 증식하는데 빛을 필요로 하지 않으며, 오히려 유해하다. 가시광선 이상의 장파장에는 살균력이 없지만, 자외선은 미생물에 대하여 강한 살균력을 나타낸다. 이와 같은 작용은 X선, γ선을 통해서 알 수 있으며, 살균을 목적으로 사용되고 있다.

이상과 같이 물리 · 화학적인 상태뿐만 아니라 식품의 구성성분의 특징에 의해서 농산물, 축산물, 수산물 각각에 특징적인 미생물총을 볼 수가 있다. 예를 들면 농산물 및 가공품에는 계상균(系狀菌), 축산균에는 살모넬라균, 수산물에는 콜레라균 · 장염비브리오균, 저온저장품에 있어서는 저온세균, 병 · 통조림류에 있는 유아포내열균으로는 보툴리누스균 등이 밝혀지고 있다. 이들 미생물은 식품을 저장하는데 있어서 주의를 요하는 미생물이다.

## 3. 그 밖의 생물

곤충류나 진드기류에 의한 곡물의 피해는 세계 생산량의 5~10%에 달하고 있다. 특히 열대나 아열대지방에서는 50%에 가까운 피해를 받는 경우도 있다. 피해에는 해충의 섭취에 의한 직접적인 피해뿐만 아니라, 그에 의한 분, 배설물, 사체, 탈피각 등에 의한 오염이 밝혀지고 있다. 즉 곤충의 발생에 의해서 생기는 열이나 습도에 의해 곰팡이가 발생하여 곡물을 변질시키는 것도 큰 문제로 대두되고 있다.

피해를 주는 생물로 곡물을 먹는 것을 저장해충이라고 한다. 곡물을 가해하면서 이동전파되는 양상은 밑에서 위로 옮겨가는 상향성과 위에서 아래로 옮겨가는 하향성으로 나눌 수가 있다. 바구미와 같이 기어다니는 것은 전자에 속하고, 나방과 같이 날아다니는 것은 후자에 속한다.

저장해충에는 다음과 같은 것이 있다.

① 쌀바구미 (*Sitophilus oryzae L.*)
② 그라나리아 바구미 (*Sitophil1us granarius L.*)
③ 쌀도둑 (*Tenebroide mauritanicus L.*)
④ 거짓쌀도둑 (*Tribolium confusum J du V.*)
⑤ 장두 (*Rhizopertha dominica F*)
⑥ 보리 나방 (*Sitotroga cerealella oliv.*)
⑦ 화랑곡나방 (*Plodia interpunctella Hüb*)
⑧ 창고좀벌레 (*Cryptolestes ferrugineus steph*)
⑨ 곡식알락벌레 (*Mycetophaqus antennatus reit*)
⑩ 응애 (*Acarus siro L.*)

이들 해충들의 곡물을 가해하는 양상은 다음 세 가지로 나누어 고찰할 수 있다.

① 잠행성 가해 : 곡물의 내부에 파고 들어가서 성충이 될 때까지 그 속에 머물며 가해하는 양상으로 피해가 가장 크다. 쌀바구미, 그라나리아바구미 등이 이 같은 가해를 한다.

② 파괴성 가해 : 곡립을 외부로부터 파먹어 들어가는 가해양상인데 장두, 쌀도둑 등이 이 같은 가해를 한다.

③ 박피성 가해 : 곡립의 강층을 맑아먹는 가해양상인데 톱가슴머리대장 등이 이 같은 가해를 한다.

저장해충을 방제하기 위해서는 우선 감염을 방지하고, 발육을 억제하기 위하여 깨끗이 청결하게 살충처리를 충분히 한 후 곡물의 저장환경에 적합한 온도와 습도를 유지하고 해충의 발육을 억제할 필요가 있다.

Chapter 4

# 식품가공과 미생물 및 효소

## 1. 미생물의 종류와 분류

식물과 직접 관계가 있는 주된 미생물[1)]은 곰팡이, 효모 및 세균이다. 곰팡이나 효모는 편의적인 호칭이고 분류상은 같은 진균류(眞菌類)에 속한다.

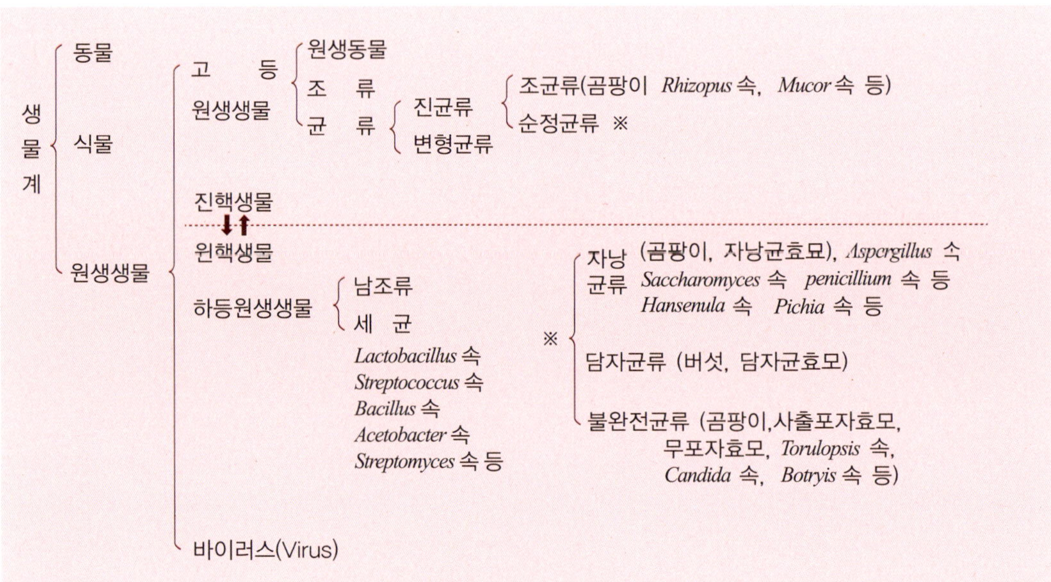


그림 4-1 생물계에서의 미생물의 위치

1) 미생물은 분류학상의 명칭이 아니고 육안으로는 보이지 않는 생물의 총칭이며, 그림 4-1의 원생생물계에 속한다. 그러나 원생생물계에는 조류 중 다시마나 녹미채, 진균류의 담자균(버섯) 등 그 형태가 현미경을 필요로 하지 않는 것도 포함된다.

곰팡이는 균사에 격벽이 없는 조상균류와 유성생식이 나타나는 자낭균류, 무성생식밖에 볼 수 없는 불완전균류로 나누어진다. 효모는 포자형성방법에서 4개로 크게 나누어지고 자낭균효모는 자낭균류에, 담자균 효모는 담자균류, 사출포자효모와 무포자효모는 불완전균류에 각각 속한다.

세균은 곰팡이, 효모 등과 같은 진핵생물이 아니고 핵막이 없는 원핵생물이며, 세포형태, 그람염색성[2] 등의 형태학적 성질, 온도, 산소 등에 대한 생리학적 성질 및 배양적 성질 등에 의해 Bergey's Manual of Determnative Bacteriology에서는 19부로 분류한다.

## 2. 미생물의 형태와 크기

곰팡이(사상균, mold)는 다세포로 효모나 세균과 비교해서 크고 복잡한 형태를 하고 있다(그림 4-2). 균체는 균사체(mycelium)와 자실체(fruiting body)로부터 성립하고 균사체는 균사(hyphae)의 집합체로 영양분의 섭취나 발육에 관여한다.

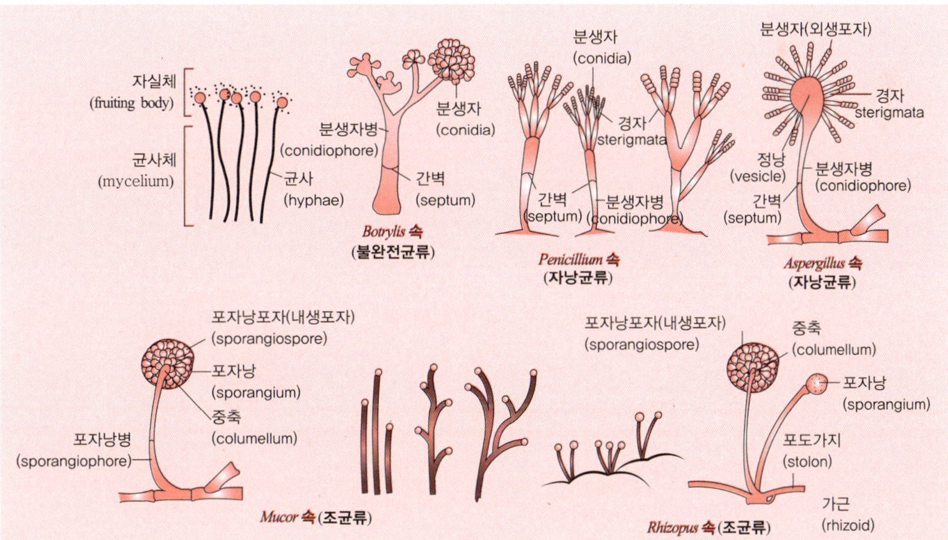


그림 4-2 곰팡이의 형태

2) Chritian Gram이 1884년에 창안한 염색성으로서 이것을 이용해 청색으로 물들이는 것이 그람양성이고, 물들지 않는 것이 그람음성으로 판단된다.

자실체는 번식기관이고, 성숙한 균사의 선단에 무성적(無性的)으로 다수의 포자가 착생하여 형성된다. 균자체와 자실체의 모임을 균총(Colony)이라 하는데 육안으로도 볼 수 있다. 포자는 착생해져 있고, 그 형태, 착생 및 표면의 형태는 분류상 중요하다.

균사의 폭은 약 30$\mu$, 높이는 수 cm에 이르는 것도 있다. 효모(yeast)[3]는 곰팡이와 같은 진균류에 속하지만 단세포인 것으로부터 구별된다. 형태는 구형, 난형, 기타의 형이 있다(그림 4−3).

크기는 4~8×5~12$\mu$ 정도이지만 같은 종류라도 환경에 따라 다르다. 세균(Bacteria)도 단세포이지만 크기는 효모에 비해서 매우 작은 0.5~1×l~5$\mu$ 정도이다. 형태는 구균(Coccus), 간균(rod), 나선균(spirillum)으로 크게 나누게 되며(그림 4−4), 구균은 분열 후의 균의 집합상태에서 그림 4−5처럼 나뉘게 된다.

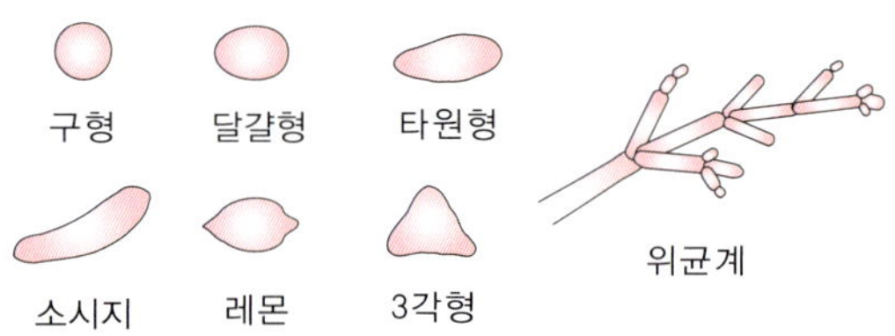


그림 4−3 효모의 형태

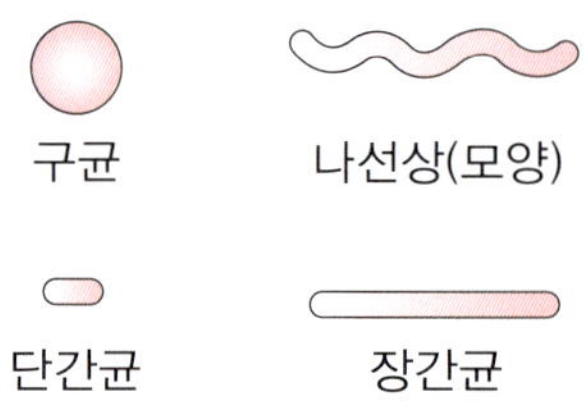


그림 4−4 세균의 형태

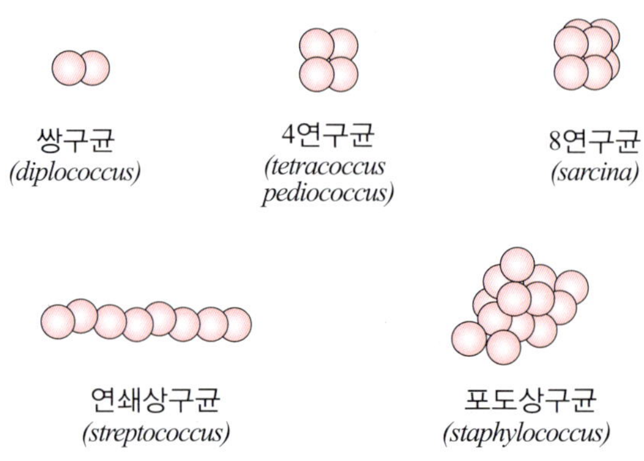


그림 4−5 구균분열 후의 집합상태

3) 효모라는 호칭은 거품이라든가 거품이 이는 것에서 유래한다.

## 3. 미생물의 영양

미생물도 에너지원으로서 영양물질을 섭취한다. 곰팡이, 효모 및 대부분의 세균은 종속영양균으로 유기체의 호흡 또는 발효에 의한 에너지를 이용하므로 영양물질은 세포구성성분의 중요한 소재이기도 하다.

이들은 다량의 탄소원과 질소원을 필요로 하는데 종속영양균의 경우 일반적으로 바람직한 탄소원은 glucose, sucrose 등이다. 이것들은 동시에 에너지원이 되는 것이 많으며[4] 질소원으로는 공중의 질소를 직접 이용하는 질소고정율을 제외하면 암모늄염, 아미노산, 펩톤 등이다. 이 밖에 필요한 것으로 무기염류($KH_2PO_4$ $MgSO_4$ 등)나 발육소(생육에 필요하지만 스스로 생합성이 불가능한 유기물) 등이 있다.

## 4. 미생물의 증식

곰팡이는 포자에 의해 번식한다. 포자는 무성생식 또는 유성생식에 의해 형성되지만 대체로 무성포자에 의한 것으로 균사(菌系)의 선단에 형성되는 내생포자(포자낭포자) 및 외생포자 등이 주된 것이다. 거미줄곰팡이속(*Rhizopus*)이나 털곰팡이속(*Mucor*) 등에서는 내생포자를 형성하고, 누룩곰팡이속(*Aspergillus*), 푸른곰팡이속(*Penicillium*) 등에서는 외생포자를 형성한다.

조상균류 및 자낭균류에 속한 곰팡이에는 유성포자를 형성하는 것도 있으며, 거미줄곰팡이속, 털곰팡이속 등에서는 균사가 접합해서 접합포자를 만든다. 자낭균류에서는 균사의 일부가 포함되어 자낭(ascus)이 되고 이 중에서 두 개의 핵이 융합, 분열해서 보통 8개의 자낭포자를 내생(內生)한다.

불완전균에 속하는 곰팡이는 무성포자로만 증식하고 유성생식은 볼 수 없다. 대부분의 효모는 무성적으로 출아(budding)에 의해서 증식한다.

---

4) 영양적 요구의 복잡한 유산균에서는 에너지원으로써 당을 이용하지만 탄소원으로써는 아미노산, 비타민, 핵산, 염기 등의 이용이 많다.

즉 하나의 영양세포에서 돌기가 나오는대로 커지고 새로운 세포가 잘록해져간다. 그 밖에 세포의 중앙에 격막이 생겨서 분열하는 분열법(fission) 등이 있다.

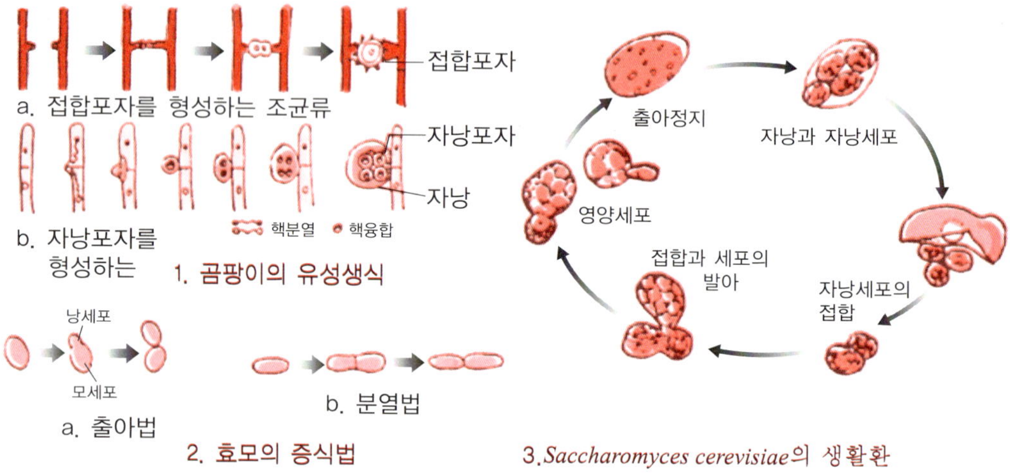


그림 4-6 곰팡이 효모의 증식

또한 자낭균 효모에서는 생존에 불리한 환경생활의 일환으로서 세포가 자낭이 되고 그 중에 보통 4개의 자낭세포를 내생하여 유성생식을 하기도 하는데 세포는 무성적으로 분열법에 의해서만 증식한다.[5] 구균은 1 내지 3 방향으로, 간균은 장축의 방향으로 분열한다. 미생물의 증식법은 그림 4-6에 나타나 있다.

## 5. 미생물의 생육과 환경

미생물은 여러 환경 하에 생존하고 있다. 미생물의 생육은 모든 조건이 허용범위 내에 있는 경우에 한정되고 하나의 조건에서도 이 범위 외에서는 생육이 불가능한데, 이러한 조건에 맞춰 식품의 보존법에 응용되고 있다. 하지만 생육 불가능한 상태가 반드시 그 미생물의 죽음을 의미하는 것은 아니고, 조건만 갖추면 다시 생육을 개시하는 것이 많다.

---

5) 세균 중에는 세포 내에 포자를 형성하는 것(Bergye's Manual 에서는 5속)이 존재하지만 이들 포자는 무성적(無性的)인 것이다.

## 1. 수분

미생물은 수분이 없으면 생육이 불가능하다. 미생물이 이용할 수 있는 물은 자유수이고 식품 등에서는 수분함량보다 자유수 쪽이 미생물의 생육에 있어서 커다란 의미를 갖는다. 따라서 수분활성[6] $A_{\omega}$(Water Activity)라는 개념이 필요하게 되고, 각 미생물에는 생육하는 데에 필요한 최소한도의 수분활성치가 정해져 있다. 일반적으로 곰팡이가 가장 낮아서 약 0.75이고, 효모, 세균이 각각 약 0.85, 약 0.93이다.

## 2. 온도

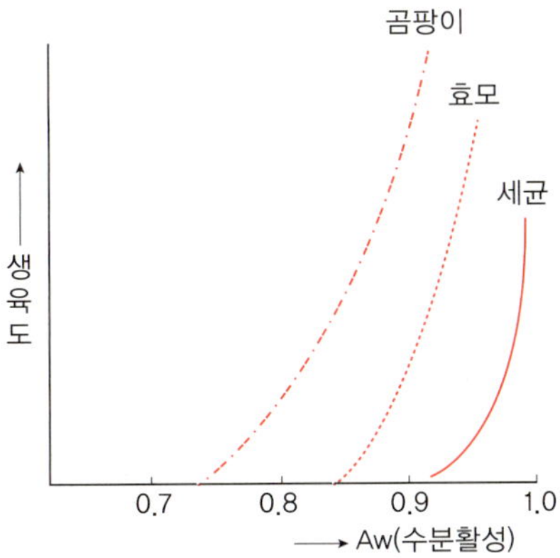


그림 4-7 생육온도에 따른 미생물의 분류

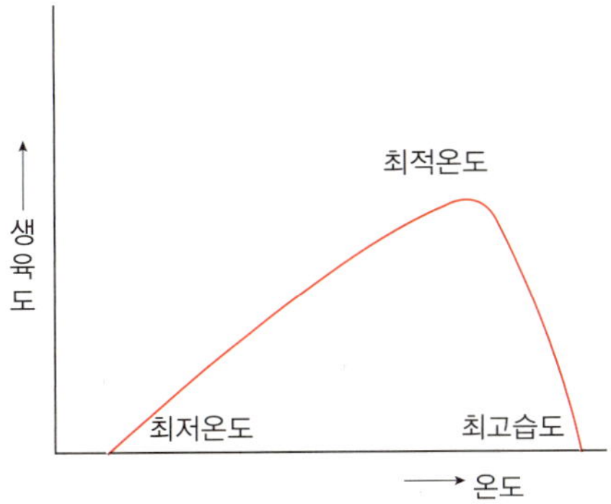


그림 4-8 미생물의 생육과 온도

미생물의 생육과 온도와의 관계는 그림 4-8과 같다. 생육도가 가장 큰 온도를 최적온도라고 하는데 미생물은 그 최적온도에 의해 저온균, 중온균, 고온균으로 나누어지며 중온균이 가장 많다(표 4-1). 최적온도보다 낮아지거나 높아지면 생육도는 대체로 낮아지고 결국에는 전혀 생육(生育)하지 못하게 된다.

---

6) $A_{\omega} = \frac{P}{P_0} = \frac{n_1}{n_1 + n_2}$ (온도 일정)

P : 용액(또는 식품)의 증기압　　$P^0$ : 용매의 증기압

n : 용질의 mol 수　　$n^2$ : 용매의 mol 수

표 4-1 생육온도에 따른 미생물의 분류

| | 최저온도 | 최적온도 | 최고온도 | 미 생 물 |
|---|---|---|---|---|
| 저온균 Pyschophile | −10~5℃ | 10~20℃ | 20~40℃ | 부패균의 일부<br>곰팡이의 일부<br>수생균 |
| 중온균 Mesophile | 10~15℃ | 25~40℃ | 40~50℃ | 곰팡이 효모, 일반세균,<br>대부분의 병원균 |
| 고온균 Thermophile | 40~45℃ | 55~75℃ | 50~80℃ | *Bacillus* 속,<br>*Clostridium* 속의 일부 |

온도에 의한 미생물의 생육범위를 최저온도 및 최고온도라고 하는데 미생물은 최저온도보다 낮은 곳에서의 생육이 불가능하지만 사멸하지도 않는다. 한편 고온에서는 단백질의 불가역적인 열변성이 일어나며, 영양세포에서는 일반적으로 최고온도보다 10~20℃ 상승하면 급격히 사멸한다.

그러나 포자는 내열성이 강한데, 특히 세균의 포자는 곰팡이, 효모의 포자와 비교해서 내열성으로 습열 100℃에서 15시간이나 생존하는 것도 있다.[7)]

식품 등의 살균에는 대체로 가열살균법을 이용하지만 포자형성균 중에는 *Clostridium botulinum* 과 같이 맹렬한 독을 갖고 있는 세균도 존재하므로 주의가 필요하다.

## 3. 수소이온지수 pH

미생물은 생육에 가장 적합한 pH역(최적 pH)을 벗어나면 생육하기가 어려워지는데, 특히 산성에서 현저하다. 일반적으로 곰팡이, 효모의 최적 pH는 미산성, 세균의 경우는 중성에서 알칼리성이다. 그러나 유산균이나 초산균처럼 낮은 pH역에서 생육하는 세균도 있다. 또한 pH의 변동은 생리적 기능에도 영향을 미치며, 합성되는 효소의 성질이나 대사 산물에도 변화가 일어난다.

## 4. 산 소

미생물에 있어서의 산소는 고등생물과 같이 절대적으로 필요한 것은 아니며, 그 요구성에 의해 표 4-2처럼 분류된다.

---

7) 고압습열 살균법으로 121℃(2기압), 15~20분에서는 어떤 포자라도 살균된다.

표 4-2 산소요구성에 따른 미생물의 분류

| 분 류 | 성 질 | 에너지 획득법 | 예(보기) |
|---|---|---|---|
| 호기성균 (aerobe) | 산소가 없으면 생육하지 않는 균 | 산화적 대사 또는 호흡 | 곰팡이류 초산균, 고초균, *Pseudomonas* 속 등의 세균 |
| 통성혐기성균 (facultative anaerobe) | 산소와는 무관하게 생육하는 균 | 호기성균 및 혐기성균의 양대사계를 산소량에 의해 구별하여 쓴다. | 효모류 병원균, 대장균, 유산균, 기타 대부분의 세균 |
| 편성혐기성균 (obligate anaerobe) | 산소가 있으면 생육하지 않는 균 | 유기물의 비산화적 분해 또는 분자간 호흡 | 아세톤 브타놀균, *clostridium, Thermosaccharolyticum,* 낙산균 등의 세균 |

## 5. 광선과 방사선

다선량(多線量)의 가시광선은 산소의 존재하에서 광산화반응을 일으켜서 광합성균 이외의 미생물에는 유해작용을 한다. 자외선은 DNA에 강하게 흡수되므로 미생물에 대해서 변이작용이나 치사작용을 갖고 있다. 그러나 자외선에 의해 증식력을 상실한 세균에 350~450nm의 빛을 쬐면 최면광재생이라고 해서 다시 증식력을 회복할 수도 있다.

자외선보다도 파장이 짧은 X선, $\beta$선, $\gamma$선 등의 방사선은 어느 것이나 유해하여 치사작용을 갖고 있는데, 그 작용기구는 DNA의 파괴이며, 동시에 세포 내의 물질을 유리기로 바꾸고 효소를 불활성화하는 데에 있다.

## 6. 삼투압

미생물은 외계보다 약간 높은 삼투압을 유지하여 생육하고 있다. 외계의 삼투압이 높아지면 탈수에 의해서 원형질 분리가 일어나고 생육이 불가능하게 된다. 염장이나 당장은 그 성질을 이용한 것이다.

삼투압은 용질의 이온농도, 몰 농도와 비교하므로 같은 농도(%)의 설탕과 식염에서는 식염 쪽이 훨씬 높은 삼투압 효과를 갖고 있다. 그러나 거르지 않은 간장, 된장, 염장품(소금에 절여 저장), 벌꿀 등 높은 삼투압에서도 생육이 가능한 내삼투압성균이라고 불리는 미생물도 존재한다.

# 6. 미생물과 식품

미생물은 끊임없이 식물과 관계를 갖고 그 존재의 발견 이전부터 주로 균체 내외의 여러 효소(곰팡이 · 세균)나 대사산물(효묘 · 세균)이 전통적인 양조 효모로써 발효식품(술, 간장, 된장 등)에 이용되고 있다. 또한 미생물의 식품으로의 새로운 응용으로는 종래 식품에 이용되고 있지 않은 많은 미생물도 대상으로 하는, 그 특수한 효소 및 대사능력이나 균체 내 성분 등의 이용이 있다.

그리고 유전자나 세포융합 등 미생물에 본래에는 없던 형질을 발현시켜서 식품에 응용하려고 하는 시도도 연구되기 시작했다. 여기서는 뒤에서 다루어지는 효소제 이외의 이용에 관해서 기술한다.

## 1. 세균

### (1) 젖산균

당으로부터 다량의 유산을 생성하는 그람양성 세균의 총칭이다. 양조식품, 치즈, 요구르트 등의 유제품, 채소절임 등의 제조에 불가결한 중요균으로 젖산균에는 구균(球菌)의 *Streptococcus* 속, *Pediococcus* 속, *Leuconostoc* 속과 간균(桿菌)의 *Lactobacillus* 속이 있다.

이것들은 glucose보다 유산만을 생성하는 호모형 유산균과 유산 외에도 에탄올, 초산, $CO_2$ 등을 생성하는 헤테로형으로 나눌 수 있는데, *Streptobacillus* 속, *Pediococcus* 속은 호모형, *Leuconostoc* 속은 헤테르형, *Lectobacillus* 속은 종자에 따라 다르다.

① *Lactobacillus bulgaricus, Lactobacillus acidophilus, Streptococcus lactis, Streptococcus cremoris* : 요구르트, 치즈 제조에 이용된다.

② *Pediococcus halophilis, streptococcus feacalis* : 간장, 된장의 성숙에 관여한다.

③ *Leuconostoc mesenteroides, Lactobacillus sake* : 주모(酒母)에 존재하며, 청주의 산생성(酸生成)에 관여한다. *Lactobacillus sake*는 이외에서는 분리되지 않는다.

④ *Lactobacillus plantarum, Lactobacillus brevis :* : 발효, 채소절임에 관여한다.

### (2) *Acetobacter*속 (초산균)

그람음성의 간균으로 에탄올을 산화하여 초산을 생성하는 성질을 이용하여 알코올, 주박 등으로부터 식초를 만든다. *Acetobacter aceti* 등이 대표종이다.

### (3) *Bacillus* 속

내생포자를 형성하는 그람양성의 간균으로 강력한 아밀라아제, 프로테아제를 생산한다. 실잠기 납두(納豆)의 제조에 이용되는 납두균은 *Baccillus substils*의 변종이다.

### (4) *Propionibacterium* 속 (프로피온산균)

그람양성의 단간균(短杆菌)으로 당이나 젖산으로부터 프로피온산을 만든다. Emmentar 치즈의 성숙에 관여하는데 치즈의 육질 중의 구멍은 이 균이 만드는 $CO_2$에 의해서 생긴다.

### (5) *Corynebacterium* 속

그람양성의 간균으로 분열 후에는 한문의 여덟팔「八」자와 같이 보인다. Biotin 요구성의 *Coryneharterium glutamicum* 은 글루탐산 발효에 이용된다. 대당수율(對糖收率)은 50~60 %이다.

### (6) 방선균

곰팡이 모양의 균사를 형성한다. 그러나 균사폭이 1$\mu$인 것, 원핵세포인 것 등으로부터 Bergey's Manual of Determinative Bacteriology 에서는 세균의 일부로서 취급하고 있는데 항생물질 생산균이 많다. 식품과 관계하는 것은 효소를 이용하는 *Streptomyces* 속, 유산 생성의 *Bifidobacterium* 속 등이다.

- *Bifidobacterium bifidum* : 종래는 비피더스균으로서 유산간균에 속하고 있었지만 형태가 다형성을 나타내므로 방선균으로 분류된다. 젖당을 분해하고 젖산과 초산을 생성하여 젖산균과 같이 요구르트 등에 이용된다.

## 2. 곰팡이

① *Aspergillus* 속 (감자곰팡이)

자낭균류에 속하며, 정낭은 플라스코(frasco)상, 구상(球狀), 난원형(卵圓形) 등으로 형성되고, 경자(硬子)에는 단열(單列)과 복열(複列)이 있다. 예로부터 누룩 제조에 이용되어 왔다. 발암성독소인 Aflatoxin을 생산하는 곰팡이가 이 속에 포함되지만 누룩균에는 Aflatoxin 생산성은 없다.

- *Aspergillus oryzae* : Amylase와 Protease의 힘이 강하여 일본에서는 양성식품에 널리 이용된다.
- *Aspergillus sojae* : Protease 힘이 강하고 장유(간장) 누룩균이라고 부른다.
- *Aspergillus glaucus* : 한편 마디의 곰팡이가 붙은 데에 이용되는데 특유의 향기를 가미한다.

② *Penicillium* 속 (푸른곰팡이)

자낭균류에 속하며, 정낭은 만들지 않고 *Penicillus*를 형성한다. 균총이 청록색이 되는 것이 많으므로 푸른곰팡이라고 부른다(그림 4-2 참조).

- *Penicillium requeforti* : 록폴치즈나 블루치즈에 이용되어, 그 성숙에 관여한다. 치즈의 육질에 파란 대리석 모양을 만든다.
- *Penicillium camembert* : 카망베르치즈의 성숙에 관여한다. 균총은 처음에는 백색이지만 나중에는 담녹색이 된다.

## 3. 효모

① *Saccharomyces* 속

자낭균 효모에 속하며, 당을 발효해서 탄산가스와 알코올을 생산한다. 오래전부터 이용되어온 유용효모는 거의 이 속에 포함된다.

- *Saccharomyces cerevisiae* : *Saccmromyces* 속의 대표종으로 극히 유용한 효모이다. 청주, 포도주[8], 맥주, 빵의 제조에 이용된다.
- *Saccharomyces carlsbergensis* : 발효맥주로 양조에 이용된다.
  *Saccharon1yces cerevisias*와는 라피노오스(raffinose)를 완전히 발효하는 점에서 다르다.
- *Saccharomyces rouxii* : 내삼투압성 효모로 간장, 된장의 성숙에 관여한다.

② *Hansenula* 속, *Pichia* 속

어느 것이나 자낭균 효모에 속하며 산막효모이다. 알코올 발효보다는 산화작용 쪽이 강하고 알코올을 소비하므로 포도주, 청주 등의 유해균이기도 하지만 에스테르를 생성하여 특유의 방향(芳香) 생성에 관여하는 것도 있다.

③ *Torulopsis* 속

무포자효모에 속하며, 내삼투압성인 것은 간장, 된장, 채소절임 등의 숙성에 관여하고 향기를 생성하는 것도 있다.

④ *Candida* 속

무포자효모에 속하고 난형, 위균사를 형성한다. *Candida utilis*, RNA의 함유량이 높아(약 12%) 이노신산 제조의 원료가 된다.

- *Candida vulgaris, Candida lipolytica* : 단세포단백질(single cell protein)의 개발에 연구되고 있다.

## 7. 효소의 종류

효소는 그 수가 매우 많고 국제생화학회연합의 효소위원회에 의해 다음과 같이 계통적으로 분류되고 있다.

---

8) *Saccharomyces ellipsoideus*라고도 하며, 현재는 학명 *Saccharomyces cerevisiae var. ellipsoideus*로 쓰인다.

① 산화환원효소(oxidoreductase)

수소원자나 전자를 받아서 산소원자의 기질로의 첨가수산기의 도입을 촉매하고 주로 생체에너지를 방출하는데 관여하는 효소로서 호흡효소라고도 한다.

② 전이효소(transferase)

어떤 기질로부터 다른 기질로의 전이반응을 촉매한다.

③ 가수분해효소(hydrolase)

각종 결합에 가수해서 절단하는 반응을 촉매한다.

④ 탈이효소(lyase)

가수분해 이외의 방법으로 기질에 원자단을 분리하고, 이중결합이 생성되기도 하며 반대로 이중결합에 이들 원자단을 부가하는 반응을 촉매한다.

⑤ 이성화효소(isomerase)

기질분자의 분해, 전위, 산화환원을 수반하지 않는 분자 내에서의 상호변화의 반응을 촉매한다. 분자의 D. L 입체 배위를 바꾸기도 하고 enol 형을 keto 형으로도 바꾼다.

⑥ 부가효소(ligase)

합성효소 (synthetase) 라고도 하며, ATP 등을 이용해서 두 개의 분자를 결합시키는 반응을 촉매한다.

## 8. 주된 미생물효소제와 식품제조·가공

식품의 제조와 가공에 이용되는 효소제는 거의 가수분해효소이다.

① *α－amylase EC. 3.2.1.1*

전분의 α－1, 4－glycoside 결합을 임의로 가수분해해서 저분자화하는 Endo형 효소, 공업적으로 내열 아밀라아제가 많이 생산된다.

- 생산균 : *Bacillus licheniformis*
- 용 도 : 전분당의 제조, 술누룩의 강화

② *glucoamylase EC 3.2.1.3*

전분의 비환원성 말단으로부터 glucose 단위로 절단하는 EXO 형 효소, 곰팡이에 널리 분포한다.

- 생산균 : *Rihizopus delemer*
- 용 도 : 글루코오스의 제조

③ *α－galactocidase(melibiase) EC 3.2.1.22*

Raffinose를 자당과 galactose로 분해한다. 공업적으로는 균체(곰팡이의 penet)를 전하에 충진해서 이용한다.

- 생산균 : *Mortiella vinacea*
- 용 도 : 감채당 제조에서의 설탕의 결정화를 막는 raffinose 의 분해

④ *β－galactose (Lactase) EC 3.2.1.23*

젖당을 glucose 와 galactose 로 분해한다.

- 생산균 : 젖당발효성 효모 (*Kluyveromyces fragilis*) 등
- 용 도 : 아이스크림 등의 젖당석출 방지, 유제품의 소화성 향상 등

⑤ *Pectinase*

펙틴을 분해하는 효소의 종칭으로 주된 것은 펙틴산을 생성하는 펙틴 Esterase (EC. 3.1.1.11)와 Polygalacturonic acid을 절단하는 Polygalacturonase (EC. 3.2.1.15)이다.

- 생산균 : *Aspergillus niger* 등
- 용 도 : 과증의 청징, 과즙 착즙수율의 증가 및 압착시간의 단축 등

⑥ *Naringinase, hesperidinase*

Naringin 및 hesperidin의 rhamnose 와 glucise와의 사이 에 각각 α－1, 2, α－1, 6－rhamnoside 결합을 절단한다.

- 생산균 : *Aspergillus niger*
- 용 도 : 감귤류 과즙의 쓴맛제거(naringinase), 감귤류, 통조림의 백탁방지 (hesperidinase)

⑦ Lipase EC 3.1.13

중성지방을 지방산과 glycerol 로 분해한 효소

- 생산균 : *Candida cylindracea* 등
- 용 도 : 유제품의 프레에바 생성 등

⑧ Protease

단백질의 가수분해 효소로 분해양식에 의해 Exopeptidase(peptidase EC 3.4.1, 3.4.2)와 Endopeptidase(Protease EC 3.4.4)로 크게 나눈다. 또한 효소의 pH 나 생산균의 종류에 따라서 나누어지는 것도 있다. [9)]

- 생산균 : *Bacillus subtilis, Streptomyces griseus, Aspergillus oryzae* 등
- 용 도 : 누룩의 보강, 식육의 연화, *Mucor pusillus*의 산성 프로테아제는 무코올젠 넷트라고 불리며, rennin 대신에 치즈의 제조에 이용된다.

⑨ 5'포스포디에스테라아제 (5'−phosphodiesterase) EC 3.1.4.16

핵산을 가수분해하고 5' Nucleotide 로 하는 효소

- 생산균 : *Penicillium citrinum, Streptomyces aureus* 등
- 용 도 : 이노신산의 제조

⑩ *Glucose Isomerase EC 5.3.1.18*

Glucose 를 이성화(異性化)하여 fructose 로 하는 효소

- 생산균 : *Streptomyces albus*
- 용 도 : 이성화당의 제조

⑪ *glucose oxidase EC 1.1.3.4*

Glucose 를 산화하고 gluconolactone (가수분해되어 글루콘산이 된다)을 생성하는 효소

- 생산균 : *Aspergillus niger, Penicillium notatum*
- 용 도 : 식품 중에서 glucose와 $O_2$를 제거함으로써 갈변화를 예방

---

9) 산성 프로테아제, 알칼리성 프로테아제, 중성 프로테아제, 세균 프로테아제, 사상균 protease 등

## 9. 고정화 효소

효소는 반응액으로 녹여서 사용하는 것이 일반적이며, 재이용할 수 없다는 단점이 있다. 이러한 낭비를 없애기 위해서 효소의 고정화가 연구 · 개발되어 왔다.

고정화효소는 재이용이 가능할 뿐만 아니라 garamu에 충전하면 바이오리아크타로서 연속반응도 가능하게 되고 제조공정의 간략화나 자동화로 연결된다.

현재 공업적 규모로 실용화되고 있는 것은 아직 미세하지만 실용화를 향해서 연구되고 있는 것은 많다. 고정화의 방법은 효소를 불용성의 담체 (carrier)에 결합하는 담체결합법, 효소간에 가교 역할을 하는 것으로 고정화하는 가교법 및 *Polymer* 속에 붙인 포괄법 등이 있다.

글루코오스 · 이소머라아제와 같이 균체 내 효소라면 효소를 추출하지 않고 균체 그 자체를 효소제로 상기의 방법으로 고정하는 방법도 채택된다(고정화 미생물).[10]

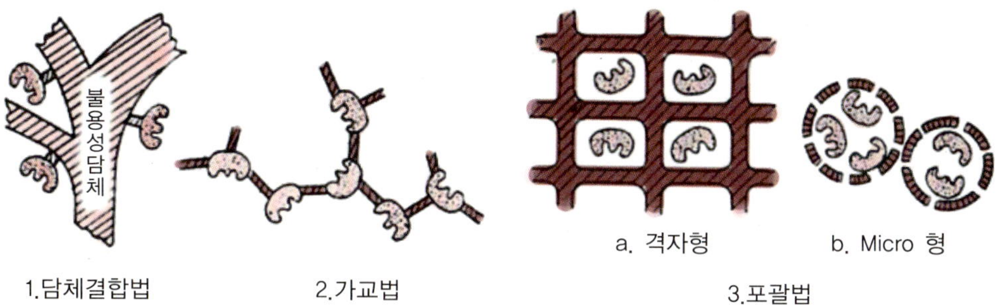


그림 4-9 효소의 고정화법 모식도

10) 생존한 미생물을 고정화하고 적당한 영양물(필요가 있으면 산소도)을 부여하고 고정화한 채로 증식시키는 방법도 검토, 개발되고 있다(고정화증식미생물).

Chapter 5

# 식품첨가물

## 1. 식품첨가물의 정의와 목적

식품에 관련되는 이용을 목적으로 하는 모든 화학물질을 식품첨가물이라고 부른다. 예로부터 식품의 착색이나 착향(着香)에 천연물이 이용되어 왔지만, 화학의 발달로 인하여 천연물의 합성이 가능해져서 서서히 화학적 합성품으로 바뀌어져 왔다.

식품첨가물은 천연물과 화학적 합성품[11]으로 구분되는데, 화학적 합성품은 보건복지부 장관의 허가가 필요하다. 사용되는 화학적 합성품인 식품첨가물은 나라마다 다르며 우리나라의 식품첨가물공전에는 2022년 현재 619 종류가 등록되어 있다.

표 5-1 식품위생법 제7조의 규정에 의하여 허가고시된 식품첨가물

| | | |
|---|---|---|
| 001. 가티검 | 009. 검레진 | 018. 과산화벤조일(희석) |
| 002. 가교카복시메틸셀룰로스나트륨 | 010. 게라니올 | 019. 과산화수소 |
| | 011. 결정셀룰로스 | 020. 과산화초산 |
| 003. 감색소 | 012. 계피산 | 021. 과황산암모늄 |
| 004. 감초추출물 | 013. 계피산메틸 | 022. 구아검 |
| 005. 개미산 | 014. 계피산에틸 | 023. 5'-구아닐산이나트륨 |
| 006. 개미산게라닐 | 015. 계피알데히드 | 024. 구연산 |
| 007. 개미산시트로넬릴 | 016. 계피알콜 | 025. 구연산망간 |
| 008. 개미산이소아밀 | 017. 고량색소 | 026. 구연산삼나트륨 |

11) 식품첨가물은 식품위생법(2022년 6월 10일 개정, 법률 제18967호), 식품위생법 시행령(대통령령 제32814호 2022년 1월 19일 개정), 식품위생법 시행규칙(총리령 1083호 2022년 4월 28일 개정) 등에서 품목 지정, 사용기준, 사용제한 등 세부적인 문제들이 규정되고 있다.

027. 구연산제일철나트륨
028. 구연산철
029. 구연산철암모늄
030. 구연산칼륨
031. 구연산칼슘
032. 국
033. 규산마그네슘
034. 규산칼슘
035. 규소수지
036. 규조토
037. β-글루카나아제
038. 글루코노-δ-락톤
039. 글루코만난
040. 글루코사민
041. α-글루코시다아제
042. 글루코아밀라아제
043. 글루코오스산화효소
044. 글루코오스이성화효소
045. 글루콘산
046. 글루콘산나트륨
047. 글루콘산동
048. 글루콘산마그네슘
049. 글루콘산망간
050. 글루콘산아연
051. 글루콘산철
052. 글루콘산칼륨
053. 글루콘산칼슘
054. 글루타미나아제
055. L-글루타민
056. L-글루탐산
057. L-글루탐산나트륨
058. L-글루탐산암모늄
059. L-글루탐산칼륨
060. 글리세로인산칼륨
061. 글리세로인산칼슘
062. 글리세린
063. 글리세린지방산에스테르
064. 글리신
065. 글리실리진산이나트륨
066. 금박
067. 김색소
068. 나린진
069. 나타마이신
070. 낙산
071. 낙산부틸
072. 낙산에틸
073. 낙산이소아밀
074. 네오탐
075. γ-노나락톤
076. 니신
077. 니켈
078. 니코틴산
079. 니코틴산아미드
080. 담마검
081. 데칸산에틸
082. 데칸알
083. 데칸올
084. 데히드로초산나트륨
085. 덱스트라나아제
086. 덱스트란
087. 동클로로필
088. 동클로로필린나트륨
089. 동클로로필린칼륨
090. 디벤조일티아민
091. 디벤조일티아민염산염
092. 디부틸히드록시톨루엔
093. 5'-디아미나아제
094. 디아스타아제
095. 라우린산
096. 라우릴황산나트륨
097. L-라이신
098. L-라이신염산염
099. 락색소
100. 락타아제
101. 락토페린농축물
102. 락티톨
103. 레시틴
104. L-로이신
105. 로진
106. 로커스트콩검
107. 루틴
108. 리나롤
109. 5'-리보뉴클레오티드이나트륨
110. 5'-리보뉴클레오티드칼슘
111. D-리보오스
112. 리소짐
113. 리파아제
114. 마리골드색소
115. 만니톨
116. 말토게닉아밀라아제
117. 말토트리오히드로라아제
118. 말톨
119. D-말티톨
120. 말티톨시럽
121. 메타규산나트륨
122. 메타인산나트륨
123. 메타인산칼륨
124. 메타중아황산나트륨
125. 메타중아황산칼륨
126. 메톡사이드나트륨
127. DL-메티오닌
128. L-메티오닌
129. 메틸β-나프틸케톤
130. 메틸셀룰로스
131. N-메틸안트라닐산메틸
132. 메틸알콜
133. 메틸에틸셀룰로스
134. 메틸테트라히드로엽산글루코사민
135. dl-멘톨
136. l-멘톨
137. 몰리브덴산나트륨
138. 몰리브덴산암모늄
139. 몰식자산
140. 몰식자산프로필
141. 몰포린지방산염
142. 무궁화색소
143. 무수아황산
144. 뮤신
145. 미리스트산
146. 미세섬유상셀룰로스
147. 밀납
148. 바닐린
149. L-발린
150. 백도토

151. 베리류색소
152. 베타글리코시다아제
153. 베타인
154. 벤즈알데히드
155. 벤질알콜
156. 벤토나이트
157. 변성전분
158. 변성호프추출물
159. 봉선화추출물
160. 부탄
161. 부틸히드록시아니솔
162. 분말비타민A
163. 분말셀룰로스
164. 분지글리코실트랜스퍼라아제
165. 불화나트륨
166. 비오틴
167. 비타민B12
168. 비타민B1나프탈린-1,5-디설폰산염
169. 비타민B1라우릴황산염
170. 비타민B1로단산염
171. 비타민B1염산염
172. 비타민B1질산염
173. 비타민B2
174. 비타민B2인산에스테르나트륨
175. 비타민B6염산염
176. 비타민C
177. 비타민D2
178. 비타민D3
179. 비타민E
180. 비타민K1
181. 비트레드
182. 빙초산
183. DL-사과산
184. DL-사과산나트륨
185. 사일리움씨드검
186. 사카린나트륨
187. 사프란색소
188. 산성백토
189. 산성아황산나트륨
190. 산성알루미늄인산나트륨
191. 산성피로인산나트륨
192. 산성피로인산칼슘
193. 산소
194. 산화마그네슘
195. 산화아연
196. 산화칼슘
197. 살리실산메틸
198. 삼이산화철
199. 석유왁스
200. L-세린
201. 세스퀴탄산나트륨
202. 셀렌산나트륨
203. 셀룰라아제
204. 소르비탄지방산에스테르
205. 소브산
206. 소브산칼륨
207. 소브산칼슘
208. D-소비톨
209. D-소비톨액
210. 수산
211. 수산화나트륨
212. 수산화나트륨액
213. 수산화마그네슘
214. 수산화암모늄
215. 수산화칼륨
216. 수산화칼슘
217. 수소
218. 수용성안나토
219. 수크랄로스
220. 쉘락
221. 스모크향
222. 스테비올배당체
223. 스테아린산
224. 스테아린산마그네슘
225. 스테아린산칼슘
226. 스테아릴젖산나트륨
227. 스테아릴젖산칼슘
228. 스피룰리나색소
229. L-시스테인염산염
230. L-시스틴
231. 시아너트색소
232. 시클로덱스트린
233. 시클로덱스트린시럽
234. 시클로헥산프로피온산알릴
235. 시트랄
236. 시트로넬랄
237. 시트로넬롤
238. 5'-시티딜산
239. 5'-시티딜산이나트륨
240. 식용색소녹색제3호
241. 식용색소녹색제3호알루미늄레이크
242. 식용색소적색제102호
243. 식용색소적색제2호
244. 식용색소적색제2호알루미늄레이크
245. 식용색소적색제3호
246. 식용색소적색제40호
247. 식용색소적색제40호알루미늄레이크
248. 식용색소청색제1호
249. 식용색소청색제1호알루미늄레이크
250. 식용색소청색제2호
251. 식용색소청색제2호알루미늄레이크
252. 식용색소황색제4호
253. 식용색소황색제4호알루미늄레이크
254. 식용색소황색제5호
255. 식용색소황색제5호알루미늄레이크
256. 실리코알루민산나트륨
257. 심황색소
258. 쌀겨왁스
259. 아니스알데히드
260. 5'-아데닐산
261. 아디프산
262. 아라비노갈락탄
263. 아라비아검
264. L-아르지닌
265. 아미드펙틴
266. α-아밀라아제

267. β-아밀라아제
268. α-아밀신남알데히드
269. 아산화질소
270. 아세설팜칼륨
271. α-아세토락테이트디카복실라아제
272. 아세토초산에틸
273. 아세토페논
274. 아세톤
275. 아셀렌산나트륨
276. L-아스코브산나트륨
277. L-아스코브산칼슘
278. L-아스코빌스테아레이트
279. L-아스코빌팔미테이트
280. 아스파라지나아제
281. L-아스파라진
282. 아스파탐
283. L-아스파트산
284. 아조디카르본아미드
285. 아질산나트륨
286. β-아포-8'-카로티날
287. 아황산나트륨
288. 안나토색소
289. 안식향산
290. 안식향산나트륨
291. 안식향산칼륨
292. 안식향산칼슘
293. 안트라닐산메틸
294. 알긴산
295. 알긴산나트륨
296. 알긴산암모늄
297. 알긴산칼륨
298. 알긴산칼슘
299. 알긴산프로필렌글리콜
300. DL-알라닌
301. L-알라닌
302. 알파갈락토시다아제
303. 알팔파추출색소
304. 암모늄포스파타이드
305. 암모니아
306. 양파색소
307. 에리스리톨
308. 에리토브산
309. 에리토브산나트륨
310. 에스테르검
311. 에틸바닐린
312. 에틸셀룰로스
313. 엑소말토테트라히드로라아제
314. 염기성알루미늄인산나트륨
315. 염산
316. 염소
317. 염화마그네슘
318. 염화망간
319. 염화암모늄
320. 염화제이철
321. 염화칼륨
322. 염화칼슘
323. 염화콜린
324. 염화크롬
325. 엽산
326. γ-오리자놀
327. 오존수
328. 오징어먹물색소
329. 옥시스테아린
330. 옥탄산에틸
331. 옥틸알데히드
332. 올레인산
333. 올레인산나트륨
334. 요오드산칼륨
335. 요오드칼륨
336. 용성비타민P
337. 우레아제
338. 5'-우리딜산이나트륨
339. 우유응고효소
340. γ-운데카락톤
341. 유게놀
342. 유동파라핀
343. 유성비타민A지방산에스테르
344. 유카추출물
345. 유칼리프톨
346. 이.디.티.에이.이나트륨
347. 이.디.티.에이.칼슘이나트륨
348. 이노시톨
349. 5'-이노신산이나트륨
350. 이리단백
351. 이산화규소
352. 이산화염소(수)
353. 이산화탄소
354. 이산화티타늄
355. 이소길초산에틸
356. 이소길초산이소아밀
357. L-이소로이신
358. 이소말트
359. 이소유게놀
360. 이소티오시안산알릴
361. 이소프로필알콜
362. α-이오논
363. β-이오논
364. 이온교환수지
365. 이초산나트륨
366. 이타콘산
367. 인베르타아제
368. 인산
369. 인산철
370. 자단향색소
371. 자당지방산에스테르
372. 자몽종자추출물
373. 자일라나아제
374. D-자일로오스
375. 자일리톨
376. 자주색고구마색소
377. 자주색옥수수색소
378. 자주색참마색소
379. 잔탄검
380. 적무색소
381. 적양배추색소
382. 전해철
383. 젖산
384. 젖산나트륨
385. L-젖산마그네슘
386. 젖산철
387. 젖산칼륨
388. 젖산칼슘
389. 제삼인산나트륨

390. 제삼인산마그네슘
391. 제삼인산칼륨
392. 제삼인산칼슘
393. 제이인산나트륨
394. 제이인산마그네슘
395. 제이인산암모늄
396. 제이인산칼륨
397. 제이인산칼슘
398. 제일인산나트륨
399. 제일인산암모늄
400. 제일인산칼륨
401. 제일인산칼슘
402. 젤라틴
403. 젤란검
404. 조제해수염화마그네슘
405. 종국
406. DL-주석산
407. L-주석산
408. DL-주석산나트륨
409. L-주석산나트륨
410. DL-주석산수소칼륨
411. L-주석산수소칼륨
412. 주석산수소콜린
413. 주석산칼륨나트륨
414. 지베렐린산
415. 진주빛색소
416. 질산나트륨
417. 질산칼륨
418. 질소
419. 차아염소산나트륨
420. 차아염소산수
421. 차아염소산칼슘
422. 차아황산나트륨
423. 차즈기색소
424. 차추출물
425. 차카테킨
426. 참깨유불검화물
427. 철클로로필린나트륨
428. 초산
429. 초산게라닐
430. 초산나트륨
431. 초산리나릴
432. 초산벤질
433. 초산부틸
434. 초산비닐수지
435. 초산시트로넬릴
436. 초산신나밀
437. 초산에틸
438. 초산이소아밀
439. 초산칼슘
440. 초산페닐에틸
441. 치자적색소
442. 치자청색소
443. 치자황색소
444. 카나우바왁스
445. 카라기난
446. 카라멜색소
447. 카라야검
448. 카로틴
449. β-카로틴
450. L-카르니틴
451. 카민
452. 카복시메틸셀룰로스나트륨
453. 카복시메틸셀룰로스칼슘
454. 카복시메틸스타치나트륨
455. 카제인
456. 카제인나트륨
457. 카제인칼륨
458. 카제인칼슘
459. 카카오색소
460. 카탈라아제
461. 카페인
462. 카프론산알릴
463. 카프릭산
464. 카프릴산
465. 칸델릴라왁스
466. 커드란
467. 케르세틴
468. 코치닐추출색소
469. 퀼라야추출물
470. 클로로필
471. 키토사나아제
472. 키토산
473. 키틴
474. 타라검
475. 타마린드검
476. 타마린드색소
477. 타우린
478. 탄나아제
479. 탄닌산
480. 탄산나트륨
481. 탄산마그네슘
482. 탄산수소나트륨
483. 탄산수소암모늄
484. 탄산수소칼륨
485. 탄산암모늄
486. 탄산칼륨(무수)
487. 탄산칼슘
488. 탤크
489. 터셔리부틸히드로퀴논
490. 테아닌
491. 토마토색소
492. 토마틴
493. d-α-토코페롤
494. d-토코페롤(혼합형)
495. d-α-토코페릴아세테이트
496. dl-α-토코페릴아세테이트
497. d-α-토코페릴호박산
498. 트라가칸스검
499. 트랜스글루코시다아제
500. 트랜스글루타미나아제
501. DL-트레오닌
502. L-트레오닌
503. 트리아세틴
504. 트립신
505. DL-트립토판
506. L-트립토판
507. L-티로신
508. 파라메틸아세토페논
509. 파라옥시안식향산메틸
510. 파라옥시안식향산에틸
511. 파프리카추출색소
512. 파피아색소
513. 판크레아틴
514. 판토텐산나트륨
515. 판토텐산칼슘
516. 팔미트산
517. 퍼라이트
518. 퍼셀레란

519. DL-페닐알라닌
520. L-페닐알라닌
521. 페닐초산에틸
522. 페닐초산이소부틸
523. 페로시안화나트륨
524. 페로시안화칼륨
525. 페로시안화칼슘
526. 페룰린산
527. 펙티나아제
528. 펙틴
529. 펩신
530. 포도과즙색소
531. 포도과피색소
532. 포도종자추출물
533. 포스포디에스테라아제
534. 포스포리파아제
535. 폴리감마글루탐산
536. 폴리글리시톨시럽
537. 폴리덱스트로스
538. ε-폴리리신
539. 폴리부텐
540. 폴리비닐알콜
541. 폴리비닐폴리피로리돈
542. 폴리비닐피로리돈
543. 폴리소르베이트20
544. 폴리소르베이트60
545. 폴리소르베이트65
546. 폴리소르베이트80
547. 폴리아크릴산나트륨
548. 폴리에틸렌글리콜
549. 폴리이소부틸렌
550. 폴리인산나트륨
551. 폴리인산칼륨
552. 푸마르산
553. 푸마르산일나트륨
554. 푸마르산제일철
555. 풀루라나아제
556. 풀루란
557. 프로테아제
558. 프로피온산
559. 프로피온산나트륨
560. 프로피온산벤질
561. 프로피온산에틸
562. 프로피온산이소아밀
563. 프로피온산칼슘
564. 프로필렌글리콜
565. 프로필렌글리콜지방산에스테르
566. L-프롤린
567. 프탈산히드록시프로필메틸셀루로스
568. 피로인산나트륨
569. 피로인산제이철
570. 피로인산철나트륨
571. 피로인산칼륨
572. 피마자유
573. 피칸너트색소
574. 피틴산
575. 피페로날
576. 향료
577. 향신료올레오레진류
578. 헤미셀룰라아제
579. 헤스페리딘
580. 헥사논산에틸
581. 헥산
582. 헴철
583. 헵타논산에틸
584. 호박산
585. 호박산이나트륨
586. 홍국색소
587. 홍국황색소
588. 홍화적색소
589. 홍화황색소
590. 환원철
591. 활성탄
592. 황산
593. 황산나트륨
594. 황산동
595. 황산마그네슘
596. 황산망간
597. 황산아연
598. 황산알루미늄암모늄
599. 황산알루미늄칼륨
600. 황산암모늄
601. 황산제일철
602. 황산칼륨
603. 황산칼슘
604. 효모
605. 효모추출물
606. 효소분해레시틴
607. 효소분해사과추출물
608. 효소처리루틴
609. 효소처리스테비아
610. 효소처리헤스페리딘
611. 흑당근추출색소
612. 히드록시시트로넬랄
613. 히드록시시트로넬랄디메틸아세탈
614. 히드록시프로필메틸셀룰로스
615. 히드록시프로필셀룰로스
616. L-히스티딘
617. L-히스티딘염산염
618. 히알루론산
619. 청관제

# 2. 식품첨가물의 종류

식품첨가물의 종류는 매우 많고 분류법도 정해져 있지 않지만 사용목적별로 나누면 표 5-2 와 같다. 식품첨가물 중에는 어떤 목적을 위해서 사용하더라도 그 첨가물의 화학적 성질을 위해서 다른 작용도 동시에 갖는 것이 있다. 예를 들면 살균료는 그 산화력 때문에 표백작용이 있기도 하고, 아스코르브산은 그 생리작용과 동시에 항산화작용이 있다.

## 1. 식품첨가물의 종류

① **조미료** : 맛을 좋게 하는데 이용하는 것으로 아미노산이나 유기산의 염류 및 핵산 관련물질이 거의 대부분이고 사용하는 대상식품이나 사용량에 관한 제한은 없다, L- 글루탐산나트륨, L- 아스파라긴산나트륨, 구연산나트륨, 5'- 이노신산나트륨, 호박산나트륨 등.

② **산미료** : 신맛을 내는 데 이용되는 것으로 pH 저하에 따른 보존효과 역할도 갖는다. 구연산, 글루코노델타락톤, 유기초산, 아디핀산, 호박산, 글루콘산 등.

③ **감미료** : 설탕 대신에 사용한다. 그 대부분은 설탕의 100~500 배의 단맛이 있고 저에너지인 특징이 있다. 아스파탐, 글리실리탄산 2나트륨, 사카린나트륨, D- 소르비톨 등.

④ **착색료** : 천연색소는 비교적 불안정하고 장기간 그 색조를 유지하는 일이 곤란하다. 그러므로 농수산물, 과자 등에 제품마다 애호가들의 기호에 맞는 색소를 가하기 위해서 사용한다. 종류로는 합성착색료(tar색소)와 천연계 착색료가 있는데, "식용" 으로 이용되는 것은 일반적으로 타르색소인 것이 많다. $\beta$-카로틴, 수용성아나트, 식용적색 2~3호, 102호, 104~106호, 식용황색 4~5호 및 그 알루미늄 레이크(rake) 등.

⑤ **발색제** : 식품의 성분(헤모글로빈, 미오글로빈, 클로로필)과 반응하여 색조를 안정시키기 위해서 사용하는데 발색제 자신은 색조를 갖지 않는다. 아질산나트륨, 질산칼륨, 황산제일철 등.

⑥ **표백제** : 호감이 가지 않는 식품의 색을 표백하기 위해서 이용한다. 표백작용은 산화 및 환원력에 의하지만 일반적으로 식품첨가물로는 환원력에 의한 것이 사용된다. 아황산수소나트륨, 아황산나트륨, 무수(無水)아황산 등.

⑦ **착향료** : 식품에 적당한 향을 부여하는 것으로서 현재 허가되어 있는 식품첨가물 중 그 수가 가장 많다. 천연에 존재하는 향과 존재하지 않는 합성향료가 있다. 착향료의 사용량은 착색료와 더불어 극히 미량으로 아세트초산에틸, 이소티온아레에트류, 시트로넬랄, 지방산류, L-페닐알데히드 등이 이용된다.

⑧ **호료** : 식품에 질량감과 함께 매끄러움과 찰기를 가하기 위해서 사용한다. 천연의 고분자화합물이나 그 유도체가 많다. 아르긴산나트륨, 카세인(casein), 글리콜산칼슘, 전분 글리콜산나트륨 등.

## 2. 식품의 품질저하 방지제

### (1) 생물적 손상의 방지

① **보존료** : 미생물의 증식에 의한 식품의 변패 · 부패를 막기 위해서 이용한다. 비교적 독성이 강한 것이 많다. 산성보존료는 일반적으로 pH가 낮은 식품일수록 효과가 있다. 소르브산 및 그 칼륨염, 안식향산, 프로피온산, 디페닐 등.

② **살균제** : 살균을 목적으로 이용되는 것으로 식품에 첨가하는 것도 있지만 식품제조기계, 기구류, 물 등의 살균에 이용하는 것이 많다. 과산화수소, 표백분, 차아(次亞)염소산, 차아염소산나트륨, 고성능 표백분.

③ **방충제** : 곡류에 붙은 해충을 막기 위해서 이용한다. 곡류의 방충제에 관해서는 농약으로 규제되고 있지만, 피프로닐 부톡사이드만이 식품첨가물로서 허가되고 있다.

### (2) 화학적 손상방지

- 산화방지제 : 식품의 산화에 의한 손상을 막는데 이용하는 것으로 수용성인 것은 주로 색소 등에, 유용성인 것은 유지의 산화방지제에 이용한다. EDTA 칼슘 2 나트륨, 구연산, 이소프로필, 에리소르브산, 부틸히드록시아니솔(BHA), DL-토코페롤 등.

## 3. 영양강화제

- 강화제 : 아미노산, 비타민, 칼슘, 청, 동, 아연, 미네랄 등의 영양소의 강화를 위해서 사용한다. L-트리토판, L-리진염산염, 티아민염산염, 판토텐산나트륨, 유산칼슘, 글루콘산동(酸銅) 등.

## 4. 식품의 품질개량과 보존제

① 소맥분 개량제 : 소맥단백질의 성숙을 돕기 위해서 사용한다. 과산화벤조일, 이산화염소, 취소산(Br)칼륨, 과황산암모늄 등.

② 피막제 : 야채, 과일의 껍질(과피)을 보호하고, 보존성을 높이기 위해서 이용한다. 옥시에틸렌, 고급지방산족 알코올, 오제인산나트륨 등.

③ 결착제 : 햄, 소시지, 연제품 등에 단백질의 수화성을 높이기 위해서 사용한다. 산성피로인산나트륨, 폴리인산나트륨 등.

④ 유화제 : 분자 속에 친수기와 친유기를 갖고 있는 성분으로 유지분과 수분을 유화(乳化)하기 위해서 사용한다. 글리세린 지방산 에스테르, 자당 지방산 에스테르, 대두 레시틴 등.

### 5. 식품의 제조에 필요한 것

① 식품제조용제 : 식품의 제조 · 가공상 필요한 것으로 최종식품에 남지 않는 것이 대부분이다(이온교환수지, 규조토, 활성탄, 염산, 수산화나트륨 등).
② 소포제 : 식품제조 중의 발포를 막기 위해서 사용한다(실리콘 수지).
③ 추출제 : 유지의 추출에 사용한다(아세톤, 핵산).

### 6. 기 타

식품첨가물을 사용목적별로 나누었을 때 그 밖의 것으로서 팽창제(암모늄, 명반 등), 발효조정제(황산칼륨 등), Chewing gum (씹는 껌), 기초제(초산비닐수지, 폴리이소부틸렌 등) 등이 있다.

## 3. 안전성

일반 화학물질은 그 정도의 차이가 심하고, 독성을 갖고 있다. 식품에 대해서도 예외는 아니지만 오랜 인간의 식생활을 통해서 그 안정된 섭취량을 경험적으로 배워왔다. 그러나 많은 종류의 화학적 합성품의 식품첨가물은 아직 사용의 역사가 짧고, 식품의 제조 · 가공에는 불가결한 것이다. 이를 위해서 인체에 대한 안전성의 평가를 위한 각종 독성시험이 국제협력 하에 행해지고 있다.

### 1. 최대무작용량

식품첨가물의 안전성에 가장 큰 영향력을 갖는 독성시험은 실험동물을 사용하는 장기독성시험이다. 사용하는 동물에 대해서 한평생 화학물질을 투여하더라도 아무런 독성을 나타내지 않는 양을 무작용량(無作用量)이라고 하고 그 중 최대량을 그 동물에 대한 최대무작용량이라고 한다.

## 2. 허용섭취량(ADI, Acceptable Daily Intake)

사람이 매일 섭취해도 안전한 양은 WHO(세계보건기구)의 합동식품첨가물전문가위원회[12] 가 권고한 내용이 세계적으로 통용되고 있다.

즉 동물에서의 효과를 사람에 적용하기 위해서 동물과 인간 대사와의 차이, 성차별, 연령차 및 개인차 등을 고려해서 안전율을 가하는 방법으로 일반적으로 동물의 최대무작용량에 1/100 을 곱한 것이 1일 허용섭취량으로서 체중 lkg 당으로 나타낸다(표 5-2).

표 5-2 주된 식품첨가물과 ADI

| 첨가물 및 분류명 | | 1일 허용섭취량<br>(mg/체중 kg 상한을 나타냄) |
|---|---|---|
| 보 존 료 | 안식향산 · 안식향산나트륨 | 안식향산으로서 5 |
| | 소브산 · 소브산칼륨 | 소브산으로서 25 |
| | 파라옥시안식향산에틸<br>파라옥시안식향산프로필 | 10 |
| | 프로피온산<br>프로피온산칼슘<br>프로피온산나트륨 | 특정하지 않음 |
| 산화방지제 | 아스코르브산 특정치 않음 | 특정하지 않음 |
| | 에리소르브산<br>에려소르브산나트륨 | 에리소르브산으로서 5 |
| | 브털히드록시트루엔 (BHT)<br>브털히드록시 아니솔(BHA) | 합계량으로서 0.5(잠정) |
| | P. G. (몰식자산) 프로필,<br>에틸렌지 아민, 4초산칼슘, 2 나트륨,<br>에틸렌지아민, 4초산 2 나트륨 | 0.2 (잠정)<br>2.5 (식품 중에서 2 나트륨염이 칼슘 2나트륨염이 됨으로써 |
| 표 백 제 | 아황산수소나트륨, 아황산나트륨, 무수아황산 | $SO_2$로서 0.7 |
| 소맥분개량제 | 과산화 벤조일 | 소맥분 1kg 중 40mg까지 |
| 호 료<br>(糊 料) | 아르긴산 나트륨<br>섬유소글리콜산 칼슘 | 아르긴산으로서 50, 25 |
| 착 향 료 | 초산에틀<br>벤즈 알데히드 | 25<br>첨가물 유래의 안식향산 전량으로서 5 |

12) JECF A : Joint F AO / WHO Expert Cornrnittee on For Additives.

| | | |
|---|---|---|
| 발 색 제 | β－카로틴(Carotene)<br>동 클로로필(Chlorophy ll)<br>식용적색 2호<br>식용황색 4호<br>식용녹색 3호, 식용청색 1호 | 5<br>15 (잠정)<br>0.75 (잠정)<br>7.5<br>12.5 |
| 조 미 료 | L－글루탐산 나트륨<br>5'－리보오스클레오타이드 나트륨 | 120(신생아를 제외한다)<br>특정하지 않음 |
| 산 미 료 | 구연산<br>글루콘산<br>초산 | 특정하지 않음<br>50<br>특정하지 않음 |
| 감 미 료 | 사카린 나트륨<br>아스파라템<br>D－소르비트(sorbit) | 2.5(잠정)<br>40<br>특정하지 않음 |
| 유 화 제 | 글리세린지방산 에스테르<br>프로필렌 글리콜지방산 에스테르 | 특정하지 않음<br>25 |
| 소 포 제 | 실리콘 수지 | 1.5 |
| 팽 창 제 | 탄산수소나트륨 | 특정하지 않음 |
| 기 타 | 인 산 | 섭취하는 인(燐) 전량으로서 70 |

주) 특정하지 않다는 것은 평상시 사용량 범위에서 건강상 위험이 없다고 인정되므로 1일 허용섭취량을 정할 필요가 없는 것이며, 잠정이라는 것은 추가자료에 의한 재검토를 필요로 하며 우선 잠정적으로 1일 허용섭취량을 정한 것이다.

## 3. 천연첨가물과 안전성

식품첨가물로 수많은 천연물이 사용되고 있으며, 앞에서 말한 바와 같이 효소류가 많다. 화학적 합성품에는 엄격한 허가제도가 취해지고 있지만 천연 첨가물에 대해서는 거의 모든 것이 규제의 대상이 되고 있지 않고, 자유롭게 사용할 수 있는 것이 지금의 실정이다.

이것은 천연물이 이제까지 오랜 식생활을 통해 취사선택되어 왔던 것으로부터 오는 안심감과 규제하기에는 성분이 너무나 복잡하고 지배조건에 따라 성분이 다른 것 등의 원인이 있다.
하지만 최근에는 천연첨가물 쪽이 화학적 합성품보다는 안전하다는 생각에 의문을 갖게 되고, 천연첨가물의 규격화 및 안전성평가 등의 작업이 시도되고 있다. 그 예로 착색료, 호료(糊料) 등에는 ADI가 정한 천연첨가물도 있다.

## 4. 사용기준

허가된 식품첨가물이라고 해서 자유롭게 사용할 수 있는 것은 아니다. 식품첨가물의 사용시에는 ADI 기준을 지키기 위해 또는 불필요한 사용을 피하기 위해서 식품위생법으로 사용기준을 정하고, 대상 식품의 종류, 사용량, 사용농도, 사용목적 및 사용방법 등을 제한하고 있다. 다만 조미료, 산미료 및 비타민, 아미노산류의 강화제 등 비교적 독성이 낮은 것으로 기호성인 점에서 저절로 그 사용량이 정해지는 것에는 사용기준의 규제가 되어 있지 않다 (표 5-3).

표 5-3 식품첨가물의 사용기준 유무

| 식품첨가물 | 사용기준 있 음 | 사용기준 없 음 | 식품첨가물 | 사용기준 있 음 | 사용기준 없 음 |
|---|---|---|---|---|---|
| 조 미 료 | | ○ | 강 화 제 | ○ | ○ |
| 산 미 료 | | ○ | 소맥분개량제 | ○ | |
| 감 미 료 | ○ | ○ | 피 막 제 | ○ | |
| 착 색 료 | ○ | | 결 착 제 | | ○ |
| 발 색 료 | ○ | ○ | 유 화 제 | | ○ |
| 표 백 제 | ○ | | 식품제조용제 | ○ | ○ |
| 착 향 료 | ○ | | 소 포 제 | ○ | |
| 호 료(糊料) | ○ | ○ | 추 출 제 | ○ | |
| 보 존 료 | ○ | | 팽 창 제 | ○ | |
| 살 균 료 | ○ | ○ | 츄 잉 껌 | ○ | ○ |
| 방 충 제 | ○ | | 기 초 제 | ○ | |
| 산 화 방 지 제 | ○ | | | | |

## 5. 감미료

식품과 음료에 단맛을 주기 위하여 설탕 대신에 또는 설탕과 혼합해서 사용되는 첨가물로 현재 허용되고 있는 것은 사카린나트륨, 글리실리친산 2나트륨, 글리실리친산 3나트륨과 D-소르비톨의 4품목이며, 그 감미도는 사카린나트륨이 설탕의 약 400배, 글리실리친산 2나트륨과 글리실리친산 3나트륨이 설탕의 약 200배에 달하지만 단맛의 질이 설탕보다 못하여 사용기준이 규정되어 있어 후자의 두 가지는 된장 및 간장 이외의 식품에 사용해서는 안 되지만 사카린나트륨은 규제대상에서 제외되었다. D-소르비톨은 설탕의 60% 정도의 단맛을 가지나 독특한 풍미가 좋아서 과자 등에 사용되며, 특별한 사용제한이 없다.

식품의 가공용 감미료의 주류를 이루는 것은 역시 설탕(sucrose)이고 그 밖에 전분의 당화에 의해서 만들어지는 포도당(전분당, glucose), 이성화당 등이 있다. 그러나 최근에는 갖가지 새로운 감미료가 사용되기 시작하고 있는데 각종 감미료의 특성을 살펴보면 표 5-4 와 같다.

표 5-4 각종 감미료의 특성

| 구 분 | 명 칭 | 원 료 | 감 미 료 |
|---|---|---|---|
| 천연 성당류 및 그 효소처리물 | 설 탕 | 감초, 감채, 풍당 | 1.0 |
| | 전화당 | 설 탕 | 0.9 ~ 1.2 |
| | 벌 꿀 | 꽃 | 0.9 ~ 1.2 |
| | 포도당 | 전 분 | 0.6 ~ 0.75 |
| | 과 당 | 포도당, 설탕 | 1.0 ~ 1.5 |
| | 맥아당 | 전 분 | 0.4 |
| | 이성화당 | 전 분 | 0.9 ~ 1.2 |
| | 수 이 | 전 분 | 0.45 |
| | 분 이 | 전 분 | 0.1 |
| | 자일로오스 (xylose) | 자일란 (Xylan) | 0.6 ~ 0.8 |
| | 설탕, 당류결합물 | 설 탕 (glucose) | 0.5 ~ 0.6 |
| | 설탕, 효소처리물 | 설 탕 | 0.8 |
| | 이성화유당 | 유 당 | 0.6 ~ 0.7 |

| | | | |
|---|---|---|---|
| 당 알 콜 류 | Sorbitol<br>maltitol<br>mannitol<br>xylitol<br>전분가수분해물의 환원 물질 | 포 도 당<br>맥 아 당<br>만노오스(mannose)<br>xylose<br>전 분 | 0.6 ~ 0.75<br>0.6 ~ 0.8<br>0.5<br>0.5<br>0.1 ~ 0.5 |
| 배 당 체 류 | 글리틸리틴 (glycyrrhigin)<br>글리틸리틴 ~ 2Na<br>글리틸리틴~3Na<br>스테비오 사이드<br>스테비오 당류이물<br>필로둘신 (phyllodulcin) | 감초의 뿌리<br>감초의 뿌리<br>감초의 뿌리<br>스테비아잎<br>스테비아잎 글로코스<br>감차의 잎 | 200~300<br><br>100~200<br>120<br><br>700 |
| 아 미 노 산<br>펩 티 드<br>단 백 질 | 글리신 (glysine)<br>아스파라긴 (Asparagine)<br>소마아틴<br>모네린 | <br>아미노산<br>과 실<br>과 실 | 0 6<br>150 ~ 200<br>750 ~ 1,600<br>3,000 |
| 인 공<br>감 미 료 | 사카린 (Saccharin)<br>사카린 나트륨 (Sacchalinxla) | | |

## 1. 설 탕

설탕의 성분은 수크로오스로 결정되기 쉬운 성질을 가지고 있다. 사탕수수의 착즙을 농축해서 조당(정제하지 않은 설탕)이 얻어지는데 우리나라에서는 이 조당을 수입하여 정제하고 있다. 감채당은 감채의 착즙을, 풍당은 사탕수수에 상처를 내서 나오는 수액을 정제해서 얻는다. 설탕은 정제의 정도, 결정의 크기, 전화당의 함량 등에 의해서 그림 5-2 와 같이 분류된다.

① 감자당(甘蔗糖)
- 함밀당 → 흑당, 백하당(白下糖), 적당(赤糖)
- 불밀당
  - 조당 : 적쌍(赤雙), 차당(車糖), 중쌍(中雙)
  - 정제당 : 차당, 글라뉴당, 백당, 빙당, 각당, 분당

② 감채당 …… 정제당, 차당, 글라뉴당, 백당

③ 풍당(楓糖) …… 단풍나무 설탕

그림 5-2 설탕의 종류

### 2. 결정포도당

전분을 효소로 당화해서 만든 α-D- 글루코피라노오스(glucopyranose)의 결정으로서 감미도는 자당 100에 대해서 α형은 74, β형은 50 이고, 포도당을 물에 용해하면 α형이 β형으로 서서히 나타나며, 37 : 63(20℃)으로 평형에 달하는데 감미도는 60~65 가 된다.

### 3. 이성화당(異性化糖)

헥소스(hexose)인 포도당을 isomerase 의 작용으로 약 50%를 이성화하여 과당으로 바꾸어 포도당과 과당의 혼합비가 거의 1 : 1 로 된 것을 이성화당이라고 한다.

## 6. 식염

식염이라는 명칭에는 염화나트륨의 관용명(慣用名)으로서의 식염과 소금의 품종으로서의 식염이 있다.

염화나트륨은 암염(岩鹽)으로서 산출하기도 하고 바닷물 속에 약 2.7 %가 존재하고 있으므로 제염(製鹽)하고 있다.

제품에 대한 염(소금) 품질규격의 개요는 다음과 같다.

① 보통소금, 원염, 분쇄염, 치물염 ············ 염화나트륨 95% 이상 함유
② 식염, 식탁염 ································· 염화나트륨 99% 이상 함유
③ 쿠킹솔트(요리용), 정제염 ······················ 염화나트륨 99.5 % 이상 함유
④ 특급정제염 ···································· 염화나트륨 99.8 % 이상 함유

그리고 식탁염(소금)에는 탄산마그네슘, 탄산칼슘을 코팅(coating)하여 방습효과를 높이기도 하고 바슬바슬한 느낌을 주고 있다. 그 밖에 10%의 글루타민산 모노나트륨을 배합한 것, 마늘(gallic)가루를 배합한 gallic salt onion powder 첨가의 onion salt 등이 있다.

# Part Ⅱ 식품의 저장

Chapter 6

# 식품의 저장

식품의 저장이란 식품을 변질 또는 부패시키지 않고 어느 기간동안 보존하는 것이다. 식품의 원료는 생산된 상태 그대로는 장기간 보존할 수 있는 것이 그다지 많지 않을 뿐만 아니라, 수요와 공급을 조절하여 안정된 식생활을 누리기 위해서는 식품을 적당히 가공하여 보존성을 부여하는 것이 필요하다.

식품의 변질과 부패가 일어나는 원인은 여러가지가 있지만, 가장 주요한 원인은 미생물의 번식에 의한 것이다. 그 밖에 공기나 광선에 의해 식품 중의 유지, 비타민 및 아미노산 등의 산화 또는 분해에 의한 것도 있으며, 식품의 저장 중에 일어나는 갈변에 의한 것도 있다. 또 식품 중의 효소 작용으로 식품이 변패되는 경우도 있고, 또 쥐나 곤충에 의해 식품이 손상되는 경우도 있다. 이런 원인들에 의하여 식품의 품질과 영양가치가 저하되거나 그 중량이 감소된다.

따라서 식품의 종류에 따른 변패 원인을 먼저 알고, 식품의 특성에 따라 각각 적당한 저장이나 가공방법을 채택하는 것이 식품을 유효하게 이용하는 수단인 것이다.

미생물에 의한 식품의 변패를 방지하는 방법은 2가지가 있다.

① **살 균** : 식품을 용기에 넣어 밀봉한 후 가열에 의해서 용기 내에 존재하는 미생물을 사멸시키는 방법으로 통조림, 병조림 및 retort pouch 식품 등이 여기에 해당한다.

② **미생물의 생육 저지** : 식품 중 또는 그 주위를 미생물이 생육 또는 번식하기 어려운 환경으로 만드는 것이다. 미생물이 번식 또는 생육을 하기 위해서는 적당한 수분, 온도, pH, 공기, 영양소 등의 조건을 필요로 한다. 이들 조건 중 한 가지라도 부적당하면 생육이나 번식을 할 수 없게 된다. 따라서 식품 중의 수분을 감소시키거나 저온에 보관하거나 가용성물질의 농도를 높여서 식품의 삼투압을 높인다거나, 식품에 산(酸)이나 화학물질을 첨가하는 등의 처리를 하면 미생물의 생육을 저지할 수 있다.

미생물의 생육과 환경과의 관계를 그림으로 나타내면 그림 6-1 과 같다.

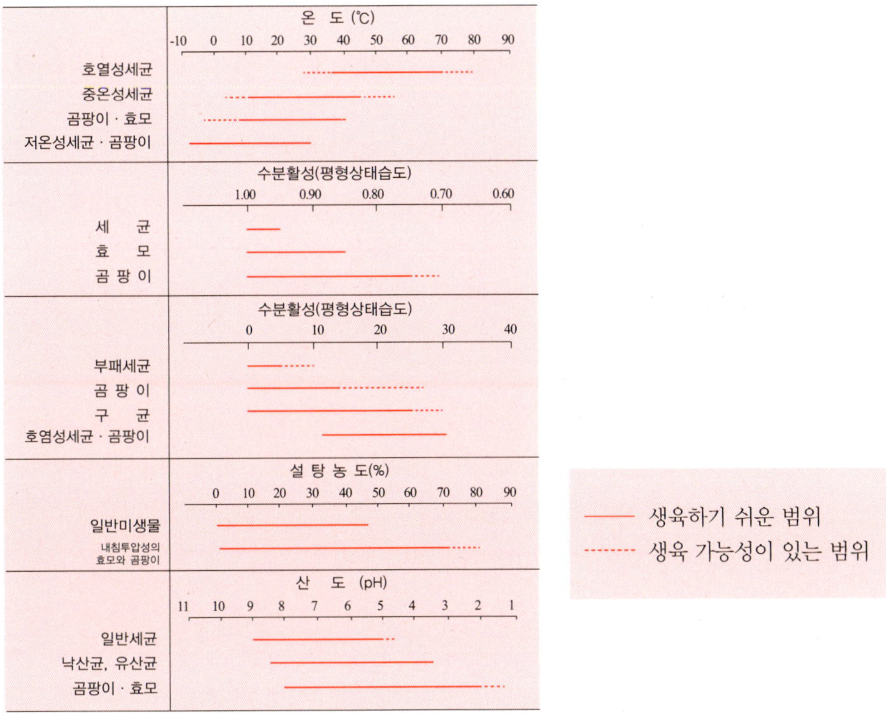


그림 6-1 미생물의 생육과 환경조건

이와 같이 미생물의 생육을 저지하는 저장법으로는 건조(탈수), 냉장, 냉동, 염장, 당장, 초지, 훈연, 훈증 및 방부제의 사용 등이 있다.

# 1. 수분활성과 식품저장

## 1. 결합수와 자유수

식품 중에 존재하는 수분은 식품의 조직성분과 단단히 결합하고 있는 결합수와 자유로이 존재하는 자유수로 나눌 수 있다.

결합수(bound water)는 조직의 구성물질과 결합되어 있는 수화수가 대부분이지만, 식품의 겔(gel) 중에 흡입되어 있는 물, 고체의 표면에 흡착되어 있는 물 등도 있다.

결합수는 식품의 고분자물질의 구조유지에 관계하고 있는 물로서 증발되거나 동결되지 않으며, 다른 용질의 용매로도 이용되지 않고 미생물의 번식에도 이용되지 않는 물이다.

한편 결합수 이외의 물은 조직 중에 자유롭게 함유되어 있는 물로서 자유수(自由水 : free water)라 부른다. 자유수는 수용성 물질의 용매역할이나 화학반응에 이용되는 물로서, 가열하면 증발되고, 빙점 이하가 되면 얼음으로 변화된다.

일반적으로 잘 건조되어 수분량이 적은 식품은 그 건조상태를 그대로 유지하면 저장성이 좋다. 그러나 식품의 저장성이 좋고 나쁨을 단순하게 수분량만으로 말할 수는 없다. 동일한 수분량을 갖고 있는 식품이라도 저장성이 좋고 나쁨에는 차이가 있는 경우가 많기 때문이다.

일반적으로 동일한 수분량을 갖고 있는 식품 중에서도 결합수가 많은 식품은 미생물이 번식하기 어려울 뿐만 아니라 화학적 변화도 느리므로 저장성이 좋다. 이에 비해서 결합수의 비율이 적고 자유수의 비율이 높은 식품은 미생물이 번식하기 쉽고, 식품의 조직성분이 산화되는 등 화학적 요인에 의한 변화를 받기 쉬우므로 저장성이 나쁘다.

## 2. 수분활성

이와 같이 식품의 저장성이 좋고 나쁨은 단순하게 그 식품에 함유되어 있는 수분량만이 영향을 주는 것이 아니라, 그 식품 중에 들어 있는 물의 존재상태가 식품의 저장안정성에 영향을 주고 있다.

표 6-1 각종 식품의 수분활성

| Aω | 식 품 명 | Aω | 식 품 명 |
|---|---|---|---|
| 0.9 이상 | 야채, 과일, 육류, 어개류, 연제품, 식육제품, 치즈, 빵 | 0.6~0.5 | 자건품, 건면(수분 12%), 캔디, 향신료(수분 10%) |
| 0.9~0.8 | 카스테라, 살라미소시지, 곡류, 두류 | 0.5~0.3 | 건조전란(수분 5%)<br>비스킷(수분 3~5%) |
| 0.8~0.6 | 장유, 잼, 젓갈, 건어물, 건조과일 | 0.2 | 분유(수분 2~3%)<br>건조야채(수분 5%) |

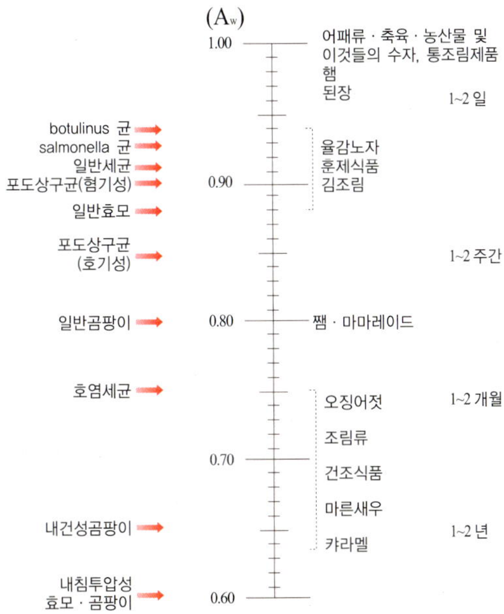


그림 6-2 수분활성도에 따른 미생물의 생육

그러므로 식품 속에 함유된 식물 중에서 미생물의 생육과 산화, 갈변 등 화학반응에 직접 관여하는 수분의 지표로서 수분활성(water activity, $A\omega$) 이 사용되고 있다.

$A\omega$는 순수한 수증기압 ($P_o$) 과 그 온도에서의 식품의 수증기압 (P) 의 비로서 다음과 같은 식으로 나타낸다.

$$A\omega = \frac{P_{\circ}}{P} \text{ 또는 } A\omega = \frac{\text{관계습도(RH)}}{100}$$

위 식에 의하면 순수의 $A\omega$는 1이 된다. 식품은 각종 성분이 함유되어 있으므로 $A\omega$ 는 항상 1보다 낮은 값이 된다. $A\omega$가 0.9 이상인 생선식품류는 미생물이 번식하기 쉽기 때문에 단시일 내에 부패하기 쉽다.

$A\omega$가 0.6~0.9 인 식품류는 미생물적으로 상당히 안정하기 때문에 저장성이 높다. 이것은 식품의 부패에 가장 관계가 깊은 세균이 $A\omega$ 0.9 이상에서는 발육을 잘 하지만, 0.9 이하에서는 발육하기 어렵기 때문이다.

Aω가 0.9~0.65 이고, 수분량이 10 ~ 40% 정도인 식품은 ① 미생물, 특히 세균의 발육이 억제되며, ② 물을 가하면 가식성(可食性)이 되고, ③ 충분한 가소성(可塑性)을 갖고 있다. 이와 같은 식품에는 잼, 젤리, 건조과실, 건조소시지, 양갱 제품, 장류, 젓갈 등이 있는데, 이와 같은 식품을 중간수분식품(中間水分食品 : intermediated moisture foods)이라 부르고 있다.

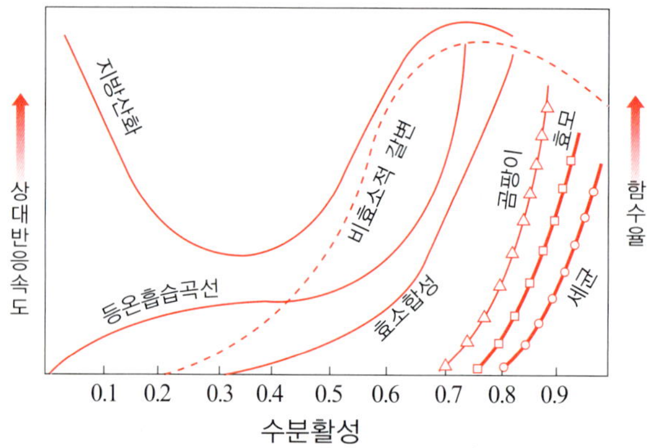


그림 6-3 수분활성과 저장성

한편 그림 6-3 에 나타난 것과 같이 중간수분역에서는 산화속도가 높아지는데, 이것은 중간수분식품 중에는 모관응축 상태의 물이 존재하고 산화반응물이나 금속촉매 등의 이동성이 높아지기 때문이다. 최근 새로운 중간수분식품이 개발되고 있는데, 이것은 다가알코올이나 설탕 등을 가하여 Aω를 저하시킨 다음 blanching처리를 하거나, 항균 방훈제 또는 항산화제 등을 가하여 보존성을 높인 것이다.

우주식은 최초로 개발한 중간수분식품의 좋은 예이다. 이와 같은 중간수분식품이 개발되고 있는 이유는 다음과 같은 장점이 있기 때문이다.

① 가열을 하지 않고 직접 먹을 수 있는 간편성

② 가열이나 다른 처리에 의한 살균을 최소한으로 하는 경제성

③ 건조식품과 같이 바삭바삭하지 않고 먹을 때 감촉이 좋기 때문에 기호성이 높다.

④ 액상이 아니고 가소성이 있기 때문에 포장이 용이하다.

⑤ 영양가의 조정이 용이하다.

# 2. 건조

## 1. 건조의 효과

미생물에 의한 식품의 부패나 효소에 의한 변질, 또는 식품성분의 화학적 변화에 의한 식품의 품질 저하에는 식품에 함유되어 있는 물이 크게 관여한다. 일반적으로 식품 중의 물을 건조(drying, dehydration)시킴에 따라 식품의 저장성은 높아지게 된다. 이것은 식품을 건조함에 따라 식품 중에 함유되어 있는 수분 중 미생물이 이용할 수 있는 자유수가 감소하여 수분활성이 저하되기 때문이다.

식품을 건조시키면 식품의 저장성이 높아질 뿐만 아니라, 2차적으로는 식품의 중량이 가벼워지고 체적도 작아져서 저장시 필요한 공간이 좁아지며, 또한 수송성과 포장성이 좋아지는 등 여러가지 경제적 효과가 생긴다.

그 밖에 식품의 종류에 따라 마른 오징어나 곶감과 같이 원료와는 전혀 질감(texture)이 다른 새로운 가공식품이 만들어진다.

## 2. 등온흡습곡선

수분이 50% 이하인 식품을 일정온도 하에 두고 각기 다른 관계습도 하에서의 식품의 수분량 즉, 평형수분량 %를 구한다. 횡축에 관계습도 또는 수분활성을, 그리고 이것에 대응하는 평형수분량 %를 종축에 plot한 점을 연결하면 역 S자형의 곡선이 만들어진다. 이 곡선을 등온흡습곡선(water sorption isothem) 이라 부르며, 식품 속에 함유된 물의 존재 상태를 나타내고 있다.

이 곡선은 선상에 2개의 굴곡점이 있는데, A는 원점에서 저습도역의 굴곡점($A_\omega$ 0.1~0.2)까지의 물로서 식품조직성분과 결합한 단분자층(單分子層 : monomoleculer layer) 을 형성하고 있는 물이다. B는 저습도역의 굴곡점에서 제 2 굴곡점까지의 다중층(多重層)으로 흡착되어 있는 물로서 준결합수(semi bound water) 에 상당하며, 식품의 가용성성분을 용해하고 있다. C는 제 2 굴곡점 이상의 물로서 식품 중의 좁은 공간에 응축한 자유수이다.

등온흡습곡선은 식품의 성분조성이 비슷하면 거의 비슷한 곡선을 그린다.

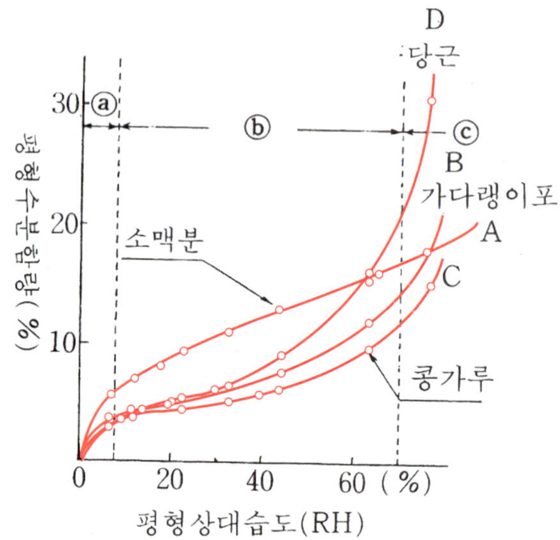


그림 6-4 A, B, C, D형의 흡착등습선

그림 6-4 에서 A형은 전분질 식품으로 소맥분, 전분, 정백미, 그리고 건면 등이고, B형은 단백질식품으로 육류, 난류, 그리고 치즈 등이며, C형은 고당 함량식품과 단백질, 그리고 탄수화물 등 고분자성분식품으로 피망, 고구마, 콩, 양배추, 양파, 그리고 우유 등이며, D형은 건조과실과 같은 고당함량식품으로 곡선은 역S자모양이 된다.

## 3. 식품저장과 물의 단분자층

식품의 저장성을 높이기 위하여 행하는 건조의 정도는 식품의 종류에 따라 다르다. 앞에서 설명한 바와 같이 일반적으로 건조에 의해 수분이 감소하게 되면 저장성도 좋아지게 되지만, 어느 일정량 이상으로 수분을 제거하면 반대로 식품성분의 산화 등에 의해 식품의 저장성은 떨어진다.

이와 같은 현상은 건조가 진행됨에 따라 어느 범위까지는 A$\omega$ 가 저하하고 미생물이 번식하지 못하며, 효소에 의한 변질과 비효소적 갈변반응이 점점 어려워지기 때문에 저장성이 좋아진다. 하지만 어느 범위 이상으로 건조가 진행되면 식품조직과 결합하고 있는 단분자층이 파괴되기 때문에 식품조직이 직접 공기에 닿게 되어 산화에 의한 열화가 일어난다. 그러므로 최종 건조의 정도 즉, 최종수분량의 기준은 단분자층을 형성하고 있는 수분량이라 할 수 있다.

건조된 식품, 특히 수분함량이 적은 건조식품은 흡습하여 품질이 나빠지거나 지질 산화에 의한 변패가 일어나는 경우가 많다. 그러므로 건조식품의 품질을 유지하기 위해서는 금속관이나 laminate film 등 습기와 산소를 차단하고 광선을 투과하지 않는 재질의 포장재료로 포장을 하여야 한다.

흡습이나 산화를 방지하여야 하는 식품에는 silicagel 등과 같은 건조제를 넣어 진공포장을 하거나, 질소가스와 같은 불활성기체를 충전하여 포장을 하여야 한다.

표 6-2 단분자층을 형성하는 수분량

| 식품 | | 수 분(%) | 식품 | | 수 분(%) |
|---|---|---|---|---|---|
| A | 소맥분 | 8.2 | C | 탈지분유 | 4.8 |
| | 정백미 | 7.7 | | 대두분 | 3.8 |
| | 옥수수전분 | 8.8 | | 차 (茶) | 3.4 |
| B | 동결건조돈육 | 5.8 | D | 동결건조당근 | 4.4 |
| | 가다랭이포 | 5.0 | | | |
| | 건조전란 | 4.7 | | | |

## 3. 염장과 당장

식염을 사용하여 어육이나 수육 또는 야채 등을 염지하여 저장하는 것을 염장(salting)이라 한다. 마찬가지로 설탕과 같은 당류를 가하여 과실류, 연유, 과자와 같이 저장성을 증대키는 것을 당장(sugaring)이라 부르고 있다.

염장에 의해 식품의 저장성이 증가하는 이유는 ① 삼투압작용 ② 수분활성의 저하 ③ $Cl^-$ 의 미생물에 대한 살균작용 ④ 고농도 식염용액 중에서의 산소의 용해도 저하에 따라 호기성세균의 번식을 억제하기 때문이다. 일반적으로 부패균은 5~10%의 식염용액에서는 번식하기 어렵지만, 호염균(*halophilic bacteria*)이나 내삼투압성 효모 (*osmophilic yeasts*), 내삼투압성 곰팡이(*osmophilic moulds*)는 고농도의 식염수용액에서도 생육한다.

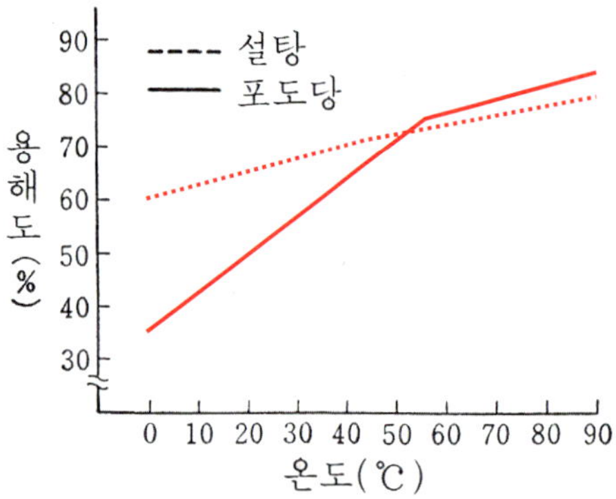


그림 6-5 설탕과 포도당의 용해도

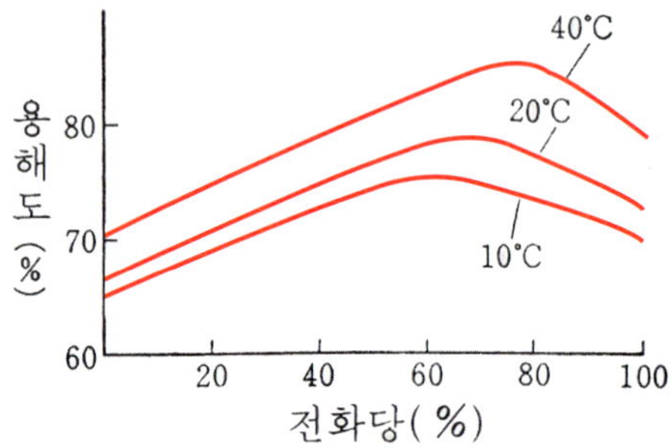


그림 6-6 설탕 전화당 혼합물의 용해도

당장에 의해 저장성이 증가하는 이유는 ① 삼투압작용과 ② 수분활성의 저하 때문이다. 삼투압의 강도는 mol 수에 비례하므로 설탕보다 분자량이 적은 전화당쪽이 동일 중량에서 삼투압이 높고, 또한 용해도가 높기 때문에 효과적으로 이용된다.

표 6-3 식염농도와 삼투압

| 식염수 중의 식염농도(%) | 삼 투 압(atm) | |
|---|---|---|
| | 0℃ | 20℃ |
| 1 | 6.7 | 7.2 |
| 5 | 32.5 | 34.4 |
| 10 | 63.8 | 68.4 |
| 12 | 72.4 | 78.8 |
| 15 | 90.0 | 97.5 |
| 18 | 104.6 | 111.2 |
| 21 | 117.9 | 125.2 |
| 23 | 123.9 | 132.8 |

표 6-4 식염 · 설탕농도와 수분활성

| Aω | 식 염 | | 설 탕 | |
|---|---|---|---|---|
| | mol | % | mol | % |
| 0.995 | 0.150 | 0.87 | 0.272 | 8.52 |
| 0.990 | 0.300 | 1.72 | 0.534 | 15.5 |
| 0.980 | 0.607 | 3.43 | 1.03 | 26.1 |
| 0.960 | 1.20 | 6.55 | 1.92 | 39.7 |
| 0.940 | 1.77 | 9.38 | 2.72 | 48.52 |
| 0.920 | 2.31 | 11.9 | 3.48 | 54.4 |
| 0.900 | 2.83 | 14.2 | 4.11 | 58.5 |
| 0.850 | 4.03 | 19.1 | 5.98 | 67.2 |
| 0.800 | 5.13 | 23.1 | | |

일반적으로 당농도가 50% 이상이 되면 일반 미생물의 생육을 억제할 수 있으나, 일부 곰팡이나 효모 중에는 삼투압에 대한 저항력이 있는 것이 있으므로 이와 같은 미생물에 대해서는 생육을 억제할 수 없다. 이러한 경우에는 산을 첨가하여 pH 를 낮추면 미생물의 생육을 억제할 수 있게 된다.

염장방법에는 식염수에 식품을 담그는 **물간법**(brine salting)과 식염을 식품에 직접 뿌리는 **마른간법**(dry salting) 이 있다.

물간법은 식염농도의 조절이 가능하며 식품이 공기와 직접 접촉하지 않으므로 산화를 방지할 수 있어 양질의 염장품을 만들 수 있다. 그러나 식염수를 넣을 수 있는 용기와 공간, 많은 양의 식염을 필요로 하는데 일반적으로 20 ~ 25Bé 의 식염수가 사용된다.

마른간법은 표면에 뿌려진 식염이 녹아서 식염농도가 높아지게 되고, 따라서 탈수작용이 강해지므로 염건품제조에 좋다. 그러나 식염이 식품 중에 균열하게 침투되기 어렵고, 식품이 직접 공기와 접촉하기 때문에 유소현상(sunbum)이 일어나기 쉬운 결점이 있다. 용염량은 원료에 대하여 대체로 10 ~ 35 % 정도가 사용된다.

식품의 종류에 따라 다르지만 염장 중에 자기 소화(autolysis)가 일어나서 단백질이 가수분해되어 peptide 와 아미노산을 생성하게 되므로 지미가 좋아지는 경우도 있다.

## 4. 산(酸) 저장

미생물의 종류에 따라 다르지만 일반적으로 pH를 낮추면 미생물의 생육을 억제할 수가 있다. 이 원리를 이용하여 양파나 오이 등의 야채류와 정어리, 전갱이 등을 산저장, 즉 초절임(pickling) 하여 비교적 단기간 동안 저장하고 있다.

그림 6-7의 pH와 미생물의 생육과의 관계에서 보는 바와 같이, 곰팡이 > 효모 > 세균의 순으로 산성역에서도 저항성이 강하여 생육이 가능한 것을 볼 수 있다. 또한 같은 pH에서도 산의 종류에 따라서 미생물의 생육 억제능력이 초산 > 구연산 > 유산 순으로 다르다. 이것은 불해리분자, 전리한 경우 음이온의 종류가 미생물의 생육억제작용에 관계하고 있다는 것을 나타내고 있다.

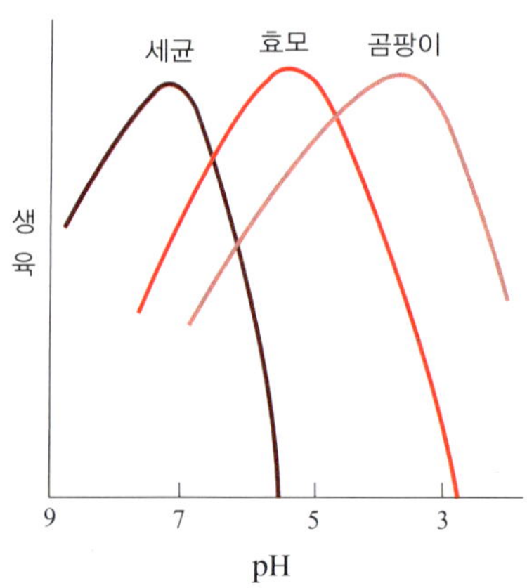


그림 6-7 미생물의 발육과 pH

## 5. 훈연

목재의 불완전 연소에 의해 생기는 것이 연기이며, 식품을 연기에 쐬어 저장성을 부여하는 가공법을 훈연(smoking) 이라 한다. 훈연처리를 한 가공품에는 햄(ham), 소시지(sausage), 베이컨(bacon) 등의 축육제품과 연어, 청어, 굴조개 등 어개류(魚介類)의 훈제품이 있다.

훈연처리에 의해 저장성이 부여되는 이유는 살균과 방부작용이 강한 연기성분의 일부가 식품표면에서 내부로 침투되어 살균 및 방부효과를 나타내게 된다. 또 훈제품 제조시 전처리로서 행하는 염지와 훈연 전 건조도 훈제품의 저장성에 크게 관계하는 것으로 알려져 있다. 훈연은 식품에 저장성을 부여할 뿐만 아니라 훈연취와 훈연미를 부여하여 식품의 풍미를 향상시킨다.

훈연방법에는 냉훈법과 온훈법이 있다. 냉훈법은 염지한 원료를 15~30℃에서 수일에서 3주간 정도 훈연하는 방법으로 수분함량이 35~45 % 정도로 낮아지기 때문에 저장성이 높다. 온훈법은 원료를 50~80℃ 에서 2~12시간 정도 훈연하는 방법으로 냉훈법에 비교하면 제품의 수분량이 50% 이상으로 높기 때문에 저장성은 그다지 좋지 않으나 제품의 풍미에는 좋은 방법이다.

# 6. 식품의 가열과 밀봉

식품을 밀봉할 수 있는 용기에 넣고 고온에서 열처리하여 저장하거나 가공하는 방법이다. 고온처리를 한 식품을 무균의 용기에 넣어 밀봉하는 경우와, 용기에 식품을 넣어 고온처리를 행하는 경우가 있다. 이러한 방법으로 제조되는 식품으로는 통조림, 병조림 및 레토르트 파우치(retort pouch) 식품이 있다.

## 1. 식품의 가열

미생물은 일반적으로 생육 가능한 최고온도보다 10~20℃ 이상인 조건에서는 거의 사멸한다. 그림 6-8에 각종 세균의 발육온도범위를 나타내었다. 포자를 형성하지 않는 병원균과 부패균은 내열성이 낮기 때문에 60℃에서 30분 정도 가열하는 저온살균(pasteurization)에서 사멸한다. 내열성의 포자를 형성하는 *botulinus*균은 pH조건에 따라 다르지만 중성에 가까운 저산성의 조건 하에서는 내열성이 강해서 120℃에서 4분 이상 가열하여야 사멸한다.

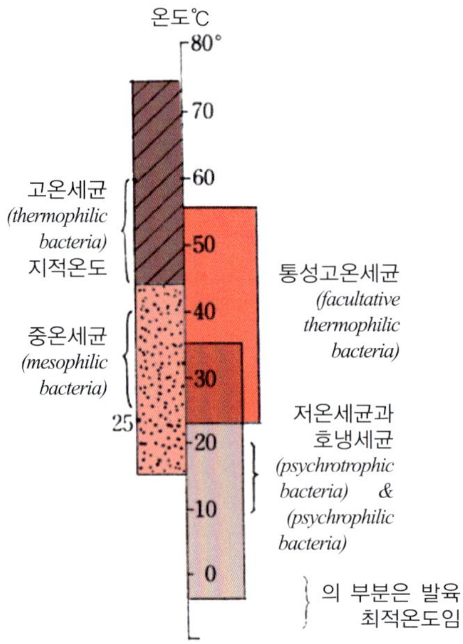


그림 6-8 각종 세균의 발육온도범위

식품의 가열방법에는 살균(pasteurization) 과 멸균(sterilization)이 있다. 저온살균은 세균학자 Pasteur의 연구로 60℃에서 30분간 열처리에 의해 병원균과 아포를 형성하지 않은 부패균을 사멸시킬 수 있다는 것을 원리로 하고 있지만, 모든 미생물을 완전히 사멸시킬 수는 없다.

한편 멸균은 살균보다 고온에서 가열함으로써 포자형성세균을 포함한 모든 미생물을 사멸하는 방법이다. 식품을 고온처리하는 경우 살균 또는 멸균 중 어느 방법을 선택하느냐 하는 것은 식품의 pH, 성분내용 및 식품의 종류에 따라 다르다. 또 식품을 고온에서 가열하게 되면 미생물을 사멸시킬 수 있을 뿐만 아니라, 효소도 열에 의한 변성으로 불활성화 되기 때문에 식품의 저장성은 높아진다. 그러나 고온에서의 장시간 가열은 비타민류의 분해, 색소의 변화 및 단백질의 소화율 저하 등 좋지 않은 영향을 유발하기도 한다.

최근 고온에서 장시간의 살균을 요하는 식품에는 가열에 의한 품질의 열화를 방지하기 위하여 135℃ 또는 150℃ 에서의 고온단시간살균(HTST, high temperature short time) 이나 초고온살균(UHT, ultra high temperature)이 행해지고 있다. 이 방식은 식품조직(texture)의 변화가 최소한으로 억제될 뿐 아니라 비타민류와 같은 영양소의 파괴율도 적다.

## 2. 통조림

통조림(canning)은 식품을 금속관에 살재임하고 탈기, 밀봉, 가열살균 및 냉각의 공정을 거쳐 제품으로 만든 것이다. 통조림의 용기로 사용되는 금속관은 얇은 강철판에 주석을 도금한 blik관, 락카로 도포한 도장관, 크롬도금 강판을 이용한 tin free steel can 및 aluminium관이 있으며, 형태는 원형관, 타원관, 각형관, 말굽관 등이 있다. 통조림 제조공정 중 탈기, 밀봉, 가열살균의 3공정은 주요한 공정이다. 탈기는 가열살균시 내압에 의한 관의 팽창파열의 방지, 호기성 미생물의 생육저지 및 내용물의 산화를 방지한다.

밀봉은 권체기(seamer)에 의해 관과 뚜껑을 밀착시키는 공정이다. 밀봉으로 통조림의 내용물과 외기가 차단되고 공기와 미생물의 재침입이 방지된다. 일반적으로 통조림의 밀봉에서는 1.5kg / cm$^2$의 내압에 견딜 수 있어야 한다.

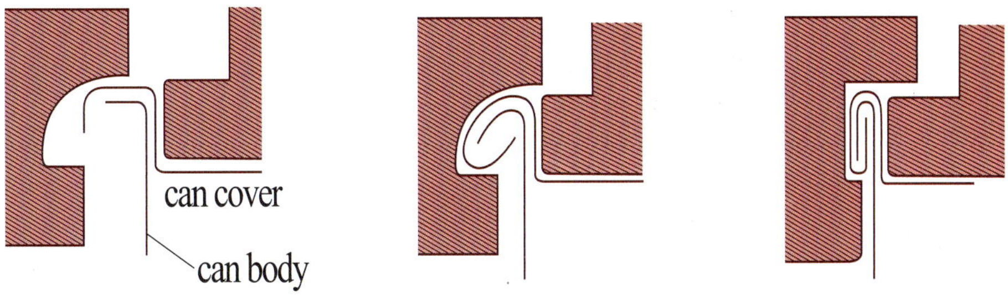


그림 6-9 관권체의 기구

살균은 관 내에 잔존하는 미생물을 사멸하기 위한 공정이며, 살균조건은 식품의 pH, $A_w$, 관의 내용량, 모양, 열전도의 좋고 나쁨에 따라 다르다. 일반적으로는 과실류와 같은 pH가 낮은 것은 비교적 저온에서도 살균의 목적을 달성할 수가 있으나 육류 · 어개류 등과 같은 저산성의 식품은 110 ~ 120℃ 의 고온이 필요하다.

고온살균에는 일반적으로 고압살균솥(retort)이 사용되고 있다. 따라서 통조림식품은 retort 를 사용하여 살균되는 레토르트 식품의 일종이다. 가열살균된 통조림은 즉시 흐르는 물에서 30℃ 이하가 될 때까지 냉각을 하여야 하는데, 이것은 호열성세균 즉, flat sour 원인균의 발육을 막고 식품성분의 열에 의한 열화를 방지하기 위해서이다.

통조림식품의 표시(mark)는 식품의 감별과 검사상 중요한 것이다.

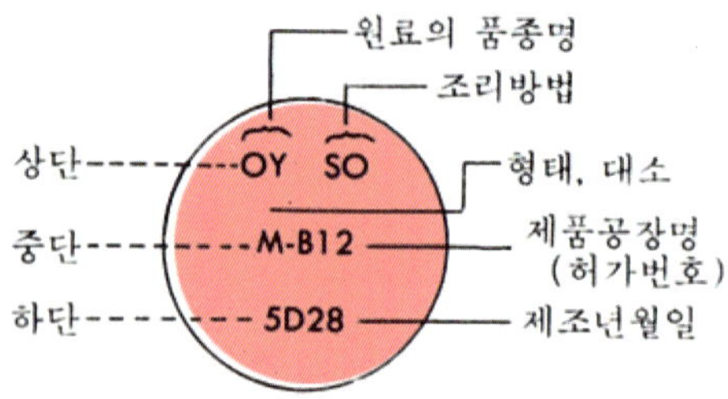


그림 6-10 관마크의 예 1

표 6-5 농산물원료의 품명기호

| 1. 과실 | |
|---|---|
| ① 복숭아 | |
| 백도홀 | PWW |
| 백도 2절 | PW |
| 백도 4절 | PWQ |
| 백도슬라이스 | PW : |
| 백도다이스 | PWD |
| 황도홀 | PYW |
| 황도 2절 | PY |
| 황도 4절 | PYQ |
| 황도슬라이스 | PY: |
| 황도다이스 | PYD |
| ② 사과 | |
| 윤절 | APR |
| 4절 | APQ |
| 슬라이스 | APS |
| 다이스 | APD |
| ③ 배 | |
| 윤절 | PER |
| 2절 | PEH |
| 4절 | PEQ |
| 슬라이스 | PES |
| 다이스 | PED |
| ④ 감귤 | |
| 온주밀감 | MO |
| 하귤 | SO |
| ⑤ 포도 | |
| 씨뺀것 | GE |
| 씨안뺀것 | GS |

| 2. 야채 및 곡류 | |
|---|---|
| ① 아스파라거스 | |
| 화이트 | AWW |
| 그리인티프트 | ARW |
| 그리인 | ARW |
| 화이트절단 | AW: |
| 그리인티프트절단 | AR: |
| 혼합절단 | AM: |
| ② 양송이 | |
| 버턴 | MBB: |
| 홀 | MBW |
| 버턴슬라이스 | MBSB |
| 홀슬라이스 | MBSP |
| 피이스앤드스템 | MBSP |
| 혼합채소 | MVE |
| ③ 옥수수 | |
| 홀 | SWC |
| 크리임 | SWH |
| ④ 김치 | KCH |
| ⑤ 깍두기 | KDG |
| ⑥ 마늘장아찌 | GFD |
| ⑦ 콩나물 | SBSB |

| 3. 잼 및 마말레이드 | |
|---|---|
| ① 딸기 | SJW |
| ② 복숭아 | PJW |
| ③ 사과 | AJW |
| ④ 귤 | OJW |
| ⑤ 포도 | GJW |

| 4. 주스 | |
|---|---|
| ① 사과 | NAJ |
| ② 복숭아 | PJW |
| ③ 포도 | NGJ |
| ④ 귤 | NOJ |
| ⑤ 자두 | NPLJ |
| ⑥ 살구 | NAPJ |
| ⑦ 파인애플 | NPAJ |
| ⑧ 딸기 | NSJ |
| ⑨ 혼합주스 | NMJ |
| ⑩ 농축주스 | NCJ |

표 6-6 수산물원료의 품종기호

| | | | | | | | |
|---|---|---|---|---|---|---|---|
| 고등어 | MK | 도루묵 | SF | 왕 게 | P | 게아지살 | SL |
| 꽁 치 | MP | 줄삼치 | BO | 대 게 | C | 홍 합 | MS |
| 학꽁치 | HB | 삼 치 | CM | 새 우 | SH | 가리맛조개 | SI |
| 전갱이 | HM | 대 구 | CD | 굴 | OY | 토조개 | CC |
| 멸 치 | AN | 갯장어 | SE | 전 복 | AB | 피조개 | AC |
| 정어리 | SA | 붕장어 | CE | 소 라 | TP | 밤조개 | SP |
| 참다랭이 | TB | 뱀장어 | EL | 골뱅이 | BT | 오징어 | SQ |
| 날개다랭이 | TA | 날 치 | FL | 대 합 | SC | 갑오징어 | SC |
| 황다랭이 | TY | 양미리 | NA | 백 합 | HC | 문 어 | OC |
| 가다랭이 | TS | 갈 치 | HT | 소라고동 | R | 쭈꾸미 | PO |
| 방 어 | TY | 어 육 | FM | 개량조개 | RC | 꼴뚜기 | WA |
| 송 어 | TR | 어 단 | FB | 새조개 | CO | 고래고기 | WM |
| 까나리 | SS | 꽃 게 | T | 맛조개 | RA | 꼬 막 | BC |
| 청 어 | HE | 털 게 | E | 바지락 | SN | 김 | LA |

병조림(bottling)의 제조공정은 살재임에서 살균까지는 통조림과 거의 같다. 병조림은 통조림과는 달리 내용물을 볼 수 있으며, 유리병은 화학반응을 일으키지 않으므로 부식과 관취가 생기지 않는 장점이 있다. 그러나 한편으로는 기계적 강도가 약하여 파손되기 쉽고, 열전도도가 낮아 온도의 급변에 따라 파손되기 쉬운 결점이 있다.

표 6-7 조리방법의 기호

| | | | | | |
|---|---|---|---|---|---|
| 보일드 통조림 | BL | 훈저기름 담근 통조림 | SO | 젤리 담근 통조림 | JY |
| 가미 통조림 | FD | 머스타드 담근 통조림 | MD | 야채가미 통조림 | VD |
| 기름 담근 통조림 | OL | 조림 통조림 | BD | 구이 통조림 | RD |
| 토마토 담근 통조림 | TO | 스튜 통조림 | ST | 소시지 통조림 | SG |

* 통조림 허가처분 시 · 도별 기호

| | | | |
|---|---|---|---|
| S : 서울특별시 | B : 부산광역시 | D : 대구광역시 | K : 경기도 |
| A : 강원도 | H : 충청북도 | D : 대전광역시 | C : 충청남도 |
| O : 전라북도 | E : 전라남도 | I : 인천광역시 | J : 제주도 |
| U : 경상북도 | Y : 경상남도 | I : 광주광역시 | |

* 크 기

L : 대, M : 중, S : 소

## 3. 포장식품

포장식품(prepacked foods)에 대한 명확한 정의를 내리기는 어렵지만 일반적으로 금속, 유리용기 및 유기고분자를 포장재료로 포장이나 밀봉하여 가열 등의 물리적 조작에 따라 살균한 식품이라 할 수 있다. 이들 포장식품 중 금속관이나 병 등을 사용한 것은 통조림과 병조림으로 별도로 취급하고 있는데, 일반적으로 포장식품이라 불리고 있는 것은 plastic과 plastic을 주체로 한 포장재료로 포장된 식품을 말하고 있다.

식품포장에 plastic이 널리 이용되고 있는 이유는 다음과 같다.

① 고분자 plastic(polyethylene : PE, polypropylene : PP, polyester, polyamide 등)에는 가소성이 있고, 종이(sheet), 필름(film) 및 병모양까지 있다.

② 성상이 다른 plastic끼리, 또는 plastic에 종이나 Al 박(箔)을 laminate함으로써 상호 결점을 보완하여 새로운 성상의 포장재료를 얻을 수가 있다.

③ 산, 알칼리, 염류 등에 침식되지 않고 안정하다.

④ 비중이 1.0~1.5 정도로 금속이나 유리에 비해 가볍다.

⑤ 열(heat seal)이나 초음파에 의해 밀봉이 가능하다.

⑥ 포장에 미려한 인쇄가 가능하여 상품성을 높일 수 있다.

⑦ 저렴한 가격 등 장점이 많기 때문에 포장재료로 널리 이용되고 있다.

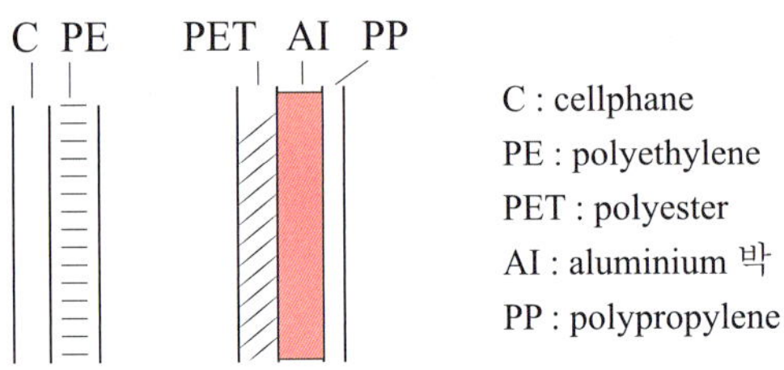


그림 6-11 laminate 예

Laminate의 효과에 대해서 예를 들면, cellophane은 투습성과 산소투과성이 크지만 이것에 20$\mu$m 두께의 polyethylene을 laminate하면 투습성과 투과성이 1/100 ~ 1/200 로 감소하여 cellophane만을 사용했을 때의 결점을 보완할 수가 있다.

Plastic은 위에서 말한 바와 같이 여러 가지 특성이 있지만, 용기로써 사용하는 경우 다소의 문제점이 있다.

① 강도가 낮다.
② 내열성이 낮다.
③ 돌기물에 의해 film에 pin-hole 이 생기기 쉽다.
④ 쥐나 해충에 의한 식해(食害)를 받을 수 있다.
⑤ 충격과 압력에 의한 파대(破袋), 구열(龜裂)의 염려가 있다.
⑥ 기체의 투과성이 있다.

그러나 이들 결점은 앞에서 말한 바와 같이 각종 plastic과의 laminate, Al 증착 plastic 및 종이와의 laminate에 의해 방지할 수가 있다.

## 4. 레토르트 식품

레토르트 식품(retort pouch foods)은 고압살균솥(retort)을 사용하여 파우치에 넣은 식품을 살균한 것에서 유래된 것이다. 야채나 어육통조림은 넓은 의미에서 retort식품의 범주에 들어가지만, 일반적으로는 내열성이 있고 투기성과 투습성이 없는 laminate된 plastic 봉투에 넣어 retort로 살균한 것을 말한다. 레토르트 식품의 살균은 일반적으로 120℃에서 행해지며, 살균시의 특징은 밀봉용기가 대상이기 때문에 열전도면적이 넓어 살균시간이 통조림에 비해 1/2~1/3 이 단축된다는 것이다.

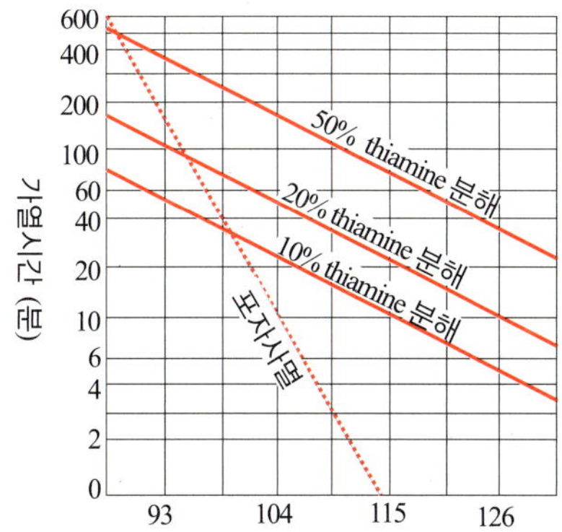


그림 6-12 가열조건이 포자사멸, thiamine 분해에 미치는 영향

# 7. 저온저장과 냉동식품

## 1. 식품의 저온저장법

대부분의 세균은 100℃ 이상의 온도에서는 번식하기 어렵고, 더 낮은 온도인 −100℃ 이하에서는 저온세균과 호냉세균도 번식하지 않으므로 미생물의 생육에 따른 식품의 열화를 방지할 수 있다. 또한 온도가 내려감에 따라 야채나 과일 등과 같은 생선식품은 호흡속도가 내려가고, 모든 식품은 식품성분의 화학변화의 반응속도가 저하하기 때문에 식품의 품질저하를 방지할 수 있다.

이러한 원리에 의한 식품의 저장방법을 저온저장이라 부르고 있다. 그러나 이 방법에 의한 저장은 미생물의 번식을 억제할 수는 있지만 살균효과는 없으므로, 통조림이나 병조림과 같은 장기저장은 기대할 수 없다.

저온저장은 식품을 저장하는 온도대에 따라서 냉장저장(cooling storage), 빙온저장(chilling storage), 냉동저장(frezing storage)으로 나눌 수 있다.

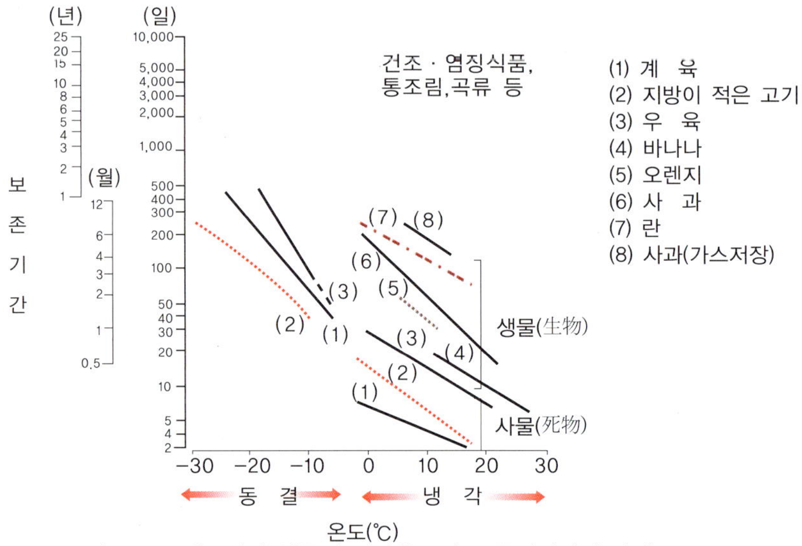


그림 6-13 대표적인 식품의 저장온도와 보존기간과의 관계

냉장저장은 식품이 동결하지 않은 범위, 즉 빙결점 이상(− 0.5 ~ −2℃) 에서 15℃ 이내의 온도 범위에서 저장하는 방법이고, 빙온저장은 식품의 빙결점에 해당하는 −2 ~ −0.5℃ 온도에서 저장하는 방법이다. 냉동저장은 동결상태에서 식품을 저장하는 방법으로 일반적으로 −18℃ 이하에서 저장하는 방법이다.

그림 6−13에는 대표적인 식품의 저장온도와 저장기간의 관계를 나타내었는데 일반적으로 저장기간은 온도가 내려감에 따라 연장된다.

### (1) 냉장저장

식품의 종류, 즉 생선식품 중 살아 있어 호흡을 계속하고 있는 바나나, 오렌지 및 사과 등의 과실류와 난류, 그리고 그림에 나타내지 않은 야채류의 저장은 냉장저장의 온도내에서만 할 수 있다. 빙결점 이하가 되면 세포가 죽어서 상품가치를 상실하기 때문이다. 또한 과실류와 야채류 중 특히 열대와 아열대지방을 원산지로 하는 것은 냉각저장의 온도범위 내에서도 어느 온도 이하가 되면 대사에 이상을 일으켜 장해가 생기는데, 이것을 저온장해(chilling injury)라 한다.

바나나, 가지, 피망 등은 저온장해를 일으키기 쉽기 때문에 빙결점보다 상당히 높은 온도대에서 저장하여야 하지만, 그 밖에 다른 대부분의 청과물은 일반적으로 0℃ 부근에서 냉장된다. 일반적으로 야채류와 과실류를 냉장할 경우 저장기간은 1주일에서 1개월 정도로 비교적 저장기간이 짧은 편이다.

표 6−8 청과물의 저장온도

| 종류 | 저장온도 (℃) | 종류 | 저장온도 (℃) |
|---|---|---|---|
| 바나나 | 13 | 사과 | 0 |
| 고구마 | 13 | 배 | 0 |
| 호박 | 10~12 | 포도 | 0 |
| 파인애플 | 5~7 | 양파 | 0 |
| 토마토 | 5~10 | 양배추 | 0 |
| 귤 | 3~5 | 당근 | 0 |

### ⑵ 빙온저장

육류와 어개류에는 빙온저장 또는 반동결저장이 이용된다. 이 방법에서의 저장은 동결저장식품의 해동시에 일어나기 쉬운 조직(texture)의 저하가 없으며, 저장에 필요한 에너지도 적어지므로 1주일에서 1, 2개월간의 저장에 이용되고 있다.

### ⑶ 냉동저장

냉동저장은 어개류와 육류, 그리고 증기나 열탕으로 수분간 blanching처리를 하여 효소를 비활성화 시킨 청과물을 냉동상태에서 수개월에서 1년 전후의 장기간 동안 저장하는 방법이다. 품질이 좋은 동결식품을 제조하기 위해서는 그림 6−14에 나타낸 것과 같이 −1∼−50℃의 최대빙결정생성대(zone of maximum ice crystal fornation)를 25~35분 동안에 통과시켜 빙결정의 크기를 70$\mu$L 이하로 할 수 있는 급속동결(quick freezing)을 하여야 한다.

최대빙결정생성대를 완만히 통과시키면 완만동결이 되어 식품조직의 세포 사이에 있는 물이 먼저 빙결하게 되고, 그에 따라 세포 내의 물이 세포 사이로 빠져나와 빙결정이 불균일하게 성장하게 된다. 그렇게 되면 세포는 빙결시에 생기는 팽압으로 세포막이 손상되고 단백질이 변성되므로, 해동시에는 drip의 유출이 많아져서 품질에 나쁜 영향을 주게 된다.

표 6-9 각종 식품의 빙결점

| 식 품 명 | 빙 결 온 도(℃) | 식 품 명 | 빙 결 온 도(℃) |
|---|---|---|---|
| 시 금 치 | −0.9 | 돼 지 고 기 | −1.7 |
| 대 구 | −1.0 | 소 고 기 | −1.7 |
| 딸 기 | −1.2 | 사 과 | −2.0 |
| 다 랑 어 | −1.3 | 버 터 | −2.2 |
| 감 | −2.1 | 치 즈 | −8.3 |

동결육을 동결저장할 경우, 동결육 표면부에 있는 빙결정이 승화하여 건조되면 그 자리에 공간이 생기게 되고, 건조가 계속 진행되면 조직은 다공질 상태가 되므로 공기가 조직 내부까지 침투되어 지방의 산화가 촉진된다.

이와 같이 동결육의 건조에 의한 지방의 산화로 육이 변색을 일으키고 단백질이 변성되는 것을 동결화상(freezer burn)이라 하며, 이것을 방지하기 위하여 동결육 표면에 빙의(glaze)를 입혀 식품이 직접 공기와 접촉하지 않도록 하고 있다.

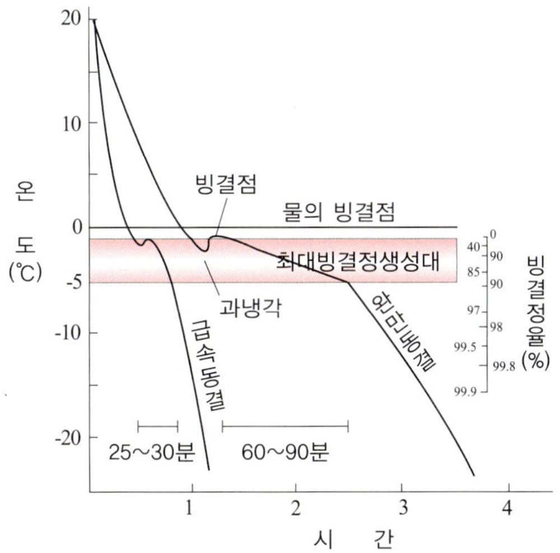


그림 6-14 식품의 동결곡선

## 2. 냉동식품

냉동식품은 ① 원료의 전처리 ② 조리가공 ③ 동결 ④ 포장 ⑤ 제품 ⑥ 동결저장의 과정으로 제조되어 유통되고 있다. 냉동식품의 정의는 전처리를 하고 품온이 −18℃ 이하가 되도록 급속동결한 다음 소비자에게 판매하는 것을 목적으로 포장된 것을 말한다.

냉동식품은 −18℃ 이하에서 처리된 것으로서 식품의 성분도 생선시와 변함이 없고, 미생물의 발육이 충분히 억제되며, 전처리에 의해 불가식부분이 제거되어 있으므로 유통시에 낭비가 없는 인스턴트성이 높은 식품이며, 수확기나 어획기에 관계없이 항시 구입할 수 있다는 것이 특징이다.

냉동식품의 유통시에 문제가 되는 것은 온도의 변화이다. 일반적으로 온도가 10℃ 상승하면 품질은 2~3배 속도로 변하기 때문에, 냉동식품을 유통시킬 때에는 식품에 적합한 각각의 온도에서 유통시켜야 한다. 생산자에서부터 소비자에 이르기까지 일관되게 일정한 온도에서 유통시켜, 식품의 품질을 유지시키는 것이 저온유통기구(cold chain system)이다. 그러나 냉동식품의 수송과 저장시에 온도변화가 있으면 냉동식품은 열화를 일으키기 쉽다.

이 때문에 냉동식품에서 품질의 변화를 주지 않는 범위의 온도변화와 허용기간을 정하고 있는데, 이것을 시간 온도에 대한 품질내성, 즉 TTT(time temperature tolerance)라 부르고 있다.

냉동식품의 해동(thawing) 은 완만하게 냉장고나 유수 중에서 반동결상태가 될 때까지 실시한 후에 이용한다. 그 밖에 열수나 증기, 전자렌지 등에 의한 해동방법이 있는데, 식품의 종류와 용도에 따라 해동방법을 선택하여 이용하는 것이 중요하다.

## 8. CA 저장

과실이나 채소는 저장 중에도 호흡작용에 의해서 탄산가스와 수분을 배출하고 소모해서 품질을 저하시킨다. 이 작용은 저온에서 저장할수록 억제되며, 탄산가스나 질소가스와 같은 화학적 불활성인 가스에 의해서도 억제된다. 이러한 원리를 응용하는 것이 가스저장이며, CA(controlled atmosphere)저장이라고도 한다. 예를 들면 과실을 가스저장하면 후숙이 늦어져서 그만큼 저장기간이 길어지게 되며, 또 저장 중 과실 본래의 색택이나 경도를 유지하게 된다.

과실의 가스저장일 경우 불활성가스의 농도가 현저히게 높고 산소가 미량이면, 과실은 분자간 호흡에 의해서 알콜발효를 일으켜 품질을 손상시킨다.

그러므로 가스저장에 있어서도 어느 정도의 산소가 필요하며, 거기에 불활성가스의 함량과 산소의 함량 및 온도의 조합에 따라서 저장효과가 달라진다. 일반적으로 탄산가스량을 증가시키고 산소량을 감소시켜서 저온에 둘 때 저장효과가 크다. 사과를 가스저장할 경우 탄산가스함량 2~8 %, 산소의 함량 3%, 온도 0~30℃ 의 조건이 가장 적당하며, 또 토마토의 경우에는 각각 5%, 120℃의 저장이 가장 좋다는 결과가 나타나 있다. 어느 경우라 해도 상대습도는 85~90%가 좋다.

그러나 가스농도를 조절하는 데에는 완전히 밀폐된 방이 필요하여 비용이 많이 든다. 일반적으로 플라스틱 대를 이용한 간이방법이 많이 행해지고 있다. 가스 투과성이 있는 플라스틱 필름을 선택하여 야채나 과실을 넣어 밀봉한 채 두면 호흡작용으로 생긴 탄산가스는 증가하고 산소는 감소하게 되는데, 어느 농도에서 평형을 이루어 CA저장에 적합한 환경을 만든다.

그림 6-15의 사과에 대한 실험결과와 같이 저장 수일 후 탄산가스는 2.5%, 산소는 10% 정도에서 평형을 유지하므로 사과를 신선한 상태로 장기간 보존할 수 있게 된다. 똑같은 방법으로 엽채를 저장할 경우, 오랫동안 녹색을 그대로 보존할 수가 있으며 비타민 C도 거의 감소되지 않는데 이와 같은 방법을 간이 CA저장이라 부른다. 난(卵)의 저장에서도 탄산가스저장을 하면 난백에서 난각을 통하여 탄산가스가 발산되는 것을 방지할 수 있으므로 농후난백의 수양화가 늦어지게 된다.

따라서 난의 저장에서 냉장과 가스저장을 병용하면 냉장만을 하였을 때보다 장기간 동안 신선란과 거의 같은 상태로 난을 보존할 수 있다. 그러나 미생물에 의한 변패에 있어서의 가스저장은 호기성균의 번식을 억제할 수 있을 뿐이므로, 그 방부효과는 기대할 수가 없다.

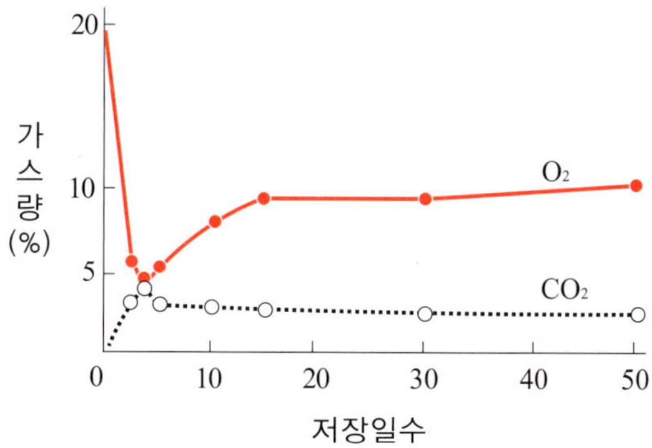


그림 6-15 두께 0.03mm의 polyethylene 대에 사과를 넣고 저장하였을 때의 대 내 가스조성의 변화

## 9. 방사선 조사

방사선조사에 의한 식품저장은 원자력의 평화적 이용의 한 분야로서 발달되어 온 것이다. 식품조사에 이용되는 방사선은 코발트60($^{60}CO$) 또는 세시움 137($^{137}Cs$)을 에너지원으로 하는 투과력이 강한 전자파인 $\gamma$-선과 전자가속장치에서 얻어지는 전자선은 $\beta$-선이다. $\beta$선은 $\gamma$-선에 비해 투과력이 약하여 식품의 내부에 대한 조사보다 식품표면의 조사에 적당하다.

방사선에 의한 살균은 품온이 상승하지 않는 것이 특징이므로 냉살균(cold sterilization)이라고도 하는데 사용되는 선량과 그 효과에 따라서 다음과 같이 나눌 수 있다.

① 저선량처리 (radurization)

0.1~0.3Mrad의 방사선조사로 부패균을 감소시키는 불완전살균으로, 식품의 보존기간을 연장할 수 있다.

② 중선량처리 (radicidation) (1rad = 0.97)

0.5~0.9Mrad의 방사선조사로 포자를 만들지 않는 병원미생물을 사멸한다.

③ 고선량처리 (radappertization)

3~5 Mrad의 방사선조사로 바이러스 이외의 미생물을 완전히 사멸시킬 수 있다.

표 6-10 방사선의 식품에 응용 예

| 조사선량 K rad | | 품질유지효과 예 | |
|---|---|---|---|
| 저선량조사 | 5~50<br>10~100 | 발 아 억 제<br>살충, 살란 | 감자, 밤, 양파<br>곡류, 건조식품 |
| 중선량조사 | 50~500<br>100~1,000 | 숙 도 조 절<br>표 면 살 균 | 과실의 숙도조절<br>청과물, 어개류의 표면살균 |
| 고선량조사 | 1,000 이상 | 완 전 살 균 | 축육, 어육가공품 |

한편 방사선은 분자를 이온화하는 작용이 있기 때문에 방사선량이 많을 경우 식품 중의 물분자와 반응하여 과산화수소나 유리기를 생성한다. 그 결과 여러가지 화학반응에 의해 풍기는 냄새, 변색 및 유독물질 생성 등과 같이 품질에 악영향을 주므로 아직도 해결하여야 할 문제점이 많다.

참고

Dm치 : 균의 수를 1/10로 줄이는데 필요한 시간과 온도의 결합. $Dm_{12}$값까지의 살균 또 방사선살균의 작용은 Dm값은 0.37 Mrads의 방사선량에 해당되며 12Dm값까지 살균하자면 0.37 x 12=4.44 즉 4.5 Mrads 정도의 방사선이 필요하다.

# Part Ⅲ 농산식품가공학

Chapter 7

# 곡류 및 서류의 가공

## 1. 정곡

곡류를 식용으로 하거나 가공하기 위해서 왕겨층을 벗겨내는 것을 정곡(精穀)이라 하는데 정곡을 하면 소화율이 증가된다. 쌀의 경우 소화율은 현미가 90%, 백미가 98%이다.

벼의 성분 비율은 현미가 80%, 왕겨가 20% 정도이다.

### 1. 정미 (精米)

현미는 과피, 종피, 호분층, 배유 및 배아로 구성되며(그림 7-1), 호분층과 배아에는 단백질, 지방, 비타민이 많고 배유는 주성분이 녹말이다. 현미에서 과피, 종피, 호분층 및 배아를 제거하여 배유부만을 얻는 조작을 도정이라 하며 이때 얻어진 쌀을 정미, 제거된 부분을 쌀겨(rice bran)라고 한다.

배아미는 쌀겨 속에 배아가 들어가지 않게 도정한 쌀이다. 쌀겨는 기름을 짜서 사용하고 탈지겨는 사료로 사용한다.

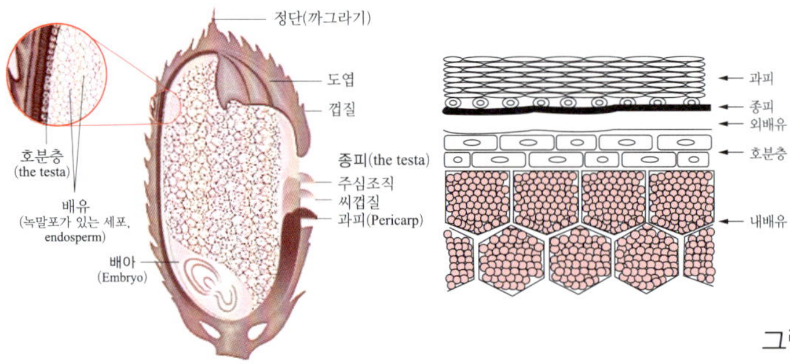


그림 7-1 현미의 단면도

도정 정도를 나타내는 방법에는 도정시 감소된 양의 현미중량에 대한 백분율을 나타내는 도감율과 도정된 백미량의 현미중량에 대한 백분율을 나타내는 도정률이 있다. 또 현미의 쌀겨층이 완전히 제거된 것을 10분도미(백미), 반이 제거된 것을 5분도미로 나타내는 도정도가 있다. 이를 식으로 나타내면 다음과 같다.

도정률(%) = (도정된 쌀의 무게/현미무게) X 100

도감률(%) = (제거된 쌀겨의 무게/현미무게) X 100

결국 도정률과 도감률을 합하면 100%가 된다.

도정도, 도정률, 도감률 사이에는 표 7-1 과 같은 관계가 있다.

표 7-1 도정도, 도정률 및 도감률과의 관계(무게)

| 도 정 도 | 도 정 률 (%) | 도 감 률 (%) |
|---|---|---|
| 현 미 | – | 0 |
| 5 분 도 미 | 96 | 4 |
| 7 분 도 미 | 94 | 6 |
| 백미(10분 도미) | 92 | 8 |

### (1) 정미가공공정

정미가공공정은 아래와 같다.

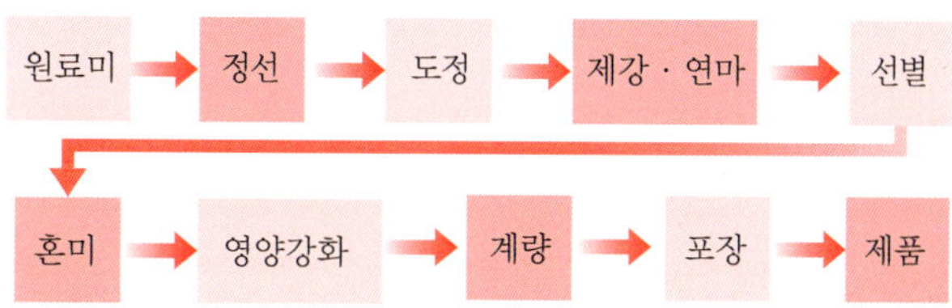


### (2) 정미가공의 기계장치

도정가공에 필요한 장치는 정마기와 제강연마장치 및 정선선별장치로 나눌 수 있으며 그 중 정미기가 가장 중요하다.

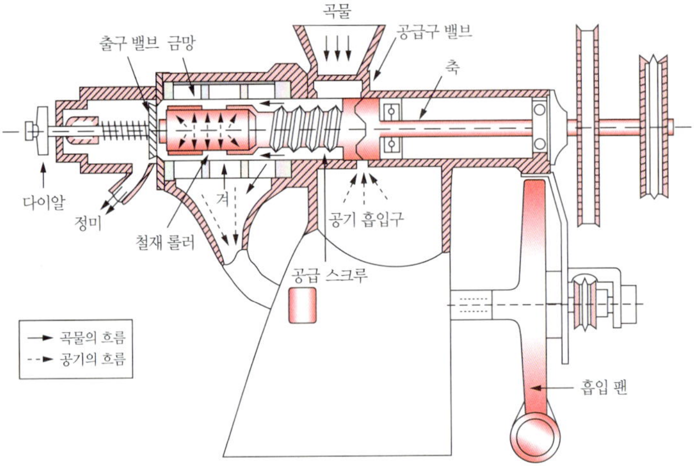


그림 7-2 정미기

### ① 정미기

정미기는 구조와 도정작용에 따라 마찰식과 연삭식의 두 가지로 크게 나눌 수 있다. 마찰식 정미기는 도정실 내의 강철 롤러의 속도를 1분에 300 rpm 이하의 저속으로 회전시켜 쌀에 강한 압력을 가하여 쌀알 상호간의 마찰에 의해 겨층을 박피상으로 제거시켜 도정하며 주로 횡형원통마찰식이 쓰인다.

송풍식은 마찰식 정미기의 한 종류로 송풍기로 원통 안에 바람을 불어넣어 노성 중에 생기는 겨를 제거하도록 만든 기계로 도정효율이 높고 제강처리에 불가결한 기계이다.

연삭식은 수형식과 횡형식이 있으며 도정실 내의 롤러의 회전속도를 1분에 700rpm 이상 고속으로 회전시켜 도정실 내의 쌀알에 대한 압력을 적게 하고 고속으로 회전하는 금강사(金剛砂) 롤러의 연삭 및 충격작용으로 겨층을 미세한 분말상태로 박리시켜 도정하는데 도정력이 크고 쇄미가 적으므로 정미, 정맥은 물론 그 밖의 모든 도정에 이용할 수 있어 만능도정기라고도 한다.

식용미 도정에는 횡형을 사용하고 주조미 도정에는 대부분 수형을 사용한다.

### ② 제강연마장치

각 정미기에는 제강장치가 부착되어 있으나 남아있는 쌀겨를 제거하기 위해 별도의 제강장치를 사용한다. 풍력을 이용하여 분리할 때는 풍구, 미세한 쌀겨를 흡인 제거할 때는 흡인기(aspirator), 정전기에 의해 쌀겨를 흡착 제거하는 정전식 제강장치가 있다.

### ③ 정선, 선별장치

원료미의 정선과 정미의 선별용으로 나눌 수 있으며, 원료미 정선용으로는 receiving separator와 석발정선기가 사용된다. 어느 것이나 풍력과 2~3단의 체를 사용하여 혼입물을 제거하도록 되어 있다.

정미선별은 정미에서 쇄미와 돌을 제거하는 것으로 체를 사용하거나 풍력에 의하여 선별하는 장치가 실용적이다.

## 2. 정맥(精麥)

보리는 쌀과 달리 배부분 중앙에 고랑이 있고 이 고랑에 껍질이 밀착되어 있어 외피를 완전히 제거하기 어렵다(그림 7-3), 보리는 곡립에 부피가 밀착되어 쉽게 떨어지지 않는 껍질보리(大麥)와 쉽게 떨어지는 쌀보리로 나눌 수 있으며 정맥 또는 정맥 후 압편하여 압맥으로 이용한다.

정미와 다른 점은 가공공정 중 물을 가하여 도정하는 점으로 물을 가하면 박피가 쉽고 입자가 연해져 압편이 잘 되며, 매끈하게 박피되어 제품의 외관이 아름답게 된다. 가수량은 원맥의 무게에 대하여 박피용은 5~8 %, 완성용은 3~5% 정도가 적당하다. 물을 지나치게 가수하면 외피의 탄닌질과 산화효소가 녹아나와 정맥에 배어들어 품질이 떨어진다.

보리는 10분도로 도정하면 정맥비율이 껍질보리에서 70~75%, 쌀보리에서 약 80%가 되지만 외국에서는 소비자의 요구에 호응하기 위해 껍질보리는 53% 내외, 쌀보리는 약 60%의 정맥비율로 도정한다.

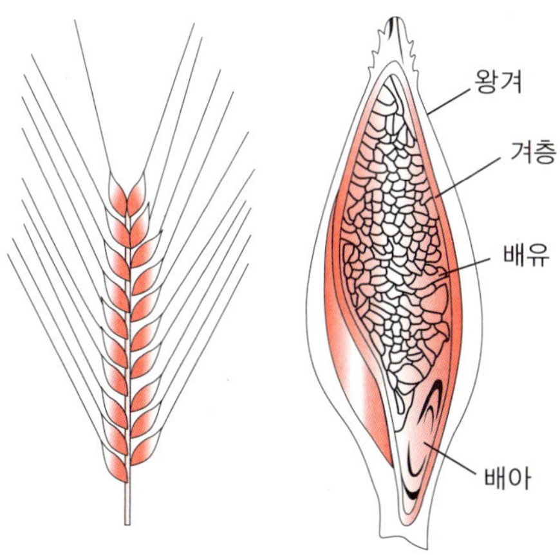


그림 7-3 보리의 단면도

### (1) 정맥가공기계

주로 정맥기이며 횡형원통마찰식 및 수형연삭식 외에 근래 개발된 장행정형 또는 경사형 정맥기 등이 있다.

### (2) 정맥가공공정

정맥가공공정은 아래와 같이 원료의 선별, 도정, 혼수, 완성, 건조의 5단계가 기본적인 공정이다.

정맥가공공정은 다음과 같다.

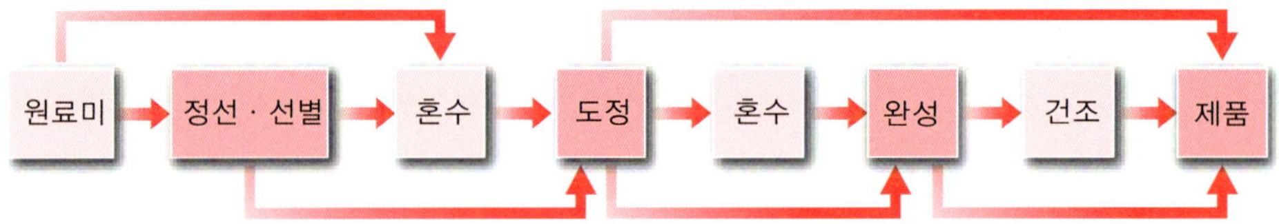


### (3) 할 맥

보리에 있는 깊은 고랑은 정맥의 외관, 식미를 떨어뜨리므로 이를 제거할 목적으로 보리의 고랑을 따라 절단, 도정하여 얻은 보리쌀을 할맥(割麥)이라 한다.

껍질보리의 경우 15~20%, 쌀보리의 경우 10~15% 정도 1차 도정을 한 후 할맥기에 넣어 두쪽으로 절단하고(절단율 95% 이상) 다시 2차 도정을 한다. 껍질보리의 경우 61~69%, 쌀보리의 경우 70~80%의 수율이 되게 도정한다.

### (4) 압 맥(壓麥, 납작보리)

보리는 곡물 중에서도 조직이 견고해 소화가 잘 되지 않아 식용에 많은 불편한 점이 있는데 소화율을 높이기 위해 도정한 보리를 수분과 함께 가열하고 호화시킨 후 가공한다. 압맥을 만들 때에는 가열압편기를 이용하는데 이 기계는 예열통과 압편롤러로 되어 있다.

보리쌀의 수분함량을 14~16%로 조절하여 예열통에 넣고 60~80℃의 증기로 간접적으로 가열시킨 후 단시간 동안 260~300℃의 가열증기나 포화증기로 25~30%의 수분함량으로 조직을 연화시킨 후 2개의 압편롤러 사이에서 압편하고 공기로 흡인 냉각시켜 압맥을 얻는다.

## 3. 쌀가공품

백미를 원료로 만든 2차 가공품에는 알파미, 강화미, 파보일드 쌀(parboiled rice), 즉석미, 밥통조림, 냉동밥 등이 있다.

### (1) 알파미 ($\alpha$ 미)

알파미는 백미에 물을 가하고 가열하여 $\alpha$ 전분으로 변화시킨 다음 고온에서 급격히 탈수 · 건조시켜 $\alpha$ 전분 상태로 고정시킨 것으로 이것을 분쇄한 것이 $\alpha$ 화 쌀가루이다.

알파미는 백미를 묽은 식초산용액에 침지한 후 적당량의 물을 가해 100℃ 이상으로 끓여 밥을 짓거나, 침지한 백미를 미리 가열하면서 끓는 물속을 통과시켜 밥을 짓고 품온을 유지하면서 상압 또는 감압하에서 80~130℃로 급속히 건조시켜 쌀알의 수분이 5%정도가 되게 한다.

### (2) 강화미

강화미는 세척 도중 손실되는 쌀의 영양분을 강화시켜 제조한 것으로 parboiled rice라는 상품명으로 외국에서 판매되고 있다. 이는 정미에 비타민 $B_1$, $B_2$, 니코틴산, 철 등을 용해한 액을 분무하여 건조시켜 1차 피막을 입히고 단백질로 2차 피막을 입혀 건조시킨 것을 백미 200대 1의 비율로 섞은 것으로 이중피막은 700℃ 이상의 더운 물에서만 용해된다.

### (3) 파보일드 쌀 (Parboiled rice)

Parboiled rice는 인도 등 동남아시아와 아프리카에서 옛부터 제조된 쌀가공품으로 쌀의 물리적인 성질을 변화시킨 것이며 쌀의 생산수율이 증가되고 도정 중 영양분의 손실을 막을 수 있으며 소비자의 요구에 따라 다양한 제품을 만들 수 있다는 특징이 있다.

이것은 현미를 12~48시간 냉수에 침지시켜 수분함량이 30~35%가 되게 하여 끓는 물에서 30~60분 끓인 후 일광건조로 수분함량이 10~13 %가 되게 하여 도정한 것이다.

### (4) 즉석미

즉석미는 밥을 짓는데 걸리는 시간을 단축할 목적으로 제조된 쌀로 다양한 제조방법이 개발되었으며 일반적으로 밥짓는데 걸리는 시간은 3~5분 정도이다.

즉석미의 일종인 Quick-cooking rice 의 제조법을 살펴보면 다음과 같다.

현미를 실온에서 2~3시간 침지시켜 수분함량이 14%가 되게 하고 149~177℃에서 40분간 baking한 후 다시 실온에서 2~3시간 침지시켜 원래의 2배로 팽창시킨 다음 다시 149~177℃에서 baking한다. 식용 전 5분 정도 가열하면 식용이 가능하다.

## 2. 밀가루의 제조

밀은 수확시기에 따라 가을에 파종해 이듬해 봄에 수확하는 겨울밀과 봄에 파종해 여름에 수확하는 봄밀로 나눌 수 있다. 생육환경에 따라 춥고 건조한 지방에서 자라는 경질(초자질) 밀, 기후가 온화하고 습도가 높은 지방에서 자라는 연질(분상질) 밀, 이들 중간환경에서 자라는 중간질 밀로 나눌 수 있다.

또한 종피부분의 색깔에 따라 종피가 황색, 황백색을 띠는 백맥과 담적색, 암적색을 띠는 적소맥으로 나눌 수 있다. 우리나라의 밀은 대부분 중간질 밀로 제면용에 적당한 것이 생산되고, 제빵용 등에 적당한 밀은 수입해서 제분하여 사용한다.

## 1. 밀의 구조

밀은 겨층 : 배유 : 배아 (14 : 83 : 2~3)로 구성되어 있는데 피부는 강인하고, 비교적 부스러지기 쉬운 흰색을 띠고 있는 배유를 감싸고 있다(그림 7-4).

피부는 과피와 종피로 되어 있으며 과피에는 색을 띠지 않는 표피세포와 그 속에는 플라본계 색소가 있어 황갈색을 띠며 제분시 밀기울로 분리된다.

호분층은 배유의 상피세포로서 내부에 호분렵, 단백질 및 회분을 함유하고 있으나 글루텐을 이루고 있는 단백질은 없다. 배유부는 분쇄할 때 가루가 되는 부분으로 함유되어 있는 단백질의 양은 호분층에 가까울수록 많고 중심으로 갈수록 차차 적어진다. 배아부는 밀알의 밑부분에 있다.

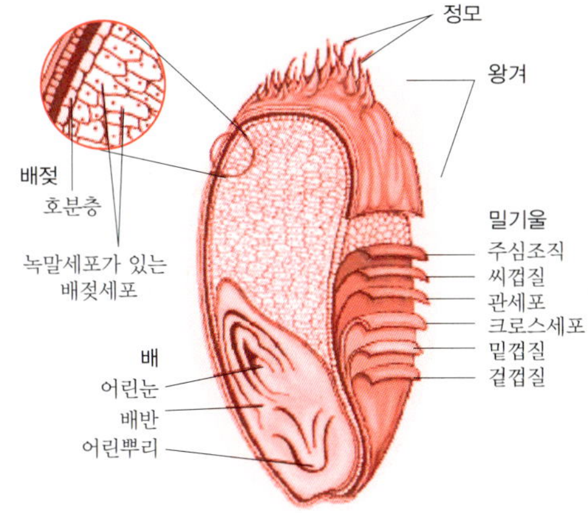


그림 7-4 밀의 구조

## 2. 제분

밀의 제분은 밀알의 배유와 밀기울 및 배아를 분리하여 배유를 곱게 분쇄하는 과정으로 아래와 같이 요약할 수 있다.

원료미 → 정선 → 조질 → 제분 → 숙성 → 완성

### (1) 정선 (cleaning)

밀의 원료 중에 함유된 협잡물과 손상된 밀 등을 각종 선별기를 사용하여 선별 · 제거하는 공정이다.

### ⑵ 조절 (tempering, conditioning)

조절은 밀알에서 피부와 배유가 잘 분리되게 하는 공정으로 tempering과 conditioning이 있다.

Tempering은 밀에 적당량의 물을 가하여 일정시간 방치하여 배유와 밀기울의 분리가 잘 되게 한다. 또한 밀기울을 강인하게 하여 부스러져 밀가루에 섞이는 것을 방지하고 배유가 잘 분쇄되게 하며 체에 의한 분리를 쉽게 하는 이점이 있다.

첨가하는 수분의 양은 분상질 밀은 13~14%, 중간질 밀은 14.5 %, 초자질 밀은 15~16 %가 되도록 가수한다.

Conditioning은 tempering한 후 온도를 높여서 그 효과를 높여주기 위한 과정으로 밀에 가수한 다음 가열하여 적당한 온도(40~60℃)에서 일정시간 방치하였다가 방냉시키고 다시 수시간 이상 채워둔다. Conditioning으로 밀알이 가열, 냉각되고 밀이 팽창, 수축되어 피부와 배유의 분리가 쉽게 되고 밀 자체의 효소를 온도, 수분, 시간 등으로 조절하여 자체의 효소에 의해 글루텐의 질을 용도에 맞게 개선시켜 준다.

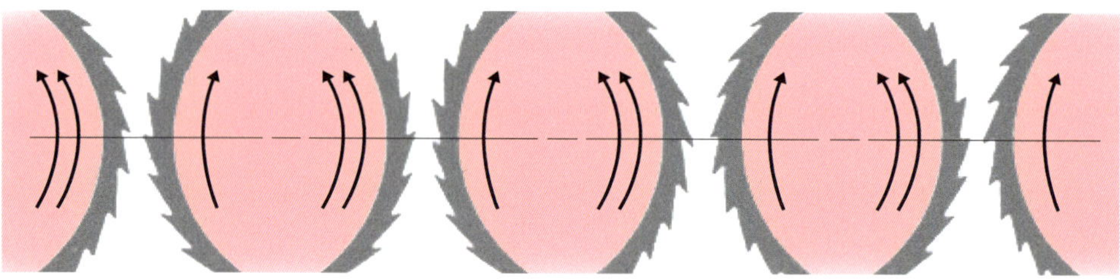

그림 7-5 roil의 치형(tooth profile)

### ⑶ 제분 (milling)

정선 및 조절한 밀을 부수어 가루와 밀기울 부분으로 분리하는 공정으로 제분에는 롤러 표면에 고랑이 있어 밀을 거칠게 부수어 배유의 작은 입자를 피부에서 분리하는 break roll 과 표면이 매끄러워 배유의 작은 입자를 곱게 부수는 smooth roll이 사용된다.

밀은 먼저 break roll에 의하여 피부와 배유로 나뉘어지고 동시에 배유의 일부는 가루가 되나 대부분은 흰덩어리, 즉 middling이 된다. 이때 체를 통과한 물질을 Through(thus)라고 하며, 통과되지 않은 물질을 Overs(overtails)라고 한다.

Middling은 다음의 break roll에 의하여 조쇄되어 다시 배유가 분리된다. 이 조작을 5~6회 되풀이하면 배유는 거의 없어지고 겨층만 사상으로 남게 된다.

한편 middling에도 어느 정도 겨층이 들어가 있으며 이것을 purifier를 사용하여 겨층이 없는 semolina를 얻고 smooth roll로 가루로 만든다. 이 공정을 간략하면 조쇄, 사별, 순화 및 분쇄의 조합으로 되어 있다. 큰 공장에서는 30개소 이상에서 가루를 채취하며 사용목적에 따라 이들을 혼합하여 제품으로 한다.

Break roll에서 middling을 얻을 때 생긴 가루를 break flour, smooth roll에서 얻은 것을 middling flour라 하며 purifier로 정선된 조립, 즉 semolina를 분쇄한 것을 patent flour라 하여 특히 상급분으로 취급한다.

Patent flour 중 양이 많은 것을 long patent, 적은 것을 short patent, 그 중간의 것은 medium patent라 한다.

전 채취구에서 얻은 가루를 섞어서 제품으로 한 것을 straight flour, 피부와 배아가 약간 많은 채취구에서 모은 가루를 clear flour, 밀기울에 가까운 가루를 tail flour라 한다.

### (4) 완성

밀가루를 제분 후 일정기간(30~40일) 저장 숙성시킴으로써 제빵적성이 좋아지고 색도 희어진다. 이와 같은 현상은 공기의 산화작용에 기인하는 것으로 보고되고 있으며 저장은 경비나 시일이 소요되므로 산화제를 이용하여 품질을 개선한다.

산화제로는 과산화질소($NO_2$), 과산화벤조일체[$(C_6H_5CO)_2\ O_2$], 이산화염소($ClO_2$) 등을 기체상태로 밀가루에 첨가하고 있다.

## 3. 밀가루의 품질

밀가루는 원료밀의 품질과 제분의 조작 정도에 따라 많은 차이를 나타내며 밀가루의 등급은 글루텐 함량과 회분의 함량에 따라 분류한다. 밀가루의 품질은 제분율과 상관관계가 있는데 보통 제품용으로는 80% 이하가 적당하다.

### ⑴ 글루텐 함량에 따른 분류

글루텐은 밀단백질의 85%를 차지하며 제빵시 팽창과 관계가 있는 gliadin과 탄성과 관계가 있는 glutenin으로 구성되어 있다.

① 강력분(strong flour)

준경질 밀을 제분하여 만들며 글루텐 함량은 13% 이상(건부량기준)으로 주로 Macaroni, M.S.G. 제빵용으로 사용된다.

② 준강력분

준경질 밀을 제분하여 만들며 제빵이나 hard biscuit 제조에 사용된다.

③ 중력분(medium flour)

중질 밀을 제분하여 만들며 글루텐 함량 10~13% 범위로서 제면용으로 적당하고 국내산 및 호주산 밀에서 얻을 수 있다.

④ 박력분(weak flour)

연질 밀을 제분하여 만들며 글루텐 함량이 10% 이하로, frying soft biscuit, 케이크, 카스텔라, 튀김용으로 사용된다.

### ⑵ 회분의 함량에 따른 분류

밀의 회분은 배유부에 적고 피부에 많으므로 회분함량을 측정함으로써 제분율을 알 수 있다. 회분함량이 0.5% 이하이면 고급 밀가루, 0.5~0.7%이면 보통 밀가루, 1.0% 이상이면 저급 밀가루라고 볼 수 있다.

## 4. 밀과 밀가루의 시험

### (1) 원료밀의 시험

#### ① 초자율

밀알 단면의 반투명 정도를 나타내며 50개의 밀알을 절단하여 단면의 대부분이 유리모양이고 분말부분이 30% 이하이면 초자질 입자, 반대로 대부분이 분상이고 유리모양 부분이 30% 이하인 경우 분상질 입자로 하고 그 중간을 중간질 입자로 하여 각 입자를 세어서 다음 식으로 계산하여 초자율을 정한다.

$$\text{초자율(\%)} = \frac{(\text{초자질 개수X1}) + (\text{중간질 개수X0.5})}{\text{총 밀알수}}$$

#### ② 단백질

단백질 함량은 킬달법으로 조단백질을 정량하고 계수로서 5.7을 곱하여 구하며, 글루텐 함량은 밀가루 10g을 적당량의 물로 반죽해 많은 물속에서 손가락으로 전분을 씻어내고 남은 글루텐을 습부량으로 표시하거나 이를 건조하여 건부량으로 나타낸다.

$$\text{습부량(wet gluten)} = \frac{\text{습부중량}}{\text{사용밀가루의 중량}}$$

### (2) 밀가루의 시험

#### ① 색도

색도 측정으로 피부의 혼입정도를 알 수 있으며 Pekar test에 의한다. 표준 밀가루와 함께 유리판 위에 놓고 금속주걱으로 눌러 표면을 매끄럽게 하여 색깔을 비교한 후 이것을 물속에 담갔다가 꺼낸 직후의 색깔과 잠시 방치하여 말랐을 때의 색깔을 비교한다.

물에 담갔다가 꺼내 말려보면 피부가 많이 혼입된 것은 산화효소에 의해 착색이 심하게 된다.

#### ② 입도

체눈이 서로 다른 몇 개의 체로 쳐서 각각의 체위에 남는 밀가루의 양을 전체량의 %로 표시하는 입도 구성을 조사한다.

### ③ 가공적성시험

밀가루의 2차 가공의 제1단계는 반죽의 단계이고 이 반죽의 성질이 제품의 품질에 결정적인 영향을 미친다. 2차 가공적성시험은 조작이 복잡하고 시험자 개인에 따라 오차가 생기기 쉬우므로 이러한 단점을 없애고 기계를 사용하여 반죽의 물리적 성질을 측정하는 방법이 고안되었다. 시험에 사용하는 기계로는 farinograph, extensograph, amylograph 가 있다.

- **Farinograph** : 밀가루 반죽의 점탄성을 알 수 있는 장치로 300g의 밀가루를 30℃로 유지한 믹서에 넣고 반죽의 점성 저항이 500B. U.에 도달할 때까지 30℃의 증류수를 서서히 가하면서 반죽한다. 이때 넣은 물의 양을 원료 밀가루에 대한 %에 나타낸 것이 흡수율이다. 흡수율을 결정한 후 새로이 반죽을 하면서 점조도의 변화 형태를 기록해 반죽의 성질을 평가한다.

- **Extensograph** : 반죽의 신장도 및 인장항력을 측정 · 기록하는 것으로 발효단계의 반죽 성질을 판정하는데 이용된다. 밀가루 300g에 식염 6g과 물을 넣고 farinograph의 mixer로 500B.U의 반죽을 만들고 이것을 150g씩 2개의 반죽으로 나누어 기계에 부착된 성형기로 막대모양으로 성형한 것을 30℃ 항온기에서 45분간 정치하였다가 인장장치로 잡아당겨 신장력, 신장저항 및 에너지를 측정 · 기록한다.

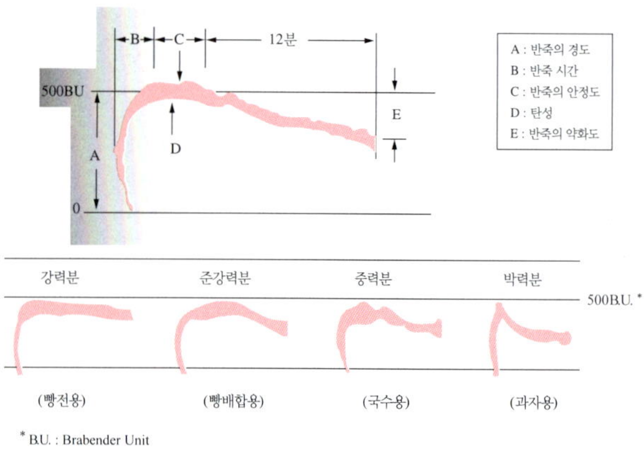


그림 7-6 farinogram의 해석값

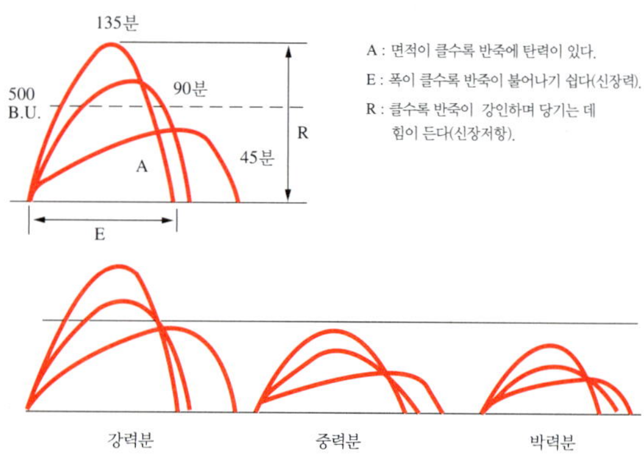


그림 7-7 extensogram 의 해석값

- Amylograph : 밀가루 속에 있는 $\alpha$-amylase의 활성을 측정하는 일종의 점도계로 65g의 시료를 450mL의 물에 현탁시켜 25~95℃까지 1.5℃ / min의 속도로 가열하면서 호화에 따른 점도변화를 brabender unit로 기록한다.

# 3. 밀가루 제품

## 1. 밀가루의 이용

### (1) 선절면류

면류는 넓은 의미로는 메밀가루, 쌀가루, 전분가루 등에 물과 소금을 넣어 반죽을 한 후 길고 가늘게 성형한 것을 의미하지만 일반적으로 밀가루를 사용하여 밀가루 중의 글루텐의 점탄성을 이용한 제품이다.

면류는 원료에 물을 넣고 반죽한 후 길게 빼는 신연면, 넓게 면대를 만들어 가늘게 절단하는 선절면, 작은 구멍으로 압출시킨 압출면으로 나눌 수 있다.

면류는 건조한 것과 건조하지 않은 것으로 나눌 수 있으며 건조면류, 마카로니, 즉석면류가 전자에 속하고 후자에는 생면이 해당된다. 우리나라에서 생산되는 대부분의 면류가 선절면류에 속하며 기계를 사용하지 않고 칼로 썰어 만드는 수타면과 기계를 사용하여 선절하여 그대로 소비하는 생면, 생면을 건조한 건면이 있다.

### (2) 신연면

신연면의 대표적인 것은 소면으로 일본에서 많이 만들고 있다. 손으로 빼서 신장시키는 수연소면과 기계소면으로 나눌 수 있으며, 제조법은 건면과 대체로 유사하나 건면에 비해 더 강한 밀가루를 사용하고, 소금을 조금 더 많이 넣고, 표면에 식용기름을 칠하면서 손으로 빼내는 공정이 다르다.

## 2. 건조면

건조시켜 저장성을 높인 것으로 건면류, 마카로니류, 당면이 이에 속한다.

### (1) 원료

주원료가 밀가루이고 부원료가 소금으로 마카로니용을 제외하고는 중력분이 적당하다. 소금은 밀가루 반죽의 점탄성을 높이고 건조시 식염에 함유된 염화마그네슘의 흡습성으로 건조속도를 조절하고, 미생물의 번식을 억제하는 방부효과를 얻기 위해 사용한다. 식염의 양은 밀가루 25kg에 대해 900g 정도를 약 8L물에 녹여 사용한다.

### (2) 제조공정

제조공정은 아래와 같다.

원료미 → 혼합 → 압연 → 연연 → 선절 → 건조 → 포장 → 제품

① 혼합 : 혼합기에 밀가루와 소금물을 넣고 약 10~15분간 혼합한다. 밀가루의 흡수량은 입자가 작고, 수온이 낮으며, 단백질의 함량이 높을수록 많아지는데 물의 온도는 100℃(겨울)~150℃(여름)가 적당하다.

혼합기는 수평교반식과 횡형원통식의 두 가지가 있는데 수평식은 글루텐 형성이 잘 되고 수분이 고르게 섞이지만 전력소비가 많고 반대로 횡형원통식은 수분분포는 불균일하나 전력소비가 적다. 60rpm의 속도로 15분 정도 혼합한다.

표 7-2 계절에 따른 소금물 첨가량

| 계 절 | 소금 1kg을 녹이는 물의 양 | 비 중 | 밀가루 10kg에 넣는 소금물의 양 |
|---|---|---|---|
| 봄 | 6.1~8.1 | 14~11 Bé | 3.4 ~ 3.8 L |
| 여 름 | 4.9~7.4 | 16~12 Bé | 3.1~3.6 L |
| 가 을 | 7.4~9.0 | 12~10 Bé | 3.4~3.8 L |
| 겨 울 | 9.0~10.1 | 10~9 Bé | 3.6~4.1 L |

② **압연** : 면대를 만들기 전 공정으로 수타면의 경우 반죽덩어리를 만드는 공정에 해당하며 길게 늘이는 목적은 없다. 따라서 글루텐의 방향성은 없고 혼합된 원료를 조정기와 복합기를 통과시켜 면대를 만든다. 조정기는 직경 18cm(3rpm), 복합기는 직경 24cm(6rpm)의 저속 롤러로 조정기 2대에서 각각 동시에 나오는 조정면대 2매를 합쳐 복합기를 통해 두께 10mm 정도의 1장으로 만든다. 이것을 나무막대에 걸어 10℃에서 40분 또는 25℃에서 15분 숙성시켜 수분의 분포, 글루텐의 형성을 촉진시킨다.

③ **연연** : 압연한 조정면대를 연기(延機)를 통과시킨다. 면대는 직경이 큰 롤러에서 차례로 직경이 작은 롤러로 보내지면서 연연된다. 로울러의 직경은 24cm, 15cm, 9cm, 3cm 정도의 것을 5단 조합하는 것이 적당하다.

연연공정의 목적은 면대에 압력을 가하여 잘 늘여서 수분분포, 글루텐 형성을 촉진시키는 동시에 글루텐에 방향성을 주어 면대가 흐르는 방향으로 글루텐을 정렬시켜 면선의 절단에 적합한 상태로 만드는데 있다. 면대의 표면이 매끄럽고 절단하기에 적당한 두께를 가져야 한다.

④ **선절** : 연연공정을 마친 면대를 선절 roll에 넣어 연속적으로 면선을 끊어 낸다. 선절 roll 의 구조는 그림 7-8과 같다. 선절 roll의 치수에서 10번이라 하면 3cm 폭의 선절 roll에서 10개의 면선이 나오는 것을 말한다.

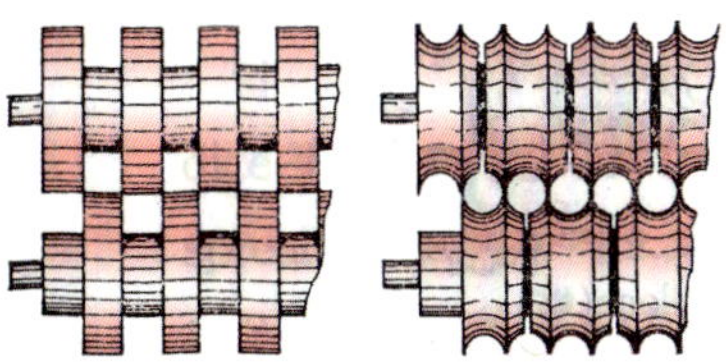

각인 환인

그림 7-8 선절 roll의 구조

| 번호 | #5 | #6 | #8 | #10 | #12 | #14 | #16 | #18 | #20 | #22 | #24 | #26 | #28 | #30 | #40 | #50 |
|---|---|---|---|---|---|---|---|---|---|---|---|---|---|---|---|---|
| 면의 두께 | | | | | | | | | | | | | | | | |
| 폭(mm) | 6 | 5 | 3.8 | 3.0 | 2.5 | 2.2 | 1.8 | 1.6 | 1.5 | 1.4 | 1.3 | 1.2 | 1.1 | 1.0 | 0.8 | 0.6 |
| 용도 각인 | 국수 | | | 우동 | | | 메밀국수 | | | | | 소 면 | | | | |
| 용도 확인 | | | | 우동 | | | 중화소면 | | | | | | | | | |

그림 7-9 선절 roll의 치수

⑤ **건조** : 건조장으로 이동된 생면은 수분함량이 약 35% 정도인데 이를 14~15%까지 건조시킨다. 옥외건조와 옥내통풍건조의 두 가지 방법이 있다.

옥외건조는 세 단계로 나누어 실시하며 제 1단계는 수분이 35%에서 25%까지 감소되는 단계로 2시간 이내에 속히 건조시킨다. 이때의 온도는 25℃, 공기 중 습도는 70% 정도가 좋다. 제 2단계는 25%에서 약 20%까지 되는 단계로 표면증발과 내부확산과의 평형을 유지하면서 건조시킨다.

건조장의 습도는 제 1단계보다 높게 하여 건조속도를 느리게 한다. 제 3단계는 수분이 20% 정도에서 약 15%로 되는 단계로서 바람이 잘 통하게 하여 건조한다.

옥내의 통풍건조의 경우 제 1단계는 실온 40℃ 에서 수분함량 30%까지 건조시키고, 제 2단계는 실온 35℃에서 습도 70%로 하여 수분 20%까지, 제 3단계는 실온 30℃ 에서 수분 15%까지 건조시킨다.

⑥ 포장 : 절단하여 포장지에 넣고 포장한다.

## 3. 마카로니

이탈리아가 발생지로 alimen tary paste라 부르며 압출면의 대표적 예이다. 밀가루의 성질을 충분히 살려 만든 것으로 먹을 때의 촉감이 상당히 특징이 있다.

### (1) 마카로니의 종류

원료 → 혼합 → 반죽 → 압출 → 건조 → 제품

마카로니의 종류는 대단히 많은데 형상 및 품질에 따라 분류하면 그림 7-10, 표 7-3과 같다.

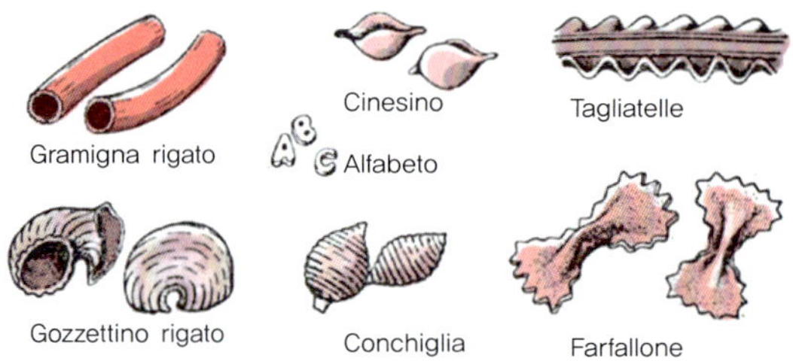


그림 7-10 마카로니의 형태

표 7-3 마카로니의 형상(미국의 예)

| 총 칙 | 명 칭 | 지름(인치) | 형 상 |
|---|---|---|---|
| 긴 모양<br>(long goods) | macaroni | 0.11~0.27 | 관 모 양 |
| | spaghetti | 0.06~0.11 | 관모양 또는 막대모양 |
| | vermicelli | 0.06 이하 | 막 대 모 양 |
| | noodle | | 리 본 모 양 |
| 짧은 모양<br>(short goods or cut goods) | elbow | | 반 원 형 |
| | shell | | 조 개 껍 질 형 |
| | wheel | | 차 바 퀴 형 |
| | alphabet | | 문 자 형 |
| | ring | | 고 리 형 |
| | star | | 별 모 양 |

### ⑵ 마카로니의 제조

① **원료** : 원료로는 가루가 황색을 띠고 점도가 강한 durum소맥의 semolina를 사용하는 것이 원칙이지만 farina(일반 소맥을 조분쇄 할 때 생기는 semolina보다 미세한 것), 혹은 보통의 강력 밀가루 등도 쓰인다. Durum 밀가루의 글루텐은 보통 강력분의 글루텐보다 탄성은 약하지만 흡수율은 높고 이것을 원료로 해 마카로니를 제조했을 때 단단하여 끓여도 잘 퍼지지 않는다.

② **제조공정** : 마카로니의 제조공정은 다음과 같다.

원료 → 혼합 → 반죽 → 압출 → 건조 → 제품

③ **혼합** : 원료밀가루를 믹서에 넣고 물을 부어 수분함량이 31%가 되게한 후 40℃에서 10~20분 교반하면서 매끈하고 단단한 반죽을 만든다. 이때 영양강화를 할 경우 비타민 $B_1$, $B_2$, 칼슘 등을 첨가한다.

④ **반죽** : 만들어진 반죽은 400~700mmHg의 진공상태에서 100~200kg / $cm^2$의 압력이 작용하는 press를 통과시켜 반죽 중의 기포를 없애고 투명도를 높여준다.

⑤ **압출** : Press에서 압착된 반죽은 두꺼운 금속판에 작은 구멍이 뚫린 dice를 통과시킨다. 긴 모양은 장형(長型)의 dice를 사용해 압출된 것을 spreader로 자동적으로 봉에 걸리게 하는 동시에 적당한 길이로 절단하며, 짧은 모양의 마카로니는 원형의 dice를 사용하고 출구에서 회전하는 칼날에 의해 적당한 형으로 절단된다.

⑥ 건조 : Dice에서 나온 마카로니의 수분함량은 30%로 이를 12%로 낮춰 곰팡이 등 유해미생물의 번식을 억제시킨다. 이 공정이 마카로니 제조공정에서 가장 어려운 공정이다. 건조는 다음과 같이 3단계로 진행된다.

[제1예비건조]

Dice에서 나온 직후의 마카로니는 제 1예비건조기(predryer)로 표면을 약간 건조시켜 서로 달라붙는 것을 방지하고 또 표면에 곰팡이가 발생하는 것을 막는다.

[제2예비건조]

제 1예비건조를 끝낸 마카로니를 2차 예비건조기에서 습열공기를 통과시켜 1~2시간 건조시킨다. 1, 2 차 예비건조로 전체수분의 약 40%가 제거된다.

[본건조]

습도를 낮춰 주의하면서 서서히 건조시킨다. 긴 모양 마카로니는 30시간, 짧은 모양의 것은 15시간이 소요된다. 온도 30~60℃, 습도 30~90 %로 조절할 수 있는 건조용 공기를 강제 순화시켜 건조시킨다.

⑦ 포장 : 짧은 모양 마카로니는 저장, 방냉시키고, 긴 모양 마카로니는 strip machine으로 막대기에서 내려져 자동절단기로 절단되어 포장된다.

## 4. 즉석면류

밀가루를 주원료로 해서 여기에 물, 소금 및 면질개량제를 섞어 면을 만들어 증기로 α화 시킨 후 기름에 튀기거나 그대로 건조한다. 스프를 첨가하여 끓는 물에서 2~3분 끓여 식용할 수 있는 즉석성, 간편성을 가진 면류로 라면이 그 대표적인 예이다.

### (1) 즉석면의 분류

① 대포장면 : 면과 스프를 따로 포장하여 면류를 끓여 먹는다.

② 용기면 : 스티로폼 등으로 만든 컵이나 대접형태의 용기에 면과 스프가 함께 담겨 있으며 끓는 물을 붓고 1~3분 후 먹는다.

### (2) 제조공정 : 제조공정은 다음과 같다.

원료 → 혼합 → 압연 연연 → 선절 → 건조 → 포장 → 제품

① 원료의 혼합 : 밀가루에 물, 소금 및 면질개량제를 넣고 혼합기 중에서 잘 혼합한다. 이때 반죽의 수분함량은 33% 정도가 좋다.

표 7-4 즉석라면의 배합 예

| 원 료 | 배 합 량 (kg) |
|---|---|
| 밀 가 루 | 25.0 |
| 소 금 | 0.35 |
| 견 수 | 0.035 |
| 식용색소 황색 4호 | 약 간 |
| 물 | 8.25 |
| 구 아 검 | 0.125 |

② 압연 : 2개의 roll 사이를 통과시켜 두께 1mm 정도의 면을 만든다.

③ 증숙 : 증숙기를 이용해 95℃에서 2분간 증기로 호화시킨다.

④ 성형 : 호화시킨 면을 풀어 성형기로 성형시킨 후 1인분씩 틀에 넣어 만든다.

⑤ 튀김 : 성형된 면을 라드를 주로 하고 참깨기름이 섞인 기름에 130~140℃에서 2~3분간 튀기면 수분함량이 45%에서 5%로 급격히 탈수되며 이로 인해 α화가 고정된다. 온도를 올리고 튀기는 시간을 짧게 하는 것이 유리하다. 기름에 튀기는 한편 95℃의 열풍으로 40~50분 건조시켜 수분함량을 10~11%까지 하는 비튀김면 방식도 있다.

⑥ 냉각 : 차가운 바람으로 강제 냉각시켜 면의 온도를 실온까지 급격히 떨어뜨린다.

⑦ 포장 : 방냉한 면은 별도 포장된 스프와 함께 포장기로 포장한다.

### (3) 수프제조

수프는 대부분이 분말상으로 되어 물에 잘 녹으며 건조야채, 건조해산물 등 다양한 원료를 사용하여 독특한 수프를 만들고 있다.

## 5. 건조중화면

중화면은 밀가루로 반죽을 만들 때 밀가루의 2~3%에 해당하는 견수(탄산나트륨, 탄산칼륨이 주성분)를 혼합하여 건면의 공정에 따라 만든 것이다. 견수를 넣음으로 해서 ① 글루텐의 탄력성, 신전성이 좋아지며, ② 씹을 때 식감이 좋고, ③ 면이 황색으로 변하게 하고, 독특한 향기가 나며, 면의 pH를 8~9의 알칼리성으로 만든다.

## 6. 당면

녹두전분을 사용하여 압출면 방식에 따라 가공을 한 것으로 근래에는 고구마, 감자전분을 사용하여 제조한다.

## 7. 제빵

밀가루 혹은 호밀가루에 물, 소금 등의 부재료를 넣어 만든 반죽을 $CO_2$가 발생하는 팽창원으로 부풀게 하여 구워서 다공질, 해면상의 조직으로 만든 것을 빵이라 한다.

### (1) 빵의 분류

① 원료에 의한 분류

- 밀가루빵 : 밀가루를 원료로 하는 빵
- 흑빵 : Rye 맥을 원료로 하여 만든 빵

② 제조방식에 의한 분류

- 미국식 흰 빵 : 단백질이 많고, 회분이 적은 경질밀가루를 사용하고 많은 부원료를 사용하며 빵의 내부를 주로 먹는다.
- 프랑스식빵 : 미국식 빵에 비해 저단백질의 밀가루를 사용하고 부원료도 거의 사용하지 않으므로 밀가루 고유의 맛을 지닌 빵으로 전체가 껍질로 되어 껍질을 먹는 빵이라고 할 수 있다.

#### ③ 굽는 방식에 의한 분류

- Pan bread : 빵틀에 반죽을 넣고 굽는 빵
- Hearth bread : 빵틀에 넣지 않고 굽는 빵으로 철판에 직접 구운 빵과 프랑스 빵이 있다.

#### ④ 발효에 의한 분류

- 발효빵 : 효모 발효로 생긴 $CO_2$를 이용하여 만든 빵으로 식빵, roll빵, 과자빵 등이 있다.
- 무발효빵 : 중탄산염을 사용하여 만든 빵으로 팬케이크, 비스킷, 도넛 등이 있다.

### (2) 제빵원료

#### ① 밀가루

우리가 많이 만드는 미국식 빵은 강력분을 사용하는데 캐나다의 manitoba는 세계적으로 유명한 제빵용 강력분이다.

글루텐은 밀가루 단백질의 90%를 차지하고 있으며, gliadin과 glutenin으로 구성되어 있다. gliadin은 수용성 단백질로 물을 흡수하면 점성이 높아지는 성질을 가지며, glutenin은 묽은 알칼리용액에 용해하여 탄력성을 나타내 서로 다른 성질을 나타낸다. 따라서 글루텐의 성질은 gliadin과 glutenin의 비율에 따라 달라진다.

밀가루의 단백질에 대해서는 더 연구할 점이 많으므로 단백질의 함량만으로 제빵적성을 판단하기는 어렵다. 기계를 사용하여 제빵적성을 단편적으로 판정할 수도 있으나 가장 바람직한 방법은 실제 제빵시험을 하여 밀가루의 제빵적성을 판정하는 방법이다.

#### ② 효 모 (yeast)

반죽 안에 있는 포도당을 발효시켜 $CO_2$를 발생시키고 반죽을 부풀게 하여 빵을 다공질로 만들며, 발효시 alcohol, aldehyde, ketone 및 유기산 등을 생성하여 빵에 독특한 향기를 부여한다. 빵효모는 *Saccharomyces cerevisiae* 에 속한다.

제빵효모에는 생효모인 압착효모와 압착효모를 저온에서 건조한 건조효모의 2가지가 있다. 효모는 사용시 온도, 당의 농도 및 효모사용량에 많은 영향을 받는다.

- **온 도 :** 30℃가 적온이다.
- **당농도 :** 첨가하는 설탕의 양에 따라 삼투압이 변하므로 당의 농도는 효모의 발효와 관계가 있다. 당의 농도가 너무 높으면 발효는 상당히 억제된다.
- **효모의 사용량 :** 압착효모의 사용량은 밀가루의 2~3% 정도이며, 건조효모를 사용할 때는 압착효모의 1/2을 사용한다.
- **효모의 성능 :** 제빵시험과 상관성이 깊은 액내발효력과 반죽의 팽창력시험을 하여 종합적으로 판정하고 있다.

표 7-5 설탕농도에 따른 효모의 발효력

| 설탕농도(%) | 이산화탄소발생량 (상대치) | |
|---|---|---|
| | 효 모 A | 효 모 B |
| 4 | 100 | 100 |
| 10 | 92 | 96 |
| 15 | 76 | 87 |
| 20 | 61 | 75 |

표 7-6 효모사용량에 따른 발효 및 빵 부피의 변화

| 압착효모 사용량(%) | 굽는 시간(상대치) | 빵의 부피(상대치) |
|---|---|---|
| 1.75 | 105 | 97 |
| 2.00 | 100 | 100 |
| 2.25 | 97 | 100 |
| 2.50 | 94 | 100 |
| 2.75 | 87 | 102 |

### ③ 설 탕

주로 설탕을 사용하며 포도당과 액당도 사용한다. 설탕은 발효원, 감미 부여, 가죽색깔 부여 및 점탄성 부여의 역할을 한다. 설탕은 밀가루에 대해 2% 이상을 넣으면 빵의 체적에 현저한 변화가 생겨 4%에서 최고가 된다. 6%까지는 첨가했을 때 색과 빵의 내부성질이 좋아진다.

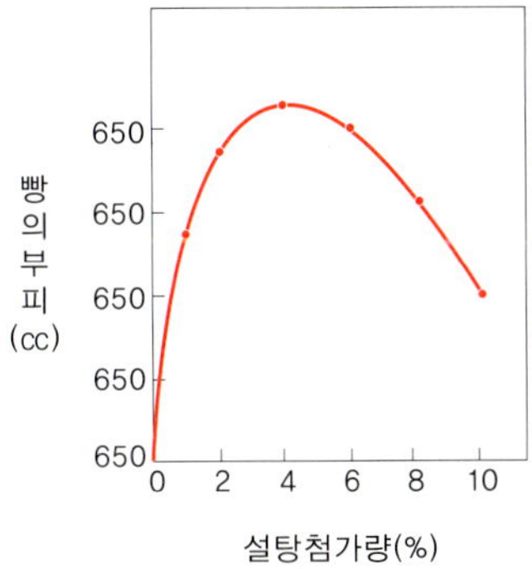


그림 7-11 설탕첨가량에 따른 빵의 부피 변화 (빵 100g당 부피)

④ 소금

중요한 부원료의 하나로서 반죽의 점탄성을 높여주고 protease 작용을 억제하여 반죽을 개량한다. 밀가루에 대해 1.5~2.0% 정도 첨가한다.

⑤ 유지

예전에는 식빵제조용으로 마가린을 사용하였지만 근래에는 쇼트닝으로 대체하여 사용하고 있다. 쇼트닝은 밀가루의 입자 사이에서 윤활작용을 하여 반죽이 잘 늘어나게 하므로 반죽을 하였을 때 글루텐의 막이 대단히 얇아져서 탄산가스에 의한 팽창이 쉽게 된다.

쇼트닝은 작은 기포를 많이 함유하고 있으며 효모에 의해 발생된 이산화탄소가 기포에 꼭 붙어서 발생하므로 발생한 이산화탄소가 고르게 분산된다.

⑥ 이스트푸드(Yeast Food)

Yeast Food 자신은 발효능력을 가지고 있지 않지만 효모의 영양이 되고 효모의 번식을 돕는 역할을 한다. 오래전부터 사용해 오던 Arkady type의 yeast food의 조성은 다음과 같다.

| | | | |
|---|---|---|---|
| $CaSO_4$ | 24.93 % | NaCl | 24.93 % |
| $NH_4Cl$ | 9.38 % | 전 분 | 40.49 % |
| $KBrO_3$ | 0.27 % | | |

이는 질소원, 황산칼슘, 산화제로 나눌 수 있다. 질소원은 효모의 질소원으로 발효가 왕성하게 일어나 탄산가스의 생성이 증대되고 산이 생성되며 암모늄염은 암모니아로 동화되어 반죽의 산성화가 촉진되므로 반죽의 숙성이 빨리 일어난다.

황산칼슘은 연수를 경수로 만들어 주지만 발효에는 영향을 주지 않고 반죽을 수축시켜 가스의 보존력을 증대시킨다. 산화제는 −SH에 작용하여 −S−S− 결합을 이루어 입체적인 망구조를 강하게 하는 것으로 추정되고 있다.

최근 dough conditioner로서 그 밖에 효소제가 사용되고 있는데 이에는 $\alpha$−amylase와 protease가 이용되고 있다. $\alpha$−amylase는 빵을 구울 때 고온에서 전분의 gel화를 늦춰 반죽이 더 팽창되어 부피가 현저하게 커지고 빵조직, 촉감, 색깔도 좋아지게 된다. Protease는 적당한 양을 넣으면 반죽시간을 단축시키고 숙성을 촉진시켜 풍미가 좋은 빵을 만든다.

### ⑶ 제조법

빵의 종류에 따라 달라지는데 여기에서는 식빵에 대해 기술한다. 원료 배합방식에 따라 직접반죽법(straight dough method)과 스펀지법(sponge dough method)의 두 가지로 크게 나눌 수 있다.

표 7-7 빵원료의 배합 보기(%)

| 원 료 | 식 빵 | | | 과 자 빵 | | |
|---|---|---|---|---|---|---|
| | 스 펀 지 법 | | 직 접 반죽법 | 스 펀 지 법 | | 직 접 반죽법 |
| | 스펀지 반죽 | 본반죽 | | 스펀지 반죽 | 본반죽 | |
| 밀 가 루 | 70(%) | 30(%) | 100(%) | 70(%) | 30(%) | 100(%) |
| 효 모 | 2 | − | 2 | 3 | − | 3 |
| 소 금 | − | 2 | 2 | − | 1 | 1 |
| 설 탕 | − | 5 | 5 | − | 25 | 25 |
| 쇼 트 닝 | − | 4 | 4 | − | 4 | 4 |
| 탈 지 분 유 | − | 2 | 2 | − | 2 | 2 |
| yeast food | 0.2 | − | 0.1 | 0.2 | − | 0.2 |
| 레 시 틴 | − | − | − | − | 0.5 | 0.5 |
| malt ext. | − | − | − | − | 0.5 | 0.5 |
| 물 | 42 | 20 | 62 | 42 | 12 | 54 |

직접반죽법은 배합원료를 처음부터 모두 혼합하여 반죽을 만드는 방법이고, 스펀지법은 밀가루의 대부분과 효모 전부로 반죽을 만들어 발효시키고 나머지 원료를 가해 본 반죽을 하는 방법이다. 직접반죽법과 스폰지법의 배합 예는 표 7-7 과 같다.

직접반죽법과 스펀지법의 제조공정은 다음과 같다.

[직접반죽법]

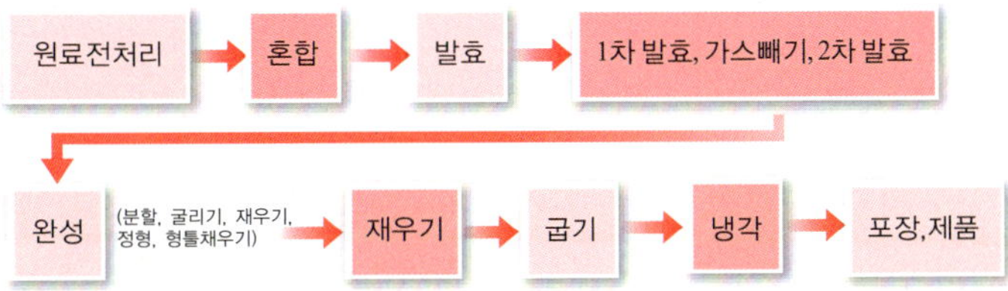


[스펀지법]

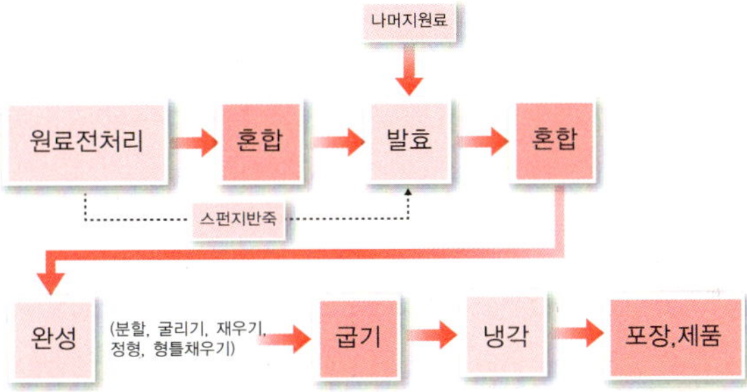


① 원료전처리

· 원료의 평량과 배합수의 온도조정

원료는 배합량을 정확히 평량해 놓는다. 반죽의 온도는 빵의 제조에 상당한 영향을 미치므로 첨가하는 배합수의 온도를 구해야 한다. 배합수 온도는 다음과 같이 간단히 구할 수 있다.

배합수 온도 = (반죽의 희망온도 X 2) − (밀가루 온도 + 배합시 상승온도)

섞을 때의 온도 상승은 대개 2~3℃이다.

· 그 밖의 원료의 전처리

밀가루는 체로 쳐 협잡물을 제거하면서 공기를 최대로 많이 함유하게 한다. 효모는 반죽에 잘 분산되게 하기 위해 5배 중량의 15℃ 물을 가해 교반시켜 균일한 현탁액으로 만든다. 소금과 설탕은 배합수에 완전히 녹여 사용한다. 쇼트닝은 고체 또는 반고체의 상태로 사용한다.

### ② 혼합

#### • 직접반죽법

밀가루 전부와 물에 녹인 나머지 원료를 mixer에 넣고 혼합한다. 고르게 섞였을 때 효모 현탁액을 넣어 혼합시키고 가루가 보이지 않을 때 쇼트닝을 넣는다. 쇼트닝은 녹지 않으므로 조금씩 나누어 넣어 반죽에 균일하게 분산시킨다. 쇼트닝을 처음부터 넣으면 밀가루 입자에 부착하여 밀가루의 물 흡수를 방해하므로 글루텐의 형성을 저해한다.

원료를 균일하게 혼합한 후 충분히 이겨지면(kneading) 단백질의 작은 입자가 길게 늘어나 평행상태가 되고 마지막으로는 서로 연결되어 3차원의 망구조를 이룬다. 이것을 글루텐의 형성이라 한다.

고속 mixer의 경우 최초 저속(30~35rpm)에서 2~3분 혼합한 후 다음에 고속(60~70rpm)으로 약 8분간 혼합한다. 혼합은 단시간 내에 끝내는 것이 좋으며 저속 mixer로는 충분한 글루텐의 형성이 곤란하다. 반죽온도는 29℃가 좋다.

#### • 스펀지법

직접반죽법과는 달리 2차례 반죽을 행한다. 스펀지 반죽은 원료 밀가루의 70%에 효모 전부와 일부의 물을 가해 저속으로 4분 정도 혼합한다. 발효시간은 4~5시간, 이기는 온도는 24~25℃ 정도가 좋다.

4~5시간 발효시킨 반죽을 mixer에 넣고 여기에 나머지의 물과 쇼트닝을 제외한 기타 원료를 넣은 후 본반죽용 밀가루의 1/2을 넣는다. Mixer를 회전시켜 반죽이 되면 남은 밀가루를 가하여 혼합한다. 가루가 없어지면 쇼트닝을 유일하게 가하여 이기기를 한다. 저속으로 2~3 분, 고속으로 5~7 분간 하는 것이 보통이며, 온도는 27~28℃가 좋다.

### ③ 발효

충분히 형성된 글루텐의 망상구조는 탄산가스에 의해 길게 늘어나므로 반죽은 현저하게 팽창하여 해면상으로 된다. 이것이 빵의 팽창에 가장 중요한 mechanism이지만 발효에는 그 밖에도 protease의 작용에 의해 글루텐의 실이 부드러워지고 넓게 되어 가스의 기공이 점차 미세하게 되며 반죽의 팽창속도는 빨라진다. 이러한 현상을 글루텐의 숙성이라 한다.

글루텐의 숙성이 충분치 않으면 막이 두꺼워지고 가스 보유력이 약해져 부피가 작고 무거운 빵이 된다. 반대로 너무 숙성되면 글루텐의 막이 넓어져 파괴되고 기공이 서로 합쳐 조직이 거친 빵이 된다.

• 직접반죽법

온도 27℃, 습도 75%의 발효실에서 약 2시간 발효시킨다. 식빵 반죽에는 50%의 설탕이 첨가되어 활발한 발효가 일어나 보통 도중에 1회의 가스빼기를 한다. 가스빼기는 전 발효시간의 2/3를 경과한 시점에서 행하는데 이것은 반죽 중에 충만한 가스를 빼고 동시에 산소를 공급하여 효모의 발육을 촉진하고 반죽 내외의 온도를 균일하게 한다.

Invertase의 활성이 강한 효모는 반죽 종료 시점에서 일찍 설탕을 소모하여 포도당과 과당이 된다. 발효가 시작되면 포도당이 우선적으로 소모되고 과당이 약간 많이 남게 된다. 발효공정이 길어서 당이 부족하게 되면 빵을 구울 때 빵껍질의 갈변반응이 충분치 않게 된다.

• 스펀지법

온도 24℃, 습도 75%의 발효실에서 약 4시간 발효시킨다. 반죽의 pH는 시간당 0.15씩 떨어져 발효종료시의 pH는 스펀지법에서 5.3, 직접반죽법에서는 5.5정도가 된다.

• 완성

발효가 끝난 반죽의 재우기까지의 공정을 말하며 분할, 굴리기, 중간재우기, 정형, 빵형 넣기의 5공정으로 되어 있다.

④ 정형

• 분할

소량의 경우에는 손으로도 나누지만 대부분 분할기를 사용하여 일정량씩 분할한다. 분할조작은 15~20분 이내에 완료해야 한다.

• 굴리기

회전하는 rounder를 통과시켜 둥근 공모양의 반죽을 만든다. 분할에 의해 절단된 면은 안으로 들어가 접히고 흐트러진 글루텐의 방향도 정리되어 다음 공정에서 가스의 보유력이 개선된다.

• 중간재우기

분할, 굴리기에 의해 반죽이 굳어지는 것을 완화시키고 상처받은 반죽을 회복시키기 위해 온도 28~30℃, 습도 70~80%의 중간발효기(intermediate proofer)에서 15~20분 정도 실시한다.

• 정형

중간재우기를 한 반죽공은 정형기의 roll을 이용하여 얇고 길게 늘여 가스빼기를 한 후 말기 및 굴리기를 하여 끝부분을 붙여 봉한다.

• 빵형넣기

얇게 기름을 바른 빵형에 성형된 반죽의 이음매 부분을 밑으로 하여 넣는다. 식빵은 반죽공으로 성형한 것을 1근형으로 160g의 것을 3개, 3근형에는 240g의 것을 6개 넣는다.

• 재우기

이곳까지 온 반죽은 가스가 빠져나가 부피가 대단히 작아졌으므로 굽기 전에 우선 반죽을 충분히 팽창시켜야 하는데 이 과정을 재우기라 한다. 재우기를 하여 예상 부피의 70~80 %까지 팽창시킨다.

온도 38℃, 습도 85~90 %로 발효를 촉진시키고 반죽의 표면이 마르는 것을 방지한다. 30~60분 재운다.

⑤ 굽기

전분의 호화와 단백질의 열변성이 일어나며 이곳에서 빵 특유의 색, 풍미, 조직감이 형성된다.

오븐에 들어가는 반죽의 표면온도가 낮으므로 오븐의 습도가 높은 경우에는 증기의 응축이 생겨 표면에 얇은 물막층이 생긴다. 또한 초기에는 알코올 등 발효생산물과 수분이 반죽표면에서 왕성하게 증발하여 이것들이 표면에서의 급격한 온도상승을 억제한다. 이와 같은 것들이 crust형성을 억제하며, 이 사이에 oven spring이 일어나 빵은 팽창하여 충분한 부피로 부풀게 된다.

Oven spring은 효모의 일시적인 활발한 발효, 용해, 탄산가스의 기화 및 반죽 내 가스의 열팽창에 의한 것으로 예상 체적의 남은 20~30%의 팽창이 일어난다. 빵반죽은 전체 굽는 시간의 1/3이 경과한 후 온도상승이 시작되어 60℃에서 전분의 호화가 시작되고 효모가 사멸되며 70℃에서 단백질의 열변성이 일어나고 외부에서 내부로 반죽이 응고되어 빵으로 변화된다.

Off spring에서 빵의 골격이 형성될 때까지를 1단계라고 하며, 2단계는 표피가 백색에서 황금 갈색으로 변하는 시기이다. 반죽의 표면온도는 100℃에서 잠깐 머무르다 다시 상승하여 150℃까지 상승한다. 이때에 메일라드 반응이 일어나 빵표면에서 갈변이 일어나 아름다운 색이 형성되고 빵의 풍미의 구성분인 카르보닐 화합물이 생성된다.

제3단계는 중심부로의 열전달이 잘 되는 시기로 오븐의 온도는 낮아진다. 오븐에서 굽는 시간은 3근형의 경우 200~240℃에서 50분간 구우며 제1단계 15분, 제2단계 20분, 제3단계 15분간 굽는다.

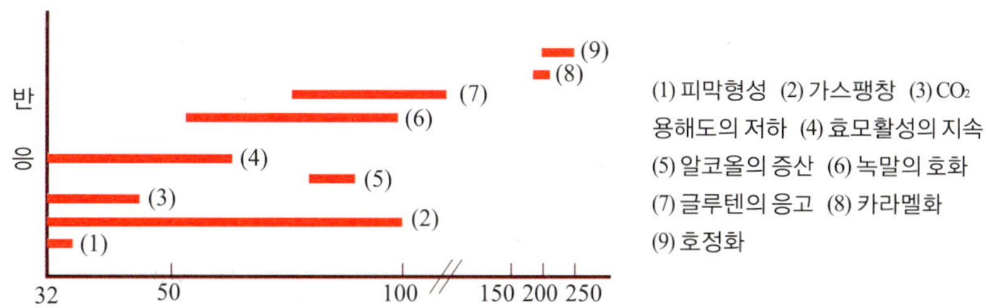


그림 7-12 굽기 중에 일어나는 반죽의 반응

⑥ 냉각

절단, 포장에 앞서 중심부를 30℃까지 2시간 정도 냉각시켜 곰팡이의 발생을 방지하고 절단시 찌그러지는 것을 방지한다. 방냉한 빵을 바람에 노출시키면 풍미가 떨어지므로 밀폐하여 보관하는 것이 좋다. 이 경우에도 빵의 중심부 온도를 떨어뜨리지 않으면 곰팡이와 *rope*균이 발생되기 쉽다.

⑦ 포장

자동포장기를 이용하여 절단과 동시에 포장을 한다. 포장은 식품위생상 좋고 빵의 노화를 지연시킬 수 있다.

### (4) 그 밖의 제빵법

#### ① 직접반죽법과 스펀지법의 변법

직접반죽법에는 2회 반죽법, no-ponge법, no-time법이 있고, 스펀지법에는 100 % 스펀지법(full- flavor법), 단시간 스펀지법, 장시간 스펀지법, 가당 스펀지법 등의 변법이 있다. 이들 변법은 빵의 풍미 등 품질개선을 주목적으로 하는 것이고, 제조시간의 단축을 목적으로 하는 것도 있다.

#### ② 액종법(liquid sponge method)

액종이란 설탕, 효모 및 물만으로 발효시킨 발효액을 말하며 액종으로 빵의 생지를 반죽하여 마무리 공정으로 옮겨 생지 발효공정을 생략하는 방법이다.

#### ③ 연속제빵법

액종을 사용하는 방법으로 Anflow process와 Do Maker process가 있다. 공정은 완전 연속 자동화되어 있고, developer로 생지를 제조하며, 2시간 이내에 빵이 만들어진다. 풍미, 식감이 보통 빵보다 약간 떨어진다.

#### ④ Charleywood법

생지의 형성을 강력한 mixer의 기계적 작용과 산화제의 작용으로 행하며 2시간에 단단한 빵을 만들 수 있다. 발효공정의 생략으로 풍미가 부족하다.

### (5) 냉동생지법

원료를 혼합, 발효시켜 분할, 정형까지 한 생지를 동결한 것으로 공장의 생산량 조절이 목적인 경우 그대로 사용시까지 동결 · 저장하고, 출하시키는 것은 냉동차로 슈퍼마켓이나 소매점까지 배달한다. 필요에 의해 해동시켜 구워서 신선한 빵을 공급한다. 효모의 동결장애로 발효가 늦고 팽창이 일어나지 않는다.

# 4. 잡곡 및 서류의 가공

잡곡, 서류의 가공은 전분, 고구마, 쌀 등의 1차 가공과 전분을 원료로 하여 포도당 및 물엿으로 가공하는 2차 가공으로 나눌 수 있다.

## 1. 옥수수전분

### (1) 원 료

옥수수전분의 원료로는 마치종(dent corn)이 적합하며, 옥수수 절단면의 구조는 그림 7-13과 같다.

각 조직의 비율은 종피와 호분층이 6~8%, 배유부가 82~85%, 배아부가 9~12%이다. 배아부에는 전체 기름의 85% 이상이 함유되어 있으며 단백질도 많이 들어 있다.

왕관전분부와 기저전분부에는 비교적 전분이 많이 들어 있고, 연한 분상으로서 분질전분부라 한다. 각질전분부의 전분은 단백질과 견고하게 결합되어 전분의 분리가 상당히 어렵다.

옥수수의 성분은 일반적으로 전분 73%, 당 3%, pentosan 4%, 단백질 10%, 지방 4.5%, 섬유 3.5%, minerals 2.5%이다.

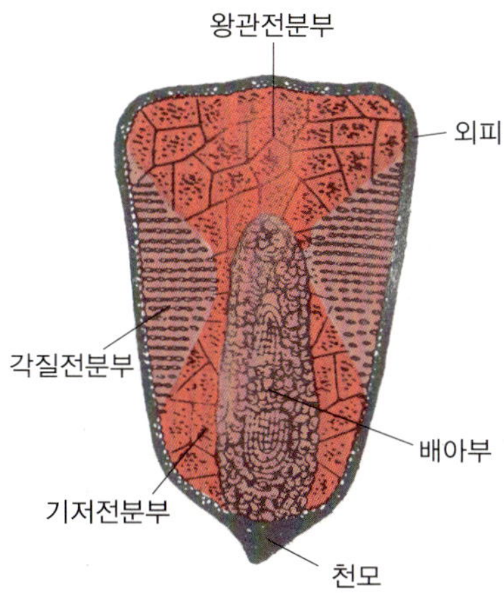


그림 7-13 옥수수의 단면도

### (2) 제조법

제조법에는 corn grit나 corn flour를 만들 때 사용하는 건식법과 습식법이 있다. 하지만 요즈음은 옥수수의 성분을 모두 회수할 수 있는 순환형 습식밀폐법(bottled up system)을 사용하며 제조공정은 그림 7-14와 같다.

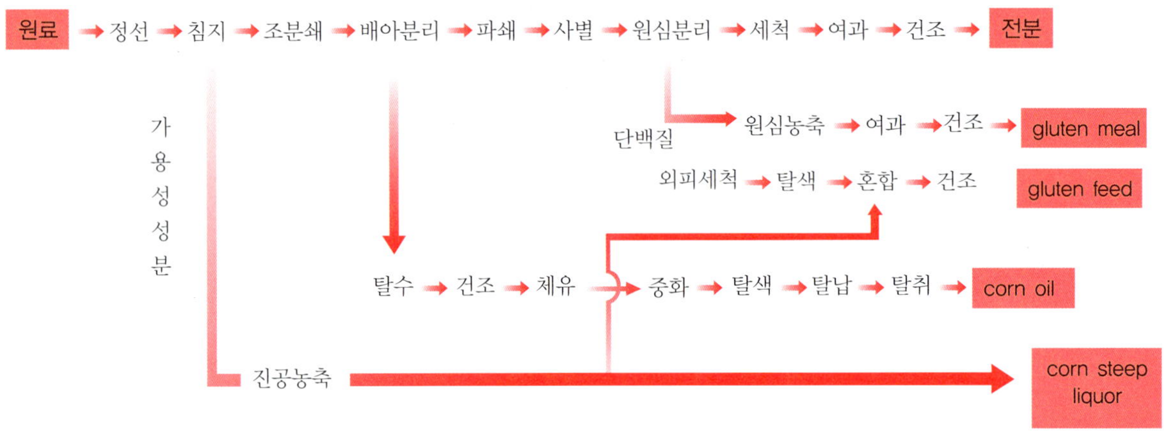


그림 7-14 옥수수 전분의 제조공정도

#### ① 원료의 정선 및 침지

원료에 들어 있는 각종 불순물 및 협잡물을 사별 · 제거한 후 흐르는 물로 세척하여 침지공정으로 보낸다.

침지는 옥수수전분 제조에서 가장 중요한 조작으로 아황산농도 0.1~0.3%, pH 3~4, 온도 48~52℃에서 48시간 동안 행한다.

아황산은 옥수수를 부드럽게 하여 전분과 단백질의 분리를 쉽게 하고 잡균의 오염을 방지한다. 침지가 시작되면 원료 중의 가용성 물질이 용출되고 이때 젖산균이 발육하기 시작하여 용출한 당분을 젖산으로 변화시킨다.

침지가 끝난 액을 농축시킨 것을 옥수수 농후침지액(corn steep liquor)이라 하며, penicillin, 글루탐산 생산의 발효배양액으로 사용된다.

② 파쇄 및 배아분리

침지가 끝난 옥수수는 조분쇄기(degerminator)로 배아가 손상되지 않도록 분쇄한 후 배아분리조에 보내 농도를 Be' 7° 정도로 조정해 비중이 낮은 배아를 부유시켜 분리한다.

분리한 배아는 물로 씻어 전분을 제거한 후 착유공정으로 보낸다.

③ 마쇄 및 사별

배아분리가 끝난 것은 마쇄기를 이용해 마쇄한 후 첫 번째 체로 외피를 주로 한 대형박을 분리하고 외피에 붙어 있는 전분은 수세하여 두 번째 체를 통과한 전분유(油)와 합친다.

첫번째 체를 통과한 것은 고운 섬유를 함유한 전분유로 이것을 130~150mesh의 두 번째 체를 통과시켜 고운 섬유를 분리한 다음 외피와 고운 섬유를 합하여 건조하고 배아에서 기름을 추출한 배아박과 혼합하여 건조시켜 gluten feed를 만들어 사료로 사용한다.

④ 조전분유의 정제

조전분유에는 단백질이 5~8 % 함유되며 전분과 글루텐의 비중이 각각 1.5와 1.1로 다르므로 table법 혹은 원심분리법으로 단백질을 분리한다.

분리된 단백질 유액은 농축, 탈수, 건조시켜 gluten meal로 만들어 사료 혹은 발효용 원료로 이용한다.

⑤ 여과 및 건조

앞서 정제한 전분유는 여과기로 탈수하여 수분 35~45%의 전분 cake를 만든 후 flash dryer나 rotary dryer 등의 연속식 건조기를 이용해 수분함량이 13%가 될 때까지 건조시킨다.

## (3) 옥수수전분의 특성

직경이 12~15$\mu$ 이고, 입도는 120mech로 체에 99% 이상 통과한다.

옥수수전분의 일반성분은 표 7-8과 같다.

표 7-8 옥수수전분의 일반성분(%)

| 수 분 | 조단백질 | 조지방 | 조회분 | $SO_2$ | 전분함량 | PH |
|---|---|---|---|---|---|---|
| 12~14 | 0.25~0.35 | 0.05 | 0.06 | 0.003 이하 | 86.5 이상 | 4.3~4.8 |

## 2. 감자전분

### (1) 원료

감자의 성분은 수분 70~80%, 전분 14~25%, 단백질 1.4~2.5%, 지방 0.1~0.2%, 섬유질 0.3~0.7%, 회분 0.7~1.1%이다.

원료감자의 전분함량은 비중과 비례하며 이를 이용한 Reimann씨 저울 등을 이용하여 측정한다.

### (2) 제조법

제조법에는 소규모의 재래식 방법과 대규모의 근대식 방법이 있으나 제조원리에는 차이가 없고 공정의 연속화와 고속화에 차이가 있다.

#### ① 수세 및 마쇄

감자를 5배 정도의 물로 씻은 다음 마쇄롤러를 이용해 마쇄한다. 수율이 93% 정도로 고구마보다 쉽게 마쇄된다.

#### ② 사별

마쇄한 전분유는 평면체를 이용해 전분과 박으로 분리하며 공장규모에서는 jet extractor 및 rotor sieve를 사용해 분리한다. 평면체는 3단계의 체를 조합해 사용하는데 1단계가 40~60mesh, 2단계가 60~80mesh, 3단계가 100~120mesh이다.

#### ③ 분리 및 정제

사별이 끝난 전분유로부터 전분을 분리하기 위해 정치침전법, table법 등 중력에 의한 분리법과 원심분리기를 사용하는 방법을 쓴다.

침전법은 탱크에서 4~5시간 정치시키면 단백질 등이 변질되어 전분입자에 흡착되고 불순물이 0.1~1.0% 함유되어 황갈색을 띠게 되므로 물을 다시 가해 1시간 교반한 후 4~5시간 정치시켜 분리, 정제한다.

원심분리기는 2단으로 사용하며 1단에서 Be' 3° 의 조전분유를 Be'15° 정도로 농축한 후 물을 가하여 Be' 8~9°로 하고 jet refiner에 보내어 미세박을 제거한다. 이 전분유를 제2단의 원심분리기를 이용하여 Be' 19~20° 로 농축하여 channel separator에 보낸다.

#### ④ 탈수, 건조 및 분쇄

20% 농도의 전분유로 만들어 다공벽의 바스켓형 원심탈수기를 이용해 탈수한다. 건조는 소규모의 경우 선반식 건조법으로 40~45%의 수분을 18% 이하로 떨어뜨리며 대규모 공장에서는 탈수기로 수분을 35~40%로 탈수시킨 후 분쇄하고 flash dryer를 이용해 150~170℃ 열풍으로 18% 이하로 건조시킨다.

건조가 끝난 전분을 분쇄하여 120mesh의 체로 쳐서 협잡물을 제거하고 일정한 입자의 고운 전분으로 만든다.

#### ⑤ 전분박의 탈수 및 건조

전분박의 수분함량은 90~96%이며, 전분박은 원료감자에 대해 약 50%가 배출되므로 이를 건조시켜 사료로 사용한다.

## 3. 고구마전분

### (1) 원료

고구마의 전분함량은 18~21%이며 마쇄하여 사별한 전분유를 분리할 때 수용성 당이 유기산발효를 하여 pH가 낮아진다. 전분유는 4~5시간 경과하면 고구마 단백질의 등전점인 pH 4 정도까지 내려가 수용성 단백질이 침전되고 일부가 변성하여 불용성 아미노산으로 되어 삽부(澁部)라 불리우는 암녹갈색을 띠는 부분이 된다.

고구마전분의 착색은 chlorogenic acid를 주로 하는 polyphenol 성분에 기인하기 때문이다.

### (2) 제조법

제조방법은 다음과 같으며 주로 탱크침전법으로 제조되는데 근래에는 table법과 원심분리법도 사용되고 있다.

#### ① 원료의 수송과 수세

고구마는 경사 1/ 200~1/500의 유수로(流水路)로 이동되며 1m/sec의 유속에 의하여 흙, 모래 등을 제거한다.

② 마쇄

마쇄 롤러를 이용해 마쇄하는데 충분히 마쇄하지 않으면 전분이 박에 섞여 나가므로 손실이 많아진다. 추출률은 보통 85~90% 정도이다.

③ 사별

진동식 평체를 이용해 전분박을 분리한다. 처음에는 33~50mesh의 거친 체를 통과시켜 전분박을 제거하고 여액을 120~130mesh의 고운 체로 불순물을 제거한다.

④ 분리

- 탱크침전법 : 침전탱크에서 8~12시간 정치하여 전분을 침전시키는 방법으로 정치 중 pH가 내려가 pH 5가 되면 삽부가 급격히 증가하므로 전분유의 pH를 5 이상으로 하여 삽부를 적게 한다. 삽부는 단백질과 수지로 되어 있으며 산에 침전되고 알칼리에 녹는 물질로 토육과 달리 200mesh의 체눈을 통과한다. 따라서 가성소다나 소석회를 넣어 전분유의 pH를 5.5~6.5로 하면 전분의 회수가 잘 된다.
- 테이블법 : 입자의 침강을 이용하는 방법으로 탱크 대신 테이블을 사용하는 것이 다르다. 침전거리가 짧아 단시간에 침전하고 폐액을 연속적으로 제거할 수 있으며, 폭 60~95cm, 길이 30~36cm, 경사구배 1/200~1/500 되는 테이블을 사용한다.
- 원심분리법 : 원심력을 이용하여 분리하며 노즐형과 decanter형이 있다.

⑤ 정제(토육분리)

- 2차 침전지 : 1차 침전을 마친 조전분을 용해조에 물을 넣어 교반하여 Be'18° 정도로 만들어 2차 침전 탱크에 보내 30~50시간 방치해 분리한다. 침전의 가장 밑바닥에 흙, 모래 등이 섞인 전분층, 그 위에 전분층, 그리고 가장 위층에 토육층이 형성된다. 토육이란 완성체를 통과한 미세한 섬유 및 불용성 단백질과 polyphenol의 중합물에 미세한 전분입자가 섞여 있는 것을 말한다.

  침전은 토육 위층의 물을 제거하고 토육층과 같은 양의 물을 남겨 교반하여 토육탱크로 흘려보내고 전분층의 표면을 물로 씻으면서 떠낸다. 이를 물전분 뜨기라 한다. 이때 토육의 분리는 pH 3~5, 전분농도 Be' 17~18°에서 가장 잘 된다.

- **테이블법** : 전분유를 Be' 8~10° 로 하여 테이블에 흘려보내는 것으로 황산 등으로 전분유의 pH를 4 정도로 조절하여 흘려보낸다.
- **Thickener에 의한 토육분리** : V형으로 생긴 탱크를 이용해 Be' 2~3° 의 전분유를 연속적으로 토육을 탱크 밑에서 농축하여 분리한다.

⑥ 건조

2차 침전을 마친 전분은 수분을 45% 함유하고 있는데, 이를 생전분이라 한다. 이를 수분함량 18%까지 건조시켜 사용한다. 건조에는 자연건조와 flash dryer를 이용한 열풍건조가 있다.

⑦ 석회처리법

고구마를 처리할 때 석회를 첨가하면 석회가 pectin과 결합하여 pectin산 칼슘이 되어 전분미의 사별을 쉽게 하고 전분업자의 침전분리가 빨라진다. 전분수율이 10% 증가되며 제품의 백도도 증가한다. 마쇄시 첨가하며 마쇄물의 pH가 7.5~8.0이 되도록 한다.

⑧ 전분박

원료고구마에 대해 40~50%의 전분박이 생산되며 수분 13~15%까지 건조하여 배합사료나 발효배지로 사용한다.

## 4. 절간서류

### (1) 생절간(生切干)

고구마를 썰어 말린 것으로 알코올 생산 원료로 많이 사용된다. 고구마를 정선, 세척후 4~5mm 두께로 썰어 4~5일 햇볕에 말려 수분 12~13%까지 건조한다. 제품의 수율은 원료에 대해 30~40%이다.

### ⑵ 증절간(蒸切干)

고구마를 쪄서 건조시킨 것으로 간식으로 많이 이용된다. 고구마를 물로 씻어 솥에서 90분 정도 쪄서 불을 끄고 20~30분 두어 뜸을 들인 후 껍질이 쉽게 벗겨지게 하기 위해 찬물을 뿌리고 뚜껑을 닫아 10분 정도 놓아 두었다가 꺼내 박피한다.

박피 후 냉각시켜 8~10mm 두께로 절단하여 5~6일간 햇볕에 말리면 흰가루가 표면에 생기는데 이는 주성분이 maltose로 맛을 좋게 한다.

### ⑶ potato chip 제조

감자를 얇게 절단하여 기름에 튀긴 것으로 원료감자는 전분함량이 많고 환원당이 적은 것이 좋다. 감자를 박피, 수세한 후 두께를 1.5mm로 절단하고 소금물에 2시간 담가 감자 표면에 붙어있는 전분을 물로 씻어내고 180~190℃ 기름에 1분 정도 튀긴다.

### ⑷ Mash potato, flake

감자를 알칼리액에 짧은 시간 침지시켜 박피, 세척하고 1.27~1.5cm 두께로 절단하여 60~80℃의 더운 물에서 15~30분 예비가열한 다음 냉수로 냉각시켜서 증자기를 통해 상압으로 증자하고 roll과 crusher를 이용해 분쇄한다. 여기에 지방산 monoglyceride 등의 유화제와 산성 아황산나트륨, 아황산나트륨 등의 변색방지제를 첨가하여 회전원통 건조기로 건조시킨 것으로 더운 물을 부으면 곧 mash potato가 된다.

### ⑸ 곤 약

구약이라고 하는 알뿌리를 원료로 만든 식품이다. 저칼로리 식품으로 주성분은 glucomannan이고 물을 흡수하면 팽창하여 부피가 커지고 점도가 높은 콜로이드가 된다.

곤약감자를 물로 씻고 4~6mm 두께로 둥글게 절단하여 5~10일 일광건조시킨 후 분쇄, 선별하여 glucomannan을 얻는다. 곤약의 고운 가루에 70℃의 물을 가해 1시간 정도 호화시킨다. 여기에 응고제로 소석회나 가성소다를 넣어 교반하면 탄성이 있는 특유의 gel을 형성하는데 이것을 끓인 후 냉수에 담그어 다른 맛을 빼고 제품으로 한다.

# 5. 전분당 (Starch sugar)

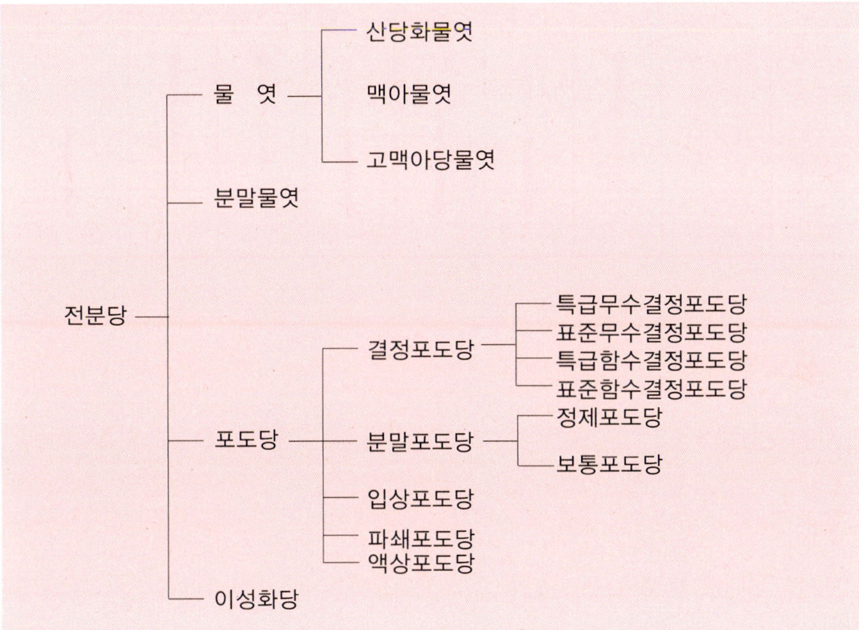


그림 7-15 전분당의 분류

전분당은 가수분해 정도에 따라 감미도, 점도, 결정성, 흡습성 등의 성질이 달라진다. 가수분해 정도는 D. E.(Dextrose Equivalent)로 나타내며 아래식과 같이 계산할 수 있다.

$$D.E = \frac{\text{직접환원당(포도당으로 표시)}}{\text{고 형 분}} \times 100$$

D.E. 값에 따른 전분당의 성질은 표 7–9와 같다.

표 7-9 전분당의 D.E.와 성질

| 종 류 | D.E | 감미 | 점도 | 흡습성 | 용액의 동결점 | 삼투압 | 당 의 결정성 | 당 결 정 억제작용 | 평 균 분자량 |
|---|---|---|---|---|---|---|---|---|---|
| 결정포도당 | 99~100 | 크 다 | 낮 다 | 낮 다 | 낮 다 | 높 다 | 크 다 | 작 다 | 작 다 |
| 정제포도당 | 97~98 | ↑ | ↓ | ↓ | ↓ | ↑ | ↑ | ↓ | ↓ |
| 분말포도당 | 92~96 | | | | | | | | |
| 고형포도당 | 80~85 | | | | | | | | |
| 액상포도당 | 55~80 | | | | | | | | |
| 물 엿 | 35~50 | | | | | | | | |
| 가 루 물 엿 | 25~40 | 작 다 | 높 다 | 높 다 | 높 다 | 낮 다 | 작 다 | 크 다 | 크 다 |

## 1. 포도당

### (1) 제조공정

포도당의 제조는 가수분해, 당화액의 정제, 농축액에서의 결정화가 주요한 단계이다.

가수분해는 산가수분해에서 효소가수분해로 바뀌고 있으며 산당화법은 단시간에 반응이 종료되지만 포도당의 과분해로 인한 levulic acid, formic acid, hydroxymethyl furfural 등의 부산물이 생성된다. 더욱이 포도당의 역합성으로 oligo당이 생성되며 이 중에는 쓴맛을 내는 gentiobiose가 생성된다. 이 쓴맛성분을 제거하기 위해 많은 비용이 소요된다.

효소분해법은 분해시간이 오래 걸리지만 산당화에서의 단점이 생기지 않으며 고순도의 포도당을 만들 수 있다. 그러나 이 경우도 전분의 농도가 높아지면 glucoamylase에 의한 당전위반응으로 isomaltose 등의 oligo당이 생성된다. 포도당의 일반적인 제조법은 아래와 같다.

### (2) 액 화

전분을 가열 호화시킨 후 $\alpha$-amylase를 첨가하여 점도를 급격히 저하시키는 공정으로 포도당제조에서 가장 중요한 공정이다.

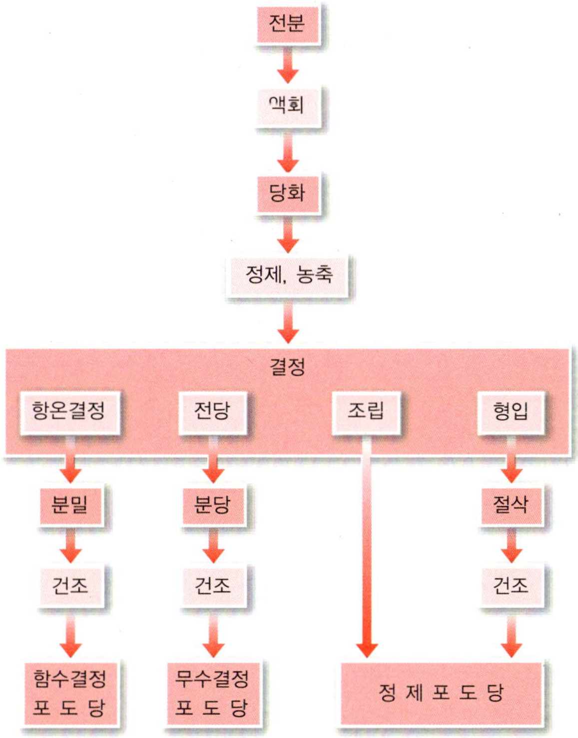


그림 7-16 포도당 제조공정도

효소를 액화할 때 감자, 고구마전분은 비교적 수월하지만 옥수수전분의 경우 함유한 지방산의 영향으로 효소의 작용이 장애를 받는 것으로 알려졌다. 그러나 포도당제조에는 주로 옥수수전분을 사용하며 이의 액화에는 다음과 같은 방법이 사용된다.

① 2단 액화법

전분에 세균 amylase를 첨가하여 1차 액화시킨 후 이것을 120~140℃의 고온에서 증자하여 미개열의 micelle을 개열시킨 후 다시 α-amylase로 액화시키는 방법이다.

② 기계적 액화법

α-amylase를 첨가하지 않고 전분을 고온으로 가열하고 격렬히 교반하여 전단력에 의해 액화시키는 방법이다.

③ 내열성 α −amylase에 의한 1단 액화법

*Bacillus licheniformis* 등이 생산되는 내열성 amylase의 경우 110℃에서도 불활성화되지 않는다. 그러므로 이 효소를 첨가한 분액을 jet cooker에 의해 105~110℃에서 5~10분 가열 후 95℃에서 1~2시간 가열하여 micelle을 개열시켜 액화를 1단계로 종료시킨다. 그 밖에 산액화법이 있지만 glucoamylase에 의한 분해성이 낮은 분지한 oligo당이 생성되어 최종의 분해한도가 떨어지므로 현재는 거의 사용되지 않는다.

### (3) 당 화

α−amylase에 의해 액화된 분액을 glucoamylase를 사용하여 포도당으로 분해시키는 공정으로 glucoamylase는 *Rhizopus* 및 *Aspergillus niger*에서 생산된 것을 주로 사용하고 있다.

일반적으로 pH 4.5, 온도 55~60℃에서 30~70시간 가수분해시킨다. 기질농도가 낮으면 포도당의 생성량이 높지만 후의 농축시 비용을 고려해야 한다. 기질농도와 D.E.와의 관계는 표 7−10과 같다.

표 7−10 기질농도와 분해한도

| 전분기질농도(%) | D.E | 포도당순도(%) |
|---|---|---|
| 10 | 99.6 | 98.9 |
| 20 | 98.8 | 97.7 |
| 30 | 97.8 | 96.2 |
| 40 | 96.5 | 94.0 |

### (4) 결정화

가수분해가 끝난 후 정제, 농축한 당액은 함수결정포도당, 무수결정포도당, 정제포도당의 서로 다른 결정형의 포도당으로 가공된다.

① 정제포도당

당화액을 수분함량 15~17%까지 농축한 후 결정모(結晶母)를 넣고 교반하여 소형상자에 담아 40~50℃로 유지한다. 겨울은 1~2일, 여름은 5~6일 경과 후 굳어진다.

이것을 절삭기에서 20~40 mesh로 깎아 70~80℃의 열풍으로 15~25분 건조시킨다. 이때 품온이 60℃ 이상이 되면 무수결정포도당으로 변한다. 근래에는 78%로 농축시킨 당화액을 50℃로 분무건조하여 직접 분말화시킨다.

### ② 함수결정포도당

당화액을 수분함량 25~30%로 농축시켜 결정관에 넣고 40~42℃로 유지한 후 결정모를 1~2% 넣어 결정화시킨다. 이때 당액의 온도는 75℃까지 낮추어 결정화시키는 것이 편리하다.

결정화가 끝나면 소량의 물을 분무하여 결정에 붙어있는 모액을 제거하며 원심분리한다. 원심분리가 끝나면 rotary dryer를 사용하여 수분함량 8.0~8.8 %까지 건조시키는데 이때 품온은 60℃ 이하로 유지하여야 한다.

### ③ 무수결정포도당

설탕의 결정화와 같은 전당결정법을 사용한다. 즉 D.E.98~98.5의 당액을 진공농축기에 넣어 70℃에서 6~10시간 전당시키며, 이때 무수결정포도당을 결정모로 넣어 결정화한다. 분밀은 가온된 분밀기를 이용하여 75~85℃의 세척수를 사용해 회전식 건조기로 수분이 0.1 % 이하가 될 때까지 60~65℃에서 건조한다.

## 2. 물엿 (산당화엿)

물엿은 전분을 가수분해하여 포도당을 만드는 과정에서 당화를 중지시켜 dextrin과 당분이 일정한 비율로 함유되게 한 것으로 당화시키는 방법에 따라 산당화엿과 효소로 당화인 high maltose syrup이 주종을 이룬다.

원료로는 옥수수, 고구마, 감자전분 등이 주로 사용되며 tapioca전분, sago전분 등도 사용된다. 산당화법에 의한 제조공정은 다음과 같다.

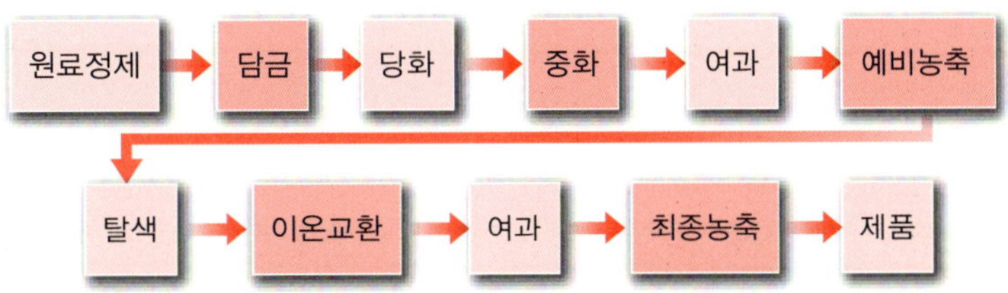

### ⑴ 원료정제

원료전분에 물을 가해 교반 후 150~200mesh 체를 이용해 모래, 전분박 등의 불순물을 제거한다.

### ⑵ 담금

정제한 전분유의 농도를 Be' 20~22°(무수물기준 390~430g/L)로 하여 담금조에 넣고 40~45℃로 온도를 올린다.

### ⑶ 당화

염산과 수산을 주로 사용하는데 염산의 경우 수산화나트륨이나 탄산나트륨으로 중화하므로 당액 중 식염이 남게 되고, 수산은 탄산칼슘으로 중화하므로 수산칼슘이 생성되지만 여과에 의해 쉽게 제거할 수 있다.

산의 첨가 농도는 무수물기준으로 염산 0.1~0.3 %, 수산 0.2~0.5 %이다.

당화는 회분식의 경우 120~130℃에서 30분 정도, 연속식의 경우는 130~160℃에서 5~10 분 실시한다.

### ⑷ 중화

당화액을 70~80℃로 냉각시켜 사용한 산에 맞는 알칼리 용액을 서서히 가하면서 중화시킨다.

### ⑸ 여과

액온을 70~90℃로 유지시켜 filter press 등으로 여과하며 근래에는 원성 분리기를 사용해 여과한다.

### ⑹ 예비농축

여과한 당액은 Bx 40~45° 로 이를 Bx 45~50° 까지 농축시킨다.

### ⑺ 탈색

탈색은 활성탄 (0.5~1.0% 사용) 및 이온교환수지탑을 이용해 무색 투명한 액으로 만든다.

#### ⑻ 완성농축

온도 55~65℃에서 Bx 82~85° 로 농축하여 완제품을 만든다.

## 3. 이성화당

1895년 Lobry De Bruyn과 Van Eckenstein은 알칼리용액 중에서 aldose와 ketose 사이의 이성화반응이 일어나는 것을 보고하였다.

이 발견은 포도당의 감미 증강법으로 사용되었으나 알칼리에 의한 당의 분해반응으로 공업적으로 사용하기는 어려웠다.

1957년 Marshall과 Kooi 등이 *Pseudomonas*속의 세균에서 포도당을 과당으로 전환시키는 효소를 생산한다고 보고한 이후 많은 연구가 발표되었으며 현재 공업적으로 사용하는 효소는 방선균이 생산하는 glucose isomerase이다.

최근에는 biotechnology의 발달로 고정화효소를 사용한 연속이성화반응, 이온교환수지를 이용한 포도당과 과당의 분리 등이 공업적으로 이용되고 있다.

#### ⑴ 제조법

Glucose isomerase는 xylose를 xylulose로 이성화 시키는 효소로 초기에는 45~50 %의 포도당용액에 동결균체를 넣어 60~65℃로 pH 7.0에서 60~ 70시간 반응시켜 이성화율 42%의 이성화당을 얻는 회분식방법을 사용하였다.

그러나 한 번 사용한 균체를 회수하여 재사용함으로써 과당의 분해, pH의 저하, 착색 등의 문제점이 발생함에 따라 근래에는 고정화효소를 사용한 연속화공정이 연구되어 DEAE-cellulose, ion 교환수지, alumina, 초산 cellulose 등에 고정시킨 것이 나타나고 있다.

현재는 전체 제조공정이 약 1~2시간에 종결되는 효소를 사용하는 연속법으로 변하고 있다. 이 방법으로 제조한 제품의 과당함량은 42%로 이를 다시 칼슘형 이온교환수지를 통과시켜 칼슘에 대한 과당의 친화성을 이용하여 포도당과 과당을 분리할 수 있다.

이것을 후에 필요한 목적에 맞게 혼합하여 55%, 90%의 과당함량이 들어 있는 제품을 만든다.

### (2) 이성화당의 성질과 농도

이성화당의 감미는 설탕의 감미와는 다른 산뜻한 맛으로 빨리 소실되는 특징이 있다.

55% 과당은 설탕과 감미도가 거의 같으며, 설탕에 비해 결정성이 낮아 제과에서 전화당 대체품으로 사용되며 청량음료, 유산음료, 빵, 양과자 등에 널리 이용되고 있다. 습윤성, 보수성이 크고 가열에 의한 갈변이 쉽다.

## 4. 맥아당 (maltose)

맥아당은 포도당 2분자가 결합한 이당류로 맥아물엿의 주성분이고 전분을 원료로 하는 oligo당 가운데서 맨 처음 순수한 형태로 공업적으로 생산되었다. 맥아당은 옛부터 온화한 감미를 가진 당으로 알려져 왔다.

### (1) 제조법

#### ① β-amylase를 사용하는 방법

전분에 β-amylase를 작용시켜 maltose를 생산하는 방법으로 생산수량은 전분의 50~55%로 낮다. 이를 개선하기 위해 활성이 높은 dcbranching cnzymc(pullulanasc, isoamylase)을 혼합 사용하여 높은 수율의 maltose를 생산할 수 있다.

#### ② 새로운 미생물의 amylase에 의한 방법

최근 방선균 중 maltose를 대량 축적하는 α-amylase가 존재한다는 것이 발견되었다. 이에는 *St. hygroscopicus* SF-1084, *St. praecox* 등이 있으며, 이를 전분에 반응시켜 maltose를 생산하는데 수율은 80%가 넘는 것도 있다. 더욱 흥미있는 것은 이들 효소는 maltotriose에 작용하여 2분자를 축합시킨 후 다시 3분자의 maltose를 생산한다는 점이다.

### (2) 정제 및 결정화

위의 방법으로 전분을 가수분해하는 경우 순수한 maltose를 얻기 어려우며 활성탄, 음이온교환수지, 유기용매, 막분리 등으로 정제하고 결정화한다.

### (3) 맥아당의 특성

#### ① 용해도

상온에서는 비교적 낮지만 90~100℃가 되면 설탕이나 포도당보다 크다. 순도가 90%가 되면 oligo당의 영향으로 용해도가 높아진다.

#### ② 흡습성

상대습도 84%에서는 안정하다. maltose의 수화물은 탈수하기가 어려워 75℃의 진공건조를 하여도 결정수를 없애기 어렵다.

#### ③ 점 도

설탕의 점도에 가깝고 high maltose syrup은 oligo당을 함유하고 있어 순수한 것보다 점도는 높다.

#### ④ 감미도

설탕의 30~40%이지만 온화한 맛으로 당류 중에서 가장 좋은 맛으로 알려져 있다.

## 6. 두류(豆類) 가공

콩은 표 7-11과 같이 단백질과 지방을 많이 함유하고 있는 이상적인 식품이다. 그러나 조직이 단단하여 그대로 삶거나 볶아 먹으면 소화 및 흡수가 잘 안되므로 옛부터 간장(소화율 98%), 두부(95%), 된장(85%) 등과 같은 식품으로 만들어 이용해 왔다. 또한 콩에는 trypsin inhibitor가 있어 소화를 저해하므로 이것을 제거하고 가공을 해야 한다.

표 7-11 우리나라 콩의 성분(평균값, %)

| 수 분 | 조단백질 | 가용성단백질 | 조 지 방 | 조 섬 유 | 조 회 분 |
|---|---|---|---|---|---|
| 11.95 | 39.80 | 33.26 | 19.20 | 39.85 | 4.60 |

## 1. 된장

된장의 등장은 콩의 재배시기와 거의 같다. 한국에서는 삼국시대에 이미 장 담그는 기본법이 이루어졌다고 한다. 식품위생법에서는 "콩을 주원료로 하여 식염, 누룩을 섞어 발효하여 숙성시킨 것 또는 간장을 담근 다음 짜낸 나머지 부분을 말한다." 라고 정의하고 있다.

된장에는 비린내를 없애는 교취효과가 있는데, 이것은 된장의 주성분인 단백질이 여러 가지 냄새를 흡착하는 성질을 가지고 있기 때문인 것으로 알려져 잇다. 게나 고등어 등 비린내가 나는 일부 생선요리와 일부 조수육 요리에 된장을 섞으면 비린내를 없앨 수 있다. 된장은 한국인의 식생활에 없어서는 안 될 주요한 조미료로서 곡균의 작용에 의해 얻어지는 대표적인 콩 발효식품이다. 된장의 제조법은 그 원료에 따라 콩된장, 쌀된장, 보리된장 등 여러가지가 있는데 아래 공정도는 가장 대표적인 쌀된장의 제조공정을 표시한 것이다.

[된장의 제조공정]

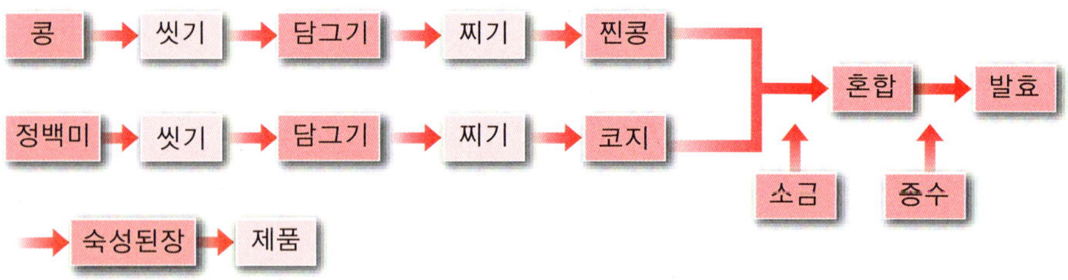


찐콩에 코지와 소금을 아래 표와 같은 배합비율로 배합하여 잘 혼합교반한 후 사입통이나 탱크에 넣어 3개월에서 1년 정도 발효, 숙성시킨다. 숙성기간 중에 코지의 효소와 효모, 젖산균 등의 작용으로 단백질과 전분이 분해되어 된장에 맛과 향기가 생기게 된다. 원료의 배합비율 및 혼합의 방법은 된장의 품질을 결정하는 중요한 인자가 된다. 즉 코지의 양을 늘리면 단맛이 더 나고 콩의 양을 늘리면 구수한 맛이 더 난다. 소금의 분량은 저장성과 관계가 있다. 숙성한 된장은 폴리에틸렌 봉지나 플라스틱 용기 등에 포장한다.

표 7-12 쌀된장의 원료배합의 예

| 보기(예) | 콩 | 코 지 | 소 금 | 숙 성 기 간 |
|---|---|---|---|---|
| 1 | 1 | 1.50 | 0.25 | 1개월 |
| 2 | 1 | 1 | 0.35 | 1~3개월 |
| 3 | 1 | 0.50 | 0.50 | 12개월 |

## 2. 간장

간장이라 하면 대체로 재래식 간장, 개량식 간장, 아미노산 간장으로 나눌 수 있다. 재래식 간장과 개량식 간장은 양조식 간장이라고도 하며 아미노산 간장은 화학간장이라고 하여 구별하고 있다.

### (1) 재래식 간장

가을에 순콩으로 메주를 만들어 온돌에서 띄운 다음, 햇볕에 말려서 장을 담그므로 국곰팡이 이외에 여러 잡균에 의해 간장과 된장이 동시에 제조된다.

### (2) 개량식 간장

찐콩과 볶은 밀로 만든 간장코지에 소금물을 붓고 담그는데 발효에 의해서 콩과 밀의 성분이 분해된다.

[개량식 간장의 제조공정]

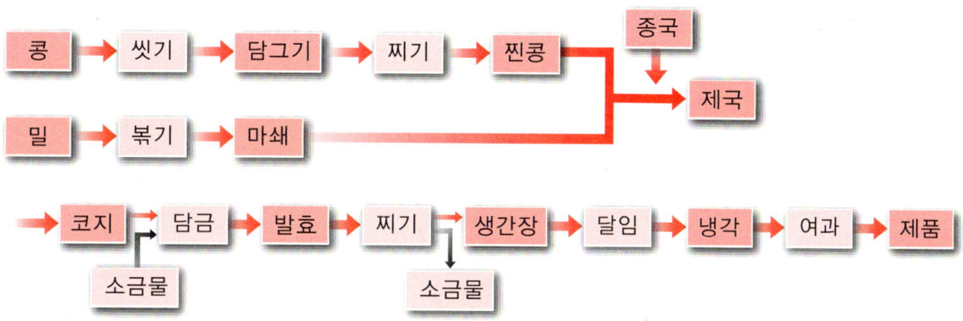


원료콩에 코지균을 번식시켜 코지를 만들고 이것을 소금물에 넣고 담근다. 담금액의 숙성에는 코지균이 생산하는 효소와 자연적으로 번식하는 젖산균이나 효모의 작용에 의해 콩단백질 및 밀전분이 분해되어 풍미가 좋은 담금액이 된다. 약 6개월~1년간 발효시킨 후 압착기에 의해 생간장을 찌꺼기와 분리하고 가열 · 살균하여 제품으로 한다.

### (3) 신식 간장

양조법에서는 원료에 들어있는 단백질을 효소작용에 의해 분해하지만 이 제조법에서는 염산에 의해 가수분해하여 간장과 아주 유사한 아미노산액으로 만든다. 그러나 이것은 간장의 독특한 향미가 없으므로 코지를 가하여 숙성시킨다. 이와 같이 산 분해와 양조법을 병용하여 양조법보다도 단시간에 제조하는 것이 신식 간장이다.

#### (4) 아미노산 간장

단백질 원료를 염산(16~20%)으로 가수분해하여 가성소다나 탄산소다로 중화시켜 (pH 5.2) 얻은 아미노산과 소금의 혼합액이다. 이것은 풍미가 양조간장에 비해 많이 떨어지지만 짧은 시간에 제조할 수 있는 특징이 있다. 원료로는 식물성 원료인 콩깻묵, 밀기울, 옥수수 깻묵, 낙화생 깻묵 등과 동물성 원료인 어박(魚粕), 번데기 등이 사용되고 있다.

[아미노산 간장의 제조공정]

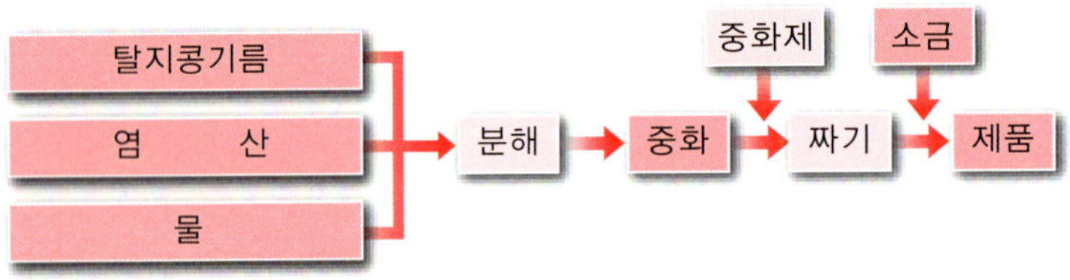


## 3. 고추장

고추장은 고추를 원료로 한 조미료로서 동시에 한국인의 기호품으로 우리 식생활에 중요한 위치를 차지하고 있다.

[고추장의 제조공정]

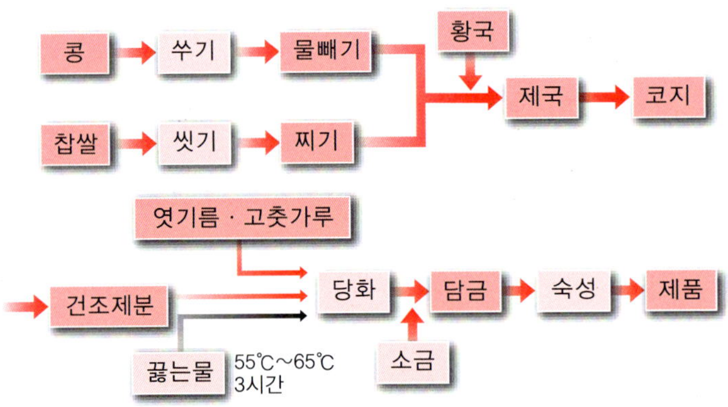

찐찹쌀, 찐콩에 황국을 접종한 다음에 2~3일간, 25~35℃로 보온하여 고지를 만들어 건조, 제분하고 고춧가루, 엿기름을 넣어 60℃에서 2~3시간 당화한다. 당화가 끝난 후 소금을 넣고 섞으면 고추장이 된다.

## 4. 청국장

콩을 발효시킨 다음 고춧가루, 마늘, 소금 등의 양념을 넣고 만든 식품이다. 제법은 순수배양한 균(*bacillus subtilis*)을 찐콩에 접종한 후 적당한 분량으로 나누어 40~50℃에서 18~20시간 배양해서 조미료와 향신료를 넣어 만든다. 청국장의 점질물은 D-글루탐산의 폴리펩티드와 과당의 중합체인 프럭탄(fructan)의 2가지 성분이다.

[종균의 제조공정 및 청국장의 원료 배합비]

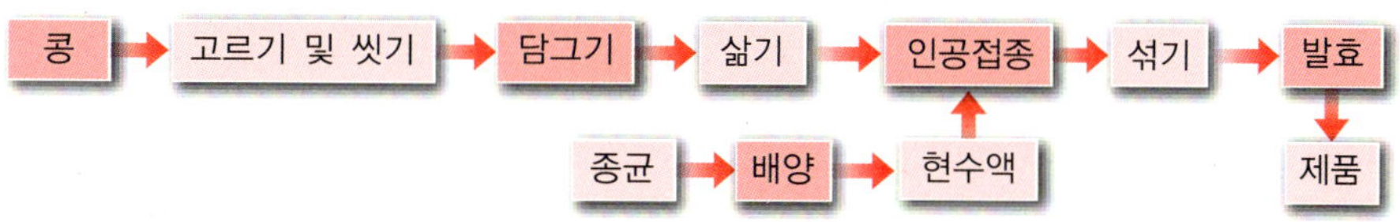


표 7-13 청국장의 원료배합 비

| 원 료 | 배 합 량 | 원 료 | 배 합 량 |
|---|---|---|---|
| 종 균 | 18(L) | 마 늘 | 0.35 |
| 소 금 | 3.5 | 고춧가루 | 0.5 |

## 5. 두부

콩을 침지하여 불린 다음 마쇄하여 가용성 성분을 더운 물로 용출시킨 후 여기에 응고제를 넣어 응고시킨 것이 두부이다.

콩단백질의 주성분인 glycinin은 붉은 염류용액에 녹는 성질이 있는데, 콩 중에는 인산칼륨과 같은 염류가 있으므로 콩을 마쇄하여 두유를 만들면 여기에 녹아 나온다. 이 glycinin을 70℃ 이상으로 가열한 후 염화마그네슘이나 염화칼슘 등의 응고제를 넣어 응고시킨다.

두부에는 보통두부, 전두부 및 자루두부와 같은 생두부류와 얼림두부, 기름 튀김두부 등 두부가공품이 있다.

### (1) 원료

콩은 단백질과 지방의 함량이 많은 것을 사용하며 응고제로는 간수(주성분은 염화마그네슘과 황산마그네슘), 황산칼슘, 염화칼슘, glucono-δ-lactone, 소포제로는 silicone 수지 또는 monoglyceride가 사용된다.

### (2) 만드는 법

#### ① 보통두부

두부를 만드는 공정은 다음과 같다.

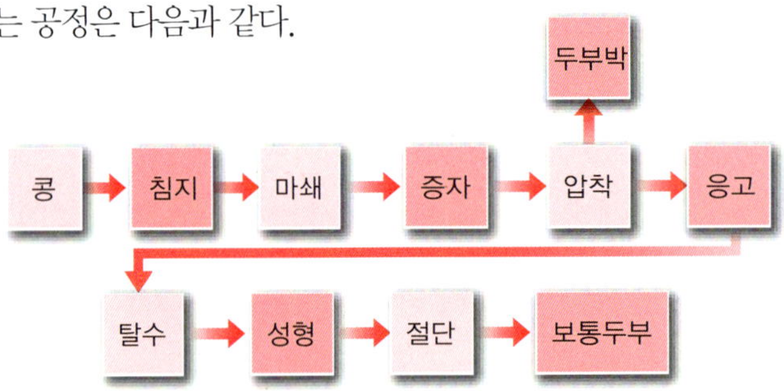


- **침지와 마쇄** : 콩을 철분이 없는 물로 깨끗이 씻어 협잡물을 제거하고 봄 · 가을에는 12시간, 여름에는 5~6시간, 겨울에는 24시간 물에 담가 부피가 원료콩의 2.3~2.5배가 되게 한다. 물에 담근 콩을 꺼내 물을 뺀다음 원료콩의 약 2배의 물을 서서히 가하면서 마쇄하여 두미를 만든다.
- **증자** : 증자솥에 원료콩 2~3배 정도의 물을 미리 끓여놓고 여기에 두미를 넣어 다시 가열하여 끓인다. 이때 거품이 생겨 넘치는 것을 막기 위해 소포제를 첨가한다. 두미를 끓이는 시간은 보통 10~15분이고 길면 30분 정도가 적당하며, 이때 바닥이 눌지않게 잘 저어준다. 증기취입식 탱크를 사용할 때는 100℃에 이르러 3~5분간 가열을 계속한다.
- **압착** : 소규모의 경우 압착주머니를 이용하고 공업적으로는 press나 원심분리기로 압착, 분리하여 두유를 만든다. 두유의 양은 콩 10kg에 대해 90~100kg 정도이다.

- 응고 : 두유의 온도가 70~80℃일 때 원료콩 20L에 대해 간수나 염화칼슘은 10~15%의 수용액으로 2L, 황산칼슘은 270~300g을 물 2L에 녹여 넣는다. Glucono − δ − lactone은 물에 녹여 두유의 0.3% 정도 넣는다. 간수 또는 염화칼슘은 세 번으로 나누어서 살며시 가하여 교반하고 황산칼슘은 두유를 교반한 후 한 번에 넣는다.

- 탈수 및 성형 : 완전히 응고되어 갈색 상등액이 생기면 베보자기를 깐 두부 상자에 넣고 물이 흘러내리게 한다. 그 위에 다시 베보자기를 덮어 뚜껑을 덮고 돌을 얹어 20분 가량 눌러두면 엉겨서 두부가 된다.

- 절단 : 응고된 두부를 두부상자에서 꺼내 일정한 크기로 절단한 후 물속에 3시간 정도 담가 간수분을 빼고 냉각시켜 두부 모양을 만든다.

② 전두부

보통두부와 달리 원료콩의 5~5.5배의 물을 가해 진한 두유를 만들어 응고시켜 구멍이 없는 두부상자에서 성형시킨 것으로 두유의 영양소를 모두 함유하고 있으며 외관이 매끈한 특징이 있다. 두유의 성분은 고형분이 10~12%, 단백질이 5~6% 정도이다.

③ 자루두부

전두부와 같이 진한 두유를 만들어 이것을 20~30℃로 냉각시켜 응고를 지연시킨다. Polyethylene 또는 염화비닐필름계 주머니에 응고제를 먼저 넣고 두유를 주입하여 자루를 묶은 다음 90℃에서 40~60분 가열하여 응고시킨다.

위생적으로는 좋으나 보존성이 완전치 못해 냉장 등의 보존방법이 필요하다.

④ 얼림두부

보통두부를 만들어 얇게 썰어 얼린 다음 말린 것으로 해면상의 조직을 가졌으며 수분함량이 10% 내외로 수송에 편하고 단백질과 지방이 풍부한 식품이다.

두부를 만들어 압착하여 수분함량을 85% 이하로 하고 일정한 크기로 절단한 다음 −10~20℃에서 동결하고 −3~10℃에서 3주간 방냉하여 단백질을 변성시킨후 tunnel건조기로 건조시켜 제품으로 한다.

⑤ 기름튀김두부

두부를 만들어 압착하여 수분을 70~80%가 되게 한 후 낙화생유 또는 유채유로 2단계 튀긴다. 1단계는 110~120℃, 2단계는 180~200℃에서 튀긴다. 원두부보다 부피가 크다.

## 6. 두유

두유는 옛부터 중국문화권에서 널리 음용되어 왔으며 우리에게는 콩국으로 친숙한 식품이다.

두유는 우유에 비해 아미노산 중 메치오닌과 지방이 부족하다. 그러나 두유에서 가장 문제가 되는 것은 두취(콩비린내)로, 이는 대두 중에 존재하는 lipoxigenase가 마쇄시 대두유와 작용하여 과산화물을 형성하기 때문이며 생성된 과산화물 중 ethyl vinyl ketone이 강한 콩비린내를 내는 것으로 알려져 있다.

이러한 콩비린내를 없애기 위해 lipoxigenase의 작용을 불활성화시키기 위한 새로운 제조방법이 아래와 같이 개발되었다.

① 대두를 침지시키지 않고 70℃ 이하의 물과 함께 마쇄하는 방법

② 대두를 물에 침지시킨 후 온탕을 가하고 80℃ 이하의 온도로 마쇄하는 방법

③ 대두를 50~60℃의 0.05N NaOH 용액으로 2시간 침지, 수세하고 열탕을 가하여 마쇄하는 방법

### (1) 제조법

원료대두의 껍질을 벗기고 15℃의 물에 8~10시간 침지하여 부피가 원래의 2.3배가 되면 9배 정도의 열수를 넣고 마쇄하여 0.03%의 가성소다로 처리한 후 95℃에서 증자한다. 증자가 끝난 것은 원심여과기로 두유와 비지를 분리한다. 두유에 각종 첨가물을 첨가하여 혼합, 교반한 후 균질기를 거치고 살균, 탈취를 거쳐 냉각, 충진, 멸균한 후 포장한다.

멸균조건은 테트라 팩은 145℃에서 2초, 카톤 팩은 135℃에서 1분 이상 한다.

## 7. 대두단백가공

대두는 단백질 함량이 40% 이상으로 그 자체가 고단백식품이라 할 수 있으며, 이를 이용한 가공제품은 새로운 고단백식품으로 기존 육류의 기능을 향상시키거나 증량적 효과를 얻기 위한 육류 대체 소재로써 또는 그 자체가 육류와 동일하게 소비될 것을 목표로 한 대두 단백육의 제조를 위해 사용되고 있다.

새로운 고단백식품으로는 탈지대두박, 농축대두단백, 분리대두단백 및 조직화대두단백 등이 있다.

### (1) 탈지대두박 (defatted soy flour&grits)

두피를 제거하기 위해 콩을 cracking한 후 박편으로 하여 n−hexanol 등으로 탈지하고 가열하여 용매를 제거하고 신속히 상온까지 냉각시킨 후 50mesh 체로 쳐서 grits형태로 하거나 더욱 분쇄하여 100mesh로 사별하여 분말형태로 제조한다. 열처리는 대두에 함유된 trypsin inhibitor 등의 항영양학적 요소들을 불활성화시키는데 충분하면서도 단백질의 영양가를 손상시키지 않는 범위에서 실시해야 한다.

### (2) 농축대두단백 (soy protein concentrate)

탈지대두를 이용하며 제조방법에 따라 수용액 추출법, 알코올 추출법 및 산용액 추출법으로 나눌 수 있는데 단백질의 양은 65~73%이다.

수용액 추출법은 탈지대두박을 3회 이상 물로 세척하여 수용성 성분(당류, 무기염류 등)을 제거한 후 압착, 건조, 분쇄하여 단백질 농축물을 얻는 방법이다. 비교적 장치가 간편하고 비용이 저렴한 장점이 있지만 수분과 지방의 흡수능력이 낮은 단백질을 얻는다.

알코올 추출법은 60% 알코올 용액으로 대두박을 세척하여 가용성 성분을 제거하고 불용성인 대두단백질을 얻는 방법으로 수용액 추출법에 비해 장치가 복잡하고 비용이 많이 들지만 대두의 좋지 않은 냄새를 많이 제거할 수 있다.

산용액 추출법은 대두박을 pH 4.5로 하여 단백질을 침전시키고 물로 세척하여 비단백질 물질을 제거한 후 알칼리로 중화한 다음 건조, 분쇄한 것으로 수분흡습성 등 기능적인 특성을 가장 많이 함유하고 있으며 제조장치 또한 간단하나 수율이 앞의 두 방법에 비해 떨어진다.

### ⑶ 분리대두단백 (soy protein isolate)

pH 9의 수용액에서 탈지대두박의 단백질을 용출한 후 산을 가해 pH를 4.5로 하여 단백질을 응고시켜 protein curd를 만든 다음 수세, 중화, 건조하여 제조한다.

비단백질 성분과 trypsin inhibitor, hemagglutin 등 항영양학적 요소가 거의 제거된 단백질 함량 90~95%의 고단백 식품소재로서 여러 가지로 다양하게 이용될 수 있다.

### ⑷ 조직화 대두단백

조직화대두단백은 meatless meat, imitation meat 사용원료로서 식품에 조직감을 주며 탈지대두분과 농축대두단백을 원료로 사용하는 익스트루전(extrusion)법과 분리대두단백을 사용하는 스피닝(spinning)법이 있다.

Spinning법은 단백질이 linear macromolecules로 되어 있어 섬유구조로 될 수 있는 성질을 이용한 것으로 분리대두단백을 물에 분산시켜 고형분 함량이 20%가 되게 한 다음 pH를 8로 하여 여과하고 spinnerate를 통해 사출되어 인산 및 염화나트륨 8% 용액 (pH 2.5)을 통과시켜 섬유상으로 만든다. 또 binderbath( 알부민, gum, 기타 탄수화물 등)를 통과시키고 열처리로 gel화한 후 향미료와 색소 등을 첨가하여 조직화 단백을 만든다. 육조직과 유사하지만 spinning공정이 있어 비용이 비싸게 든다.

Extrusion법은 전분 또는 단백질의 팽창특성을 이용하는 것으로 extruder에 대두단백과 기타 원료를 넣고 물을 넣어 반죽을 만든 후 나선형 스크루에 의해 metering zone으로 옮겨지면서 10~20초 사이에 300~500 psig로 압축, 300~350°F의 열 및 기계적 전단력을 받는다. 이 사이에 전분은 호화되고 단백질은 변성되며 대부분의 미생물이 사멸된다.

Metering zone을 통과한 원료는 마지막으로 die를 통해 밖으로 사출되며 이때 압력강하로 팽창이 일어나 섬유상 구조가 된다. Spinning법에 비해 생산비용이 싸나 육조직 맛을 내기 어려워 최근에는 double extruder에 의한 생산을 하고 있다.

Chapter 8

# 양 조 (釀造)

## 1. 주류 (酒類)

알코올음료의 원료로는 쌀 · 보리 · 라이맥 · 옥수수 · 감자류 등의 전분질원료와 포도당 등의 당류, 포도 · 사과 등의 당질원료가 있다.

세계적으로 유명한 대표적인 술로는 독일의 맥주, 프랑스의 포도주, 영국의 위스키, 미국의 브랜디, 소련의 보드카, 포르투칼의 포오트와인, 일본의 정종, 중국의 고량주, 그리고 한국의 약주, 탁주(막걸리), 소주, 법주 등이 있다.

주류는 효모의 알코올발효를 이용한 알코올함량 1% 이상의 음료인 것을 총칭하는데, 그 제조법에 의해 분류하면 다음과 같다(그림 8−1참조) .

발효주는 발효액을 여과했을 뿐이며, 알콜농도는 그만큼 높아지지만 진액분이 풍부하다.

$C_6H_{12}O_6 \rightarrow 2C_2H_5OH+2CO_2$   $[C_6H_{12}O_6]_n$(전분) + $_nH_2O \rightarrow 2_n C_5H_5OH + 2_nCO_2$

당(醣)　　에틸알코올　　맥아당발효

원료 중에 발효법이 직접 이용될 수 있는 발효성 당이 포함되는 경우에는 단발효법에 의한다. 그러나 원료가 전분질인 경우에는 일단 당화하고 나서 발효시키는 복발효법이 취해진다.

- 알코올 음료
  - 발효주 (femented)
    - 단발효주(포도주, 사과주, 기타 과실주 및 마유주)
    - 복발효주
      - 단행복발효식(맥주)
      - 병행복발효식(청주, 탁주, 소홍주)
  - 증류주(distilled)
  - 혼성주 (compounded)
    - 재제주(백주, 홍주)
    - 합성주(합성청주, 감미 포도주 등)
    - 약주(매실주, 인삼주, 각종 약용주)
    - liqueur(curacao, absinthe, pepperminte 등)

그림 8-1 제조법에 의한 주류의 분류

이 경우 당화와 발효를 단계적으로 행하는 것을 단행복발효법이라 하고, 위의 두 과정을 같은 계내에서 동시에 진행시키는 것을 병행복발효법이라고 한다.

증류주는 발효액을 증류했으므로 진액분은 적지만 알코올 농도는 높다.

혼성주는 발효주, 증류주 또는 알코올액 등에 유기산, 향료, 색소, 감미료 등을 혼합 조제한 것이다.

## 1. 탁 · 약주

우리나라 술 중 역사가 가장 오래된 것은 탁주(濁酒)이고 그 다음이 탁주에 용수를 넣어서 거르는 약주(藥酒)이다. 탁주가 약주로 변한 것은 16세기 말부터이다. 약주는 일제 이전에는 주로 상류계급에서만 비방으로 양조하였으나 일제시대 이후 주류양조의 통제와 주세 징수에 주안점을 두게 되어 과학적으로 개량됨이 없이 오늘에 이르고 있다.

### ⑴ 원료

#### ① 양조용수

물은 원료 중에서 가장 큰 비중을 차지하고 있으며 미생물의 영양, 완충작용, 맛 등 주질에 밀접한 관계가 있다. 물은 수온이 일정(15℃) 하고 오염되지 않은 양질의 물이 좋다.

② 쌀

각 양조장에서 이용되는 쌀은 통일쌀을 비롯하여 여러 가지 종류가 있으며 그 질은 일정하지 않다. 밀가루를 이용하는 경우에는 박력밀가루가 가장 적합하다.

### (2) 발효제

발효제에는 우리나라 고유의 곡자(누룩)와 종국으로 만들어지는 입국 및 밀기울 모양의 분국, 정제효소 등이 있다.

① 곡 자

곡자는 밀을 분쇄하여 적당량의 물을 살수한 다음 원판형으로 만들어 곡자실에서 보온, 약 10일간 배양하여 출국한 것으로 건조실에서 건조한 후 1~2개월 저장하였다가 출하한다. 밀의 분쇄도에 따라 분국과 조국으로 나누어진다.

이렇게 만들어진 곡자는 *Aspergillus, Rhizopus, Absidia, Mucor* 속의 곰팡이가 번식하여 생성한 각종 효소와 밀 자체가 함유하고 있는 효소를 가지고 있으며 상당수의 효모도 존재하여 술밑의 종효모 역할도 하게 된다.

② 입 국

입국이란 찐쌀 및 밀가루 등에 종국을 넣어 제국하여 만든 코지를 말한다. 약주와 탁주의 입국제조에 백국균(*Asp. kawachi*)을 사용하고 있으며 유기산 생성력이 강하므로 술덧의 pH를 낮추어 잡균의 오염을 방지한다.

③ 분 국

분국은 입국에 해당하는 한 종류로서 밀기울에 약간의 밀가루와 수분을 조절하여 가열살균하거나 생것으로 pH를 조절하여 *Asp.shirousami*를 접종 배양하여 건조한 피국을 말한다.

### (3) 술 밑

탁주와 약주의 일반적인 술밑에는 물과 입국만을 혼합하여 효모(*Sacch. coreanus*)를 배양한 수국술밑과 곡자, 덧밥 및 젓산을 사용하여 제조한 곡자술밑이 있는데 수국술밑이 널리 이용되고 있다.

### ⑷ 술 덧

술덧은 술밑, 1단술덧, 2단술덧의 단계를 거쳐서 발효가 완성되며, 1단술덧은 술밑에 입국, 덧밥, 물을 혼합하여 1일 2~3회 교반하면서 23~30℃에서 24~48시간 배양하여 만든다. 이 1단술덧에 입국, 덧밥 및 물을 혼합하여 담금량을 크게 늘려 2단술덧이 된다. 2단담금 후 약 3일이 경과하면 알코올 농도는 10~20%가 되며(탁주용), 약 5일이 경과하면 15~17%로 된다(약주용).

### ⑸ 제 성

탁주는 숙성이 되기 전에 주박을 분리 여과하여 제성한다. 약주는 숙성술덧의 알코올 농도를 측정하여 물을 더 가하고 압착 여과한다. 탁주나 약주는 모두 살균을 하지 않아 쉽게 변질되므로 제성 후 빠른 시일 내에 소비하도록 한다.

## 2. 포도주(Wine)

원료의 포도과즙에 발효성 당이 포함되기 때문에 다른 과실주처럼 간단한 발효법으로 만들 수 있다. 포도주의 종류는 다양하여 다음과 같이 분류된다.

① 색 조 : 백포도주, 적포도주
② 당의 유무 : 생포도주, 감미포도주
③ 발효성의 유무 : 발포주, 비 발포주
④ 용도별 : 테이블와인, 식전주(食前酒)
⑤ 산지별 : 부르고뉴(Bourgogne), 퀸시(Quincy)

### ⑴ 포도주의 제조법

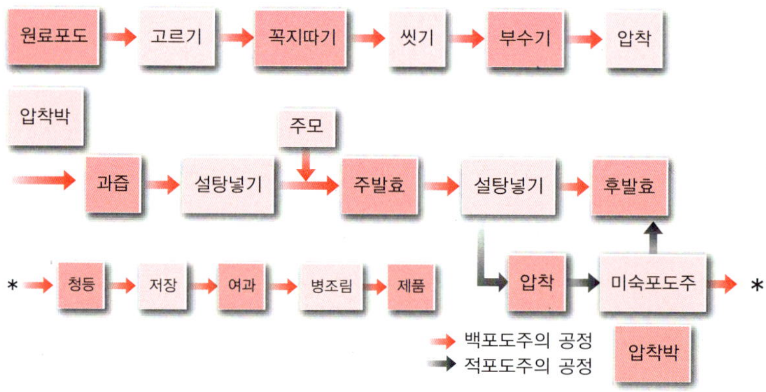

원료인 포도는 적색 또는 흑색의 것을 사용하고 주액 중에 색소나 탄닌을 용출시키기 위해서 충분히 착색하여 완숙한 것이 좋다. 과경(Peduncle)은 향미를 나쁘게 하므로 제거한 다음 얻어진 과즙에 당분이 적으면 24~26%까지는 당을 보충할 수 있다. 동시에 야생효모나 초산균 등의 유해균의 증식을 억제하기 위해서 메타중아황산칼륨(메타칼리 $K_2S_2O_5$)을 가하는데 메타칼리는 색소의 안정화나 향미의 개량에도 관계된다.

다음에 *Saccharomyces cerevisiae* var. *ellipsoideus*의 순수배양액을 1~3% 접종하면 24~48시간에서 $CO_2$에 의한 분출이 생기고 25℃, 10~14일 정도로 주발효를 마치게 된다.

이 과정에서 색소나 탄닌이 용출해서 포도주 특유의 색택과 떫은 맛이 생긴다. 압착하여 박(拍)을 제거한 다음 주액은 호기성 유해균에 오염되지 않도록 밀폐탱크에 넣고 13~15℃ 에서 약 1개월 이상 발효를 행하게 하고 남아 있는 1~2%의 당분을 0.2% 이하까지 발효시킨다.

때때로 재인(滓引)하면서 통속에서 2~3년(13~15℃) 숙성시키면 서서히 산화되어 여러 가지 에스테르류의 형성이나 유산균(*Leuconostoc* 속)이 사과산을 발효로 바꾸는 젖산발효(Malolactic fermentation) 등이 일어나고 향미가 개선된다.

### ⑵ 그 밖의 포도주

① **백포도주** : 제법은 포도주와 같지만 녹색포도당을 이용하며 과즙만을 발효시킨 것으로 발효농도나 숙성온도가 낮은 것이 다르고 떫은 맛이 적은 담백한 맛이다.

② **포오트와인** : 잔당(殘糖)이 약 10%가 될 때 발효를 멈추고 브랜디를 가미해서 알코올농도를 16~18%로 만든 감미(甘味)포도주이다. 북포르투갈에서 만들어지며, 포오트항에서 수출되므로 붙여진 명칭이다.

③ **셰리주** : 셰리효모(*Saccmromyces oviformis* 등)를 이용하여 셰리향이라는 독특한 방향을 갖는 스페인의 헤리스지방의 포도주로 알코올농도는 19~20%이다.

④ **샴페인주**(champagne) : 프랑스의 샹파뉴 지방에서 생산되는 발포성 포도주(發泡酒)이다. 생포도주에 설탕(2~2.5%), 효모를 가하고 병에 넣은 다음 뚜껑을 막고 약 100℃에서 발효시킨 후 효모를 구멍 있는 곳으로 모아서 동결, 제거하고 부족분을 브랜디 등으로 보충해서 다시 뚜껑을 막은 후 숙성시킨다.

⑤ **귀부주** : 노블와인이라고도 하며 *Botrytis Cinerea*가 번식한 포도를 이용해서 만든 포도주로서 산미(신맛)가 적고 감미(단맛)와 독특한 향미가 있다.

## 3. 맥 주 (beer)

맥주는 대맥(보리)을 주원료로 해서 그 발아 시의 강력한 아밀라아제의 힘으로 전분을 당화하고 여기에 홉(hop)의 침출액과 효모를 가미해서 알코올 발효시킨다. 이때 생성하는 이산화탄소를 용해시킨 술로서 알코올 성분이 2~5%로 비교적 약하며 소비량이 가장 많다.

맥주는 그림 8-2에서와 같이 발효방식에 의해 상면발효맥주와 하면발효맥주로, 그리고 색조에 따라 분류된다. 우리나라의 맥주는 대체로 하면발효의 담색(淡色) 맥주이다.

- 맥주
  - 하면(下面)발효맥주
    - 짙은색 맥주(흑맥주) ········· 뮌헨 Beer
    - 옅은색 맥주 ········· 비르젠 Beer, 도르트문트 Beer
    - 중간색 맥주 ········· 윙 Beer
  - 상면(上面)발효맥주
    - 짙은색(암색)맥주 ········· 포오타 스타우트
    - 옅은색맥주 ········· 에르

그림 8-2 맥주의 분류

### (1) 원료

① **대맥(보리)** : 엿기름으로 만들어 이용하기 위해 발아력이 강하고, 전분함량이 많으며 알이 크고 균일한 것을 이용한다. 우리나라에서 재배되고 있는 맥주용의 대맥은 가을 파종의 골덴메론종이다.

② **홉(hop)** : 성숙한 미수정의 암꽃을 45℃ 이하로 건조해서 이용한다. Humulon과 Lupulon을 비롯해서 hop수지는 맥주의 향기와 상쾌한 쓴 맛을 내고 거품을 만드는 작용을 하고 있다.

③ **효모(酵母)** : 상면발효맥주에는 *Saccmromyces cesevisiae*가 이용되고 하면발효맥주에는 *Saccharomyces carlsbergrnsis* 가 이용된다.

④ **물(水)** : 엷은색(淡色) 맥주에는 경도가 낮은 물이 적당하고, 짙은색 맥주에는 경도가 높고 산도가 낮은 물이 적당하다.

### (2) 제조법

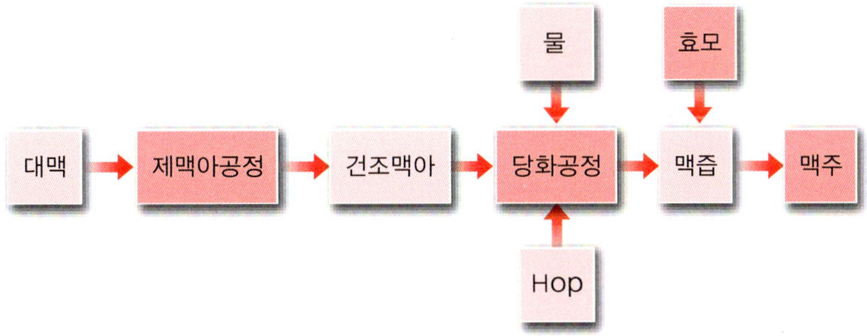


#### ① 제맥아공정

수확 후 6~8주일인 것을 물에 침적해서 발아시킨다. 이때 유아(幼芽)의 길이가 입장(拉長)의 1/2~3/4이 된 때(短麥芽)에서 발아를 멈추고 배건(焙乾)해서 건조맥아로 한다. 이때 배유 속에 잔존하는 전분과 효소류의 침출의 양부가 제품의 품질을 좌우한다.

#### ② 당화공정

맥아(麥芽) 중의 전분을 맥아 amylase로 당화해서 발효성 당으로 하는 것이 주목적인 공정이다. 한국과 일본에서는 당화시에 쌀이나 옥수수로 전분을 가미한다. 당화에는 당화액의 일부를 끓여서 원래로 되돌리는 것을 반복하면서 단계적으로 온도를 높이는 자비법(煮沸法)이 취해진다.

이 과정에서 프로테아제가 작용하고 단백질은 저분자화 되며, 효모의 질소원이 되기도 하여 맥주의 맛에 영향을 준다. 당화 종료 후 대맥에 1~2%의 hop을 가미하고 1~2시간 끓이면 호프의 수용성 성분인 호프수지, 호프유, 탄닌, 아미노산 및 단당류 등이 용출되어 나온다.

### (3) 발효공정

맥즙에 효모를 가하고(5L / kL), 6~8℃에서 10~12일간 주발효를 하게 하여 생맥주로 만든다. 이 과정에서 에탄올, 고급알코올, 유기산, 에스테르 등이 생성된다. 주발효 종료 후 응집해서 액면에 뜨는 것이 상면효모이고 밑에 가라앉는 것이 하면효모인데 세계적으로 주류는 하면효모를 사용한다.

생맥주는 효모를 제거하고 0~1℃에서 1~3개월간 밀폐조에서 후발효시키면, 잔존 엑기스분이 완전히 발효해서 향미가 원숙되며, 적당량의 이산화탄소가 용해한다(0.4~0.5 %).

### (4) 제품공정

완성된 맥주는 여과되어 생맥주가 된다. 이것은 변질되기 쉬우므로 장기간 보존이 가능하도록 가열살균하거나(열교환기 70℃에서 20초 또는 병에 넣은 후 60℃에서 20분) 또는 microfilter를 가열해서 여과하게 됨에 따라 약 반년간 품질저하가 일어나지 않는 생맥주가 된다.

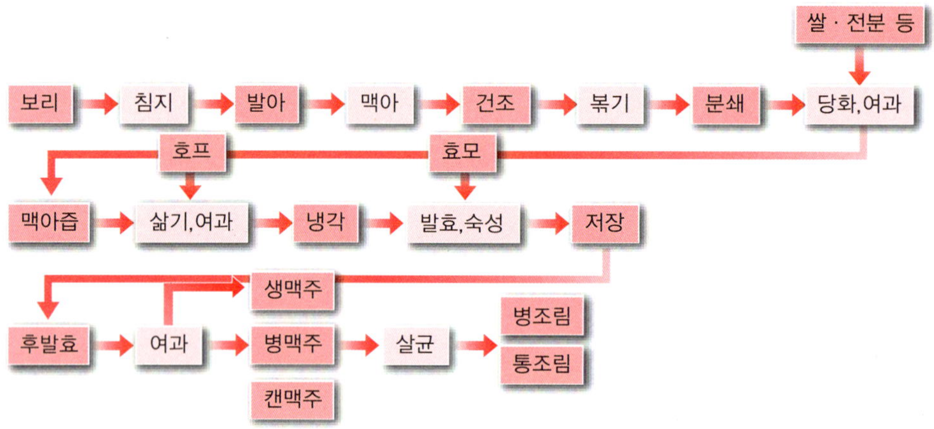


## 4. 청주 (淸酒)

청주는 일본이 원산지인 술로서 병행복발효법으로 제조되는데 발효만으로 약 20%의 알코올농도를 얻을 수 있는 독특한 술이다.

### (1) 원료

① 쌀 : 일본에서는 주조용[13] 으로 특별하게 재배되는 알이 큰, 연질의 멥쌀을 이용한다. 단백질, 지방은 청주의 풍미를 저해하므로 정백률 70~75%의 것이 이용된다.

② 물 : 술의 착색에 관계하는 철(Fe), 망간(Mn)이 각각 0.02ppm, 0.01ppm 이하의 물이 이용된다. 또한 발효에 유효한 인(P), 칼륨(K) 등을 발효조정제로서 가미하는 방법도 행해진다.

---

13) 주조미가 아니라도 우리나라의 쌀은 대체로 큰 차이가 없는 청주를 만들 수 있다.

③ 종국(種麴) : 현미에 가까운 조백미를 증자(蒸煮)해서 여기에 목회(木灰)를 섞고 성질이 다른 2~3종의 누룩균(*Aspergillus oryzae*)을 번식시켜서 충분히 포자를 착생시킨 후 건조한 것으로 증미(蒸米)에서 누룩을 만든다.

④ 효모 : *Saccharomyces cerevisiae*가 이용되는데, 최근에는 이들로부터 형성되지 않는 거품없는 효모가 분리되어 실용화되고 있다.

### (2) 제조법

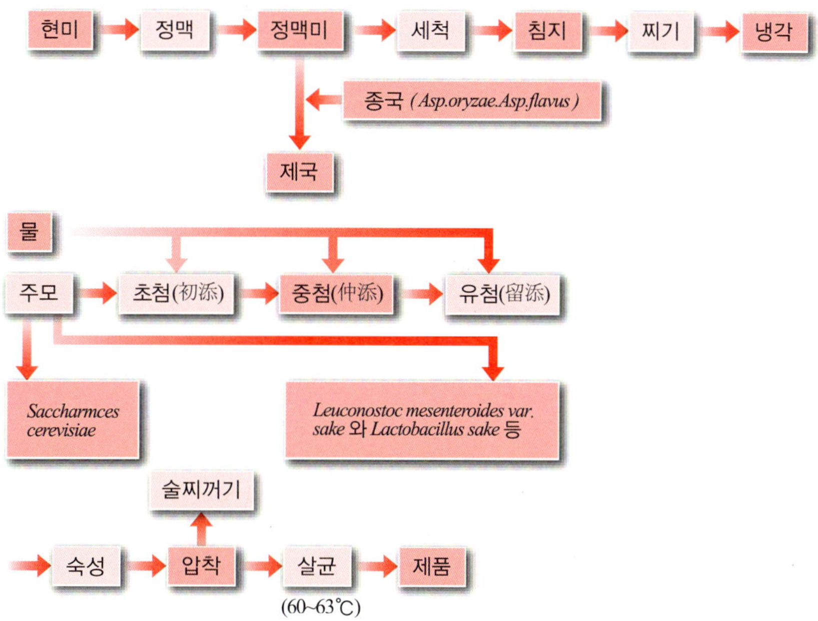


① 제국(製麴)

찐쌀 위에 종국을 뿌리고 48시간 정도 누룩균을 번식시키는 것을 말하는데, 누룩균에 여러 균체의 효소, 특히 쌀 전분의 당화에 필요한 아밀라아제의 생성에 목적이 있다. 이때 만들어진 누룩은 맥주에 있어서의 맥아에 상당하는 효소제로서의 역할을 갖는다. 누룩을 만드는 방법에는 많은 노력을 요하는 재래법(코지)과 이것을 개량한 상국법(箱麴法) 및 자동누룩을 만드는 기계제국법이 있다.

어느 것이나 온도, 습도를 누룩균에 적당한 조건하에서 산소의 공급과 이산화탄소의 배제를 행하면 누룩균을 충분하게 생육시킬 수 있다.

② 주 모(누룩)

거르지 않는 술을 발효시키려면 대량의 효모가 필요하다. 효모를 대량으로 또 순수하게 배양한 것을 주모(酒母)라고 하는데 주모는 개방계로 만들어지기 때문에 유산의 잡균방지를 위해서 필요하다. 그것은 효모가 유해균에 비해서 비교적 산에 강한 성질을 이용한 것이다. 주모에는 유산을 유산균으로 얻는 생완계와 시판되는 유산을 첨가한 속양계가 있다.

• 생완계 : 생완계에는 생완과 이것을 개량한 산폐완이 있지만 오늘날에는 산폐완만이 만들어진다. 누룩에 물과 찐쌀을 혼합하면 전분이 당화되고 처음에 질산환원균 세력이 강하여 아질산을 최고 10ppm 정도 생성하고 잡균이나 효모의 빠른 발효를 저지한다. 그러나 차츰 유산균이 우세해지고 주모의 pH를 내리면 질산환원균과 잡균의 생육을 저지할 수 있게 된다. 그 후 산에는 비교적 강한 효모가 증식하며 알코올발효를 시작하면 유산균은 산과 알코올에 의해서 사멸한다.

이때 효모의 첨가도 행해지므로 최종적으로 효모가 순수배양되는 듯한 상태가 된다. 이러한 단계를 거치면서 미생물의 감소시기를 22~27일 요하던 것이 오늘날에는 단축되었다.

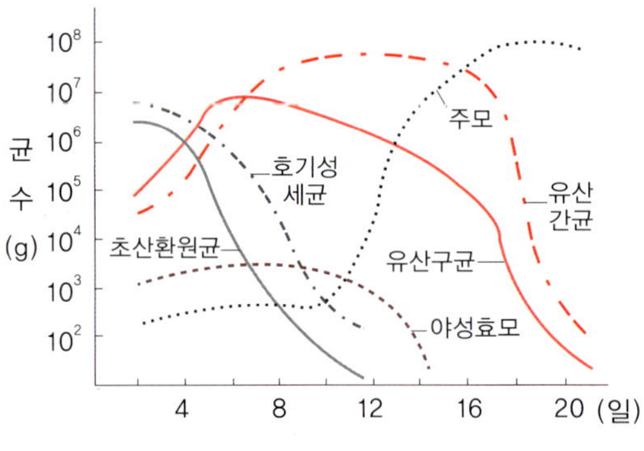


그림 8-3 산폐완(山廢亂)에 있어서 미생물균의 감소

• 속양계 : 약 0.5%의 유산을 포함한 물에 찐쌀과 누룩을 넣고 처음부터 고온으로 당화하여 배양효모를 가해 증식시켜서 주모로 만든다. 소요하는 일수가 생완계와 비교해서 약 반으로 끝나고 나면 속양완이 90%를 차지한다. 그리고 이때 완을 만들지 않고 아직 거르지 않는 술을 직접 유산과 대량의 효모를 첨가해서 담근다.

• 술덧 : 주모에 흰 쌀과 물로 담근 것을 '모로미' 라고 하는데(주모의 약 15배량의 담금량) 이 중에 당화와 알코올발효를 병행해서 행하게 한다. 누룩, 찐쌀, 부은 물은 주모 속의 효모균수 · 유산량 및 알코올량을 급격하게 내리지 않도록 보통 4일간에 3단계로 나눠서 점차 증식시키면서 만들어 나간다.

즉 1일째 첨가하는 것을 초첨이라 하고 2일째는 춤(오도리)이라고 하는데 효모의 증식을 보아가며 넣는다. 3일째 첨가를 중첨, 4일째 첨가를 유첨이라 하며, 구성이 완성된다. 이들의 구성 총미량은 중량비로 약 1:2:2.5~3이다. 거르지 않는 술 중의 효모밀도는 약 $2 \times 10^8$ cells/g 이다. 그 후 당화와 발효속도의 균형을 유지하면서 10~15℃에서 20~22일간의 발효를 완료하면 알코올 농도는 1일 1%의 비율로 증가해가고 최종적으로 약 20%가 된다.

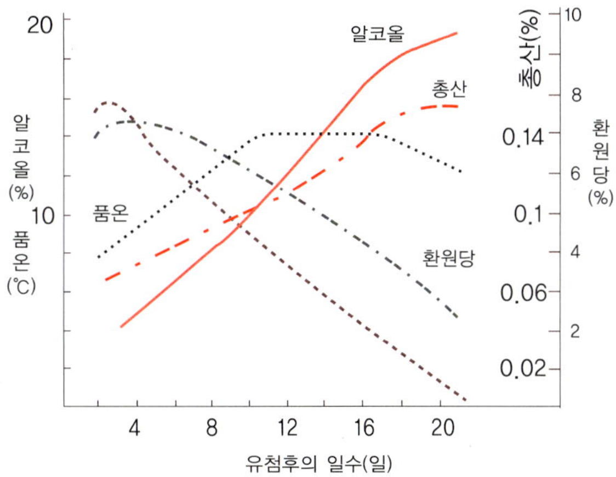


그림 8-4 거르지 않는 술의 성분변화(총산은 호박산으로 나타난다)

• 삼배증양(三倍增釀) : 발효 끝무렵에 포도당, 물엿, 글루타민산 나트륨, 유산, 호박산 등의 조미액을 포함한 30% 알코올을 첨가하는, 결과적으로 원료로부터 만들 수 있는 3배량의 청주를 만드는 것을 말한다. 원래 쌀을 절약하기 위하여 시도된 것이지만 식량사정이 전환된 현재에도 행해지고 있다.

• 상조(上槽) : 발효가 끝나고 거르지 않는 술은 술주머니(화학섬유제)에 넣어서 압착하고 주박과 청주로 분리하는데 오늘날에는 주머니를 사용하지 않고 압착기를 사용하고 있다. 이때 주박은 20~25 % 정도 취하는데 이보다 적으면 술의 질이 떨어진다.

압착이 끝난 직후의 청주는 쌀알맹이의 파편이나 효모 등으로 유백색으로 흐려 있으므로 정치(靜置)해서 찌꺼기를 침전시킨 후 재인(滓引)해서 청징하게 한다. 재인에서 가열까지의 기간을 생주기간(약 40일)이라고 하는데 이때 효소에 의한 숙성이 행해진다.

- **가열** : 생주(生酒)를 50~60℃에서 가열살균하는 것을 화입(火入)이라 하는데 이와 동시에 잔존효소가 파괴되고 향미가 조숙된다.

## 5. 증류주 (蒸溜酒)

### ⑴ 위스키 (Whisky)

맥아(엿기름)를 당화하거나 또는 옥수수 · 라이맥(호밀) · 대맥 등의 알을 맥아로 당화한 후 효모에 의한 알코올발효를 해서 증류, 숙성시킨 알코올농도 40~50%의 술이다. 맥아만을 이용한 것을 malt whisky, 곡류를 이용한 것을 grain whisky 라고 한다.

몰트위스키의 발효단계까지의 제조는 건조맥아를 만들 때에 니탄을 때서 생기는 특유의 연기향을 내는 것을 제외하면 맥주와 매우 유사하다. 효모는 상면발효효모를 이용한다. 발효종료 후(알코올농도 5~8%) 증류가 끝날 때마다 아직 거르지 않은 술의 교체를 행하는 단식 증류기(pot still)로 증류하고 증류구분을 각각 나누어 취한다.

Grain whisky는 알곡을 분쇄하여 끓여서 곡류의 10~20%의 분쇄맥아로 당화하여 발효시킨다.

이때 증류에는 연속식 증류기(patent still)를 이용하는데 증류를 끝낸 직후의 위스키는 일반적으로 거칠고 불쾌한 향미가 나지만 이것을 술통에 4~6년 저장하면 숙성되어 위스키 본래의 향미가 생기게 된다. Grain whisky는 malt whisky보다 숙성이 빨라서 2년 정도면 숙성된다.

숙성기간 중 산, 알코올, 에스테르, 탄닌산 등의 증가나 술통에서 용출되는 페놀물질의 산화분해물과 원주(原酒) 중 성분과의 화학변화, 그리고 물분자와 알코올의 회합에 의한 알코올의 자극성 감소 등이 일어난다.

저장한 위스키는 원료, 숙성기간, 제조장소 등이 다른 것을 조합(blending)함에 따라 각각의 위스키의 결점이 보완되어 품질이 향상된다.

### ⑵ 브랜디 (Brandy)

과일로부터 발효주를 증류한 알코올농도 40~50%인 술의 총칭이다. 원료의 과실명을 윗부분에 붙여서 구별하는데 단순히 브랜디라고 하면 포도브랜디를 가리킨다.

포트스틸(potstill)로 증류한 술을 술통에 넣어서 숙성시킨다. 숙성기간은 위스키와 같이 5년 정도면 일단 제품이 되지만 양질인 것은 수십년의 숙성이 필요하다. 프랑스의 꼬냑(Konjak)지방의 브랜디는 특별히 꼬냑이라고 하는데 품질이 좋은 브랜디의 대표적인 예이다.

### ⑶ 보드카 (Vodka)

증류 직후의 맛이 거친 그레인위스키를 원료로 하고 백화탄층을 천천히 통과시킴에 따라 보드카 특유의 향미가 있는 술이 된다. 특색이 강하지 않은 술과의 칵테일원료로도 이용된다. 알코올농도는 40~60%이며, 러시아지방 술로 유명하다.

### ⑷ 진 (Gin)

원료는 보드카처럼 막 증류한 그레인 위스키이다. 여기에 노간주(杜松)의 열매 (juniper berry) 등의 향기성분을 가미해서 증류한 알코올농도 40~50%의 술이다. 알코올로부터 추출된 정유성분은 산화되기 쉬우므로 보통 술통저장은 하지 않는다.

### ⑸ 소주 (燒酒)

원료에는 전분질 또는 당질을 이용한다. 알코올발효액을 증류한 알코올농도 25~30%의 한국과 일본의 독특한 술로서 신식소주와 구식소주로 크게 나눈다.

신식소주는 거의 순수한 에탄올을 물로 희석해서 25~30%로 한 것으로 화이트리카 등이 여기에 속한다.

구식소주에는 주박을 증류한 박취소주와 곡류, 감자류 등을 알코올 발효시킨 아직 거르지 않은 술을 증류하는 료취소주가 있다. 후자의 대부분은 역사적으로 따뜻한 지역에서 제조되고 있는데 구연산 생성능력이 높은 곰팡이(*Aspergillus awamori, Aspergillus usami* 등 흑국균)를 이용해서 누룩을 만들고 아직 거르지 않은 술의 pH를 내리고 잡균의 오염을 막아 양조한다. 증류는 단식증류기를 이용하는 것은 위스키나 브랜디와 같지만 재류(再留)는 하지 않고 조류액이 그대로 제품이 된다.

### 6. 혼성주(混成酒)

#### (1) 리큐르류(liqueur)

감로주(cordial)라고도 하는데 발효주, 증류주 및 그 밖의 알코올음료에 감귤류, 향쑥, 박하, 향료식물의 향미를 가미한 알코올농도 엑기스분이 높은 술로서 대표적인 것으로는 큐라소오, 아브산, 베르모트, 페퍼민트 등이 있다.

#### (2) 기타 혼성주

① 미림(味淋) : 소주에 쌀누룩과 끓인 찹쌀을 혼합해서 1~2개월 숙성시켜서 만든다. 알코올농도 13~22%, 당분 25~38%인 술로서 주로 조미료로 이용된다.

② 백주(白酒) : 1개월 정도 숙성시킨 미림, 아직 거르지 않은 술을 갈아 으깨어서 제품으로 한다. 알코올농도 7~8%, 당분 32~35%인 술로서 일본 등지에서 봄축제에 많이 이용된다.

## 2. 식초

식초는 오래전부터 이용해온 조미료로 당류나 전분을 함유한 원료를 사용하여 알코올 발효한 다음 초산발효를 하여 제조한다. 발효법에 의한 식초를 양조초라 하며, 빙초산을 물로 희석하고 감미료, 화학조미료, 유기산, 소금 등을 넣어 조미한 것을 합성초라 한다. 양조초는 합성초에 비해서 특유의 향미가 있고 감칠맛을 가지고 있다. 양조초에는 쌀초, 술찌끼초, 술초, 맥아초, 사과초, 포도초 등이 있다.

유럽에서는 초를 증류하여 초산 농도를 높인 증류초도 만들어지고 있고, 아메라카에서는 알코올초에 활성탄 등을 가하여 탈색 정제한 것이 있으며, 또 양조초를 합성초로 증량한 제품도 있다.

초산 발효를 하는 방법에는 정치법, 속양법, 통기교반 배양법 등이 있다. 정치법은 액 표면에 초산균(*Acetobactor aceti , A cetobacter schutzenbachi* 등)을 증식하여 피막을 만들어서 초산 발효시키는 방법으로 발효에 장시간을 요한다.

속양법은 발효시간을 단축하는 방법으로 대표적인 것으로는 Frings의 발효법이 있다. 통기교반 배양법은 가장 새로운 방법으로 탱크 내에 무균공기를 공급하고 교반하여 배양하는데 잡균의 오염도 없고 발효도 빨리 진행된다.

연속식도 이용되고 있는데 식초의 초산은 3~5%이고, 발효초의 주정농도는 5% 이하로 하는 것이 좋다.

$$\overbrace{C_6H_{12}O_6 \xrightarrow{\text{효모}} 2C_2H_5OH}^{\text{1차 발효}} \overbrace{\xrightarrow{O_2} CH_3COOH + H_2O}^{\text{2차 발효}}$$

표 8-1 식초의 분류표

| 종　류 | | 원　료 | 종　류 | | 원　료 |
|---|---|---|---|---|---|
| 동양초 | 술　초 | 술, 신 술 | 서양초 | wine vinegar | 포 도 주 |
| | 술찌끼초 | 술 찌 꺼 기 | | cider vinegar | 사 과 주 |
| | 쌀　초 | 쌀, 싸래기 | | malt vinegar | 맥　아 |
| | 초 산 초 | 식 초 산 | | spirit vinegar | 알 코 올 |

## 1. 증류초

### (1) 알코올초

원료 알코올에 물을 넣어 4~5%로 희석하고 초산균의 영양물을 적당히 가하여 가열 · 살균한 후 초산 발효시킨다.

### (2) 쌀 초

쌀코지를 만들어서 찐쌀에 대해 3% 정도를 가한 후 전량의 2~3배의 물을 넣어 40℃ 에서 당화한다. 여기에 주모를 가하여 30℃로 알코올 발효시키고 발효가 끝날 때쯤에 종초(種酢)를 넣어 초산 발효시킨다. 정치법으로 1~3개월 발효시키고 저장숙성하여 여과한다.

### (3) 술초

막걸리나 청주 또는 이들의 신술을 이용하고 종초를 가하여 발효시킨 것이다. 쌀초와 다른 점은 주정발효와 초산발효의 과정이 확실히 구별된다는 것이다.

### (4) 술찌끼초

술찌꺼기에 물을 섞어 주정발효를 시키고 압착하여 그 착즙액에 대략 같은 양의 종초를 가하여 30℃에서 초산발효를 시킨다. 1개월 정도 발효시킨 후 밀폐 저장하였다가 여과한다.

### (5) 포도주초

유럽에서 만들어지는 엑기스분이 적고 방향이 있는 초이다. 통의 1/3까지 40~50℃의 종초를 넣고 매주 여기에 소량의 포도주를 첨가하여 발효시킨다.

### (6) 사과초

완숙한 사과를 씻고 마쇄하여 착즙하고, 여기에 주모를 넣어 알코올 발효시킨 후에 초산발효시켜 만든다. 방향이 있는 초이다.

### (7) 맥아초

맥아즙에 효모를 가하여 주정 발효를 시킨 후에 종초를 가하여 초산발효시킨다.

### (8) 합성초

초산초라고도 부른다. 빙초산에 물을 넣어 4~5%로 희석한 다음 이것에 설탕, 포도당, 물엿 등의 감미료, 글루타민산소다, 아미노산, 소금 등의 조미물질을 넣고 카라멜로 착색한다. 호박산, 젖산, 주석산, 구연산 등의 유기산을 배합하여 신맛을 좋게 한다.

## 2. 초산균과 종초(種酢)

좋은 초산균은 생산량이 많고 내알코올 및 내산성이며, 방향물질을 생산하여 초산을 더욱 산화하지 않는 등의 성질이 바람직하다. 대표적인 것으로서 *Acetobacter aceti, Acetobacter acetosum, Acetobacter shuetzenbachii* 등의 세균이 이용되는데, 이것들은 미리 배양되어 종초로서 사용된다(酒母에 상당한다). 또한 양질인 누룩의 일부를 취해서 종초로 하는 방법도 행해진다.

식초의 주된 제조법에는 오래전부터 행해지고 있는 정치발효법과 산화효율을 좋게 한 심부발효법이 있다.

### ⑴ 정치발효법

초산발효는 산화작용하므로 빚어넣은 액의 액면이 넓어지도록 얇은 발효조를 이용한다. 알코올농도 4~6%의 원료는 70~80℃로 살균하고 산도 약 5%의 종초를 혼합한다. 산막 효모의 오염을 막기 위해서 산도는 2~2.5%로 조절해서 빚어넣고 3~4일이 지나면 액면에 얇은 균막이 퍼져 산화가 시작된다.

30℃에서 1~2개월간 발효시키고 알코올농도가 0.3~0.4%가 된 때에 종료한다. 그 후 하루에 1~2회 정도 교반하면서 2~3개월 숙성 · 저장 후 여과해서 제품으로 한다.

프랑스의 와인 식초도 같은 방법으로 제조되는데 오를레앙법(Orleans process)이라고도 한다. 이 정치발효법은 설비비가 적고 조작이 간단하며, 어떤 종류의 식초제조에나 이용되어 품질이 좋은 식초를 얻을 수 있지만 제조기간이 길어서 대량 생산에는 적합하지 않다.

### ⑵ 심부발효법(전면발효법)

Acetator 또는 Cavitator라고 하는 발효장치를 이용한다. 펌프로 빚어내는 액내에 공기를 보내고 강하게 섞어서 산화효율을 높인 다음 액내 전체로 초산발효를 행하는 방법으로 연속발효도 가능하다.

얻는 식초의 산도는 비연속법의 경우에는 약 12%, 연속법이라도 7~9% 정도이다.

Chapter 9

# 채소의 가공

채소는 곡류식품에 비교해 기호적인 성격이 강하고, 식생활을 풍요롭게 하는 일면이 있으며 건강면 · 영양적인 면에서 본다면 비타민류, 무기성분 및 식물섬유소가 풍부하여 영양상 필수불가결한 공급원이다. 그러나 수분함량이 높고 변질, 부패하기 쉬워 저장성이 결여된 식품이다.

또한 생산지가 제한되어 있고 계절적 한계가 있어 연중 안정적인 공급이 곤란하다는 단점을 가지고 있다. 따라서 이러한 야채류는 절임류, 통조림류, 건조채소류 등으로 가공하여 이용되고 있다.

## 1. 침채류

침채류(沈菜類)는 채소류를 소금, 장류, 조미료, 식초 중에서 한 가지 또는 여러가지를 섞어 담근 조리와 저장을 겸한 염장 발효식품으로 저장 중 미생물, 특히 유산균에 의해 독특한 풍미를 나타낸다. 침채류의 보존성은 소금의 높은 삼투압성에 의한 것으로 17%의 소금으로 부패균의 증식을 방지할 수 있다.

그러나 근래에는 식생활의 변화, 유통보관기술의 향상, 건강지향성 식생활 습관에 의해 저염식품의 기호가 늘어 전체적으로 소금농도가 낮아지는 반면 산의 증가, 감미의 증가, 아미노산맛의 증가 등으로 옮겨가고 있다. 침채류의 종류는 조미료에 따라 염침, 초침, 당침, 주정침, 된장침 등으로 나눌 수 있다.

## 1. 침채류의 숙성

침채류는 숙성 중 소금의 삼투작용, 조미료로 사용한 쌀겨, 주박 등이 함유된 전분, 단백질 분해효소에 의한 효소작용, 저장 중 번식하는 각종 미생물에 의한 발효작용을 받아 독특한 맛과 풍미를 갖는다.

표 9-1 10% 용액의 삼투압 (30℃)

| 용 질 | 분 자 량 | 삼투압(기압) |
|---|---|---|
| 소 금 | 58.5 | 70.6 |
| 설 탕 | 342 | 7.75 |
| 포 도 당 | 180 | 14.7 |
| 에틸알코올 | 46.1 | 59.9 |

## 2. 침채류의 제조법

### (1) 김치류

김치는 채소 발효식품으로 배추, 무, 파 등의 채소류를 소금에 절이고 젓갈류, 양념류, 각종 향신료 등이 가미된 복합 발효식품이다. 김치는 주재료와 부재료, 계절과 지역별로 종류가 다양한데, 크게 김치류, 깍두기류, 동치미류, 절임류, 장아찌류, 식해류 등으로 구분할 수 있다. 김치는 겨울에도 채소를 섭취할 수 있도록 채소에 저장성을 부여했으며, 김치의 원료로는 배추를 주재료로 하고, 부재료로는 무, 파, 마늘, 생강, 고추, 소금, 미나리, 갓 등이 쓰이고 있다. 일반적으로 북쪽에서는 염도가 낮은 김치를 남쪽에서는 염도가 높은 김치를 사용하며 젓갈의 종류와 양도 지역에 따라 다르다.

#### ① 김치의 발효과정

김치의 발효과정에서 생성되는 주요물질 중 유산균에 의한 유기산과 탄산가스가 김치의 맛을 나타내는 대표적인 성분이다. 김치의 발효과정에서 가장 중요한 것은 유산균과 효모이며, 대표적인 유산균으로는 젖산간균(*Lactobacillus plantarum, Lactobacillus brevis*), *Pediococcus serevisiae*, 연쇄상 구균(*Strptococcus faecalis*), *Leuconostoc mesenteroides* 등이 있다. 이러한 여러 가지 미생물들이 김치의 발효에 관여하여 김치 특유의 향과 맛을 부여한다.

김치 초기에 발효하는 *Leuconostoc* 균은 이상젖산발효균으로 초기에 번식하여 유산균과 $CO_2$ 를 생성하여 김치를 산성화하고 혐기 상태로 만들어 호기성 세균의 번식을 억제시켜 주는 중요한 역할을 한다. 연쇄상구균은 발효초기에 젖산간균은 발효중기에 젖산만을 대량생산하여 김치의 숙성 및 산패에도 관여한다. 김치발효에 관여하는 효모는 향미 생성에 도움을 주지만 *Pichia*, *Hansenula* 등은 김치표면에 증식하여 김치의 질을 저하시킨다.

김치는 소금의 농도, 숙성온도, 숙성시간에 따라 생성되는 유기산과 pH의 변화에 김치의 맛이 달라지며, 최종 소금농도 3%, 5~10℃에서 산도가 0.6~0.8%, pH 4.0 내외일 때 가장 맛이 좋게 느껴진다.

② 배추김치

대표적인 김치인 배추김치를 담글 때 배추는 속이 차고 길이보다 폭이 큰 것을 선택하고, 무는 중 정도 이상의 것을 고르며 조선무가 좋다.

우선 배추의 겉잎을 제거하고 길게 두 쪽으로 쪼개 흙, 모래 등의 협잡물을 물로 깨끗이 씻고 10%의 소금물에 담근다. 소금물에 담가 1일 정도 방치하여 완전히 절인다.

절인 배추는 물에 씻고 물을 뺀 후 배추잎을 벌려 김치속을 넣고 다시 바로 잡아 잎 한 가닥을 돌려 배추를 묶어 놓고, 3cm 정도 썬 무에 소금, 고춧가루 등 여러 가지 양념을 넣어서 버무려 둔다.

독에 배추와 무를 번갈아 넣고 맨 윗부분을 배추잎으로 덮은 다음 무거운 돌을 얹어 2~3일 경과 후 돌을 들어내고 묽은 소금물을 부은 뒤 봉하여 온도 변화가 적고 그늘진 곳에 저장한다.

### (2) 단무지

단무지용 무는 길고 양끝이 가는 것이 담기가 좋으며 빛깔이 희고 건조하기 쉬운 것이 좋다. 단무지는 단무지와 신단무지로 나눌 수 있으며 제조방법에 따라 건조시켜 담그는 법과 무에 소금을 넣고 눌러 절여 담는 방법이 있다. 색소로는 식용색소 황색 4호만이 허가되고 있으며 감미료로는 설탕 · 감초 · 사카린 등을 사용한다.

① 건조시켜 담그는 법

무의 건조는 식용시기에 따라 달라지는데 표 9-2 와 같다.

표 9-2 단무지의 건조일수와 조미료 배합 예 (무 55kg 기준)

| 종 류 | 식용시기 | 건조일수 | 조미료 배합량 | | | |
|---|---|---|---|---|---|---|
| | | | 소 금 | 쌀 겨 | 설 탕 | 울금가루 |
| 단 무 지 | 1~2월 | 5일 | 3.0kg | 3.6kg | 3kg | 40g |
| | 3~4월 | 6일 | 4.7kg | 3.2kg | – | 40g |
| 신 단 무 지 | 5~6월 | 6~7일 | 6.3kg | 2.7kg | – | 40g |
| | 7~8월 | 9일 | 8.0kg | 2.3kg | – | 40g |
| | 8~9월 | 10~12일 | 9.5kg | 1.8kg | – | |
| | 10~11월 | 13~15일 | 11.0kg | 1.4kg | | |

원료를 배합한 후 담는 통을 물로 씻어 햇볕에 말리고 밑바닥에 소금을 뿌리고 쌀겨 등의 혼합물을 뿌린 다음 무를 사이가 뜨지 않게 차곡차곡 쌓는다. 한층을 쌓고 조미료를 뿌린 후 또 한층을 쌓고 해서 통의 높이보다 9~12cm 올라왔을 때 조미료를 뿌리고 뚜껑을 덮은 다음 75kg 정도의 돌을 얹어 둔다.

2~3일 후 무가 가라앉고 즙액이 배어나오면 윗부분의 무를 다시 정리하고 그 위에 마른 무청을 얹은 후 뚜껑을 덮고 무거운 돌을 얹어 온도변화가 적고 서늘한 곳에 저장한다.

### ② 소금에 절여 담그는 법

9~11월 사이에 담그며 소금의 사용을 적게 하고 사카린으로 단맛을 부여 한다. 72L들이 나무통 두 개에 씻은 생무 약 85kg, 소금 5.4L, 색소 15g의 비율로 넣고 물 5.4L를 넣은 다음 무거운 돌을 얹어 9~10월이면 50시간, 10~11월이면 70시간 동안 절인다.

초벌절이기가 끝나면 72L들이 통에 절인 무 67.5kg, 소금 0.8L, 쌀겨 9L, 식용색소 15g에 황분 75g, 사카린 lg의 비율로 앞서 제법에 준하여 담근다. 담근 후 10일 이내면 먹을 수 있는데 제품은 담백한 맛이 나고 선황색을 띠는 것이 좋다.

## ⑶ 피클 (pickle)

피클이란 채소나 과실류에 식초, 소금 및 향신료를 넣어 절인 후 숙성시킨 것을 총칭하는데 원료로는 오이, 덜 익은 토마토, 양파, 올리브 열매 등 여러 가지가 쓰이며 유럽인들이 즐겨먹는 식품이다.

피클에는 원료를 소금절임하여 젖산발효를 일으킨 발효피클과 발효시키지 않고 식초에 담그는 간이피클이 있다.

① 발효피클

원료로는 오이가 가장 많이 사용되며, 이때 오이는 짧고 둥글며 육질이 단단한 것이 좋다.

오이는 씻은 후 절단하거나 통채로 8~10%(여름 10%, 겨울 8%)의 소금물에 담그어 20일 정도 젖산발효를 시킨다. 이때 수시로 소금 농도를 측정하여 8~10% 농도를 유지해야 한다. 발효가 완료되면 오이는 녹갈색이 되고 산의 농도는 1.2% 정도가 된다.
발효가 끝난 것은 맑은 물에서 하룻밤 담그어 염분을 빼고 조미액에 4~5일 담그어 조미액을 침투시킨 후 먹을 수 있다. 장기저장은 통조림을 하여 90℃에서 10분 정도 살균한다.

조미액은 발효된 오이 16kg에 대하여 4.5~5.0%의 식초 4L, 설탕 1.9kg과 정자, 고추, 육계, laurel 등의 향신료 30g을 잘게 썰어 자루에 넣어 소량의 식초 속에서 끓여 성분을 추출하여 만든 것을 섞어 제조한다.

② 간이피클

3~5%의 소금물에 1~2일 담갔다가 물로 씻어 염분을 빼고 조미액에 담가 제조한 것으로 풍미가 발효피클보다 못하지만 신선한 색깔과 씹는 맛이 좋다.

## 2. 채소 통조림

용도에 따라 주로 물이나 소금물을 넣은 제품이 많고 일반적으로 pH가 4.5~6.5로 높아 내열성 세균에 의한 부패를 방지하기 위해 과일통조림에 비하여 엄격한 조건에서 살균을 해야 한다.

## 1. 죽순통조림

### (1) 원료 및 원료처리

죽순은 수확시기에 따라 품질에 큰 차이가 있으므로 수확 초기 및 중기의 것을 사용한다. 수확 후 변질이 빨리 일어나므로 공장에 반입된 당일 처리하는 것이 좋다.

원료는 칼이나 절단기로 죽순의 위쪽을 5~6cm 정도 비스듬히 자른 다음 뿌리에서 위 끝으로 일직선이 되게 겉껍질에 금을 긋는다. 이때 뿌리쪽은 얕게, 위의 끝쪽은 깊게 금을 내어 위끝에서부터 겉껍질을 벗긴다.

[죽순통조림의 제조공정도]

**원료** → 다듬기 및 껍질벗기기 → 끓이기 → 냉각 → 다듬기 → 담그기 → 선별 → **담기** → 탈기 → **밀봉** → 살균 → **냉각**

끓는 물에서 45~70분 처리한 다음 바로 냉수에 넣어 급랭한다. 이때 냉각이 충분치 않으면 제품의 색이 나빠진다.

냉각시킨 것은 대칼로 속껍질을 떼어내고, 뿌리부분은 칼로 둥글게 다듬는다. 다듬은 죽순은 물을 자주 갈면서 20~30시간 물에 담가두어 죽순 중의 tyrosine을 제거하여 제품의 액이 흐려지는 것을 방지한다.

### (2) 선별 및 담기

물에 담근 죽순은 크기, 모양에 따라 구분하여 301－7호관의 경우 300g을 넣은 다음 더운물을 붓는다.

### (3) 탈기 및 살균

표 9－3에 따라 탈기, 밀봉하여 살균한다.

표 9-3 죽순통조림의 탈기 및 살균표

| 통 형 | 탈 기 | | 살 균 | | |
|---|---|---|---|---|---|
| | 온 도 | 시 간 | 가압(105℃) | 가압(108℃) | 상압(100℃) |
| 603-2 | 98℃ | 20분 | 80분 | 50분 | 100분 |
| 401-4 | 98℃ | 15분 | 70분 | 40분 | 80분 |
| 307-4 | 98℃ | 10분 | 60분 | 35분 | 70분 |
| 301-7 | 98℃ | 8분 | 50분 | 30분 | 60분 |

## 2. 아스파라거스 통조림

### (1) 원료의 처리

아스파라거스 통조림은 white와 green의 두 종류가 있는데 주로 white가 생산되며 제조공정에는 큰 차이가 없다.

아스파라거스는 싹이 나면 대단히 빠른 속도로 성장하여 성수기에는 하루에도 2~3회 채취가 가능하다. 채취는 아스파라거스 채취용 칼을 사용해 뿌리에서 6cm 정도를 남겨놓고 흙표면에서 약 18cm 깊이에서 채취한다.

White의 경우 햇볕을 받으면 착색되므로 채취는 해뜨기 전에 하고 바로 공장에 보내 가공하도록 해야 하는데 이것은 시간이 지남에 따라 섬유질이 경화(硬化)하여 품질이 나빠지기 때문이다.

원료는 물로 씻어 흙, 모래 및 먼지 등을 제거하고 불량품을 골라낸다. 세척된 원료는 망상자에 담아 끓는 물속에서 끝을 위로 향하게 하여 2~3분간 데친다. 데치기를 한 다음 전체가 물속에 잠기게 하여 1분간 더 데쳐서 냉수에 넣어 20분간 냉각시킨다.

### (2) 절단 및 선별

절단은 냉각 후에 하고 일반적으로 절단기나 칼을 이용해 넣을 통조림통의 높이보다 약간 짧게 절단한다.

원료의 선별은 착색에 따라 white (W), pale-tipped and white (P), green tipped (R), green (V)으로 나누며 크기에 따라 G (giant), C (colossal), M (mammoth), L(large), m (medium), S (small) 등 6종류로 선별한다.

W는 줄기가 유백색이고 이삭은 황색, P는 이삭에서 전체길이의 20% 이내가 보라색 혹은 담녹색, R은 이삭에서 전체길이의 20% 이내가 녹색으로 된 것, V는 이삭에서 전체길이의 50% 이상이 녹색으로 된 것을 말한다.

### ⑶ 담기 및 소금물 넣기

선별하고 깨끗이 하여 끝이 위쪽으로 가게 세워 살재임을 한다. 살재임은 규격량보다 5~10 % 많이 넣고 주입액은 2~2.5% 소금물을 가열하여 공간이 없도록 가득 넣는다.

### ⑷ 탈기 및 살균

각 1호관, 301−7호관의 탈기 및 살균 예는 다음과 같다.

| 관 형 | 탈기온도 및 시간 | 살균온도 및 시간 |
|---|---|---|
| 아스파라거스 각 1호관 | 95℃, 10분 | 113℃, 30~40분 |
| 301−7호관 | 95℃, 8분 | 113℃, 20~30분 |

살균이 끝나면 급랭하여 호열성 세균에 의한 변패를 방지한다.

## 3. 완두콩 통조림

[완두콩 통조림의 제조공정도]

원료 → 깍지까기 및 선별 → 열처리 및 착색 → 담그기 → 선별 →
담기 → 주입액 넣기 → 탈기 → 밀봉 → 살균 → 냉각 → 제품

### (1) 원료 및 원료처리

통조림용 원료로는 알이 작고 둥근 alaska종이 많이 사용되는데 적기에 수확하여 사용하여야 한다.

완두콩의 깍지는 손으로 까거나 pea huller로 까서 바람으로 협잡물을 제거한 후 선립기(separator)로 입자의 크기에 따라 나눈다.

미국에서는 비중 1.04 및 1.07 두 종류의 소금물을 사용하여 비중 1.04에서 떠오르는 것을 fancy, 1.07 에서 가라앉는 것을 second, 사이의 것을 standard로 구별하여 사용한다.

### (2) 열처리 및 착색

열처리와 착색을 동시에 한다. 열처리의 목적은 콩 표면의 납물질을 제거하고, 세포 내의 공기 제거, 색택과 육질을 균일하게 하여 맛을 좋게 하는데 있다. 이때 끓는물 1L에 10g의 황산동을 녹여 8~15분 열처리와 함께 색소를 고정시킨다.

착색시킨 것을 바로 냉각시키고 물에 8~15시간 담가 과잉의 구리염을 씻어낸다.

### (3) 선별 및 담기

물에 담근 것 중 너무 익은 것, 부서진 것 등을 골라내고 301−7호관에 약 285g을 담고 2~2.5%의 더운 소금물을 넣는다.

### (4) 탈기 및 살균

탈기 및 살균은 표 9−4와 같은 조건에서 실시하며 살균이 끝나면 즉시 냉각시킨다.

표 9−4 Green peas 통조림의 살균 예

| 통 형 | 내 용 량 | 온 도 | 시 간 |
|---|---|---|---|
| 603−2 | 2,000g | 110℃ | 60~65분 |
| 401-4 | 570g | 110℃ | 45~50분 |
| 301-7 | 285g | 110℃ | 37~43분 |
| 301-4 | 130g | 110℃ | 30~35분 |

## 4. 양송이통조림

[양송이통조림의 제조공정도]

원료 → 자루절단 → 선별 → 세척 → 열처리 → 냉각 → 선별 → 슬라이스 → 담기 → 조미액넣기 → 탈기 → 살균 → 냉각 → 제품

### (1) 원료 및 원료처리

양송이는 우산이 피기 12시간 전후가 좋으며, 지름이 20~40mm 되는 것을 표준으로 하여 채취하는 것이 적당하다. 생산지에서 가공공장까지의 수송에 주의해서 상처나 손상을 피한다.

양송이는 칼 또는 가위로 각포를 잘라내고 그림 9-1 과 같이 button 또는 whole 형으로 절단하여 우산의 크기, 균막의 열림, 모양, 손상정도에 따라 선별한다.

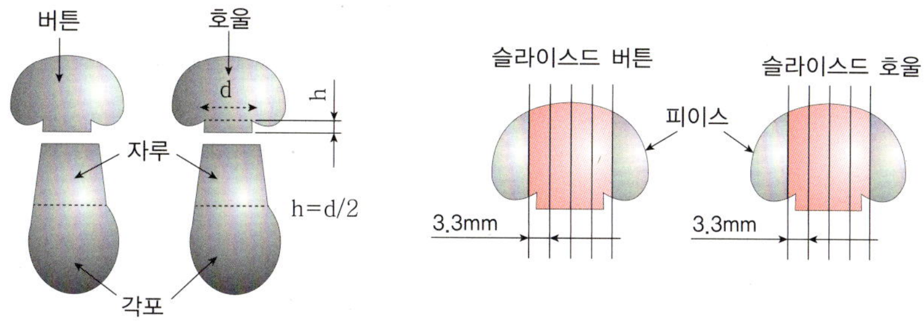


그림 9-1 양송이 제품의 모양

선별한 것은 물에 15분 이상 담가 흙, 모래를 씻어낸다. 오염이 심하면 물 대신 0.3% 구연산액에 3~4 분 침지하였다가 씻으면 좋다.

세척이 끝나면 선별하여 열탕처리를 한다. 열탕처리의 목적은 변색의 원인인 효소의 파괴와 양송이의 수축에 있다. 100℃에서 4~8분 또는 80~85℃에서 8~15분간 처리한다.

산액으로 세척한 경우에는 80℃에서 2~3분 열탕처리한 후 새로운 열탕에서 완전히 열처리하여 산을 모두 제거한다.

가열도중에는 공기와 접촉하지 않게 주의하고 증기를 써서 처리할 경우에는 96℃에서 5~7분간 한다. 열처리가 끝나면 급랭하여 갈변을 방지한다.

#### (2) 선별 및 담기

규격에 따라 선별기로 선별하여 통조림통에 담고 감량을 고려하여 10~15% 더 넣는다. 담기가 끝나면 2~3%의 더운 소금물을 넣는다.

#### (3) 탈기, 살균 및 냉각

담은 후 품온이 70℃일 때 탈기하고 밀봉한 후 살균한다. 살균은 121℃에서 18~30분 실시하고, 살균이 끝나면 38℃ 이하로 급랭한다.

표 9-5 양송이 크기의 기준

| 크 기 | 우산의 지름(mm) |
|---|---|
| L | 27.5~35.0 |
| M | 21.0~27.5 |
| S | 16.5~21.0 |
| T | 12.0~16.5 |
| M | 12.0이하 |

## 3. 토마토의 가공

### 1. 토마토 가공품의 종류

가공품에는 농축공정을 거친 토마토케첩, 토마토 퓌레 및 토마토 페이스트와 농축공정을 거치지 않은 토마토 주스, 토마토 솔리드 팩, 토마토 펄프가 있다.

#### (1) 토마토 솔리드 팩 (Tomato solid pack)

익은 토마토의 껍질을 벗기고 꼭지를 제거하여 소량의 소금과 함께 통조림 하거나 토마토 퓌레를 함께 넣어 통조림한 것으로 식용 또는 요리의 재료로 사용한다.

### (2) 토마토 주스 (Tomato juice)

익은 토마토를 잘게 부수어 착즙하여 소량의 소금을 넣어 통조림 또는 병조림한 것으로 영양가와 신선미가 풍부한 음료이다.

### (3) 토마토 퓌레 (Tomato puree)

익은 토마토를 pulping하여 껍질, 씨 등을 제거한 후 과육과 즙액인 tomato pulp를 농축한 것을 말하는데 고형분 8.4~12%로 라이코펜(lycopene) 함량은 5mg% 이상이다.

### (4) 토마토 페이스트 (Tomato paste)

토마토 퓌레를 더욱 농축한 것으로 반고체에 가까우며 고형분은 25% 이상을 함유하고 있다.

### (5) 토마토 케첩 (Tomato ketchup)

토마토 퓌레에 설탕, 소금, 식초 등 각종 향신료를 첨가하여 통조림 및 병조림한 것이다. 고형분의 함량은 25%, 라이코펜 함량은 6mg % 이상이다.

### (6) 칠리 소스 (Chili sauce)

토마토 껍질을 벗긴 후 잘게 썬 것과 퓌레를 혼합하여 토마토 케첩과 같은 형태로 조미한 것이다. 과육조각이 섞여 있는 것이 케첩과 다르다.

## 2. 제품의 농도 및 라이코펜 함량

토마토의 품질을 결정짓는 지표로는 색과 고형분의 양이 중요하며, 그 중에서도 색은 더욱 중요하다. 토마토 과실 중에 존재하는 색은 붉은색인 라이코펜이 가장 중요하다. 그 밖에 $\beta$-carotene, xanthophyll 등이 존재하고 있다.

토마토 과육의 색은 라이코펜의 함량에 따라 달라지므로 좋은 색의 제품을 얻기 위해서는 라이코펜 함량이 많은 품종을 원료로 하여야 한다.

토마토 숙성시 온도는 18~25℃가 라이코펜 생성의 최적온도로 알려져 있다. 라이코펜은 철 및 구리와 접촉하면 갈색으로 변하고 장시간 가열해도 갈색으로 변하므로 가열에도 주의한다.

원료 토마토 중 덜 익은 부분에는 엽록소가 있는데 이것도 가열에 의하여 갈색화되므로 감압 하에서 가열 · 농축하는 것이 색깔이 좋고 비타민 C의 보존에도 좋다. 가능한 한 익지 않은 것은 사용하지 않아야 한다.

## 3. 토마토 솔리드 팩 통조림

[토마토 솔리드 팩 통조림의 제조공정도]

원료 → 선별 → 세척 → 박피 → 제심 → 살재임 → 탈기 → 밀봉 → 살균 → 냉각 → 제품

### (1) 원료 및 처리

미숙과 병충해 입은 것을 제거하고 전체가 잘 착색된 것을 골라 사용한다. 완숙된 것보다는 완숙 1~2일 전에 채취하여 후숙시켜 사용한다.

선별된 것은 물로 깨끗이 세척한다. 껍질벗기기는 증기 또는 끓는 물에서 30초~1분 처리한 후 찬물에 급랭하면서 물속에서 손으로 껍질을 벗기며 심을 제거한다.

이 밖에, 끓는 가성소다로 박피하는 방법도 있으나 이 경우 충분히 수세를 하여야 한다.

### (2) 살재임 (담기)

담는 방법은 solid pack 과 standard pack의 두 가지 방법이 있다.

solid pack은 모양과 색깔이 다같이 좋은 1급품의 토마토를 담는 것이고, standard pack은 약간 부서진 2급품을 일정량 담고 사이에 토마토 퓌레를 담은 것이다.

맛을 내기 위해 담는 양의 0.5%의 소금을 미리 통조림 바닥에 넣는다. 담는 양은 제조 후 감량이 거의 없으므로 통조림 통의 높이보다 1.0~1.5cm 위까지 충분히 넣는다. 401-4 호관의 경우 800g을 담는다.

### (3) 염화칼슘의 사용

가열에 의한 토마토의 파괴를 방지하기 위해 염화칼슘, 황산칼슘, 구연산칼슘 등을 사용한다. 칼슘은 펙틴산과 반응하여 과육 속에서 gel을 형성하고 가열시 세포조직을 보호하여 토마토를 단단하게 해준다. 미국의 경우 염화칼슘은 0.026% 이상의 사용을 금하고 있다.

### (4) 탈기, 밀봉 및 살균

401-4호관의 경우 85℃에서 10분 탈기하고 밀봉한다. 살균은 100℃에서 30분하고 급랭한다.

## 4. 토마토 퓌레

[토마토퓌레의 제조공정도]

원료 → 세척 · 선별 → 열처리 → 여과 → 농축 → 살재임 → 살균 → 냉각 → 제품

토마토 퓌레의 제조법에는 열법(hot pulping)과 냉법(cold pulping)의 두 가지 처리법이 있다. 열법은 토마토를 증기나 열탕으로 처리하며 냉법은 열처리를 하지 않고 파쇄 후 바로 여과한다.

열법은 가열에 의해 산화효소, 펙틴분해효소가 파괴되는 동시에 protopectin이 pectin이 되고 또한 고무질의 용출량이 많아져 퓌레의 점조도를 높이는 효과가 있어 좋은 펄프를 얻을 수 있다.

냉법은 씨를 이용할 수 있고 방향이 있는 펄프를 얻을 수 있으나 비타민 C의 파괴, 펙틴의 분해가 일어나 품질이 좋은 펄프를 얻을 수 없다.

### (1) 원료처리

원료를 냉수로 세척하고 꼭지를 딴 다음 미숙과, 부패과 등을 선별하여 토마토파쇄기(crusher)로 파쇄한다.

열법에서는 증기로 20분간 처리하거나 예열기에 넣어 순간적으로 85℃이상 가열하고 토마토 pulper를 사용하여 과피 및 씨를 제거하여 토마토 펄프를 얻는다.

냉법에서는 그대로 pulping하거나 또는 파쇄 전에 과피와 과육이 잘 분리되게 하고 수율을 높이기 위해 과피부분만을 적당히 증기처리하여 pulping 한다. 원료 1톤에서 600~620L의 펄프를 얻는다.

### (2) 농축

농축은 저온에서 단시간에 하는 것이 품질이 좋다. 농축방법에는 다음과 같은 방법이 있다.

① 토마토 펄프를 자루에 넣어 짜서 적당량의 즙을 분리하고 자루 속의 과육을 가열 · 농축한다.

② 토마토 펄프를 60℃ 정도로 가열하여 방치시켜 위에 떠오르는 즙액을 분리하고 나머지를 가열 · 농축한다.

③ 위의 방법으로 과즙과 과육을 분리하여 과즙만을 농축시킨 후 과육을 가해 다시 농축시킨다.

④ 진공농축법으로 60℃ 이하에서 감압농축시키면 색택이나 향기가 잘 보존되므로 가장 좋은 농축법이라 할 수 있다.

일반적으로 cook more coil tank를 사용하여 탱크 하부에 증기코일을 장치하고 7kg/cm$^2$ 내외의 증기를 통하여 30분 내외로 증발시킨다.

농축초기에 거품이 일어나기 쉬우므로 면실유나 올리브유를 조금 넣거나 물을 뿌려 거품을 없앤다.

### (3) 완성

농축이 완성점에 이르러 비중이 1.035~1.045가 되면 가열을 마치는데 진공증발관으로 농축한 것은 적어도 90℃ 이상으로 가열한 후 토마토 finisher 로 다시 여과하여 매끈하고 균일한 조성을 갖게 한다.

완성점의 판정법에는 아래와 같은 방법이 이용된다.

#### ① 비중계를 사용하는 방법

Bigelow 등이 제안한 방법으로 올이 고운 천으로 여과하고 그 여액을 물로 냉각해 20℃에서 비중을 측정하여 표 9-6 을 참조해 농축도를 판정한다.

#### ② 펄프감량에 의한 방법

토마토 원액의 비중과 비중 1.035를 가진 퓌레의 부피에 대한 상관관계표를 작성하고 이 표를 사용해 농축 중인 부피의 감소량으로서 농축도를 결정한다.

#### ③ 유하속도(流下速度)에 의한 방법

공장에서 신속히 농도를 아는데 편리한 방법으로 약 250mL의 퓌레 높이 1인치, 지름 3/8인치의 유출구를 가진 지름 4인치, 높이 3.5인치 되는 깔때기에 넣고 그 중 200mL가 흘러내리는데 걸리는 시간을 측정하여 퓌레의 농도를 측정하는 방법이다.

#### ④ 굴절계에 의한 방법

Huelsen이 제안한 방법으로 Abbe 굴절계로 측정하여 이것과 비중, 전고형물과의 관계에 의해서 간접적으로 토마토펄프의 비중과 고형물을 측정하는 방법이다.

### (4) 담기, 밀봉, 살균 및 냉각

토마토 finisher에서 나온 퓌레는 바로 병 또는 통에 담아 밀봉한다.

603-2호 및 401-4호관은 가열 초기온도가 80℃이며 90℃에서 10분간 살균한다. 살균 후 급랭한다.

표 9-6 토마토펄프 및 그 여액의 비중과 전고형물과의 관계

| 펄프 중의 고형물 (%) | 20℃에서의 비중 | | 펄프 중의 고형물 (%) | 20℃에서의 비중 | | 펄프 중의 고형물 (%) | 20℃에서의 비중 | |
|---|---|---|---|---|---|---|---|---|
| | 펄 프 | 여 액 | | 펄 프 | 여 액 | | 펄 프 | 여 액 |
| 3.42 | 1.0150 | 1.0133 | 4.48 | 1.0192 | 1.0175 | 5.55 | 1.0235 | 1.0216 |
| 3.53 | 1.0155 | 1.0138 | 4.59 | 1.0197 | 1.0179 | 5.66 | 1.0240 | 1.0220 |
| 3.64 | 1.0156 | 1.0142 | 4.71 | 1.0201 | 1.0183 | 5.77 | 1.0244 | 1.0225 |
| 3.76 | 1.0163 | 1.0146 | 4.82 | 1.0205 | 1.0188 | 5.88 | 1.0249 | 1.0229 |
| 3.87 | 1.0168 | 1.0151 | 4.63 | 1.0210 | 1.0162 | 5.94 | 1.0251 | 1.0231 |
| 3.93 | 1.0172 | 1.0155 | 5.03 | 1.0215 | 1.0196 | 6.05 | 1.0256 | 1.0235 |
| 4.09 | 1.0177 | 1.0160 | 5.10 | 1.0217 | 1.0198 | 6.16 | 1.0260 | 1.0240 |
| 4.20 | 1.0181 | 1.0164 | 5.21 | 1.0222 | 1.0203 | 6.22 | 1.0263 | 1.0242 |
| 4.26 | 1.0183 | 1.0166 | 5.33 | 1.0226 | 1.0207 | 6.33 | 1.0267 | 1.0246 |
| 4.37 | 1.0188 | 1.0170 | 5.44 | 1.0230 | 1.0211 | 6.45 | 1.0272 | 1.0251 |
| 6.50 | 1.0274 | 1.0253 | 8.90 | 1.0374 | 1.0348 | 11.47 | 1.0476 | 1.0446 |
| 6.61 | 1.0278 | 1.0257 | 9.14 | 1.0381 | 1.0354 | 11.59 | 1.0481 | 1.0450 |
| 6.72 | 1.0283 | 1.0261 | 9.25 | 1.0386 | 1.0353 | 11.70 | 1.0485 | 1.0454 |
| 6.84 | 1.0288 | 1.0266 | 9.36 | 1.0390 | 1.0363 | 11.81 | 1.0490 | 1.0456 |
| 6.65 | 1.0292 | 1.0270 | 9.47 | 1.0395 | 1.0368 | 11.63 | 1.0464 | 1.0463 |
| 7.06 | 1.0267 | 1.0274 | 9.58 | 1.0400 | 1.0372 | 12.05 | 1.0499 | 1.0467 |
| 7.17 | 1.0301 | 1.0276 | 9.70 | 1.0404 | 1.0376 | 12.10 | 1.0501 | 1.0469 |
| 7.28 | 1.0306 | 1.0283 | 9.80 | 1.0408 | 1.0381 | 12.21 | 1.0505 | 1.0474 |
| 7.34 | 1.0308 | 1.0285 | 9.92 | 1.0413 | 1.0385 | 12.32 | 1.0510 | 1.0478 |
| 7.45 | 1.0313 | 1.0260 | 10.02 | 1.0417 | 1.0389 | 12.43 | 1.0510 | 1.0482 |
| 7.56 | 1.0317 | 1.0294 | 10.14 | 1.0421 | 1.0394 | 12.55 | 1.0519 | 1.0487 |
| 7.62 | 1.0320 | 1.0296 | 10.25 | 1.0426 | 1.0393 | 12.65 | 1.0524 | 1.0491 |
| 7.74 | 1.0324 | 1.0300 | 10.35 | 1.0430 | 1.0402 | 12.77 | 1.0528 | 1.0495 |
| 7.85 | 1.0329 | 1.0305 | 10.41 | 1.0433 | 1.0404 | 12.88 | 1.0533 | 1.0500 |
| 7.90 | 1.0331 | 1.0307 | 10.52 | 1.0437 | 1.0409 | 12.91 | 1.0538 | 1.0504 |
| 8.02 | 1.0336 | 1.0311 | 10.64 | 1.0442 | 1.0413 | 13.10 | 1.0542 | 1.0503 |
| 8.12 | 1.0340 | 1.0315 | 10.70 | 1.0444 | 1.0415 | 13.22 | 1.0547 | 1.0513 |
| 8.24 | 1.0345 | 1.0320 | 10.80 | 1.0446 | 1.0419 | 13.32 | 1.0551 | 1.0517 |
| 8.35 | 1.0346 | 1.0324 | 10.91 | 1.0453 | 1.0424 | 13.44 | 1.0556 | 1.0521 |
| 8.46 | 1.0354 | 1.0328 | 10.97 | 1.0456 | 1.0426 | 13.55 | 1.0560 | 1.0525 |
| 8.57 | 1.0358 | 1.0333 | 11.08 | 1.0461 | 1.0430 | 13.66 | 1.0565 | 1.0529 |
| 8.68 | 1.0363 | 1.0337 | 11.20 | 1.0465 | 1.0435 | 13.78 | 1.0566 | 1.0533 |
| 8.74 | 1.0365 | 1.0339 | 11.25 | 1.0467 | 1.0437 | 13.89 | 1.0574 | 1.0537 |
| 8.86 | 1.0370 | 1.0344 | 11.36 | 1.0472 | 1.0441 | 14.01 | 1.0576 | 1.0541 |

〈계속〉

표 9-7 토마토 원액부피 100에서 얻는 비중 1.035 인 퓌레의 부피

| 20℃ 에서의 원료 펄프 비중 | 비중 1.035(20°C)인 퓌레의 부피(100°C) | | | | | | | |
|---|---|---|---|---|---|---|---|---|
| | 20℃의 원 액 100 부중 | 25℃ 의 원 액 100 부중 | 30℃ 의 원 액 100 부중 | 35℃ 의 원 액 100 부중 | 40℃ 의 원 액 100 부중 | 50℃ 의 원 액 100 부중 | 60℃ 의 원 액 100 부중 | 70℃의 원 액 100 부중 |
| 1.0170 | 47.9 | 47.8 | 47.7 | 47.7 | 47.6 | 47.4 | 47.1 | 46.9 |
| 1.0175 | 49.5 | 49.4 | 49.3 | 46.3 | 49.2 | 49.0 | 48.7 | 48.5 |
| 1.0180 | 51.1 | 51.0 | 50.9 | 50.9 | 50.8 | 50.6 | 50.3 | fjO.1 |
| 1.0185 | 52.6 | 52.5 | 52.4 | 52.4 | 52.3 | 52.0 | 51.8 | 51.5 |
| 1.0190 | 54.2 | 54.1 | 54.0 | 54.0 | 53.6 | 53.6 | 53.4 | 53.1 |
| 1.0195 | 55.8 | 55.7 | 55.7 | 55.6 | 55.5 | 55.2 | 55.0 | 54.7 |
| 1.0200 | 57.3 | 57.3 | 57.2 | 57.1 | 57.0 | 56.7 | 56.5 | 55.1 |
| 1.0205 | 58.9 | 58.8 | 58.8 | 58.7 | 58.6 | 58.3 | 58.1 | 57.7 |
| 1.0210 | 60.4 | 60.3 | 60.3 | 60.2 | 60.1 | 59.8 | 59.5 | 59.2 |
| 1.0215 | 61.9 | 61.9 | 61.8 | 61.7 | 61.6 | 61.3 | 61.0 | 60.7 |
| 1.0220 | 63.4 | 63.3 | 63.3 | 63.2 | 63.0 | 62.7 | 62.5 | 62.2 |
| 1.0225 | 65.0 | 65.0 | 64.9 | 64.8 | 64.7 | 64.4 | 64.1 | 63.8 |
| 1.0230 | 66.7 | 66.6 | 66.5 | 66.4 | 66.3 | 66.0 | 65.7 | 63.3 |
| 1.0235 | 68.2 | 68.1 | 68.0 | 67.9 | 67.8 | 67.5 | 67.2 | 66.8 |
| 1.0240 | 69.7 | 69.6 | 69.5 | 69.4 | 69.3 | 69.0 | 68.7 | 68.3 |
| 1.0245 | 71.3 | 71.2 | 71.1 | 71.0 | 70.9 | 70.6 | 70.3 | 69.6 |
| 1.0250 | 72.8 | 72.7 | 72.6 | 72.5 | 72.3 | 72.1 | 71.8 | 71.4 |
| 1.0255 | 74.3 | 74.3 | 74.2 | 74.0 | 73.6 | 73.6 | 73.3 | 72.9 |
| 1.0260 | 75.9 | 75.8 | 75.7 | 75.5 | 75.4 | 75.1 | 74.8 | 74.3 |
| 1.0265 | 77.4 | 77.3 | 77.2 | 77.1 | 76.9 | 76.6 | 76.3 | 75.8 |
| 1.0270 | 78.9 | 78.8 | 78.7 | 78.6 | 78.4 | 78.1 | 77.7 | 77.3 |
| 1.0275 | 80.5 | 80.4 | 80.3 | 80.2 | 80.1 | 79.7 | 79.4 | 78.9 |
| 1.0280 | 82.0 | 81.9 | 81.8 | 81.7 | 81.6 | 81.2 | 80.9 | 80.4 |
| 1.0285 | 83.6 | 83.5 | 83.4 | 83.2 | 83.1 | 82.8 | 82.4 | 81.9 |
| 1.0290 | 85.2 | 85.1 | 85.0 | 84.9 | 84.7 | 84.4 | 83.0 | 83.5 |

## 5. 토마토 케첩 (Tomato ketchup)

### (1) 토마토 펄프의 조성

토마토 케첩의 대부분은 토마토 퓌레로부터 제조하므로 좋은 품질의 퓌레를 사용하는 것이 좋다.

### ⑵ 향신료 및 조미액의 종류와 배합

토마토 케첩의 품질은 퓌레의 품질 외에도 향신료, 조미료의 종류 · 품질 및 배합량에 따라 좌우된다. 따라서 향신료, 조미료의 종류 및 그 배합은 제조자에 따라 독자적인 방법을 행하고 있으며 이에 따라 케첩의 특징을 나타내고 있다.

향신료로는 계피 · 마늘 · 고추 · 양파 · 파프리카 · 정향 · 후추 · 올스파이스(allspice) · 생강 등이며, 조미료로는 식염, 설탕, 식초 등을 사용하고 있다. 식초는 조미료 외에 살균력을 높이는 효과가 있다.

향신료 및 조미료를 첨가하는 방법에는 여러 가지가 있지만 분말로 직접 퓌레에 넣는 방법, 식초에 침출시켜 침출액을 넣는 방법, 향신료액과 침출액을 넣는 방법이 있다.

향신료와 식초는 완성 직전에 넣는다.

### ⑶ 농축, 완성, 담기 및 살균

퓌레는 적당한 농도(비중 1.06)까지 가열 · 농축하여 여기에 향신료 및 조미료를 넣고 마지막으로 비중이 1.12~1.13, 전고형물량 25~30% 전후가 되게 한다. 농축이 끝나면 즉시 가열을 중지하고 finisher를 통과시켜 입자를 미세하게 한다. 이 처리는 품온이 낮아지기 전에 속히 한다.

식기 전에 잘 살균된 병이나 통조림에 넣는다. 90℃ 이상에서 30~60분 동안 살균한 후 급랭한다.

## 6. 토마토 주스

### ⑴ 원료 및 원료처리

잘 익은 토마토를 물로 충분히 씻은 후 선별하여 토마토 chopper 나 토마토 mill로 보내어 가늘게 자른 다음 펌프를 통하여 몇 초 이내에 연속예열기로 보낸다.

예열기에서 30~40초 내에 80℃까지 가열한다. 예열에 의해 ① 펙틴 분해효소, 아스코르브산 산화효소 등을 불활성화시켜 펄프의 분리 및 비타민 C의 손실을 막고 ② 펙틴의 용출을 촉진시켜 펄프에 점도와 광택을 주어 착즙을 쉽게 하며 ③ 풋냄새를 제거할 수 있다.

### ⑵ 착 즙

과즙추출기로 착즙을 하며, 수율은 65~70% 정도가 좋다.

### ⑶ 소금첨가 및 충진

착즙 후 다시 열교환기를 통과시켜 88~90℃로 가열한 후 탱크 내에서 0.5~0.6%의 소금을 첨가한다. 당을 보충하는 경우에는 정제포도당을 사용하며, 충진기로 충진한다. 비타민 C의 감량은 상부공극(head space)에 정비례하는 것으로 알려졌다.

### ⑷ 살 균

열교환기를 이용할 경우 42초 동안 121℃까지 상승시킨 후 88~93℃까지 냉각하고 충진, 밀봉하여 급랭시킨다. 일반살균은 98℃에서 10분 회전살균 한 후 급랭시킨다.

## 4. 건조 야채

야채류는 수분이 90% 이상으로 많고 부피가 크다. 따라서 이것을 건조하면 무게와 부피가 감소되어 보존 · 수송이 간편하게 된다. 또한 계절성이 있는 야채를 연중 이용할 수 있고 또 건조에 의해 신선한 야채와는 다른 독특한 식감과 풍미를 얻을 수도 있다.

야채류는 효소의 활성이 강하여 수화 후 색, 맛, 향이 변하므로 비타민 등의 손실을 방지하기 위해 열탕 중에 식품을 삼투시키거나 증기로 처리하여 효소작용의 활성을 잃게 한다. 이것을 blanching이라 하는데 조직의 연화, 세척, 건조를 용이하게 하는 등의 효과가 있다.

건조방법은 일반적으로 천일건조를 하지만 인스턴트 식품에 사용되는 건조야채는 복원성이 좋고 색, 향기, 풍미의 유지가 요구되기 때문에 진공건조, 동결건조, 가압건조 등을 한다.

## 1. 건조양파

건조에 사용하는 것은 Southport White Globe종(種)으로 풍미가 강하고 고형분 함량이 많으며 저장성이 좋은 품종이다.

### ⑴ 원료 및 원료처리

양파의 저장은 0~5℃, RH 70%가 좋다. 생산된 양파는 선별하여 뿌리와 껍질을 제거한다. 이때 화염을 사용하여 박피하는 flame-peeler를 사용하기도 한다.

### ⑵ 절단

박피한 것을 전용 커터를 사용하여 폭 1/8인치 정도로 절단한다.

### ⑶ 건조

건조는 터널형 건조기를 사용하여 입구온도 70~90℃로 열풍병류식으로 1단계 건조한다. 2단계 건조는 열풍교환식으로 입구온도 55~60℃이다. 10~15시간 건조하여 수분함량 5~7%가 되도록 한다.

### ⑷ 선별 및 포장

건조한 양파는 공기선별기로 크기, 형태에 따라 나누어 포장한다.

건조양파의 1/3은 분말형태로 제조되므로 취급에 주의해야 하며, 특히 흡습성이 강하므로 포장용기에 유의하여야 한다.

## 2. 건조당근

건조용으로는 오렌지색이 균일하고, 고형분 함량이 많으며, 내부에 목질화된 조직을 가지고 있지 않은 것이 좋다.

품종으로는 Imperator종이나 Golden Spike가 좋다.

### (1) 원료세척 및 박피

원료는 물로 세척하고 증기나 알칼리를 이용해 박피한다.

증기에 의한 박피는 7kg/cm$^2$의 압력으로 30초, 알칼리에 의한 박피는 5% 용액으로 99℃에서 4분간 하는 것이 보통이다. 박피 후 물로 세척하여 잔존하는 알칼리용액 및 껍질을 제거한다.

### (2) 정선, 절단 및 증자

Dice cutter 나 slice cutter를 이용해 절단하여 conveyor belt로 이동해서 6~8분간 증기로 blanching 한다.

### (3) 황처리 및 건조

Blanching한 후 0.2~1% 아황산염 용액을 분무하여 이온처리를 한다. 이때 80℃의 2.5% 옥수수전분을 분무하여 피복을 입혀도 좋다. 건조는 터널형 건조기로 70℃에서 약 7시간 건조시켜 88%의 수분을 8%까지 낮추고 상자형 건조기에서 60℃에서 7시간 건조시켜 최종적으로 4% 이하가 되게 한다. 건조된 제품은 질소충전을 한 포장을 하는 것이 카로틴(carotene)의 산화를 방지하는데 효과적이다.

Chapter 10

# 과실의 가공

과실은 모양과 색이 아름답고 좋은 향기를 내며 씹는 감촉이 좋아 생식에 적당하지만 수분함량이 많고 육질이 약해 저장성이 낮으므로 잼, 주스, 통조림, 당과, 건조과실 등으로 가공하고 있다.

가공제품의 품질은 원료에 의해 좌우되며 과실고유의 향기가 제품의 품질에 영향을 미치므로 적당히 숙성하여 가열 등의 가공처리에 의해 변색, 변향이 적고 육질이 단단하여 열처리를 하여도 변화가 적은 품종이 좋다.

일반적으로 덜 익은 과실은 향기가 적고, 너무 익은 과실은 신맛이 적으며, 열처리로 쉽게 조직이 물러지므로 익는 정도를 맞추기 위해 가공적기를 일정하게 하는 것이 중요하다.

## 1. 잼

잼(jam)은 과실을 으깨어 설탕을 넣고 끓여 젤리화한 것으로 과실 중에 함유되어 있는 펙틴이 과실 중의 유기산, 당에 의해 gel화 되는 성질을 이용하여 만든다. 펙틴질은 과실과 야채의 세포막과 세포 사이에 존재하여 세포의 모양과 단단함을 유지하는데 중요한 역할을 한다.

덜 익은 과일에는 펙틴과 셀룰로오스(cellulose)가 결합한 프로토펙틴(protopectin)이 많이 함유되어 있지만 익어 감에 따라 수용성의 펙트산(pectic acid)으로 분해된다. 가공에 이용하는 펙틴은 펙트산으로 D-galacturonic acid가 긴 사슬로 중합되어 있으며, 그 carboxyl기가 부분적으로 methyl ester화된 메톡실 펙틴(methoxyl pectin)이다.

메톡실(Methoxyl) 함량이 7% 이상의 것을 고메톡실 펙틴(high methoxyl pectin), 7 % 이하의 것을 저메톡실 펙틴(low methoxyl pectin)이라 한다.

잼은 펙틴이 0.7% 이상, 당 50~75%로 65%에서 최고의 젤리강도를 나타내며 이때 pH는 2.8~3.2 사이이다.

한 종류의 과일을 원료로 한 것을 잼, 2종류 이상의 과일을 원료로 한 것을 믹스 잼(mixed jam), 과일의 즙을 원료로 한 것을 젤리라 한다. 잼의 경우 과일 전체 또는 두께 5mm 이상의 과육조각을 원료로 하여 그 형태를 가지고 있는 것을 보존형(preserved style), 감귤류를 원료로 과피가 존재하는 것을 마멀레이드(marmalade)라 한다.

원료로는 펙틴, 산이 많은 감귤류, 사과, 살구, 자두가 적당하다. 펙틴이 많고 산이 적은 것으로는 무화과, 사과(단것)가 있고, 펙틴과 산이 모두 적은 것으로는 복숭아, 배 등이 있다.

과일 이외의 원료로는 감미료로 설탕, 포도당, 과당, 물엿 등을 사용한다. 과일 중 펙틴이 부족한 경우에는 gel화제로 펙틴을, 산미료로는 레몬과즙, 구연산, 사과산 및 주석산을, pH조정제로 구연산소다를, 산화방지제로 L−ascorbic acid 등을 사용한다.

## 1. 딸기잼

딸기잼은 딸기 형태가 제품제조 후에 남는 보존형과 제조 후 딸기 모양이 남지 않는 두 가지가 있으나 주로 전자의 것을 많이 만들고 있다.

### (1) 원료 및 원료처리

원료는 신선한 것을 사용하며 우리나라에서는 Victoria종과 America종이 많이 쓰인다.

수확한 딸기는 꼭지를 따내면서 썩은 것, 덜익은 것 등을 골라낸 다음 물로 씻고 물기를 뺀다. 물로 씻은 후 방치시간이 길어지면 과즙이 분리되어 수율과 색깔이 나쁘게 된다.

### (2) 가당 및 농축

처리한 딸기를 솥에 넣고 딸기 무게의 70~80%에 해당하는 설탕을 3회에 나누어 넣고 교반하면서 졸인다. 처음부터 한꺼번에 설탕을 넣으면 과육이 오므라들어 딸기입자가 떠오르므로 설탕이 완전히 녹으면 넣는 방식으로 3회에 걸쳐 넣는다.

농축률은 70% 정도로 하며 완성점에 이르면 가열을 멈추고 거품을 제거한 후 식기 전에 용기에 담아 80~90℃에서 7~8분 살균한다.

### (3) 완성점 결정법

① Cup 법 : 찬물이 담긴 컵 속에 농축액을 떨어뜨려 밑바닥까지 그대로 떨어지면 완성점에 이른 것이고, 도중에 흐트러지면 아직 덜 졸여진 것이다.

② Spoon 법 : 숟가락 또는 주걱으로 농축액을 떠서 흘러내리는 상태로 보아 액이 묽은 시럽상태가 되어 떨어지는 것은 불충분한 것이고 주걱에 일부가 붙어 얇게 퍼지고 끝이 Jelly모양으로 굳은 정도로 떨어지면 적당한 것이다.

③ 온도에 의한 법 : 온도계를 넣어 그 온도가 104~105℃ 가 되면 완성점에 이른 것이다.

④ 농도에 의한 법 : 굴절당도계를 이용하여 당의 농도가 60~65% 가 되면 좋다.

## 2. 오렌지 마멀레이드

Orange marmalade에는 쓴맛이 강한 영국식과 단맛이 강한 미국식의 두 종류가 있는데 우리나라에서는 미국식이 많이 이용된다.

### (1) 원료 및 처리

Marmalade는 과피를 사용하므로 오렌지는 껍질에 상처가 없는 것, 병충해를 입지 않은 것을 골라 물로 잘 씻는다.

### (2) 껍질의 처리

껍질을 십자형으로 잘라서 네쪽으로 만들고 폭 3cm의 직사각형으로 정형한 후 폭 1mm로 잘게 썬다. 썬 것은 물과 함께 20분 내외로 가열하여 연하게 한 다음 흐르는 물에 1~2 시간 담가 쓴맛을 제거한다.

### (3) 과육의 처리

껍질을 벗긴 과육은 가늘게 자른 후 착즙기나 압착기로 과즙을 짜낸다. 짜낸 과즙에는 펙틴함량이 적으므로 별도로 과즙을 짜낸 과육의 착즙박과 찌꺼기 껍질에서 펙틴을 추출하여 사용한다.

### (4) 펙틴액의 추출

착즙박과 찌꺼기 껍질을 0.3~0.5% 염산에 하룻밤 담가 쓴맛 성분을 분해시키는 동시에 펙틴질을 가용성으로 한 다음 흐르는 물에 30분 정도 담가 염산분과 끈끈한 성분을 씻어낸다. 물을 뺀 다음 무게를 재고 1kg에 대해 0.1~0.3% 구연산액 1.5L를 가하여 20~40분간 끓인 후 식기 전에 자루에 넣어 압착기로 펙틴을 추출한다.

### (5) 졸이기

껍질 4, 과즙 5, 조펙틴액 5의 비율로 농축용기에 넣고 소요 설탕의 1/3 을 넣어 농축한다. 끓기 시작하면 나머지 설탕을 넣어 졸여 완성점에 이르면 멈춘다. 완성점은 잼의 경우에 준한다.

### (6) 탈기, 밀봉 및 살균

병조림을 할 때에는 완전히 졸인 후 거품이 들어가지 않게 주의하면서 넣어 밀봉한다. 살균을 할 필요는 없으나 오래 보존하기 위해서는 80~90℃에서 7~8분간 살균한다.

## 3. 젤리

과즙에 설탕을 넣고 농축하여 젤리화시킨 것으로 투명하고 광택이 있어야 하며 원료과실의 풍미가 남아 있고 절단했을 때 부드러우며 원형을 유지할 수 있을 정도의 굳기를 가진 것이라야 좋은 품질이라 할 수 있다.

젤리의 일반적인 제조공정은 다음과 같다.

원료 → 조제 → 가열 → 착즙 → 청징 → 산조정 → 가당 → 농축 → 담기 → 살균 → 제품

### (1) 조제

원료는 물로 씻어 사과, 복숭아, 감귤 등은 5~10mm 두께로 자르고 딸기, 포도 등은 꼭지를 따서 으깬다.

### (2) 가열

이들 과실을 솥에 넣고, 포도 0.5배, 사과 1~1.5배, 감귤 2~3배의 물을 넣고, 딸기는 물을 넣지 않고 끓인다. 가열로 원료 중의 protopectin을 분해시켜 펙틴으로 추출하고 기타 성분을 얻을 수 있다.

딸기 5~7분, 포도 10분, 사과 20~30분 정도 가열한다.

### (3) 짜기

여과자루에 넣어 압착기로 서서히 점차 강하게 압착한다.

### (4) 청징

압착액이 혼탁하면 규조토 또는 원심분리기를 사용해 청징처리하여 투명하게 한다.

### (5) 산의 첨가

과즙의 pH가 3.4가 안될 경우 구연산 또는 산이 많은 다른 과즙을 넣어 pH를 조절한다.

### (6) 가당

산이 조정된 과즙에 펙틴의 양을 정하여 첨가할 당의 양을 구한다. 펙틴함량을 구하는 간편한 방법으로는 알코올 침전법으로 소량의 과즙을 시험관에 넣고 동량의 95%에 에틸알코올을 넣어 잘 섞은 후 응고물의 생성상태를 관찰하여 표 10-1에서와 같이 가당량을 결정한다.

표 10-1 펙틴함량과 가당량

| 알코올에 의한 변화 | 펙틴함량 | 가 당 량 |
|---|---|---|
| 용액전체가 젤리모양으로 굳는다. | 많음 | 과즙의 1/2~2/3 양 |
| 절반 정도가 젤리모양으로 굳는다. | 중간 | 과즙과 같은 양 |
| 작은 덩어리가 용액에 떠 있다. | 적음 | 농축시키거나 펙틴을 넣어준다. |

### (7) 농축

이중솥에서 강한 불로 15~20분 안에 완성시킨다. 농축도중 생성되는 거품을 제거하고 난 뒤 완성점은 잼의 경우에 준해서 결정한다.

### (8) 담기, 밀봉 및 살균

깨끗한 용기에 넣고 밀봉한 후 80~90℃에서 7~8분간 살균한다.

# 2. 과실음료

## 1. 종류

주스 또는 soft drink로서 과즙을 주원료로 한 알코올을 함유하지 않은 음료를 말하며 과즙, 과실 퓨레, 농축과즙, 과즙음료, 과즙을 넣은 청량음료, 과육음료가 이에 속한다.

### (1) 과즙 및 퓨레(puree)

과즙에는 과실을 착즙한 천연과즙(natural juice)과 농축과즙에 물을 넣어 희석한 재제과즙(reconstituted juice)이 있으며 과즙의 상태에 따라 펄프질을 함유한 혼탁과즙과 펙틴분해효소 처리를 하여 혼탁된 것을 제거한 투명과즙이 있다.

또한 보존방법에 따라 가열 살균한 살균과즙(pasteurized juice), 효소가 불활성화될 정도의 가열처리를 하여 냉동보존하는 냉동과즙(frozen juice), 같은 가열처리를 하여 −1℃ 전후에서 보존하는 냉각과즙(chilled juice), 보존료를 첨가한 보존료함유 과즙(juice with preservatives) 등이 있다.

과실 퓨레는 과실을 파쇄하여 거칠게 거른 것이다.

### (2) 농축과즙(Concentrated juice)

과즙을 1/2 이상으로 농축한 것으로 소비자가 물로 희석해서 음용한다.

### (3) 기타 과실음료

과즙을 희석한 음료로서 직접 음용하는 것과 물로 적당히 희석하여 음용하는 두 가지가 있다.

### (4) 넥타(Nectar)

과실을 파쇄하여 puree가 20~50% 함유되고 과즙 혹은 물, 당, 산 등을 첨가하여 만든 것으로 점조성이 많고 과즙음류와는 다르며, 과육음료라고도 한다.

## 2. 과실주스의 제조법

### (1) 원료 및 선별

원료는 숙도가 적당하고 신선한 것으로 상처가 없고 병들지 않은 것을 사용하며 전체적으로 크기가 균일하여 작업성이 좋아야 한다.

### (2) 세척

과실 표면의 불순물, 농약 등을 물이나 중성세제 등으로 씻어내고 깨끗한 물로 세척한다.

### (3) 과즙의 추출

과즙은 과육을 부수어 압착기로 추출하는데 과실의 종류에 따라 여러가지 방법이 사용된다. 감귤은 박피한 후 압착하여 짜고, 사과, 토마토, 배 등은 바로 으깨어 짜며, 딸기와 포도는 예비가열한 후 자루에 넣고 짠다.

가열함에 따라 풍미는 떨어지지만 점성이 낮아져 추출이 쉬워지고 색소도 많이 용출된다.

그림 10-1 과일의 착즙과정

### (4) 사별

짠 과일주스에 함유된 씨, 과피조각 등의 부유물을 제거하고 펄프의 양 및 크기를 조정하기 위한 공정으로 평면진동체, 원통회전체 등을 사용한다.

사별한 과즙은 균질기(homogenizer)를 사용해 펄프를 균일하게 한다.

### (5) 여과 및 청징

사과, 딸기, 포도 등의 주스는 청징하여 청징주스를 만들지만 토마토, 감귤 등은 청징에 의해 향기, 풍미 등이 제거되므로 청징하지 않고 불투명한 상태로 제조한다.

청징에는 다음과 같은 방법이 많이 사용된다.

① **난백사용법** : 난백을 따뜻한 물에 용해하여 5% 용액으로 만들어 과즙 100L 당 250~300mL를 넣고 교반한 후 75℃로 가열한다.

② **효소사용법** : 과즙을 75℃로 가열하여 45℃로 냉각한 후 pectinase를 과즙의 0.1% 정도 첨가하여 40℃에서 작용시킨다.

### (6) 조합

천연과실주스는 청징작업이 끝나면 바로 탈기, 살균을 하여 용기에 담아 제품으로 하지만 기타 과실음료 제품은 물, 당, 향료, 유기산 등을 넣고 조합을 한다.

### (7) 탈기

과즙은 앞의 공정을 거치는 동안 많은 공기를 함유하게 되는데, 특히 공기 중의 산소는 과실의 색깔, 영양가 및 미생물에 대한 안정성을 저해한다.

탈기는 710~740mmHg의 높은 진공도에서 실시하며 과실주스를 진공관 속에 분무하여 탈기한다.

### (8) 살균 및 보존

과즙의 풍미, 색깔을 유지하기 위해 순간살균법을 이용하여 85~95℃에서 10~30초 살균한다. 살균이 끝난 주스는 살균이 된 용기에 담아 밀봉, 냉각하여 제품으로 한다.

## 3. 농축과실주스 제조법

천연과실주스를 농축한 것으로, 감귤주스의 경우 50% 이상이 제거되고 있다. 농축함으로써 수송, 저장이 편리하고, 당농도의 증가로 저장성이 증대되며, 일정한 규격의 주스를 만들 수 있다는 이점이 생긴다.

농축에는 진공농축법과 동결농축법이 사용되고 있다.

### (1) 농축

① **진공농축법** : 진공도 740mmHg, 온도 30~40℃의 진공농축기에서 과실주스를 박막 또는 거품형태로 분무하여 농축한다. 농축시 향기성분이 휘발되기 쉬우므로 향기성분은 따로 회수장치를 통해 회수한 후 농축이 끝난 과일 주스에 다시 넣는다.

② **동결농축법** : 수분을 고체인 얼음으로 분리하여 농축시키는 방법으로 진공농축법에 비해 휘발성분의 손실이 적고 가열에 의한 영양성분이 변하는 것을 막을 수 있으나 비용이 많이 들고 기술적인 어려움이 많아 실제로는 많이 이용되지 않고 있다.

### (2) 제품저장

농축이 끝난 주스는 순간살균을 한 후 병조림을 하여 0~5℃에서 저장한다.

## 4. 농축냉동주스 제조법

농축냉동주스는 농축과실주스가 저장 중 풍미가 나빠지고 가열 살균처리로 인해 품질이 저하되는 것을 보완한 것이다. 만드는 방법은 농축과실주스를 회전드럼식 급속동결기(votator)에 넣고 −8~−15℃로 냉각시켜 된죽 형태로 만든 후 충전기로 통에 담아 진공밀봉한 다음 급속동결시켜 −18℃~20℃의 저장실에 보존한다.

## 5. 넥타 제조법

복숭아, 살구, 배, 바나나 등과 같이 펄프질과 과실주스가 잘 분리되지 않는 과실을 사용해 제조한다. 원료과실을 으깨어 사별하여 펄프질이 많은 puree모양의 과실주스를 만들어 당액을 첨가한 제품이다.

## 6. 분말주스 제조법

과실주스를 진공 농축하여 만든다. 농축정도는 고형량이 오렌지 · 파인애플이 50~60%, 사과 40~50%, 토마토 25~30% 이다.

## 7. 오렌지주스의 제조

### (1) 원료처리 및 착즙

신선한 밀감의 껍질을 벗기거나 두 쪽으로 절단해 착즙한다.

### (2) 사별

눈금이 0.5mm 정도인 체를 사용해 10% 내외의 펄프가 주스에 들어가도록 사별한다.

### (3) 탈기

진공탈기장치를 이용해 산소량을 0.05% 이하로 급속히 낮춘 다음, 93℃에서 20초 살균하고 밀봉 · 냉각하여 제품으로 한다.

## 8. 사과 주스의 제조

### (1) 원료처리

원료로는 맛과 향기가 좋은 홍옥을 사용하며, 물 또는 1% 염산용액으로 씻은 후 물로 다시 씻는다.

### (2) 마쇄

씻은 사과는 사과마쇄기를 이용하여 마쇄한다. 이때 갈변을 방지하기 위해 0.05% 아스코르브산과 0.05% 소금물을 혼합한다.

### (3) 짜기

마쇄가 끝난 과육은 압착기로 착즙하는데 작업시간은 20분 이내로 하는 것이 좋다.

### (4) 청징

과즙은 순간살균장치로 80℃로 가열하여 단백질, 고무질 등을 응고시켜 제거한 후 45℃로 냉각시켜 0.05~0.1%의 pectinase를 넣고 교반하여 청징시킨다.

### (5) 체질 및 여과

청징이 끝난 후 혼탁과실주스는 진동체로 거르고, 청징과실주스는 곧 filter press로 여과한다.

### (6) 탈기, 살균 및 냉각

진공탈기장치로 탈기하고, 95~98℃에서 10초 살균한 후 80℃이하로 냉각시켜 용기에 넣어 밀봉하여 찬물에서 급랭한다.

## 9. 포도 주스의 제조

### (1) 원료처리

원료로는 향기가 좋고 빛깔이 좋은 concord, cambel learly 등을 사용한다. 원료를 선과한 후 쇠철망 위에서 물과 0.5%의 염산용액 또는 중성세제 등으로 세척한다.

### (2) 파쇄

씻은 포도는 회전드럼식 제경파쇄기를 이용해 가볍게 부순 다음, 포도알과 과경을 분리한다.

### (3) 가열과 짜기

백포도는 그대로 착즙하나 적포도는 가열하여 착즙률을 높이고 효소를 불활성화시킨다. Concord의 경우 60~70℃에서 15~30분 가열처리한다. 이때 착즙률은 80~85%이다.

### (4) 주석제거

포도주스에 함유된 주석은 저장 중에 석출하여 침전됨으로써 상품가치를 떨어뜨린다.

주석을 제거하는 방법으로는 주스를 93.5℃에서 15~20초 살균한 후 0~3℃에서 3개월 저장하는 자연침전법, 살균하지 않은 주스에 이산화탄소를 불어 넣어 석출시키는 이산화탄소법, -20℃에서 4~7일 정치시킨 후 7℃에서 2~4일 정치시켜 석출시키는 동결법, 그리고 주스를 효소처리 후 살균하고 3~5℃에서 1~2개월 정치시킨 후 여과하고 이것을 1/5로 농축한 후 3~50℃에서 2~3일간 정치시켜 석출시키는 농축여과법이 있다.

### (5) 옮겨담기

주석을 제거한 포도주스는 다른 주스와 같은 방법으로 처리하여 통조림한다. 이때 통조림 용기는 안토시안 색소가 퇴색하는 것을 막기 위해 내면도료관을 사용한다.

# 3. 과실통조림

과실통조림은 가능한 한 원료의 형태를 거의 그대로 유지해야 하며, 향미, 육질을 손상시키지 않도록 제조되어야 하는데 이를 위해 시럽을 넣은 형태가 많다.

## 1. 밀감통조림

밀감통조림의 제조공정은 아래와 같다.

원료 → 선발 → 열처리 → 껍질벗기기 → 건조 → 쪼개기 → 속껍질벗기기 → 선별 → 담기 → 당액넣기 → 탈기 → 밀봉 → 살균 → 냉각 → 제품

### (1) 원료 및 원료처리

밀감은 신선하고 풍미가 좋으며 손상이나 부패된 곳이 없고 완전히 익은 것으로 크기가 고르고 둥근 모양보다는 납작한 것이 적당하다. 60~100g 정도의 크기로 씨가 없는 것이 좋다.

원료는 크기별로 선별하여 놓는다.

### (2) 열처리 및 껍질 벗기기

열처리는 외피를 쉽게 벗기기 위해 실시하는데 증기나 열탕으로 가열하여 열탕처리를 할 경우 80~90℃에서 1~2분간 처리한다. 열처리 한 원료는 대나무 주걱이나 손으로 꼭지를 위로 해서 과육이 손상되지 않게 껍질을 벗긴다.

### (3) 건조 및 쪼개기

과육조각을 분할하기 위한 예비작업으로 바람으로 건조시켜 손이 미끄러지지 않을 정도로 건조되면 과육을 하나 하나씩 분할하여 즉시 물에 담근다. 밀감 한 개에 9~11개의 과육조각이 있다.

### (4) 속껍질 벗기기

속껍질은 산이나 알칼리처리에 의해서 제거된다.

① **산처리** : 1~3%의 염산용액 중에서 원료에 따라 20~30℃의 온도로 30~150분 침지하여 표면을 용해, 연화시켜 과육이 약간 노출될 때까지 한다.

② **알칼리처리** : 산처리한 밀감을 물로 잘 씻고 끓는 1~2% 가성소다 용액에 15~30초 처리한 후 즉시 수세하거나 30~50℃의 가성소다에 10~15분 처리하는 두 가지 방법이 있다. 후자가 작업능률은 떨어지지만 과육의 품질과 색깔을 손상시키지 않는다는 장점이 있다.

속껍질 벗기기가 끝나면 흐르는 물에 6~16시간 담가 속껍질과 제품을 흐리게 하는 hesperidin, pectin을 씻어버린다.

### (5) 선별, 담기 및 당액넣기

속껍질이 완전히 제거된 것을 크기별로 선별하여 담고 당액을 넣는다. 당액은 반드시 끓여서 충분히 설탕을 용해시켜 사용한다. 넣는 당액의 당도는 40~50%로 제품의 당도는 개관시 당농도가 19% 이상이 되도록 조절하여 넣는다.

### (6) 밀봉, 살균 및 냉각

자동진공밀봉기로 밀봉하여 301-7호관의 경우 82.2℃에서 14분간 살균하며 살균이 끝나면 즉시 냉각한다.

### (7) 밀감통조림의 혼탁

밀감통조림의 혼탁은 flavanone glucoside 인 hesperidin의 결정생성에 기인하며 예방법으로는 다음과 같은 방법이 있다.

① hesperidin 함량이 가급적 적은 품종, 완전히 익은 원료의 사용

② 물로 원료를 충분히 씻을 것

③ 가급적 당도를 높일 것

④ 내용물의 모양, 비타민 C 등을 손상시키지 않는 범위에서 가급적 장시간 가열할 것

⑤ 제품을 재가열할 것

근래에는 carboxyl methyl cellulose 및 gelatin 등의 첨가로 투명도를 높일 수 있고 methyl cellulose가 hesperidin의 결정을 방지하는 효과가 있다는 것이 알려져 있다.

## 2. 복숭아 통조림

복숭아는 크게 백육종(白肉種)과 황육종(黃肉種)으로 구분하며, 이는 다시 완숙해도 육질의 경도가 큰 nonmelting 계통과 완숙하면 육질이 연해지는 melting 계통으로 나눌 수 있다. 전자는 통조림원료로 적당하며, 후자는 생식용으로 적당하다.

복숭아 통조림의 제조공정은 다음과 같다.

원료 → 선별 → 추숙 → 절단 → 제핵 → 껍질벗기기 → 평량 → 담기 → 당액넣기 → 탈기 → 밀봉 → 살균 → 냉각 → 제품

### (1) 원료 및 원료처리

복숭아는 완숙 2~3일 전에 수확하여 공장에서 추숙해서 사용한다. 물로 깨끗이 씻어 봉합선을 따라 두 쪽으로 절단한 후 제핵기로 제핵하고 산화를 방지하기 위해 2% 소금물에 담가둔다.

### (2) 껍질벗기기

약품처리와 열탕처리의 두 가지가 있으며 melting종은 열탕법으로, non-melting 종은 약품처리법으로 처리한다.

열탕처리는 끓는 물에서는 1분 내외, 증기로 5~8분 처리하며, 알칼리 박피는 1~2 %의 끓는 가성소다액에 30~60초 처리한 후 냉수로 수세하고, 1% 염산용액에 침지하여 알칼리를 중화한 후 충분히 수세한다.

### (3) 선별 및 담기

처리한 원료를 크기별로 선별하여 담는다. 규정된 최소 고형량보다 5~10% 더 많이 넣는다.

### (4) 당액 넣기

담기가 끝나면 즉시 당액을 넣는데 당액은 개관시 19% 이상이 되도록 조정하여 넣는다.

### (5) 탈기 및 밀봉

탈기함을 사용할 경우 100℃에서 5~7분 탈기하여 밀봉하는데 진공밀봉기를 사용할 경우에는 당액을 넣은 후 바로 밀봉한다.

### (6) 살균 및 냉각

살균은 원료의 품종, 관형, 원료의 숙도 및 과육의 pH에 따라 다르다. 백육종의 경우 301-7호관에서 95~100℃로 28~50분 살균한다.

살균이 끝난 뒤에 즉시 냉각한다.

# 4. 당과 (dragees)

과실을 당액 중에서 서서히 가열하여 조직 내로 당을 침투시켜 고당도로 하여 건조시킨 것으로 이중 당액으로 피복을 한 것에는 과실면에 설탕의 결정을 석출시킨 crystallized fruit와 과실면을 매끈하게 하여 거울과 같은 빛깔이 나게 한 Glaces fruit가 있다.

원료로는 감귤류의 껍질, 버찌, 밤, 살구, 파인애플, 사과, 복숭아 등이 이용된다.

## [버찌당과]

종자를 제거한 버찌를 당도가 35% 이상이 될 때까지 당액을 침투시킨 것으로서 당도를 45% 이상으로 하여 당액과 함께 통조림 용기에 밀봉한 것을 maraschino style cherry, 당도가 70% 이상이 될 때까지 당액을 침투시킨 후 꺼낸 것을 drain cherry, 당액을 침투시킨 후 버찌의 표면에 당류의 결정을 석출시킨 것을 crystal cherry라 한다.

버찌당과의 제조공정은 아래와 같다.

원료 → 표백 → 수세 → 고화 → 표백 → 염색 → 당적 → 마무리 → 제품

### (1) 원료 및 원료처리

버찌는 숙기가 짧기 때문에 수확 후 아황산나트륨용액에 침지하여 저장한다. 이 기간 중 아황산가스에 의해 안토시안 색소가 표백되고 또 종자가 다루기 쉽게 된다.

### (2) 수세 및 고화

물로 씻으면서 종자를 제거하고 명반 또는 염화칼슘액에 담가 과육을 경화시키면 아황산처리에 의해 탈색된 안토시안은 아황산이 빠져나가 원래의 색으로 회복되고 또한 황색 색소는 그대로 남아 이후의 착색이 선명하게 된다.

#### (3) 표백 및 염색

고화시킨 후 다시 아염소산 나트륨에 담가 표백시킨다. 염색은 설탕액에 색소를 넣어 당지(糖漬)와 같이 행하는 경우가 많고 적색으로 물들이는 경우가 많다.

#### (4) 당적 및 마무리

침지용 당액으로는 설탕이 주로 쓰이는데 여기에 전화당, 포도당, 물엿 등을 등량 혹은 그 이하의 비율로 혼합하면 육질의 경화와 설탕결정의 석출을 방지할 수 있다. 또한 포도당은 제품의 투명도를 높이고 과도한 건조를 방지하는 효과도 있다.

당액의 침투는 당도 20~30%에서 시작하여 24~48시간 침지시킨 후 과실을 꺼내고 침지당액에 설탕을 넣어 당도를 5~10% 높인 후 과실을 침지시키는 과정을 당도목표에 이를 때까지 반복한다.

당액 중에 0.1~0.2%의 구연산, malic acid와 향료를 넣어 풍미를 좋게 한다. drain cherry는 당도가 75%에 이르면 당액에서 꺼내 실온 또는 더운 바람으로 건조한다.

## 5. 건조과실

과실을 건조하여 수분을 제거한 것으로 단맛을 강하게 하고 동시에 독특한 풍미와 저장성을 갖게 한 제품이다. 건조방법으로는 일광건조와 열풍건조가 주로 사용되며 진공건조, 동결건조방법도 사용된다.

원료과실로는 감, 포도, 사과, 살구, 자두, 무화과, 파인애플 등이 있다.

### 1. 건포도

원료포도는 과숙(overripe)되게 나무에서 익혀 당도 25% 전후에서 수확하는 것이 바람직하다.

원료를 묽은 알칼리액(0.5% 탄산나트륨, 수산화나트륨)에 담그고 과피에 가는 잔금을 내어 건조효율을 높인다. 이때 건조과실의 주름이 작고 골고루 형성되게 한다.

물로 씻은 후 건조한다. 광택을 내기 위해 식용유에 침지시켜 건조하기도 한다. 주로 천일건조를 하지만 열풍건조로 수분을 10~ 15%까지 건조한다. 포도알이 잘 떨어지게 하기 위해서는 10% 정도까지 건조할 필요가 있다.

(a) 건조초기 (b) 건조중기

그림 10-2 건포도의 건조과정

## 2. 건조살구

살구는 신맛이 강해 생식으로는 많이 사용되지 않고 통조림, 잼, 건조살구 등으로 가공된다.

상처가 없는 살구를 세척 후 봉합선을 따라 두 조각으로 절단하여 핵을 제거한다. 갈변을 방지하기 위해 유황훈증을 하는데 허용잔류량은 $SO_2$로서 2g/kg 이하가 되지 않으면 안 된다. 건조는 바람이 잘 통하는 그늘진 곳에서 절단면을 위로하여 4~7일간 건조한다. 건조가 끝난 것은 선별하여 불량한 것을 제거한 후 상자에 넣어 1~2주간 방치하여 과육 내의 수분을 균일하게 한다.

## 3. 곶감

### (1) 원료

육질이 단단하고 외피가 얇으며 모양이 긴 타원형에 끝이 뾰족한 감으로 당분이 적고 떫어서 생식으로 부적합한 종류를 원료로 쓴다.

이런 감은 씨알도 적어서 완숙직전의 무게가 보통 180~230g이다.

### (2) 원료처리

먼저 칼이나 기구로 과피를 얇게 벗긴 다음, 실 등으로 꿰어 통풍이 잘 되는 곳에 매달거나 널어서 말린다.

### (3) 건조 및 손질

건조방법에는 햇볕에 말리는 천일건조(sun drying)와 화력건조(flue curing) 방법이 있는데, 천일건조의 경우는 투광과 통풍이 잘되는 곳에 매달거나 널어서 말린다.

4~5일 지나면 외피가 굳고 황갈색이 되며 주름이 생긴다. 그때부터 4~5일 간격을 두고 2~3회 반복하여 손으로 문질러서 연하고 모양이 나게 손질을 한다.

30일 정도 경과하면 손가락으로 눌러도 과육이 제모양으로 다시 올라오는데 이때쯤 1차로 거두어 들인다.

건조시 너무 건조되면 과육이 단단해지고 덜 건조되면 곰팡이가 생길 우려가 있으므로 유의해야 한다.

화력건조의 경우는 껍질이 제거된 감을 건조실에 넣고 첫날은 32℃, 2일째는 30℃, 3일째는 25℃로 차츰 온도를 내리면서 건조해야 하며, 역시 과육의 성형과 연질화하도록 손질을 하여 4~5일 건조한 다음 1~2일간 천일건조한다.

### (4) 가루내기 및 제품

위의 과정을 거쳐 건조가 끝나면 다시 모양이 나도록 만진 다음 깨끗한 짚 등을 깔아 6cm 정도 두께로 말린 감을 올려 놓고 또 짚을 까는 방법으로 층층이 쌓아 두면 24~48시간 경과 후에는 과피에 흰가루가 생기고 육질이 선명한 맛좋고 씹는 감촉이 좋은 곶감이 된다.

(a) 천일건조　　(b) 2차 건조

그림 10-3 곶감의 건조

## 6. 우림감

감에는 단감과 떫은 감이 있는데 단감은 익으면 그대로 먹을 수 있으나 떫은 감은 떫은 맛을 제거하여야 먹을 수 있다.

떫은 맛은 탄닌세포 내의 수용성 탄닌에 의한 것으로 탄닌은 탈삽처리에 의해 과실 내에 생성된 acetaldehyde, acetone 및 alcohol 등과 축합하여 불용성으로 되어 그 맛이 엷어진다. 탈삽방법에는 온탕 탈삽법, 알코올 탈삽법, 탄산가스 탈삽법, 동결 탈삽법 등이 있다.

### (1) 온탕 탈삽법

가정에서 옛부터 행하여 오던 방법으로 간편하고 짧은 시간에 할 수 있다. 40℃ 전후의 더운물에 15~24시간 담가 탈삽한다. 이 방법은 과실이 연화하여 외관이 나쁘게 되기 때문에 가정에서 소비하는 것에만 사용한다.

### (2) 알코올 탈삽법

비교적 간단하여 널리 행해지는 방법으로 밀폐용기에 과실 1kg당 40%의 에틸알코올을 4mL 정도 뿌린 후 밀폐하여 20℃에서 7일간 탈삽한다. 필요량 이상의 알코올을 넣을 경우 탈삽이 신속히 이루어지지 않고 오히려 과실 표면이 흑변하고 연화를 촉진하는 역효과가 있다.

탈삽처리시의 온도를 올려 기간을 단축하는 것은 가능하다. 그러나 이 방법은 탄산가스 탈삽법에 비해 풍미가 우수하지만 과육이 연화되기 쉽고 저장성이 떨어진다.

### (3) 탄산가스 탈삽법

풍미는 알코올 탈삽법에 미치지 못하지만 과실의 손상이 없고 연화가 일어나지 않아 저장기간이 길다. 또한 탈삽기간이 짧고 다량처리가 가능하다는 이점이 있다.

상압, 가압의 2가지 방법이 있는데 가압의 경우 압력은 0.7~1.2kg/cm$^2$, 최적가스농도는 탄산가스가 70% 전후, 산소가 1~2%이다. 상압법보다 탈삽기간은 짧지만 내압성의 공간이 필요하고 또한 탈삽 후 가스를 서서히 빼내지 않으면 과실이 터지기 쉽다.

# Part IV 축산식품가공학

Chapter 11

# 식육 및 식육가공

## 1. 식육의 근육조직

식육이란 인간이 음식물로써 이용하는 동물의 가식근육 부분으로 가축의 골격근과 지방조직, 그리고 가식 내장류를 말한다.

근육조직은 골격근, 심근 및 평활근으로 구분할 수 있으며, 이를 구성하는 근섬유의 형태에 따라 횡문근과 평활근으로 나누고, 이를 다시 기능적으로 구분하여 수의근과 불수의근으로 나눈다. 골격근과 심근은 횡문근으로 되어 있으며, 심근과 평활근은 불수의근으로 되어 있다.

### (1) 골격근

골격근(skeletal muscle)은 근섬유(muscle fiber)라 불리우는 근세포로 이루어져 있으며, 근섬유는 장원통상(타원형이며 대롱처럼 속이 빈 모양)으로 근내막(endomysium)에 의하여 서로 연결된다. 이러한 근섬유가 50~150개 모여서 1차근속(primary muscle bundle)을 형성하고, 1차근속 여러 개가 모여 2차근속(secondary muscle bundle)을 만든다. 이들 근속은 근주막(perimysium)에 의해 연결되며, 근주막에는 모세혈관, 신경섬유, 림프관 및 지방조직이 분포한다.

근육은 근막이라 부르는 근외막(epimysium)에 둘러싸여 있는데, 한 개의 근육은 방추형(spindle shape)이며, 양쪽 끝에는 각 근속의 결합조직이 합쳐져 건(tendon)이 되어 뼈에 연결된다.

근섬유는 근초(sarcoldemma)에 쌓여 있으며, 그 안에는 근장(sarcoplasm)과 근원섬유(myofibril)를 비롯한 소수의 핵, 미토콘드리아(mitochondria), 근소포체(sarcoplasmic reticulum) 등이 들어 있다.

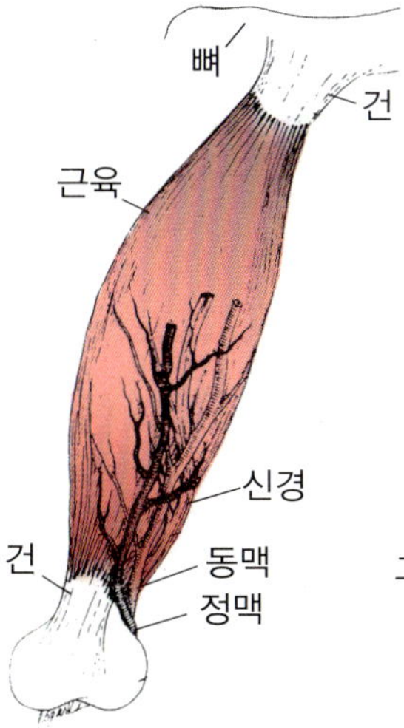


그림 11-1 골격근의 구조 (I)

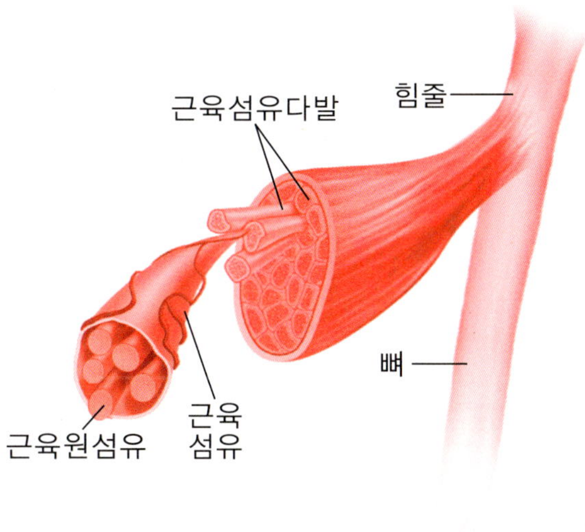


그림 11-2 골격근의 구조 (II)

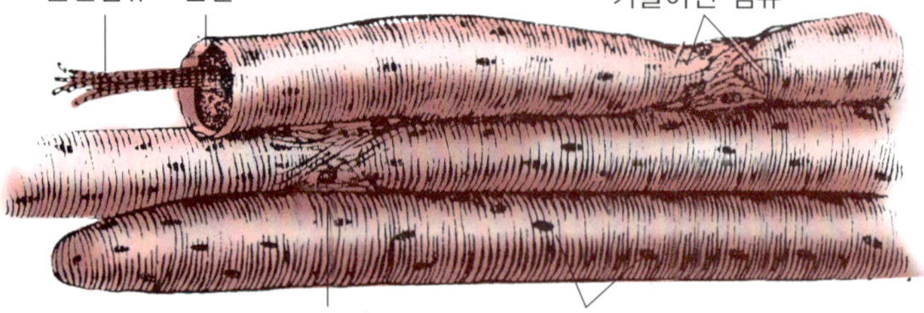


그림 11-3 근섬유의 구조(골격근)

근장은 근원섬유 사이를 메우고 있는 교질액(colloid)으로 여러 종류의 단백질과 glycogen, 지질 등 근육운동의 에너지원과 해당계효소 등 여러 종류의 효소들이 들어 있다. 근원섬유는 가늘고 긴 원통형의 섬유로 근섬유의 장축(major axis)에 평행하여 배열되어 있다.

각 근원섬유에는 암대(暗帶)인 A-band와 명대(明帶)인 I-band가 규칙적인 주기를 가지고 있어서 횡문을 나타내고, I-band의 중앙에는 Z-line이 있는데 이쪽 Z-line에서 저쪽 Z-line 사이를 근절(sarcolemma)이라 하며, 근육의 수축과 이완이 일어나는 기본적인 단위이다.

### (2) 평활근과 심근

평활근(smooth muscle)은 방추형의 평활근섬유로 되어 있으며, 장관, 요관, 방광, 기관, 혈관벽 등을 형성하고 불수의적(involuntary)으로 작용한다. 심근조직은 골격근과 같이 횡문을 가지고 있으나, 근장이 많고 근원섬유가 적은 편이다.

### (3) 지방조직

지방조직은 주로 피하, 기관의 주위, 복강 등에 다량으로 존재하면서 체온을 유지하고 영양물질로서의 축적과 기관의 보호작용을 하며, 근육 조직 내에 침착이 되면 육질을 향상시킨다. 지방조직은 지방세포(fat cell) 가 결합조직에 의하여 연결되어 있다.

### (4) 결합조직

결합조직은 체내의 여러 조직을 연결하는 조직으로 동물체를 싸고 있는 피부는 물론 각 세포와 조직, 그리고 기관을 싸거나 결합시키고 있는데, 그 화학적 특성에 따라 교원섬유(collagenous fiber), 탄성섬유(elastic fiber) 및 세망섬유(reticular fiber)가 있다.

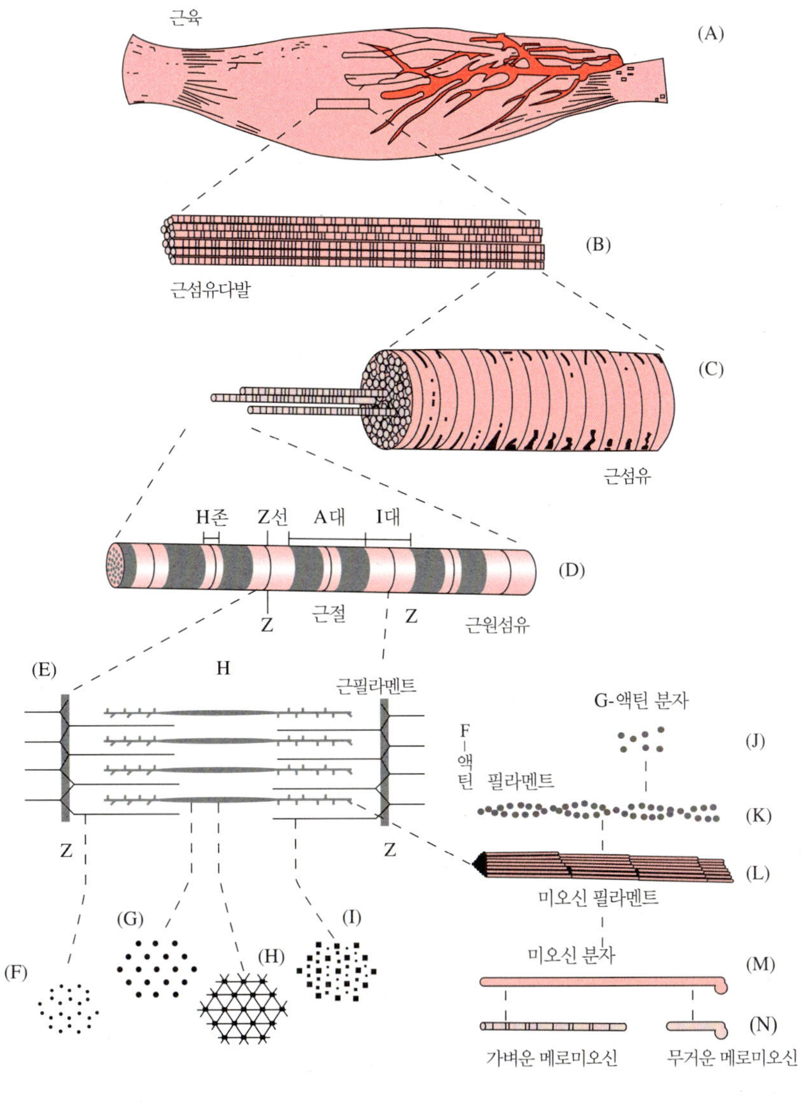


그림 11-4 근섬유의 구조(골격근)

# 2. 식육의 화학적 조성

식육의 화학적 조성은 동물의 종류, 품종, 나이, 부위 및 영양상태에 따라 차이가 있으나, 대략 70~80%의 수분과 20% 내외의 단백질이 주를 이룬다. 그 외에 지방과 탄수화물, 무기물 및 미량 성분으로 구성되어 있다.

## 1. 단백질

식육을 구성하는 단백질은 조직상의 위치, 기능 및 용해도의 차이에 따라 근장단백질(sarcoplasmic protein), 근원섬유단백질(myofibrillar protein) 및 육기질단백질(stroma protein)로 구분한다.

### (1) 근장단백질

근장단백질은 근섬유의 근장 중에 존재하며, 물 또는 저이온 강도의 염용액에서 추출되는 수용성 단백질로서 육색소(myoglobin)를 비롯한 여러 종류의 단백질과 효소들이 있지만 육가공상의 결착성과는 연관이 없다.

### (2) 근원섬유단백질

근원섬유를 구성하고 근수축에 관여하는 섬유상 단백질로서 근육단백질의 약 50%를 차지하며, 고이온 강도에서 추출되는 염용성 단백질이다. 여기에는 근수축에 직접 관여하는 수축단백질(actin과 myosin)과 근수축 운동의 조절에 관여하는 조절단백질(tropomyosin, troponin, actinin 등)이 있다.

이들 단백질은 근육의 수축 운동에 관여할 뿐만 아니라 육가공에서 기능상으로 결착성을 지배하므로, 이들의 생화학적 변화는 육질을 좌우하며 육제품의 품질에 영향을 미친다.

### (3) 육기질 단백질

육기질 단백질이란 근형질막, 모세혈관, 연골 및 인대 등을 구성하는 단백질이며, 마쇄 근육을 중성염으로 추출한 후의 잔사물로서 불용성 단백질이다.

육기질단백질의 대부분은 collagen이며, 그 밖에 elastin 과 reticulin이 있는데 이들 성분이 많으면 고기가 질기다.

표 11-1 포유동물 골격근의 화학적 평균 조성

| 성 분 | | % | |
|---|---|---|---|
| 수 분 | | | 75.0 |
| 단백질 | | | 18.5 |
| | 근원섬유단백질 | 9.5 | |
| | 근장단백질 | 6.0 | |
| | 기질단백질 | 3.0 | |
| 지 질 | | | 3.0 |
| | 중성지방(0.5~1.5%) | 1.0 | |
| | 인 지 질 | 1.0 | |
| | Cerebrosides | 0.5 | |
| | Cholesterol | 0.5 | |
| 비단백질소물 | | | 1.5 |
| | Creatin | 0.5 | |
| | Nuvlrotides | 0.3 | |
| | 유리아미노산 | 0.3 | |
| | 기 타 | 0.1 | |
| 탄수화물 (0.5~1.5%) | | | 1.0 |
| | Glycogen(0.5~1.3%) | 0.8 | |
| | Glucose | 0.1 | |
| | 기 타 | 0.1 | |
| 무기물 | | | 1.0 |
| | Potassium | 0.3 | |
| | Total phosphorus | 0.2 | |
| | Sulfur | 0.2 | |
| | Chlorine | 0.1 | |
| | Sodium | 0.1 | |
| | 기 타 | 0.1 | |

## 2. 지방

지방은 동물의 종류와 부위, 그리고 영양상태 등에 따라 그 함량의 변동이 가장 많은 성분으로, 피하와 근육간에 존재하고 에너지원으로 이용할 수 있는 축적지방과 장기 등의 조직에 들어있는 조직지방으로 나눌 수 있다.

대부분이 중성지질로 구성된 축적지방은 가축의 비육도에 따라 근주막 등에 침착되어 근간지방(intermuscular fat)을 형성하여 육질을 향상시킨다.

표 11-2 각 동물지방의 지방산 조성비율

| 지방산 \ 동물별 | 소 | 돼 지 | 닭 |
|---|---|---|---|
| Lauric | 0.1 | 미량 | - |
| Myristic | 4.5 | 0.1 | 0.1 |
| Palmitic | 27.4 | 30.1 | 25.6 |
| Stearic | 21.1 | 16.2 | 7.0 |
| Arachidic | 0.6 | 미량 | - |
| Total Saturated | 53.7 | 47.3 | 32.7 |
| Palmintoleic | 2.0 | 2.7 | 7.0 |
| Oleic | 41.6 | 40.9 | 20.4 |
| Linoleic | 1.8 | 7.1 | 21.3 |
| Linolenic | 0.5 | 0.3 | - |
| Arachidonic | 0.4 | 1.7 | 0.6 |
| Total Unsaturated | 46.3 | 52.7 | 67.3 |

## 3. 그 밖의 성분

고기 중의 무기질은 1% 내외로 적은 편이며, 탄수화물은 대부분 glycogen으로 존재한다. 지용성 비타민은 극히 소량이며, 수용성 비타민 중에는 비타민 B가 많이 들어 있다.

그 밖에 뜨거운 물로 추출하여 얻어지는 고기추출물(meat extract)로는 핵산, 유리 아미노산, peptide, guanidine, 당질 및 유기산 등의 비단백태 질소 화합물이 있는데, 이들 성분은 고기의 정미성분으로 알려지고 있다.

# 3. 근육의 사후변화

동물의 근육은 사후 시간이 경과함에 따라 물리적 또는 화학적 성질이 크게 변화한다. 이러한 근육의 사후변화는 육질(meat quality)에 큰 영향을 주게 되므로, 사후 근육 내에서 일어나는 물리화학적인 변화를 안다는 것은 고기의 이용면에서는 중요한 일이다.

## 1. 사후강직

도살직후의 고기는 부드럽고 탄력성이 크며 보수력이 높지만 일정시간이 지나면 고기는 굳어지고 장력(tension)이 발생하여 보수력이 크게 저하한다. 이러한 현상을 사후강직(rigor mortis)이라 한다.

사후강직은 근육 내의 에너지 대사와 밀접한 연관이 있는데, 동물은 사후 호흡이 정지됨에 따라 TCA cycle에 의한 ATP의 주공급원이 막히게 된다. 그러나 creatine phosphate 로부터의 ATP재생과 혐기성 대사에 의한 glycogen으로부터의 ATP생성으로 어느 시기까지는 고농도의 ATP 수준을 유지할 수 있으므로 근육은 이완된 상태를 유지 할 수 있게 된다. 이 단계를 강직 전(pre−rigor)이라 하는데, 근육은 유연하고 신전성(exensibility)이 높은 상태에 있게 된다.

사후시간이 경과함에 따라 ATP는 일반적으로 myosin − ATPase에 의하여 분해되기 시작하고, glycogen의 분해로 생성된 젖산에 의해 pH는 내려가게 된다. ATP의 농도가 어느 한계 이하로 내려가면, actin filament 와 myosin filament는 서서히 결합하여 actomyosin이 되면서 사후강직은 시작된다.

ATP의 농도가 더욱 낮아지고 pH가 최종 pH에 도달하게 되면 actin과 myosin간의 불가역적 상호결합은 더욱 많아져서, 근육은 강력한 장력을 발생시키며 최대강직기(最大强直期)에 이른다. 사후강직이 시작되는 시기와 최대강직의 시기는 동물의 종류, 나이, 영양상태, 도살시의 흥분상태, 온도 등에 따라 달라진다. 예를 들면 온도가 높으면 사후강직은 빠르고, 온도가 낮으면 사후강직은 늦어진다.

일반적으로 물고기는 1~4시간, 닭고기는 6~12시간, 쇠고기는 24~48시간, 돼지고기는 70시간 뒤에 최대강직에 이르며 경직 중에 있는 고기는 가열하여도 부드럽지 않고, 가공시에는 육단백질의 수화력이 감소하여 결착성이 나빠지므로 좋은 제품을 얻을 수 없다.

## 2. 숙 성

경직기를 지난 고기는 다시 연해지고 아미노태 질소가 증가하므로 풍미가 좋아진다. 그러므로 식육을 이용할 경우에는 먼저 근육의 경직 상태를 해제시킬 필요가 있으며, 이것을 육의 숙성(熟成)이라 한다. 숙성은 육자체가 가지고 있는 효소에 의해 단백질을 분해시켜 고기를 부드럽게 하는 것이므로 자가소화(autolysis)라고도 부른다.

그러나 고기는 여러 종류의 영양소가 풍부하므로, 경직이 완료될 무렵부터 미생물에 의한 부패가 일어나기 쉬워진다. 따라서 숙성을 시킬 때에는 저온에서 서서히 하는 것이 안전하며, 숙성기간은 쇠고기인 경우 0℃에서는 10일간, 8~10℃에서는 4일간이 적당하다.

# 4. 육가공의 원리

육가공(肉加工)이라 함은 원료육을 용도에 맞게 절단하여 분쇄, 염지, 훈연 및 가열 등의 과정을 거쳐 육제품을 만드는 과정을 말한다. 품질이 일정하고 기호성이 좋은 제품을 만들려면 원료육의 특성과 각 공정의 목적 및 효과를 잘 알아야 한다.

## 1. 염지(curing)

염지는 원료육과 소금, 기타 첨가물을 혼합하여 제품에 염미를 주고 방부성을 부여할 뿐만 아니라, 고기 중의 색소를 고정시키고 염용성 단백질을 용출시켜 보수성과 결착성을 증가시킨다.

### (1) 염지의 재료

① **소금** : 염지에 필수적인 재료로서 맛과 방부성을 주고 염용성 단백질을 용출시켜 결착성을 갖게 한다.

② **아질산염 및 질산염** : 근육 중의 육색소를 안정시킬 뿐만 아니라 미생물의 성장을 억제하고 제품의 풍미를 향상시킨다.

③ **설탕** : 제품의 풍미를 개선한다.

④ **기타** : 그 밖에 지방이나 색소의 산화를 방지하기 위한 산화방지제와 세균의 발육을 억제하는 보존제 등이 사용된다.

표 11-3 염지액의 배합 예

| 재 료 | 침 지 용 | | 주 사 용 |
|---|---|---|---|
| | A | B | |
| 물 | 100 | 100 | 100 |
| 식 염 | 15~20 | 21~15 | 24 |
| 초 석 | 0.1~0.5 | 0.1~0.5 | 0.1 |
| 아 질 산 염 | 0.05~0.08 | 0.05~0.08 | 0.1 |
| 설 탕 | 2~7 | 0.5~1.0 | 2.5 |
| 향 신 료 | 0.3~1.0 | 0.3~1.0 | 0.3~1.0 |
| M.S.G | – | – | 0.2~0.5 |

### (2) 염지방법

염지방법은 건염법(dry curing)과 액염법(wet curing)으로 나눌 수 있으며, 염지효과를 높일 수 있는 염지온도는 2~3℃가 적당하다.

#### ① 건염법

육표면에 소금을 직접 뿌리거나 원료육과 소금을 혼합하는 방법으로 보통 육중량의 2~3%의 소금을 사용한다. 이 방법은 특별한 설비가 필요하지 않으며, 소금의 침투가 빨라 초기 부패가 적은 대신에, 소금의 분포가 불균일하게 되어 품질이 고르지 못할 우려가 있고 염지 중 공기와 접촉하여 지방 및 육색소의 산화가 일어나기 쉽다.

#### ② 액염법

20% 내외의 식염수에 기타 염지제를 넣어 염지액을 만든 후, 여기에 원료육을 담그어 염지를 하는 방법으로 원료육의 두께에 따라 염지기간을 증감시켜 주어야 한다.

이 방법은 소금의 침투가 균일하므로 품질이 일정하고 공기와 직접 접촉하지 않으므로 지방이나 육색소의 산화가 적은 대신에, 염지시 용기가 필요하고 소금의 소모량이 많으며 자주 교반하여 주지 않으면 원료육 주위에 정수대(淨水帶)가 형성되어 부패하기 쉽다.

### ③ 염지액 주사법

레귤러햄 등의 원료육과 같이 두께가 두꺼운 경우, 일반적인 방법으로는 중심부까지 염지액이 침투되기 어려우므로 염지액을 원료육 중심부에 주입시킨 후 염지액에 담그는 방법으로, 초기 부패를 방지하고 염지기간을 단축시킬 수 있다.

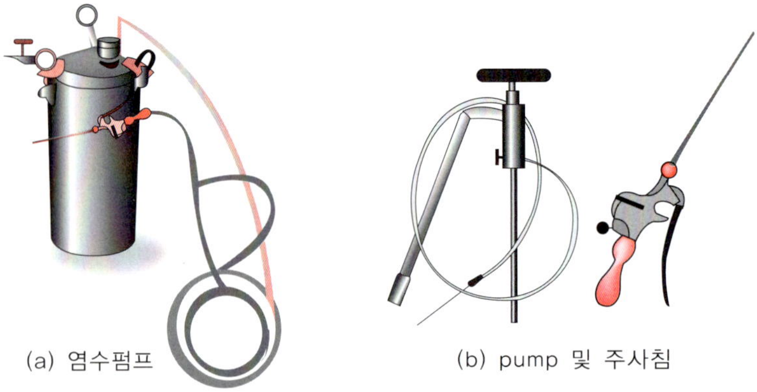

(a) 염수펌프 (b) pump 및 주사침

그림 11-5 염수주사용 기기

## 2. 혼합 및 유화

### (1) 혼합

육혼합기(meat mixer)를 사용하여 소시지원료육과 염지제를 섞거나, 프레스햄 제조시 원료육과 기타 첨가물 등을 균일하게 섞는 것을 말한다.

### (2) 세절 (grinding)

육 중에 들어있는 연골이나 결체조직 등을 파쇄하고 고기를 세절하여 다음 공정을 용이하게 하는 것을 말한다. 원료육의 용도와 제품의 종류에 따라 최종 plate의 구경 (口徑)을 달리하여야 하며, 최초 plate의 구경이 너무 작거나 마모된 칼날(knife)을 사용하여 무리하게 갈면 원료육의 온도를 상승시켜 보수력이 감소된다. 또한 원료육에 결체조직의 함량이 많을 경우에는 칼날에 결체조직이 엉겨서 고기가 갈리지 않으므로, 가능한 결체조직을 많이 제거한 후에 세절하는 것이 좋다.

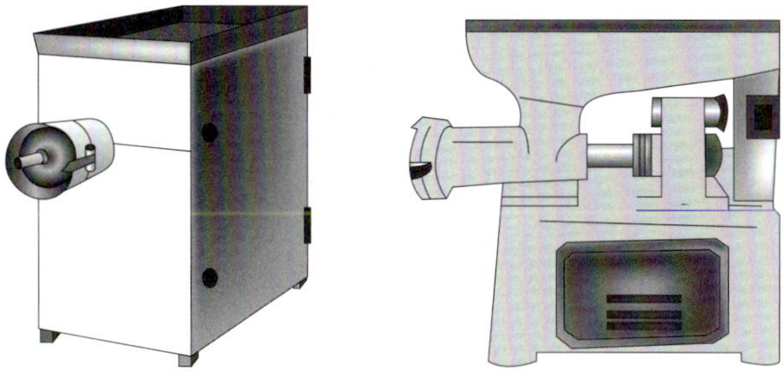

(a) box 형 (b) 평가공작소재

그림 11-6 각종 육판기(Chopper 또는 grinder)

### (3) 유화(乳化)

유화는 소시지의 품질을 좌우하는 공정으로 원료육 중의 단백질과 지방이 수분과 친화된 상태를 말한다. Silent cutter에 먼저 원료육과 소금, 빙수 등을 넣고 갈면 염용성 단백질이 용출되어 유화를 형성할 수 있게 되는데, 이때 지방을 넣고 다시 갈면 용출된 단백질은 지방 주위에 매트릭스(matrix)를 형성하게 된다. 원료육의 선도가 저하되어 단백질의 용해도가 감소하였거나, 첨가지방이 과다하게 많거나, 지방을 너무 세절한 경우이거나, myosin 함량에 비해 collagen 함량이 너무 많거나, 지나치게 가열할 경우에는 유화안정성(乳化安定性)이 좋지 않게 된다. 또한 silent cutter의 지나친 조작은 원료육의 온도를 상승시켜 단백질이 변성되므로 단백질의 추출성이 나빠진다.

그림 11-7 Silent cutter

## 3. 훈연(燻煙)

### (1) 훈연의 목적

목재를 불연소시킬 때 나오는 tar성분에 들어있는 휘발성 물질에 의해 육제품은 풍미와 외관이 개선되고 보존성이 부여되며 제품의 발색이 향상된다.

### (2) 훈연재료

훈연에 사용되고 있는 재료는 수지함량이 적고 향기가 좋으며 방부물질의 발생량이 많은 것이 좋다. 우리나라에서는 벚나무나 참나무 같은 활엽수를 주로 사용하고 있으며, 소나무와 같은 침엽수는 수지 함량이 많고 냄새가 강하기 때문에 사용되지 않는다.

### (3) 훈연방법

직접훈연법에는 냉훈법(30℃ 이하), 온훈법(30~50℃), 열훈법(50~80℃) 및 배훈법(焙燻法, 80℃ 이상)이 있다.

냉훈법은 훈연시간이 오래 걸리므로 중량의 감소가 많지만 보존성이 있고 풍미가 좋다. 온훈법의 온도 범위는 미생물이 번식하기 좋은 온도이므로 주의가 요망되며, 열훈법은 표면의 단백질이 응고하여 탄력성이 있는 제품을 만들 수 있다.

간접훈연법은 연기발생기(smoke generator)에서 만든 연기를 훈연실로 보내어 훈연을 하는 방법으로, 연기를 발생시키는 방법에 따라 연소법, 마찰 발연법 및 습열분해법 등이 있다.

## 4. 가열처리

육제품의 원료를 가열처리하는 목적은 유해한 미생물을 사멸시켜 위생상 안전하게 하고, 효소를 불활성화시켜 보존성을 높이는 것 외에도 유화형 소시지인 경우에는 단백질을 응고시켜 유화상태를 안정시키고 고기의 풍미를 향상시켜 기호성을 높이기 위해서이다.

또한 가열에 의해 육표면부의 수분이 감소되므로 미생물의 번식이 억제되며, 발색제에 의해 형성된 nitrosomyoglobin을 안정시켜 제품의 발색을 좋게 한다.

# 5. 햄과 베이컨

육제품은 식육을 가공하여 보존성과 독특한 풍미를 부여하여 기호성을 높인 식품으로, 주로 돼지고기를 원료로 사용하지만 그 밖에 다른 축육과 가금육 및 가식 내장육 등도 사용되고 있다.

육제품은 햄(ham)과 베이컨(bacon) 및 소시지(sausage)로 크게 분류할 수 있지만, 그 제조방법이나 사용되는 원료에 따라 나라마다 차이가 있으므로 그 종류는 매우 다양하다고 볼 수 있다.

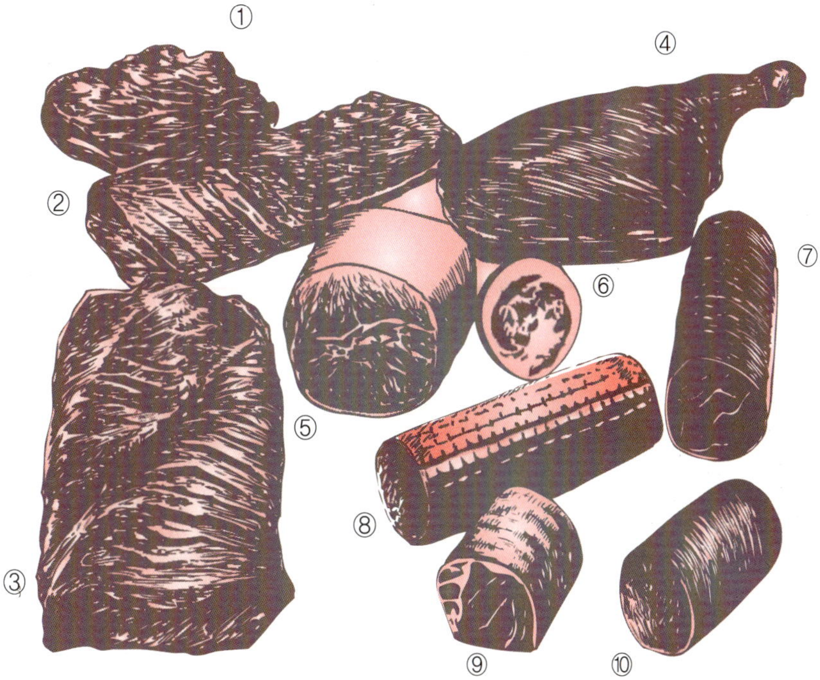


① shoulder bacon ② loss bacon ③ bacon ④ regular ham
⑤ boneless ham ⑥ belly ham ⑦ shoulder ham
⑧ press ham ⑨ lachs ham ⑩ loss ham

그림 11-8 각종 베이컨과 햄

## 1. 레귤러햄(regular ham)

레귤러햄은 돼지의 뒷다리 부위를 사용하여 만든다.

### (1) 절단(cutting)

절단하는 방법에 따라 long cut 와 short cut가 있다.

### (2) 혈교 (pressing out the blood by dry salting)

혈교는 염지 전에 육 중에 남아 있는 혈액을 제거하기 위해, 원료육의 2~3 %에 해당하는 소금과 0.1~0.2%의 질산염 및 0.01%의 아질산염을 섞어 혼합염을 만들어 원료육 표면에 잘 비벼준 후 2~4℃에서 1~2일간 저장한다. 이때 사용하는 염지통은 밑부분에 구멍이 뚫려 있어야 하며, 경사진 곳에 두어 배출된 혈액 등이 잘 흘러나갈 수 있어야 한다. 그러나 이 공정은 생략할 수도 있다.

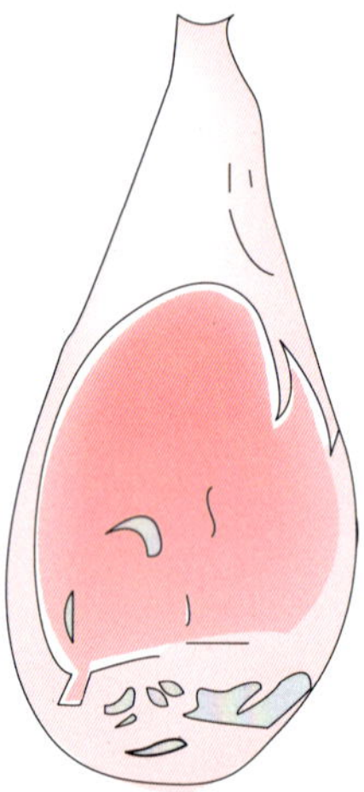

그림 11-9 Regular ham

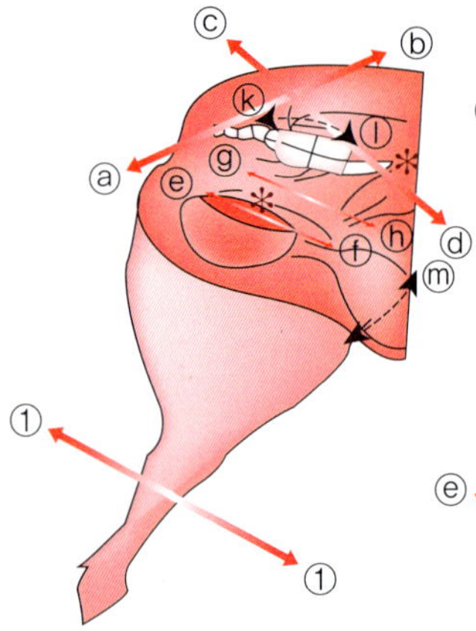

그림 11-10 Long cut ham

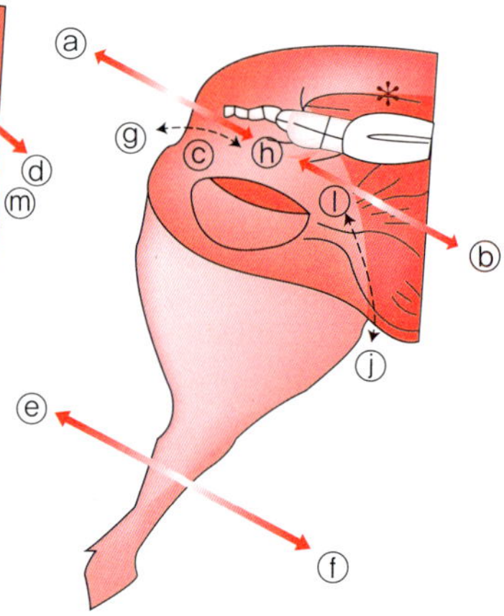

그림 11-11 Short cut ham

* : 선골
** : 치골

### (3) 염지 (curing)

염지는 원료육에 염미를 줄 뿐만 아니라 저장성과 보수성, 발색을 좋게 하기 위하여 염지액에 담그는 과정이다. 혈교를 끝낸 고기덩어리는 pickle액의 10~20%를 pickle주입기로 주입하여 염지통에 차례차례 쌓고 뚜껑을 덮은 다음에 무거운 돌을 올려 놓아서 육 전체가 염지액에 잠기도록 한다. 염지액의 양은 육 중량의 약 50% 정도, 염지기간은 3~5℃에서 kg당 5일간을 기준으로 하며, 고기덩어리가 클 때에는 20일이 넘는 경우도 있다. 염지기간 중에는 3~5일마다 상하를 바꿔 주어 염지가 균일하게 되도록 한다.

염지액은 끓인 물 5kg에 식염 1kg, 설탕 250g, 질산염 70g, 아질산염 1.4g을 넣고 10분간 끓인 후 다시 향신료 등을 넣고 여과 및 냉각하여 사용한다.

### (4) 수침 (soaking)

표면에 묻어있는 소금기를 씻어내고, 표면과 내부의 소금농도를 균일하게 하기 위하여 10℃ 정도의 유수 중에서 육 1kg당 20분 정도의 비율로 담갔다가 꺼내어 물기를 뺀다.

### (5) 정형 (dressing)

수침이 끝나면 고기 표면에 묻어 있는 오물이나 응고물의 형태를 다듬는다.

### (6) 건조 및 훈연 (drying and smoking)

정형이 끝나면 다리 쪽 끝 부분에 끈을 만든 후 서로 닿지 않도록 훈연실에 매단다. 먼저 육 표면부의 수분을 제거하고 훈연효과를 높이기 위하여 30℃ 내외에서 24시간 동안 건조를 한다. 건조가 끝나면 육 표면이 담황갈색이고 방향(芳香)이 날 때까지 50~60℃에서 1~2일간 훈연을 실시한다.

### (7) 냉각 및 포장

훈연이 끝나면 훈연실에서 꺼내어 방냉을 시킨 후 PVDC(polyvinylidinechloride) 대(袋)에 넣어 진공포장을 한다.

## 2. 본레스햄 (boneless ham)

절단, 혈교, 염지 및 수침은 regular ham과 같다.

### (1) 제골

염지 및 수침이 끝나면 골반골과 슬개골 및 하퇴골을 제거한 다음 대퇴골을 도려내고 정형을 한다.

### (2) 묶기 (rolling)

햄의 모양을 만들고 뼈를 빼고 난 공간을 결착시키기 위하여 햄틀에 넣어 압축을 하거나, 면포로 싸서 끈으로 양 끝을 묶은 다음 원통형이 되도록 나선형으로 묶는데, 끈이 느슨하면 결착력이 나빠진다.

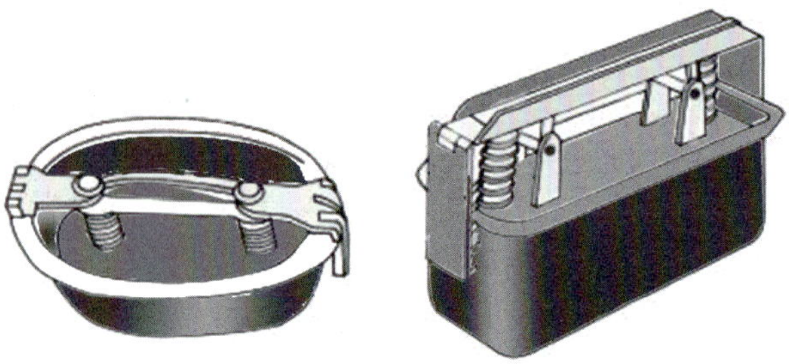

그림 11-12 햄 틀

### (3) 훈연

훈연시에는 지방이 녹아 내리므로 다리 부분을 위로 가게 매달아서 30℃ 정도에서 5~6시간 동안 건조를 한 후, 50~60℃에서 5~10시간 훈연을 한다. 훈연 중에 끈이 느슨해지면 풀어서 다시 묶어 준다.

### (4) 가열

훈연이 끝나면 제품의 중심 온도가 65℃에서 30분 이상 지속될 수 있도록 70~75℃의 물속에 넣어 가열한다. 제품의 두께와 물의 온도에 따라 다르지만 지름이 15cm 정도인 것은 70℃에서 4~5시간 가열한다.

### (5) 냉각 및 포장

가열처리가 끝난 제품은 냉각시킨 후 PVDC대에 넣어 진공포장을 한다.

## 3. 베이컨

베이컨은 지방을 적당히 포함한 돼지의 협복부를 염지와 훈연을 하여 만든 것으로 독특한 풍미가 있다.

### (1) 원료육

원료육은 돈지육(豚枝肉)의 중추(中樞)에서 흉추(胸椎)를 따라서 요추(腰椎)에 이르기까지 장방형으로 절단하여, 등심부분을 뺀 삼겹살이라 부르는 부분만을 사용한다.

베이컨의 원료육은 육질이 좋고 육과 지방의 비율이 적당한 것을 선택하여야 하며, 발골시에는 육이 손상되지 않도록 신중하게 하여야 하고, 뒤쪽이 약간 넓은 장방형으로 절단하여야 한다.

### (2) 염지

최근에는 대체로 액염법을 사용하고 있지만, 건염법을 사용할 경우에는 육 10kg당 소금 350g, 질산염 20g, 아질산염 lg, 설탕 100g, 기타 산화방지제 및 보존제를 섞은 혼합염을 육 표면에 골고루 비벼준 후, 공기와 접촉하지 않도록 비닐로 싸서 2~3℃에서 3~7일간 저장한다.

### (3) 수침

표면과 내부의 소금 농도가 다르므로 흐르는 물에 담가 소금 농도를 균일하게 하여야 한다.

### (4) 훈연

수침이 끝나면 어깨쪽 부분에 bacon pin을 꿰어 훈연실에 매달아 30℃부근에서 12~24시간 동안 건조를 하고, 냉훈법인 경우에는 20~30℃에서 2~3일간, 그리고 열훈법인 경우에는 50~60℃에서 12~24시간 동안 훈연을 시킨다.

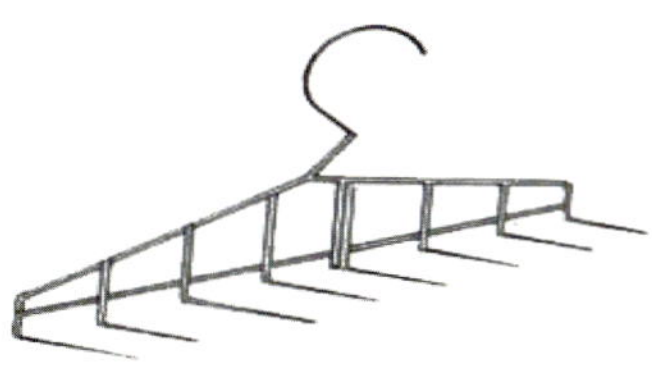

그림 11-13 bacon pin(bacon hangar)

### (5) 동결 및 포장

훈연이 끝나면 방냉시켜서 냉각을 하고, slice하기 쉽도록 동결을 한 후 동결이 되면 일정한 두께로 slice 한 후 진공포장을 한다.

## 4. 프레스 햄 (press ham)

햄과 소시지의 중간적인 특성을 갖고 있는 육제품으로서 적당한 크기로 토막낸 원료육과 조미료 및 향신료 등을 혼합하여 케이싱(casing)에 압력을 가하여 충전한 다음, 가열에 의해 단백질을 응고시켜 굳힌 제품이다.

### (1) 원료육

원료육은 햄과 베이컨의 잔육이나 그 밖에 다른 식육의 결체조직을 제거하여 적당한 크기(3~5cm)로 토막내어 사용한다. 원료처리 시 고기의 온도가 15℃ 이상이 되면 육단백질이 변성되어 결착력이 나빠지므로, 처리실의 온도는 10℃ 이하로 유지하여야 한다.

표 11-4 Press ham의 향신료와 조미료의 배합 예 (원료육 중량에 대한 %)

| 1 | 2 | 3 | 4 |
|---|---|---|---|
| white pepper ···· 0.3 | white pepper ···· 0.3 | white pepper ···· 0.3 | white pepper ···· 0.3 |
| Cardamon ········ 0.1 | Cardamon········ 0.1 | All spice ··········· 0.1 | Cardamon········ 0.1 |
| Nutmeg ············ 0.1 | Onion ··············· 0.2 | Ginger ·············· 0.1 | M.S.G ··············· 0.3 |
| Onion ··············· 0.1 | M.S.G.············0.3 | Sage ················· 0.05 | |
| M.S.G.············0.3~0.5 | | Tryme ·············· 0.05 | |
| | | Garlic ··············· 0.01 | |
| | | Onion ··············· 0.1 | |
| | | M.S.G ··············· 0.3 | |

### (2) 염지

염지는 건염법을 이용하고 있으며, 육 10kg당 소금 300g, 질산염 7.8g, 아질산염 0.9g의 혼합염을 넣고 육혼합기(meat mixer)에서 혼합한 후 공기에 접촉되지 않도록 비닐로 싸서 2~3℃에서 3~4일간 저장한다.

### (3) 혼합

염지가 끝나면 육괴의 결착을 돕기 위하여 약 10%의 원료육을 silent cutter에 갈아서 만든 결착육과 조미료, 혼합 향신료(mixspices) 및 증량제 등을 원료육과 함께 육혼합기에 넣고 잘 혼합한다. 혼합시에 시간이 너무 짧으면 결착력이 나빠지고, 너무 길면 육괴가 망가지므로 5~10분 정도가 적당하다.

### (4) 충전

혼합이 끝나면 충전기(stuffer)를 이용하여 틀(retainer)이나 케이싱에 충전을 한다. 이때 케이싱 내에 공기가 들어가게 되면, 제품 내에 기포가 생기거나 가열시 공기 팽창에 의해 케이싱이 파열될 우려가 있다.

사용되는 케이싱은 훈연 여부에 따라 통기성 또는 비통기성 케이싱을 사용하여야 하는데, 많이 사용되는 통기성 케이싱으로는 소의 방광이나 맹장 또는 셀로판(cellophane) 등이 사용된다.

### (5) 훈연

프레스 햄의 훈연은 일반적으로 열훈법을 많이 이용하고 있는데, 50℃ 정도에서 1~2시간 건조를 시킨 후 50~60℃에서 2~4시간 훈연을 실시한다. 처음부터 너무 높은 온도에서 훈연을 시키면 표면부가 응고하여 연기 성분이 잘 침투하지 못하므로 초기에는 낮은 온도에서부터 훈연을 하여야 한다.

### (6) 가열

육단백질을 응고시켜 제품의 결착성을 안정시키고 살균에 의해 보존성을 갖도록 하기 위하여, 70~75℃의 물속에서 제품의 두께에 따라 2~3시간 동안 가열한다.

#### (7) 냉각 및 포장

가열이 끝나면 비통기성 케이싱을 사용한 경우에는 방냉을 시켜서 포장을 하여도 되지만, 통기성 케이싱을 사용한 경우에는 유수 중에서 급냉시켜서 지방이나 gelatin을 응고시켜 액의 유출을 방지하여야 한다. 통기성 케이싱에 넣은 제품은 저장성이 없으므로 냉각 후 바로 진공포장을 하여야 한다.

## 6. 소시지(sausage)

소시지는 원료육을 세절하여 돼지의 배지방, 조미료 및 향신료 등을 혼합한 후 케이싱에 넣어 가열이나 훈연 또는 발효시킨 제품으로, 나라와 지방에 따라 원료육의 종류 및 비율, 케이싱, 조미료, 향신료, 제조방법이 다양하기 때문에 그 종류가 수없이 많다. 일반적으로 수분이 많은 domestic sausage와 수분이 적은 dry sausage로 분류하고 있다.

소시지의 원료로는 돈육이 주로 사용되고 있지만, 그 밖에 제품의 종류에 따라 다른 축육의 고기나 가식 내장육, 그리고 어육 등도 주원료 또는 부원료로서 사용된다.

소시지의 종류는 다양하지만 그 제조원리는 비슷하기 때문에 그 제조방법도 비슷하다고 볼 수 있다.

### 1. 더메스틱 소시지(Domestic sausage)

Domestic sausage는 제조방법에 따라 분류할 수 있다. 훈연과 가열을 하여 제조하는 것을 smoked cooked sausage, 훈연을 하지 않고 가열만 하는 것을 cooked sausage, 그리고 훈연도 가열도 하지 않고 기호에 따라 조리할 수 있도록 만든 생소시지를 fresh sausage 라 하는데, 가장 일반적인 소시지는 smoked cooked sausage 이다.

smoked cooked sausage 의 일반 제조법은 다음과 같다.

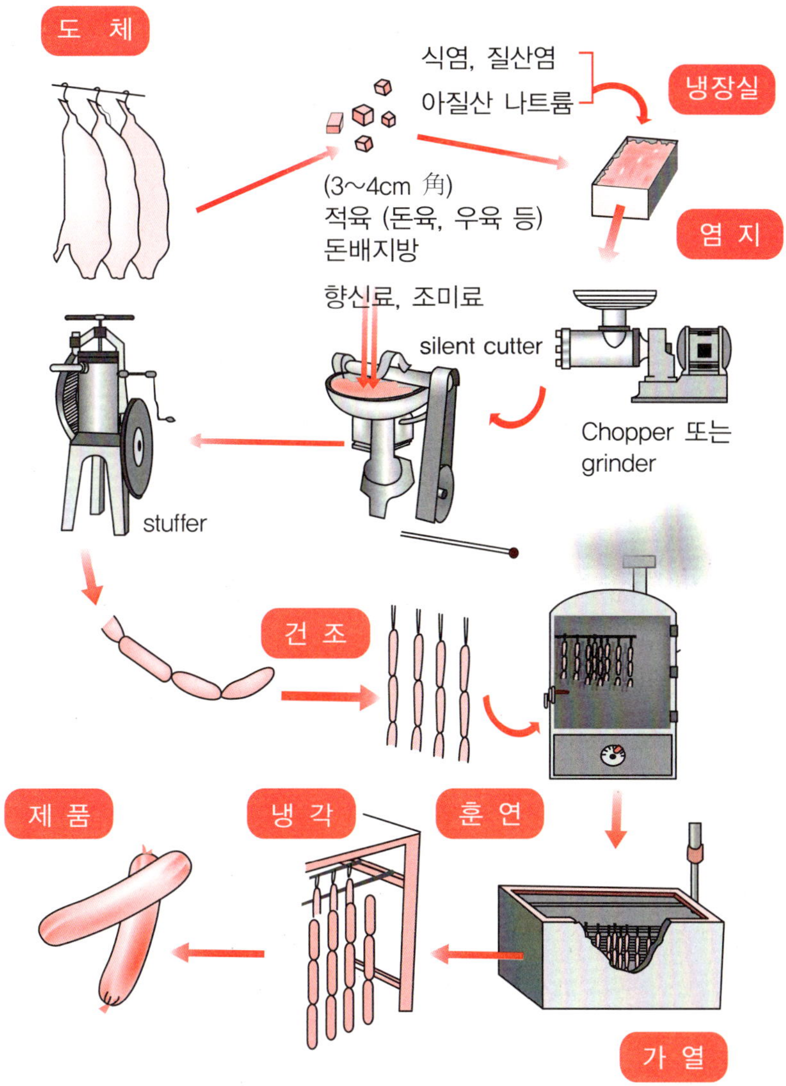


그림 11-14 소시지의 제조공정

### (1) 원료육

햄이나 베이컨 제조시에 나오는 잔육과 그 밖에 다른 축육의 고기와 가식 내장육 등이 주로 사용된다. 전처리시에는 과다한 지방과 결체조직을 제거한 후 grinder에서 세절하기 쉽도록 적당한 크기로 토막을 낸다. 돈배지방도 분리하여 결체조직을 제거한 후 적당한 크기로 토막을 낸다.

### (2) 염지

원료육은 소금, 발색제, 산화방지제 및 보존제 등과 그리고 지방은 소금과 산화방지제만을 넣고 육 혼합기에서 혼합한 후 프레스 햄과 같은 방법으로 염지를 한다.

### (3) 세절

다음의 유화공정을 원활히 하기 위하여 grinder에서 원료육과 지방을 각각 따로 세절한다. 세절시에는 목표로 하는 제품과 원료육의 종류에 따라 plate의 구경(口徑)을 달리한다. 이때 grinder의 칼날이 무디거나 무리하게 원료육을 밀어 넣으면, 고기의 온도가 상승하여 결착력을 감소시키므로 주의하여야 한다.

### (4) 혼합 및 유화

세절된 원료육은 원료의 10~20%에 해당하는 빙수와 같이 silent cutter에 넣고 갈면, 염용성 단백질이 추출되어 결착성이 큰 반죽이 된다. 여기에 적당량의 조미료, 향신료 및 증량제를 넣고 내용물이 충분히 혼합이 될 때까지 갈고 나서, 지방을 넣고 잠시동안 다시 갈면 반죽은 유화상태가 된다. 빙수를 넣는 이유는 칼날과의 마찰에 의해 원료육의 온도가 상승하는 것을 방지하기 위해서이다.

### (5) 충전

유화된 반죽은 충전기에 옮겨 케이싱에 충전된다. 케이싱은 소시지의 종류와 훈연 여부에 따라 다르지만, 훈연을 하지 않는 경우에는 PVDC와 같은 비통기성 케이싱을 사용하고, 훈연을 할 경우에는 동물의 창자로 만든 천연 케이싱을 사용한다. 이때도 프레스 햄에서와 마찬가지로 케이싱 내에 공기가 들어가지 않도록 주의하여야 한다.

### (6) 훈연

훈연방법은 프레스햄과 같지만, 소시지의 종류나 크기에 따라 훈연시간을 단축하거나 연장하여야 한다.

### (7) 가열

훈연이 끝나면 70~75℃의 물에 넣어 제품의 두께에 따라 1~3시간 동안 가열한다.

### (8) 냉각 및 포장

가열이 끝나면 유수 중에서 급랭을 시킨 후 프레스햄과 같은 과정을 거쳐 포장을 한다.

표 11-5 Fresh pork sausage 배합 예

| 재 료 | 사 용 량 |
|---|---|
| 돼지고기 | 39kg |
| 돼지 지방(豚脂肪) | 7kg |
| 식 염 | 1kg |
| 설 탕 | 200g |
| Nutmeg | 57g |
| Ginger | 43g |
| Sage | 28g |
| Pepper | 170g |

표 11-6 pork sausage 배합 예

| 재 료 | 사 용 량 |
|---|---|
| 돼지고기<br>(적육 80% 함유) | 45kg |
| 식 염 | 1.3kg |
| 설 탕 | 57g |
| White pepper | 200g |
| Nutmeg | 28g |
| Ginger | 28g |
| $NaNO_3$(초석) | 170g |

표 11-7 Cooked salami 배합 예

| 재 료 | 사 용 량 |
|---|---|
| 쇠고기 | 15kg |
| 돼지 붉은 살코기 | 15kg |
| 돼지고기 | 15kg |
| 식 염 | 1,360g |
| 설 탕 | 170g |
| $NaNo_3$ | 85g |
| Black pepper | 200g |
| Cinnamon | 28g |
| Garlic | 21g |

표 11-8 Fresh salami 배합 예

| 재 료 | 사 용 량 |
|---|---|
| 쇠고기 | 27kg |
| 소염통 | 9kg |
| 돼지 지방 | 9kg |
| 식 염 | 1,360g |
| $NaNo_3$ | 85g |
| 설 탕 | 36g |
| Garlic | 43g |
| White pepper | 200g |
| Coriander | 57g |
| Nutmeg | 28g |
| Cinnamon | 28g |

## 2. 건조 소시지 (Dry sausage)

Dry sausage는 저온에서 장시간 동안 건조와 훈연과정을 거쳐 제조되므로, domestic sausage보다 보존성이 있으며, 조리를 하지 않고 그대로 먹을 수도 있다.

### (1) 원료육

원료육은 비교적 색이 짙고 지방이 적은 우육과 돈육을 염지하여 사용한다. 지방은 돈배지방을 염지하여 3mm로 토막낸 것을 사용한다.

### (2) 세절

육의 세절에는 로카(rockcr)가 사용되는데, 로카가 없으면 중간 정도의 구경을 가진 plate를 끼운 grinder를 사용하면 된다.

### (3) 혼합

Grinder에서 거칠게 간 육을 육혼합기에 넣어 조미료, 향신료 및 지방과 혼합한다. 이때 Dry sausage는 silent cutter를 사용하지 않는다.

### (4) 충전

Dry sausage는 건조가 생명이므로 케이싱은 천연 케이싱과 같은 통기성 케이싱을 사용하여야 한다. 그리고 건조에 의해 제품이 현저하게 수축, 변형되기 쉬우므로 케이싱은 매우 커야 하고, 구부러지지 않은 것이 좋다. 충전 방법은 domestic sausage에 준한다.

### (5) 건조 및 훈연

충전된 소시지는 150℃ 정도의 건조실에 매달아서 건조를 시킨다. 훈연을 요하는 것은 2~3일 후 표면이 건조되면 15~20℃에서 1~2일간 훈연을 한다. 훈연이 끝나면 10℃ 이내의 건조실에서 다시 건조를 한다. 건조의 정도는 제품의 종류에 따라 다르지만, 중량이 50% 정도 감소되면 적당하다.

초기에 건조가 너무 빠르면 표면만 건조하여 굳어지므로 중심부는 건조되기 어렵게 된다. 이 때문에 제품이 완성되는데 많은 시간이 걸릴 뿐만 아니라, 잘못되면 부패할 우려도 있다.

Chapter 12

# 난가공(卵加工)

난가공은 우유나 육가공에 비해 발전이 느린 편이지만, 난(卵)은 예로부터 신선한 상태로 또는 요리용으로 사용되었기 때문에 가공보다는 저장에 중점을 두어 왔다. 현재 많이 사용되고 있는 난은 주로 달걀로서 1차 제품으로는 액란, 동결란, 건조란 등이 있고, 2차 제품으로는 마요네즈를 위시한 과자의 재료 및 난음료 등이 있다.

## 1. 달걀의 구조

달걀의 구조는 그림 12-1에서 보는 바와 같이 난각, 난각막, 난백, 그리고 난황으로 이루어져 있다.

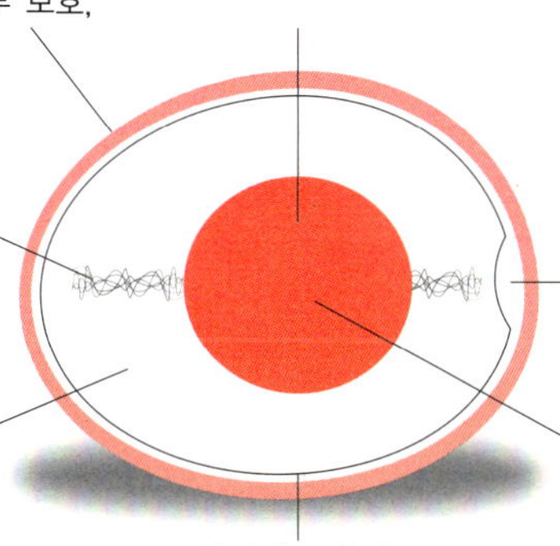


그림 12-1 달걀의 구조

## 1. 난각 (egg shell)

난각은 난각막과 밀착되어 있는데, 그 두께는 250~400μm 이고 $1cm^2$ 당 30~100개의 세공이 있는 다공질상으로 되어 있다. 산란 직후의 난각표면에는 수란관에서 분비된 점액이 건조된 극히 얇은 큐티클(shell cuticle)이 있으며, 저장과 마찰에 의해 쉽게 없어진다.

## 2. 난각막 (egg shell membrane)

난각막은 내외 2층으로 되어 있으나, 둔단부에서는 산란 직후 외기에 의해 냉각이 되면 내난각막의 수축에 의해 내외 난각막이 서로 떨어져서 공간을 만드는데 이것을 기실(air cell)이라 하며, 저장기간이 길어질수록 그 크기는 커진다.

내외 난각막들은 케라틴(keratin)과 같은 단백섬유로 되어 있으며, 그 두께는 각각 0.2~0.4mm로 내난각막이 외난각막보다 섬세한 섬유로 되어 있다.

## 3. 난백 (albumin 또는 egg white)

난백은 농도와 점조성의 강약에 따라 외수양난백 (outer thin albumin), 농후난백(dcnsc albumin), 내수양난백 (inncr thin albumin)과 난황을 둘러싼 농후난백의 양단에서 뻗어 나와 있는 난대(chalazae)로 이루어져 있다.

농후난백은 점조한 ovomucin으로 되어있는 망상섬유와 ovalbumin으로 되어있어 젤(gel)상이지만, 시간의 흐름에 따라 점점 점성이 없어지면서 수양화(水樣化)가 되어 수양난백이 증가하게 된다. 난백의 비중은 1.039~1.052로 난황의 비중보다 높고, 빙결점은 −0.42~−0.46℃이다. 난황의 위치를 고정시켜주는 난대는 난황의 표면을 둘러싸고 있는 막상부와 나선상의 색상부로 되어 있다.

난백은 공기와 접촉하면 굳어지는 성질이 있어서 기포성이 크기 때문에 제과, 제빵시 기포제로 이용된다.

### 4. 난황(egg yolk)

난황은 무색투명한 난황막(yolk membrane)에 싸여 구형에 가까운 모양으로 알의 중앙부에 위치한다. 난황의 비중은 1.0288~1.0299인데 비하여 배반(germinal disc)의 비중은 1.0266~ 1.0277이기 때문에 유정란에서는 항상 배반이 난황의 위쪽에 떠 있게 된다. 난황의 빙결점은 −0.6~−0.56℃이다.

난황을 자세히 관찰하면 배반으로부터 난황의 중심부쪽으로는 라테브라(latebra)가 있으며, 이를 중심으로 황색난황(yellow yolk)과 백색난황(white yolk)이 층을 이루고 있다.

## 2. 달걀의 화학적 조성

달걀의 화학적 조성은 품종, 연령, 개체, 영양상태 및 저장기간에 따라 다르지만 일반적인 평균치는 표 12−1과 같다.

표 12−1 달걀의 화학적 조성 (평균, %)

| 성분 \ 부분 | 전란 | 난백 | 난황 | 난각 |
|---|---|---|---|---|
| 전란에 대한 비율 | 100 | 58 | 31 | 11 |
| 수분 | 65.5 | 88.0 | 45.0 | |
| 단백질 | 11.8 | 11.0 | 17.5 | |
| 지방 | 11.0 | 0.2 | 32.5 | |
| 무기질 | 11.7 | 0.8 | 2.0 | |
| 탄산칼슘 | | | | 94.0 |
| 탄산마그네슘 | | | | 1.0 |
| 인산칼슘 | | | | 1.0 |
| 유기질 | | | | 4.0 |

### 1. 난각 및 난각막

난각의 조성은 탄산칼슘($CaCO_3$ : 96.4%), 탄산마그네슘($MgCO_3$ : 1.5%) 및 인산칼슘[$Ca_3(PO_4)_2$ : 0.84%]과 같은 칼슘염으로 된 무기질과 약간의 유기질, 수분으로 이루어져 있다. 난각막 및 큐티클을 포함하여 분석하면 유기질이 4.5~5%이고 수분은 1.5% 정도이다.

## 2. 난백

난백의 총고형분 함량은 12~13%이며, 고형분의 90% 이상이 단백질이다. 난백을 구성하는 단백질의 종류는 많으나 그 중 주요한 단백질의 종류는 다음과 같다.

### (1) 단백질

① Ovalbumin : 난백의 주 단백질 (54%를 차지함)로서 열(64~67℃)에 의해 쉽게 응고하며, 인과 당이 결합되어 있는 인단백질의 일종이다.

② Ovomucoid : 당을 함유하는 당단백질로서 열에 대한 응고성이 없으며, trypsin 작용을 저지하는 항트립신(antitrypsin) 작용이 있다. 그러나 이러한 작용은 70℃에서 1시간 동안 가열하면 대부분이 소실된다.

③ Lysozyme : 특정한 세균이 세포막 중의 다당류를 분해하여 파괴하는 용균작용이 있으나, 63℃에서 10분간 가열로 그 작용이 소실된다.

표 12-2 난백 중 단백질의 조성 비율

| 단 백 질 명 | 전단백질 중(%) | 등 전 점 |
|---|---|---|
| Ovalbumin | 54 | 4.6 |
| Conalbumin | 13 | 6.6 |
| Ovomucoid | 11 | 3.9~4.3 |
| Lysozyme(Gi Globulin) | 3.5 | 10.7 |
| G2 Globulin | 4.0(?) | 5.5 |
| G3 Globulin | 4.0(?) | 5.8 |
| Ovomucin | 1.5 | ? |
| Flavoprotein | 0.8 | 4.1 |
| Ovoglycoprotein | 0.5(?) | 3.9 |
| Ovomacroglobulin | 0.5 | 4.5~4.7 |
| Ovoinhibitor | 0.1 | 5.2 |
| Avidin | 0.05 | 9.5 |

④ Ovoglobulin : 기포성이 가장 우수한 단백질이다.

⑤ Ovomucin : 대표적인 당단백질의 하나이며, 난백 중에 교질상으로 분산되어 난백의 섬유구조의 주체를 이루는 점성단백의 하나로서 ovomucoid와 같이 농후단백과 난대를 구성한다. 농후난백에는 수양난백보다 4배 이상 많이 들어 있는데, 난백의 수양화는 ovomucin의 gel상 부분이 sol상으로 바뀌기 때문이다.

⑥ Avidin : biotin 또는 biotin 화합물과 결합하여 미생물 등의 biotin 흡수를 방해하여 biotin결핍증을 초래하는 단백질이지만, 이 작용도 가열을 하면 소실된다.

⑦ Ovoinhibition : 세균 및 곰팡이 등의 단백분해효소의 분해작용을 저해하는 단백분해효소 저해작용제(protolytic inhibitor)로 알려지고 있으며, 70℃에서 60분간 가열로 그 작용이 소실된다.

### (2) 지질

난백 중의 지질 함량은 0.05%로 극소량이지만, 저장기간이 길어짐에 따라 난황 중의 지질이 이동하며 그 함량이 증가한다.

### (3) 탄수화물

난백 중의 당은 포도당(glucose)을 비롯한 과당(fructose), 만노오스(mannose), 펜토오스(pentose) 등이며, 단백질과 결합한 상태로 들어 있다. 이러한 당들은 건조시에 변질과 변색의 원인이 된다.

### (4) 무기질

난백 중에는 황(S), 인(P) 외에도 많은 종류의 무기성분이 미량성분으로 들어 있다. 황은 영양적 가치 외에 달걀의 조리 및 가공시 외관과 풍미에 영향을 준다. 난백 중의 황화수소($H_2S$)는 삶은 달걀의 난백과 난황 경계에서의 변색의 원인이 되며 삶은 달걀의 냄새를 낸다.

### (5) 비타민

지용성 비타민은 없고 수용성 비타민은 들어 있으나 비타민 C는 전혀 없다.

## 3. 난황과 난황막

난황막은 대부분이 mucin, keratin 및 collagen 등의 단백질로 되어 있으며, 표층은 gel상의 섬유구조이고 내층은 주로 collagen으로 되어 있다.

난황은 고형분이 약 50% 정도로 높은 편이며, 그 중 지질이 32%, 단백질이 16%, 무기질 2% 및 탄수화물 1% 등으로 되어 있다.

### (1) 단백질

난황단백질은 약 84% 정도가 인단백질이 지질과 결합된 lipoprotein이다.

### (2) 지질

난황 고형물의 60% 이상을 차지하는 지질은 대부분이 단백질과 결합되어 있는데, 약 30%는 인지질이며 3%는 불검화물, 그리고 기타는 glyceride 이다.

① 인지질 : 주요 인지질로는 lecithin(58%)과 cephaline이 있다.

② 불검화물 : 불검화물의 약 90%는 cholesterol 이다.

③ Triglyceride : 지방산의 대부분은 oleinic acid 와 palmitic acid 이다.

### (3) 탄수화물

난황 중의 탄수화물은 주로 포도당이다.

### (4) 무기성분

난황에는 인단백질 및 인지질의 함량이 크므로 인(P)의 함유량이 많으며, 황(S)은 함황단백질로서 존재한다.

### (5) 비타민

난황 중에는 지용성 비타민과 함께 수용성 비타민도 많이 들어 있으나 비타민 C는 들어 있지 않다.

### (6) 색소

난황색소는 사료에서 유래되는 것으로서 xanthophyll에 속하는 lutein과 zeaxanthin을 주체로 한다.

표 12-3 난백과 난황 및 전란의 조성 (%)

| 성분 \ 부분 | 난 백 | 난 황 | 전 란 |
|---|---|---|---|
| 단 백 질 | 9.7~10.6 | 15.7~16.6 | 12.8~13.4 |
| 지 질 | 0.03 | 31.8~35.5 | 10.5~11.8 |
| 탄 수 화 물 | 0.4~0.9 | 0.2~1.0 | 0.3~1.0 |
| 무 기 물 | 0.5~0.6 | 1.1 | 0.8~1.0 |

## 3. 달걀의 품질

신선란에는 난각의 표면에 큐티클(cuticle)이라 불리는 얇은 층이 있으며, 난각의 내측에는 2겹의 난각막이 있어서 외부에서 난각을 통하여 미생물이 침입하는 것을 방지하고 있다. 또 난백에는 리소자임 (lysozyme)이라는 항균성을 갖는 단백질이 있으므로, 난의 표면을 청결히 하면 0℃에서 4개월간 저장하여도 풍미가 변하지 않는다.

난의 표면에 물이 닿으면 큐티클층이 벗겨져서, 난각 표면에 있는 다수의 기공을 통하여 미생물이 침입하게 된다. 한편 난백은 농후난백이 수양화하면 액상화하고, 난황이 난각에 직접 접하게 되면 난은 부패하기 쉽다.

난백의 액상화는 난을 평판상(平板上)에서 분할하여 난백의 높이를 난백의 평균직경으로 나눈 수(난백계수라 한다)를 측정함으로써 알 수 있다.

난의 신선도가 저하하면, 난백의 액상화가 일어나서 난백계수는 작아진다.

난의 선도는 이와 같이 난백계수를 측정하면 알 수 있지만, 비중과 투시에 의해서도 어느 정도 알 수 있다. 오래된 난은 기공을 통하여 내부로부터 수분이 증발하기 때문에 비중이 감소하거나 기실이 커지기 때문이다.

표 12-4 도포물의 배합 예 (달걀 100개분)

| 배합물 | 사용량 (g) |
|---|---|
| 탄 산 소 다 | 140 |
| 초 목 회 | 700 |
| 소 금 | 250 |
| 생 석 회 | 1,000 |

## 4. 달걀의 저장

난을 저장한다는 것은 난의 내용물을 가능한 신선하게 유지함과 동시에 난각에 있는 기공을 통하여 미생물이 침입하는 것을 방지하는 것이다. 난에 있는 여러 종류의 효소의 작용에 의해 내용 성분의 변화가 일어나므로, 난의 신선도를 유지하기 위해서는 냉장을 시키는 것이 바람직하다.

난을 0℃ 내외에서 냉장을 하면 6개월 이상 저장할 수 있지만, 냉장 중에도 난은 계속해서 호흡하므로 탄산가스가 배출되어 난의 pH는 올라가게 된다. 난을 일정량의 탄산가스 중에 저장하면(가스저장) 이런 변화들을 지연시킬 수 있으므로 냉장법과 가스저장법을 병용하면 저장란의 품질을 훨씬 더 오래 유지할 수 있다.

기공을 통하여 세균이 침입하는 것을 방지하는 방법으로는 난각 표면을 밀봉시키는 방법이 있다. 난각 표면에 기름, 파라핀(paraffine), 물유리 및 방부제를 혼합한 에멀젼(emulsion)을 도포하여 피막을 만들면 기공이 막히게 되어 내부에서 탄산가스나 수분이 발산되는 것을 방지할 수 있을 뿐 아니라 외부에서 미생물이 침투되는 것을 방지할 수 있으므로 오랫동안 저장할 수 있게 된다.

이러한 난각 표면처리법과 냉장법을 병용하면 난의 저장기간은 훨씬 길어진다.

# 5. 달걀 제품

## (1) 건조란

건조란에는 전란분, 노른자분(卵黃粉) 및 흰자분(卵白粉)이 있는데 전란분은 신선란 또는 냉동란을 분무건조하거나 피막건조한 것이다. 전란분은 물을 가해 용해시켰을 때 풍미와 용해도, 그리고 영양가치가 신선란과 같아야 한다. 전란분의 포립성은 신선란을 원료로 한 것보다 냉동상태에서 분무건조한 것이 좋다고 한다.

난분은 저장 중에 갈변할 우려가 있으므로, 갈변의 원인이 되는 성분인 난백 중의 당(주로 포도당)을 제거하여야 한다. 유산균과 같은 미생물에 의한 발효와 glucose oxidase와 같은 효소에 의해 당을 제거할 수 있다.

## (2) 피단 (pidan)

난 중에 알칼리를 침투시켜 내용물을 응고 · 숙성시킨 것으로서, 중국에서 주로 만들어지던 제품이지만 최근에는 세계적으로 널리 알려지게 되었다. 본래는 오리알을 원료로 한 것이지만, 달걀을 사용하여도 무방하다.

피단을 만들 때에는 탄산소다, 초목회, 소금, 생석회 및 물을 적당한 비율로 혼합하여 반죽한 것을 난각 표면에 1cm 두께로 일정하게 도포한 후 항아리에 넣고 찬곳에서 3~4개월 방치하여 만든다. 그러면 도포한 알칼리가 난 속으로 침투하여 난백을 응고시키고 투명한 적갈색을 띠게 한다.
그리고, 난황은 가장자리 부분이 응고하게 되고 외부는 흑녹색, 내부는 황갈색을 띠게 되며, 암모니아와 유화수소 등의 휘발성 물질이 생성되어 독특한 풍미를 갖는 제품이 된다.

달걀의 난백은 오리알의 경우와는 달리 젤라틴화 하여 단단해지므로, 오리알과 같은 방법으로 처리한 후 한 번 더 삶아 주면, 오리알과 같은 상태가 된다. 그러나 맛은 오리알이 더 좋다.

### (3) 마요네즈 (mayonnaise)

샐러드유(salad oil)와 같은 고급 식용유와 난황, 식초 등을 유화시켜 만든 제품이다. 기름은 마요네즈의 주성분으로 그 품질이 특히 중요하므로, 정제한 올리브유(olive oil), 면실유, 대두유 등이 사용된다.

제법은 먼저 신선한 난황을 혼합기에 일정량을 가하여 고속으로 충분히 교반한 후 기름을 소량씩 가한다. 기름을 가하는 방법은 유화와 관계가 있으므로, 처음에는 유화의 정도를 보면서 소량씩 가하다가 점점 양을 늘린다.

유화되기 식초를 가하여 교반한 후 마지막에는 전량의 기름, 식염 및 향신료 등을 가해 충분히 교반한다.

표 12-5 마요네즈의 배합 예

| | 1 | 2 | 3 | 4 | 5 |
|---|---|---|---|---|---|
| 샐러드유 | 65.0 | 73.2 | 77.0 | 74.0 | 74.0 |
| 난 황 | 17.0 | 12.2 | 10.0 | 9.5 | 11.0 |
| 난 백 | – | – | – | 2.5 | – |
| 식 초 | 10.0 | 10.3 | 6.4 | 9.5 | 10.0 |
| 물 | 3.0 | – | 4.8 | – | – |
| 겨자가루 | 0.7 | 1.0 | 0.3 | 0.7 | 1.0 |
| 식 염 | 2.0 | 0.9 | 0.5 | 1.8 | 1.5 |
| 설 탕 | 2.3 | 2.4 | 1.0 | 1.9 | 2.5 |
| 기 타 | – | – | – | 0.1 | – |

Chapter 13

# 우유 및 유제품

## 1. 우유

젖은 포유동물의 첫 영양공급원으로서 그 성분의 대부분이 유선에서 합성되어 유두를 거쳐 분비되는 자연식품이다. 또한 단일식품으로서는 여러가지 영양분이 골고루 들어있는 거의 완전에 가까운 식품으로 오래 전부터 인류의 식량으로 이용되어 왔다.

유가공이란 여러 동물의 젖을 가공하여 유제품을 만드는 것을 말하는데 현재는 대부분의 유제품이 소의 젖, 즉 우유를 원료로 하고 있다. 따라서 유가공학은 우유를 이용하여 유제품을 만드는데 필요한 학문을 습득하는 것이라 할 수 있다.

### 1. 우유의 식품적 가치

식품의 가치는 많은 영양소가 얼마나 골고루 들어 있느냐 하는 영양적 가치 외에 기호성, 저장성, 이용성, 편이성 등을 얼마나 충족시켜 주느냐에 따라 그 가치가 높다고 할 수 있다.

우유는 단일식품으로서 사람이 필요로 하는 영양소를 양과 질적인 면에서 많은 부분을 충족시켜 주므로, 그 영양적 가치는 충분히 인정받고 있다.

뿐만 아니라 우유는 ① 먹기 편하고 버리는 부분이 없으며, ② 주성분을 분리시켜 다른 제품을 만들기 쉽고, ③ 소화가 빠르고 쉬우므로 모든 연령층에 적합한 영양식품이며, ④ 제품의 포장이 용이하여 소비를 촉진할 수 있고, ⑤ 원료에서 소비까지 위생적으로 처리 · 가공 · 유통되는 식품이며, ⑥ 가공법이 다양하므로 다양한 제품을 만들 수 있어 기호에 따라 제품을 선택할 수 있는 등 식품으로서의 많은 장점을 갖고 있다.

## 2. 우유의 성상

우유는 유백색(乳白色)의 불투명한 액체이나 때로는 담황색을 나타낼 때도 있으며, 특유한 풍미를 갖고 있다.

우유는 수분, 단백질, 지질, 탄수화물, 무기질 및 비타민과 기타 여러 종류의 미량성분으로 구성되어 있다. 이들 성분은 우유 중에서 일부는 물에 용해되어 있고(단백질의 일부분, 유당, 무기질의 대부분, 가스체), 일부는 현탁질(suspension)로서 colloid 상태로 분산되어 있으며(단백질의 대부분, 무기질의 일부), 또 일부는 유탁질(emulsion)로서 존재(지질, 지용성 비타민)하고 있다.

우유는 이용과정에서 또는 성분내용에 따라 그 명칭을 달리 부르고 있다. 목장에서 착유되어 살균되지 않은 우유를 생유(raw milk), 살균 처리된 우유를 살균유(pasteurized milk)라고 한다. 또한 모든 조성 성분이 다 들어있는 우유를 전유 또는 전지유(whole milk), 우유에서 cream을 분리하여 유지방이 거의 들어 있지 않은 우유를 탈지유(skim milk)라 한다.

Cream은 butter의 제조 원료가 되며, 부산물로 유장(乳漿)이라 불리우는 butter milk가 나온다. 전유 또는 탈지유에 산 또는 rennin과 같은 응유효소를 작용시키면 응고물이 생기는데 이것이 cheese의 원료가 되는 curd이며, 이때 부산물로서 유청이라 불리우는 whey가 생긴다.

### (1) 우유의 평균조성

젖의 조성과 그 동물의 발육속도와는 밀접한 관계가 있고, 발육이 빠를수록 전고형분의 비율이 높은데, 특히 단백질과 무기질 함량이 많은 것을 볼 수 있다.

우유의 조성은 품종, 개체, 비유기, 계절, 사료, 연령, 영양상태 및 질병유무에 따라 차이가 있지만, 우리나라에서 많이 사육되고 있는 Holstein 종인 경우 평균적으로 약 87%의 수분과 약 13%의 고형분으로 되어 있고, 전고형분 중에는 유당 함량(4.8%)이 제일 많으며, 다음으로 유지방(3.7%), 유단백(3.4%), 무기질(0.7%) 순으로 들어 있다.

표 13-1 각종 포유동물 유즙의 일반조성 (%)

| 동 물 명 | 전고형분 | 지 방 | 단백질 | 유 당 | 무기질 | 생시 체중이 2배로 되는 일수 |
|---|---|---|---|---|---|---|
| 사 람 | 12.57 | 3.70 | 1.63 | 6.98 | 0.21 | 180 |
| 젖 소 | 12.71 | 3.66 | 3.42 | 4.92 | 0.71 | 50 |
| 산 양 | 12.19 | 3.72 | 3.30 | 4.25 | 0.80 | 22 |
| 면 양 | 16.53 | 5.97 | 5.62 | 4.22 | 0.85 | 15 |
| 돼 지 | 20.04 | 7.71 | 5.91 | 4.79 | 0.86 | 14 |
| 토 끼 | 31.50 | 13.60 | 12.95 | 2.40 | 2.55 | 6 |
| 개 | 15.45 | 10.20 | 3.15 | 11.30 | 0.80 | 9 |
| 말 | 10.14 | 1.59 | 2.00 | 6.14 | 0.41 | 60 |

### (2) 우유의 조성분 변화에 영향을 주는 요인

#### ① 품종

우유는 젖소의 품종에 따라 조성이 다르고, 그에 따라 우유의 색깔도 다르다. Jersey종과 Guernsey종의 젖은 고형분, 특히 유지방 함량이 많아 황색을 띠며, Holstein종은 유지방 함량이 적은 대신 수분이 많아 거의 백색에 가깝다. 그러나 Holstein종은 유지방 함량이 적은 대신 유량은 다른 품종에 비해 가장 많다.

표 13-2 각종 젖소의 품종별 젖의 평균조성 (%)

| 품 종 | 수 분 | 전고형분 | 지 방 | 단 백 질 | 유 당 | 회 분 |
|---|---|---|---|---|---|---|
| Holstein | 88.12 | 12.21 | 3.52 | 3.30 | 4.70 | 0.69 |
| Jersey | 85.60 | 14.40 | 5.05 | 3.75 | 4.84 | 0.76 |
| Guernsey | 85.89 | 14.11 | 4.75 | 3.75 | 4.86 | 0.75 |
| Brown swiss | 86.93 | 13.07 | 3.95 | 3.43 | 5.00 | 0.73 |
| Ayrshire | 87.42 | 12.58 | 3.85 | 3.32 | 4.70 | 0.71 |

② 비유기 (stage of lactation)

일반적으로 분만 후 5~7일간 분비되는 젖을 초유(colostrum)라 하는데, 그 조성이 상유와는 크게 달라서 albumin과 면역 globulin 등의 단백질과 무기질, 그리고 비타민 A 등이 많이 들어 있으므로 농도가 짙고 황색을 띤다.

초유는 분만직후부터 고형분 함량이 점차 감소되어 5~7일 후에는 상유와 같은 조성이 되며, 분만 후 1~2개월간은 비유량이 많다가 차차 감소하여 비유말기에 가까울수록 유량이 적어진다.

표 13-3 초유에서 상유로의 기간에 우유조성의 변화(%)

| 기 간 | 전고형분 | 전단백질 | casein | albumin | fat | lactose | ash |
|---|---|---|---|---|---|---|---|
| 분만 직후 | 26.99 | 17.57 | 5.08 | 11.34 | 5.10 | 2.19 | 1.01 |
| 6시간 후 | 20.46 | 10.00 | 3.51 | 6.3 | 6.85 | 2.71 | 0.91 |
| 12시간 후 | 14.53 | 6.05 | 3.00 | 2.96 | 3.80 | 3.71 | 0.89 |
| 1일 후 | 12.77 | 4.52 | 2.76 | 1.48 | 3.40 | 3.98 | 0.86 |
| 2일 후 | 11.46 | 3.74 | 2.63 | 0.99 | 2.80 | 3.97 | 0.83 |
| 3일 후 | 11.86 | 3.86 | 2.70 | 0.97 | 3.10 | 4.37 | 0.84 |
| 5일 후 | 12.67 | 3.86 | 2.68 | 0.87 | 3.75 | 4.76 | 0.85 |
| 7일 후 | 12.13 | 3.31 | 2.42 | 0.69 | 3.45 | 4.96 | 0.84 |

③ 계절과 기온

유량과 우유의 조성은 4~21℃ 범위에서는 거의 변화가 없으나 21℃ 이상에서는 유량의 감소가 현저하므로, 여름철에는 유량과 지방함량이 낮은 편이다.

④ 사 료

질과 양적으로 적당한 수준의 사료를 급여할 경우에는 유량과 유조성은 거의 영향이 없지만, 균형있는 농후사료를 표준 에너지섭취량 이상으로 급여할 때는 유량의 증가와 더불어 무지고형분량이 증가된다. 그러나 지방함량은 거의 영향을 받지 않는다.

반대로 사료의 급여가 부족한 경우에는 유량이 현저하게 감소되며, 지방율과 무지고형분 함량도 감소한다는 사실이 증명되었다. 특히 적당한 양의 사료가 공급되었을지라도 적정 비율 이하의 조사료가 공급되었을 경우에는 지방율이 저하된다.

## 3. 우유의 단백질

우유에는 여러 종류의 단백질이 있으며, 탈지유를 20℃에서 pH 4.6으로 조정했을 때 침전하는 부분을 카제인(casein)이라 하고, 상징액(上澄液)에 남아 있는 단백질을 유청단백질(whey protein)이라고 한다.

### (1) 카제인 (Casein)

우유의 주요 단백질(전 N중 casein N가 78.5%)로서 Ca과 결합된 카제인칼슘(Ca-caseinate)으로 들어 있는데, Ca은 인산칼슘(Ca-phosphate)이므로 인단백질(phospho-protein)의 하나이다.

우유가 젖산에 의하여 산도가 pH 4.6으로 되면 Ca은 젖산과 결합하여 젖산석회가 되고, 나머지 Ca과 일부 P은 가용성이 되어 Whey로 유리되고, casein은 염을 함유하지 않은 상태로 응고물(curdclot)이 되어 침전한다. 이와 같은 원인은 casein의 등전점이 pH 4.6~4.7이기 때문이다.

표 13-4 탈지유 중 우유단백질의 함유율(%)

| 단백질의 종류 | 함유율 | 단백질의 종류 | 함유율 |
|---|---|---|---|
| total casein | 78~85 | whey protein | 15~22 |
| $\alpha_s$− casein | 45~55 | serum albomin | 0.7~1.3 |
| $\kappa$ − casein | 8~15 | $\beta$ − lactoglobulin | 7~12 |
| $\beta$ − casein | 25~35 | α − lactalbumin | 2~5 |
| γ −casein | 3~7 | immunoglobulins | 1.9~3.3 |

Casein은 $\alpha$−, $\beta$−, $\kappa$−, $\gamma$− casein 및 기타 미량 casein으로 구성되어 colloid 상태로 분산되어 있는데, 이 colloid를 casein micelle 이라고 한다.

$\alpha$ −casein은 총 우유단백질의 45~55%이며 pH 7.0(4℃)의 $CaCl_2$용액에서 침전(Ca-insoluble)되지만, $\kappa$ −casein(총 우유단백질의 8~15%)은 용해 상태로 존재하므로 $\alpha$ −casein의 $CaCl_2$ 용액에서의 침전을 방지하여 $\alpha$ −casein을 안정화시키는 작용을 한다.

$\kappa$ −casein은 169개의 아미노산으로 구성되어 있으며, rennin에 의해서 105번째의 phenylalanine과 106번째의 methionine 사이에서 가수분해된다.

그 결과 para-$\kappa$ -casein(l~105번)과 macropeptide(106~169번)로 분리되고 $\kappa$-casein에 의한 casein micelle의 안정화 작용이 파괴되어 casein micelle은 서로 엉겨서 침전하게 된다.

이와 같이 rennin에 의해 가수분해된 casein은 paracasein 이며, 이것은 Ca 이온의 존재 하에서 불용성인 Ca- paracasein의 curd를 형성한다. Cheese 제조시 Ca 이온이 없거나 부족하면 rennin에 의해 $\kappa$ -casein이 분해되어도 curd는 생성되지 않는다. 이 때 응고 침전된 casein은 Ca-casein complex로 우유 속의 casein과 비슷하다.

### (2) 유청단백질 (whey protein)

유청단백질에는 유당을 합성하는데 관여하는 효소의 일부분으로 알려진 α-lactalbumin, 혈액으로부터 이행된 혈청 albumin (blood serum albumin), 초유에 특히 많이 함유되어 있는 면역 globulin(immuno globulin) 및 $\beta$-lactoglobulin이 있다.

$\beta$-lactoglobulin은 85~90℃에서 가열하면 $\kappa$ -casein과 복합체를 형성하여 cheese 제조시 rennet에 의한 응고시간이 길어지므로 cheese 원료유는 너무 높은 온도에서 살균해서는 안 된다.

한편 $\beta$-lactoglobulin은 cystein을 함유하고 있어서 장시간 가열하면 유리 sulfurhydryl기에 의한 가열취의 원인이 된다.

## 4. 우유의 지질

지질의 대부분은 지방산의 triglyceride인 유지방(95~96%)이 차지하며, 미량의 인지질, sterol, 미량의 지용성비타민, 유리지방산이 함유되어 있는데 이들 성분은 거의 지방구에 존재한다.

### (1) 유지방구 (milk fat globular)

유지방구의 크기는 직경 0.1~10$\mu$이지만 대부분 2~5$\mu$의 구형을 하고 있으며, 지방함량이 높은 품종일수록 지방구의 크기가 지방함량이 낮은 품종의 지방구보다 크다.

지방구는 지방구를 유탁액(emulsion) 상태로 유지하는 친수성의 지방구막으로 둘러싸여 있으며, 이 막은 glyceride, 인지질, 비타민 A, carotenoids, cholesterol 및 각종 효소의 복합혼합물로 구성되어 있다.

유지방율이 높을수록 무지고형분 함량도 많아서 결국 전고형분량이 많아지므로 유지방율은 유가(乳價)를 결정하는데 중요하다.

### (2) 지방산의 조성

유지방은 60~70%의 포화지방산과 25~35%의 불포화지방산으로 구성되어 있는데, 특히 분자량이 적은 휘발성의 저급지방산을 많이 함유하고 있어서 이들이 우유 및 유제품의 풍미와 관계가 있다.

표 13-5 유지방의 지방산 조성

| 지방산의 종류 | C 수 | 휘발성 | 함 량 (%) | | | 비 고 |
|---|---|---|---|---|---|---|
| | | | 모 유 | 우 유 | 산 양 유 | |
| Butyric acid | 4 | 휘발성 | 0.4 | 3.57 | 3.0 | 포화지방산 |
| Caproic acid | 6 | 〃 | 0.1 | 2.22 | 2.5 | 〃 |
| Caprylic acid | 8 | 〃 | 0.3 | 1.06 | 2.8 | 〃 |
| Capric acid | 10 | 난휘발성 | 1.7 | 1.88 | 10.0 | 〃 |
| Laurie acid | 12 | 〃 | 5.8 | 2.96 | 6.0 | 〃 |
| Myristic acid | 14 | 〃 | 8.6 | 11.20 | 12.3 | 〃 |
| Palmitic acid | 16 | 불휘발성 | 22.6 | 25.24 | 27.9 | 〃 |
| Stearic acid | 18 | | 7.7 | 11.90 | 6.0 | 〃 |
| Arachidonic acid | 20 | | 1.0 | 0.22 | 0.6 | 불포화지방산 |
| Oleic add | 18 | | 36.4 | 30.0 | 21.1 | 〃 |
| Linoleic acid | 18 | | 8.3 | 2.8 | 3.6 | 〃 |
| Linolenic acid | 18 | | – | 0.5 | – | 〃 |

지방산 조성은 계절 및 사료의 종류에 따라 큰 영향을 받으며, 특히 여름철에 싱싱한 풀을 많이 섭취할 때에는 butyric acid 등 휘발성 저급지방산과 고급 불포화지방산인 oleic acid 등이 증가하고 고급 포화지방산은 감소한다.

일반적으로 여름에는 불포화지방산이 많고, 겨울에는 포화지방산이 증가하므로, 유지방의 융점(보통 28~38℃)은 계절에 따라 달라지며 여름철은 겨울철보다 낮다.

## 5. 우유의 탄수화물

우유의 탄수화물은 대부분이 유당이며, 그 밖에 미량의 glucose, galactose 및 oligosaccaride가 들어 있다.

유당은 포유동물의 유즙에만 존재하는 당으로서, 1분자의 D-glucose와 1분자의 D-galactose로 구성된 2당류이다. 유당에는 2개의 입체이성체인 $\alpha$형과 $\beta$형이 있는데, 보통 유당이라 하면 유당 수화물($\alpha$-lactose monohydrate)을 말한다.

유당은 용해도가 낮으므로 유당의 결정화는 가당연유 및 아이스크림의 품질에 영향을 준다. 25℃의 수용액에서 유당의 최종용해도는 21.6 %이므로 3:1로 농축된 연유는 상온에서 포화상태에 가까워지고, 여기에 설탕을 첨가하거나 냉각시키면 유당은 과포화상태가 되어 유당이 결정화하기 쉽게 된다.

이때 불용성 유당의 숫자가 적으면 유당의 결정은 커져 모래알상(sandiness)이 되기 쉽다. 또한 비결정성 유당(lactose glass)은 흡습성이 강하기 때문에 공기 중의 습기를 흡수하여 수화물의 결정체를 만들며, 이러한 이유로 분유는 고화(caking)된다.

## 6. 우유의 무기질

우유에는 약 0.7%의 무기질이 들어 있는데 주로 이온 상태와 염류로 들어 있으며, 주요 성분은 K, Na, Mg, Ca, P, Cl, S 및 구연산염과 탄산염 등이다.

우유성분 중 무기물의 중요한 의의는 다음과 같다.

① Ca과 P은 영양면에서 특히 중요하다.
② 우유 단백질의 상태와 안정성은 염류의 구성과 그 평형상태에 따라 많은 영향을 받으므로 가공공정에서 염류평형은 매우 중요하다.
③ 우유에 함유된 금속성분 중 특히 구리(Cu)와 철(Fe)은 유지방의 산화를 촉매하여 불쾌한 냄새의 발생을 일으킨다.

## 7. 우유의 비타민

우유에는 현재까지 알려진 거의 모든 비타민이 함유되어 있다.

### (1) 지용성 비타민

우유 중에 들어 있는 비타민 A는 모두 $A_1$이고, 그 밖에 carotene이 들어 있다. 비타민 A와 carotene은 사료로부터 오기 때문에 청초기에 생산된 우유에는 비타민 A가 많으며, 초유에는 평상시의 우유보다 10~30배의 비타민 A가 들어 있다.

우유 중에 들어 있는 비타민 D에는 $D_2$(ergocarciferol)와 $D_3$(cholecarciferol) 등이 있는데, $D_2$는 사료로부터 섭취되어 분비되는 것이고, $D_3$는 유우(乳牛)의 일광욕에 의하여 형성되거나 우유의 자외선조사에 의하여 형성되는 것으로, 겨울철 우유보다 여름철 우유에 많이 들어 있다.

우유에 들어 있는 비타민 E의 함량은 모유의 10~20%에 불과하며, 초유에는 상유의 2.5~7배가 들어 있다.

### (2) 수용성 비타민

우유 중의 수용성 비타민은 비타민 B군 및 비타민 C로 대별할 수 있다.

비타민 $B_1$은 유리형(50~70%), 인산결합형(18~45%) 및 단백질결합형(15~17%)으로 존재하며, 계절이나 사료의 종류, 비유기 또는 품종 등에 의한 함량의 차이는 거의 없다.

비타민 $B_2$(riboflavin)는 반추위 내에서 위내 미생물에 의해 합성되므로, 사료에 riboflavin을 첨가하여 우유 내의 riboflavin의 함량을 높일 필요는 없다. niacin은 그 함량이 인유(人乳)의 약 반 정도이며 니코틴산 아마이드 형태로 존재한다.

우유의 비타민 C 함량은 젖소의 품종과 개체에 따라 다르며, 분만직후에는 상당히 많은 양이 함유되어 있으나 시일이 지남에 따라 급격히 감소하여 분만 후 1~4일째에는 최저치를 나타내고, 그 후 점차 증가하는 경향을 나타내지만 계절 및 사료에 의한 영향은 거의 없다. 비타민 C는 가열과 방사선조사에 의하여 파괴되기 쉽기 때문에, 살균유인 경우는 그 함량이 많이 감소되어 있다.

## 8. 우유의 효소

우유에 존재하는 효소는 유선세포와 백혈구가 우유 분비 때 파괴되어 우유에 함유된 것과, 유선에서 생산 분비된 것, 또는 우유 중에 존재하는 미생물에 의해 생산되는 것 등 현재 20여 종이 알려지고 있다. 우유 중의 효소는 그 함량이 미량이지만 우유 및 유제품의 향취 및 품질을 변화시키거나 또는 phosphatase 와 같이 저온살균 여부의 지표로 이용되고 있다. 한편 우유 또는 유제품 제조시 이용되는 효소들도 많이 있는데, cheese 제조시 사용되는 rennin을 비롯한 응유효소와 저유당우유 제조시 유당을 분해시키는 lactase, 지방을 가수분해하는 lipase 등이 있다.

## 9. 우유의 물리적 성질

우유의 물리적 성질은 유가공 기계의 설계, 우유성분의 검사, 우유 및 유제품의 변화 측정 등에 중요하게 이용되고 있다. 중요한 물리적 성질에 대하여 알아보면 다음과 같다.

### (1) 비중 (specific gravity : S. G)

Holstein종의 우유 비중은 15℃에서 1.027~1.035(평균 1.032)이다. 탈지유의 비중은 비중이 낮은 지방(지방의 비중은 15℃에서 0.9355~0.9448)을 제거한 것이므로 전유(全乳)보다 높은 1.0320~1.0365 이다.

우유의 비중은 15℃에서의 비중을 말하므로 15℃에서 측정하거나, 그렇지 않을 경우에는 15℃의 비중으로 보정(補正)하여 표시한다. 우유성분 중 무지고형분 함량의 변화는 적기 때문에, 우유의 비중은 지방함량에 따라 크게 영향을 받는다.

### (2) 산도 (acidity)

착유 직후의 신선한 우유의 산도는 젖산으로 환산하여 0.15~0.18 %(평균 0.16 %)인데 이와 같은 신선유의 산도는 우유 중의 인산염과 단백질 등 산성 물질의 함량에 따라 달라진다. 따라서 무지고형분 함량이 높은 Jersey종과 Guernsey종의 젖은 Holstein종의 젖보다 산도가 높다.

적정산도(titratable acidity)란 우유 중 젖산농도의 적정한 수치를 말하며, 착유 직후인 신선유의 산도를 자연산도(natural acidity)라 하고, 그 후 젖산의 생성에 의하여 높아진 산도를 발생산도(developed acidity)라 한다. 그리고 이 두 가지를 합한 것을 전산도(total acidity)라 하고, 전산도를 적정하여 적정산도로 나타낸다.

우유의 신선도가 떨어짐에 따라 산도가 높아지기 때문에 산도는 신선유의 판별에 이용되며, 산도가 높아짐에 따라 casein의 열에 대한 안정성이 떨어지므로 산도가 0.25~0.30% 정도이면 85℃에서 응고하게 된다.

### (3) pH

신선유의 pH는 6.5~6.6이며, 이때의 적정산도는 0.16%이다. 우유의 신선도가 떨어질수록 산도는 높아지고 pH는 낮아진다.

### (4) 빙점 (freezing point, F.P)과 비점 (boiling point, B.P)

우유의 빙점은 주로 염류 및 유당이 관계하며(진용액의 mol 농도), 단백질과 지방은 관여하지 않는다. 따라서 우유의 빙점은 물보다 낮은 대체로 −0.50~−0.61℃(평균 −0.55℃)의 범위이다.

우유의 비점은 1기압 하에서 100.55℃이며, 용해되어 있는 용질의 양에 따라 좌우되므로 우유가 농축될수록 용질의 농도가 높아져서 비점이 높아진다.

## 10. 가열에 의한 변화

### (1) 피막의 형성

액상유를 약 40℃ 이상으로 가열하면 공기와 계면에 있는 액체면에서부터 수분이 증발하여 피막이 형성된다. 이것을 Ramsden 현상이라고 한다. 피막의 성분은 70% 이상이 지방이고, 20~25%는 단백질로서 대부분이 whey protein 이다. 우유를 교반하면서 가열하면 방지할 수 있다.

### (2) Casein 의 변화

100℃ 이하의 가열에서는 화학적인 변화가 거의 없지만 물리적인 성질은 달라진다. 즉 가열처리를 한 우유는 rennet에 의한 응고시간이 지연되며, 그 원인은 가열에 의한 가용성 Ca 이 불용화하는 것이 간접적인 요인이다.

### (3) Whey protein의 변화

Whey protein 중에서 $\beta$-lactoglobulin과 immunoglobulin이 열변성을 받기 쉽다.

$\beta$-lactoglobulin은 80℃ 이상에서 S-S결합이 해리되어 SH기의 유리와 가열취의 원인이 되는 $H_2S$를 발생하며, 85~90℃에서 $\kappa$-casein과 복합체를 형성하여 cheese제조시 rennet에 의한 응고시간을 연장시키므로 cheese원료유는 너무 높은 온도에서 살균해서는 안 된다.

## 11. 동결에 의한 변화

### (1) Casein

우유를 동결하였다가 해동을 하면 약한 모상(털모양)의 침전이 생기는데, 이와 같은 모상의 침전은 casein용액을 염석하였을 때 생기는 침전물과 같으며, 그 성분은 Ca-casein이다. 이 모상 침전물은 동결기간 중의 높은 염류농도에 의해서 염석된 것이다.

### (2) 지방

우유를 동결시키면 지방구막이 파괴되어 유화상태가 불안정화되므로 지방덩어리가 부상하는데, 이러한 것은 균질과 급속동결에 의해 약간 방지할 수 있다.

### (3) 유당

미동결부분 중에 용해되어 있던 유당은 Ca염과 일부분 결합하여 있다가, 유당이 결정화되면 Ca염이 분리되어 단백질에 작용하게 되므로 단백질은 침전을 일으키게 된다.

## 12. 우유를 응고시키는 요인

### (1) 산에 의한 응고

우유에 산을 첨가하거나 또는 젖산 발효에 의하여 산이 생성되면 casein micelle로부터 결합염류가 유리되고, 수화성 또는 친수성의 감소로 casein micelle이 응집을 일으키는 현상이다.

### (2) 알코올에 의한 응고

알코올의 탈수작용에 의해 casein micelle이 수화성과 하전을 상실함에 따라 불안정화된 micelle이 $Ca^{++}$, $Mg^{++}$의 존재하에서 응집을 일으킨다. 고산도유, 초유, 비유말기유 및 유방염유 등은 70%의 ethylalcohol을 같은 양으로 혼합하면 응고한다.

### (3) 가열에 의한 응고

열불안정성 단백질은 가열에 의해 응집현상을 일으켜 응고 · 침전하며, casein은 염류의 과다 또는 산의 증가로 안정성이 저하하여 응고한다.

### (4) 응유효소에 의한 응고

Rennet에 의해 $\kappa$-casein이 분해되면 micelle에 대한 보호작용이 없어지므로 casein은 Ca과 결합하여 침전된다. 그 밖에 식물성(papain, ficin 등)과 동물성(pepsin, trypsin 등) 응유효소제 및 각종 미생물에서 생산되는 단백질 분해효소가 rennet 대용으로 사용되고 있다.

### (5) 염류에 의한 응고

염류에 의한 응고는 염석으로 알려져 있고, 전하의 중화와 탈수에 의한 불가역적인 침전을 일으킨다.

## 13. 유산균

유산균은 우유 중의 유당을 분해하여 유산을 생성하는 세균을 말하는데, 발효유제품의 starter로 이용되는 낙농유용균이다.

유산균에는 유당을 분해하여 유산만을 생성하는 homo 젖산발효균(*homo fermentative lactic acid bacteria*)과 유산 이외에 소량의 acetic acid, $CO_2$, alcohol 등을 생성하는 hetero 젖산발효균(*hetero fermentative lactic acid bacteria*)이 있다.

### (1) Homo 젖산발효균

① *Lactobacillus* 속

- *L. Bulgaricus* : 고온(37℃)에서 생육하고 산 생성능력이 매우 크며(2%), yoghurt와 swiss cheese의 starter로 이용된다.
- *L. Acidophilus* : 호산성균으로서 장내에 기생하여 정장작용을 하기 때문에 acidophilus milk 나 젖산음료의 starter로 이용된다.
- *L. Casei* : 최적온도가 30℃이며 cheese 숙성에 관여한다.

② *Streptococcus* 속

- *Str. Thermophillus* : 50℃에서 잘 생육하고 yoghurt와 swiss cheese의 starter로 이용된다.
- *Str. Lactis* : 최적온도는 30℃이지만 40℃에서도 생육하며, 각종 cheese와 발효 butter 및 yoghurt의 starter로 이용된다.
- *Str. Cremoris* : 최적온도는 20℃이며, 특히 방향성 균주가 많아 cheese와 발효 butter의 starter로 많이 이용된다.

### (2) Hetero 젖산발효균

[ *Leuconostoc* 속 ]

탄수화물로부터 유산 이외에 $CO_2$, ethanol, 휘발산과 초산 등을 생산하는 구균이다.

- *Leuc. dextranicum* : 가공유의 설탕으로부터 dextran을 생성하고 pentose는 발효하지 않는다.
- *Leuc. citrovorum* : glucose 나 citric acid로부터 diacetyl 등 방향성 물질을 생성하며, Str. cremoris 와 공생력이 강하므로 cheese와 발효 butter제조 시 혼합하여 사용한다.

# 2. 시유 (市乳)

시유(market milk)란 음용에 사용할 목적으로 살균처리하여 시판되는 우유를 말하며, 생유 또는 다른 유제품을 원료로 하여 만든 환원우유 (recombined milk), 저지방우유(low fat milk) 및 강화우유(fertified milk) 등의 가공유와 우유에 감미료와 향료 등을 첨가하여 풍미를 개선시킨 유음료(milk berverage) 등과는 달리 우유 본래의 성상을 가지고 있다.

## 1. 시유의 처리공정

### (1) 수유 (受乳)

① **집 유** : 각 목장에서 착유한 우유를 냉각장치가 달린 유조차(milk tanker)로 수집하여 유처리장(milk plant)으로 운반한다.

② **수유검사** : 유처리장에 운반된 생유는 풍미시험을 거쳐 이미와 이취가 있는가를 검사하여 이상이 있는 우유는 폐기한다. 또한 비중, 침전물 측정, alcohol test, 산도검사 및 지방함량을 측정하여 유질과 유가판정의 기초가 되는 수유검사(platform test)와 일부 시료를 채취하여 세균검사 등을 실시한다.

③ **계량 및 청정화**(clearification) : 검사에 합격한 우유는 각 목장별로 유량을 측정한 후 이물질을 제거하기 위하여 여과를 하거나 고속회전을 하는 원심청정기를 이용하여 청정을 한다.

청정이 끝나면 처리를 할 때까지 저유조에 넣어 5℃ 이하에서 냉각저장을 한다. 이때 지방이 부상하여 cream층을 형성하는 것을 방지하기 위하여 교반을 하여 주는 것이 필요하다.

④ **표준화**(standardization) : 이때 시유의 성분규격에 맞도록 우유의 성분을 표준화 시키는데 주로 탈지유와 cream으로 유지방함량을 조절하고 있으며, 혼합량을 계산할 경우에는 피어슨공식 (Pearson's squre method) 을 가장 많이 이용하고 있다.

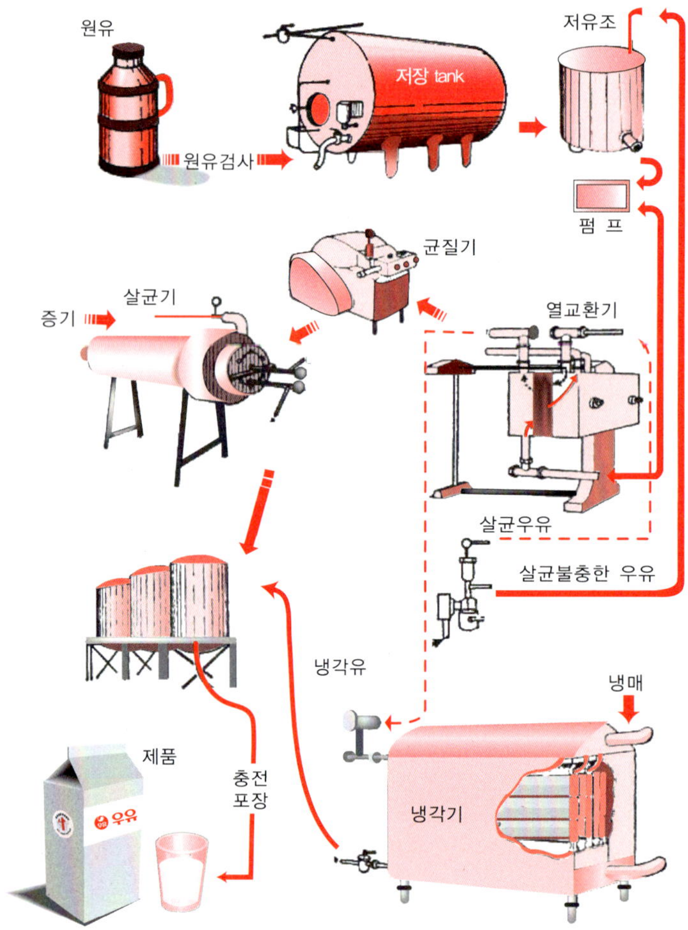


그림 13-1 시유의 처리공정

계산의 예를 들면 다음과 같다.

[예 1] 유지율이 3.4%인 우유와 0.1%인 탈지유를 혼합하여 유지율이 3.0%인 우유 800kg을 만들려면 각각 몇 kg이 필요한가?

[풀이]

```
3.1       2.9
   \     /
    3.0
   /     \
0.1       0.4
          3.3
```

$$\frac{2.9}{3.3} \times 100 = 87.88\%$$

$$\frac{0.4}{3.3} \times 100 = 12.12\%$$

3.4%짜리 우유 87.88%와 0.1%짜리 탈지유 12.12%의 비율로 혼합하면 3.0%짜리 우유가 된다. 따라서 3.0%짜리 우유 800kg을 만들려면,

3.4% 우유의 필요량은 $800 \times \frac{87.88}{100} \fallingdotseq 703\text{kg}$

0.1% 우유의 필요량은 $800 \times \frac{12.12}{100} \fallingdotseq 97\text{kg}$

[예 2] 유지율이 3.5%인 우유 700kg이 있는데 0.1%짜리 탈지유를 혼합하여 3.0%짜리 우유를 만들려면 탈지유는 얼마나 필요한가?

[풀이]

```
3.5       2.9        700kg
   \     /
    3.0
   /     \
0.1       0.5        x kg
```

$$2.9 : 0.5 = 700 : x$$

$$x = \frac{0.5 \times 700}{2.9} = 120.68\text{kg}$$

**참고**

소숫점 첫째자리까지 구할 경우 둘째자리 이하의 수는 버리는 것이 타당하며, 반올림할 경우에는 3.0%에 미달하게 된다.

## 2. 균질화 (homogenization)

우유를 장시간 방치하면 지방구가 부상하여 cream 층을 형성하므로 cream의 분리를 방지하고 위(胃) 내에서 soft curd를 형성하여 소화흡수를 용이하게 하기 위하여 우유 중의 지방구에 물리적 충격을 가하여 지방구의 크기를 작게 분쇄하는 균질화를 하게 된다.

균질할 경우에는 60℃ 정도로 예비가열한 후 100~150kg/cm$^2$(2,000~3,000Lbs/in$^2$)의 고압으로 1/100mm 정도의 틈으로 압출시켜 지방구를 작게 만들며, 균질 후에는 점도와 풍미가 상승한다.

## 3. 살균(pasteurization)

우유의 영양학적 또는 화학적 변화를 최소로 유지하면서 병원성균과 부패균을 사멸시켜 위생적으로 안전하게 하고 효소를 불활성시켜 저장성을 높이기 위하여 살균을 하여야 한다. 살균방법은 여러가지가 있는데, 그 중 저온살균법(low temperature long time, LTLT 또는 holding method)은 2중구조의 원통형솥의 내벽 사이에 열탕이나 증기를 넣어 62℃에서 30분간 유지하여 살균을 하는 방법으로 소규모 유처리장에서 이용하는 방법이다.

관형 또는 판형 열교환기(tubular 또는 plate heat exchange)를 이용하여 70~75℃에서 15초간 가열함으로써 연속살균이 가능한 고온순간살균법(high temperature short time, HTST 또는 flash method)이 있다. 이 방법으로는 모든 균을 사멸시킬 수는 없지만 적어도 병원 균만은 사멸시킬 수가 있다.

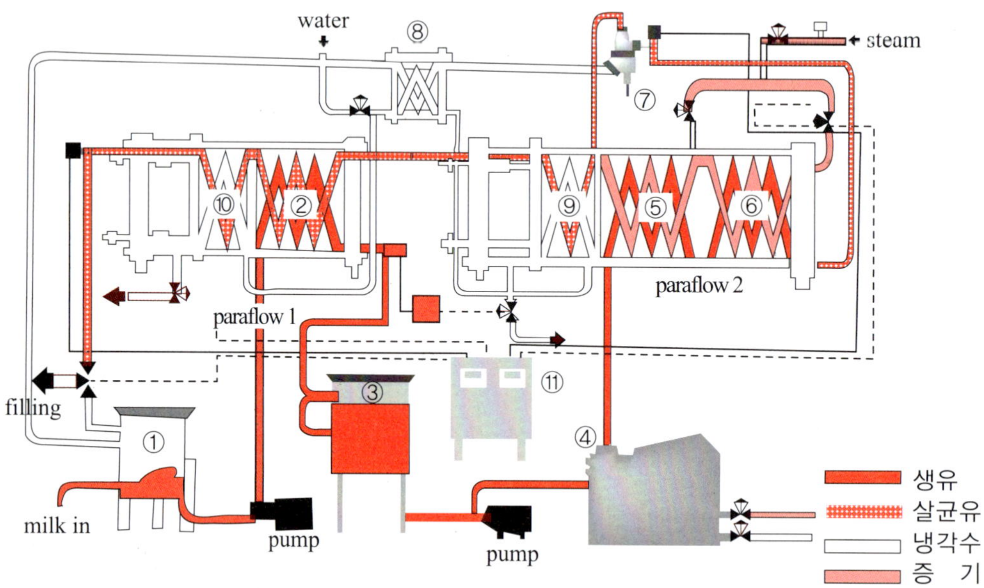


그림 13-2 ultramatic 장치의 흐름도

그러나 최근에는 우유의 생산량과 소비량이 급격히 증가함에 따라 살균시간을 더욱 단축시켜야 할 필요성이 있으므로 130~135℃에서 1~5초간 가열하는 초고온살균법(ultra high temperature method, UHT)이 많이 이용되고 있다. 이러한 방법으로 상업적 멸균상태로 만든 다음 무균적으로 멸균된 포장용기에 충전 포장하면 상온에서 장기간 저장이 가능하여진다.

이와 같이 매우 짧은 시간에 우유의 영양소 파괴와 화학적 변화를 극소화 시키고 우유를 상업적 멸균상태로 만들 수 있는 이론적 근거는 온도가 10℃증가함에 따라 화학반응속도의 증가는 2~3배이지만 미생물포자의 사멸속도는 8~30배이기 때문이다.

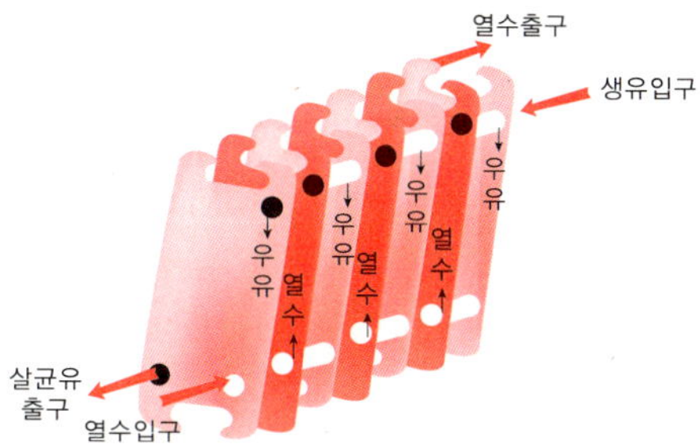


그림 13-3 열교환기의 흐름 예

## 4. 충전 및 포장

살균과 냉각이 끝난 우유는 적당한 용기에 위생적으로 충전하고 냉장을 하여야 한다. 충전시에는 유리병, 비닐 또는 종이상자 등 용기의 재질과 형태에 따라 충전과 포장방법이 달라진다.

## 5. 시유의 규격

시유의 성분규격은 비중이 15℃에서 1.028~1.034, 유지방 3.0% 이상, 무지고형분 8.0% 이상, 세균수는 1cc당 4만 이하, 대장균군은 1cc 당 10 이하, 산도는 유산으로서 보통의 우유에서 0.18% 이하 및 포스파타아제 시험 (phosphatase test)에서 음성이어야 한다.

# 3. 가당연유

## 1. 원 료 유

신선하고 내열성이 있는 원료를 선택하기 위하여 원료유검사를 한 다음 지방율과 무지고형분을 성분규격에 맞도록 표준화한다.

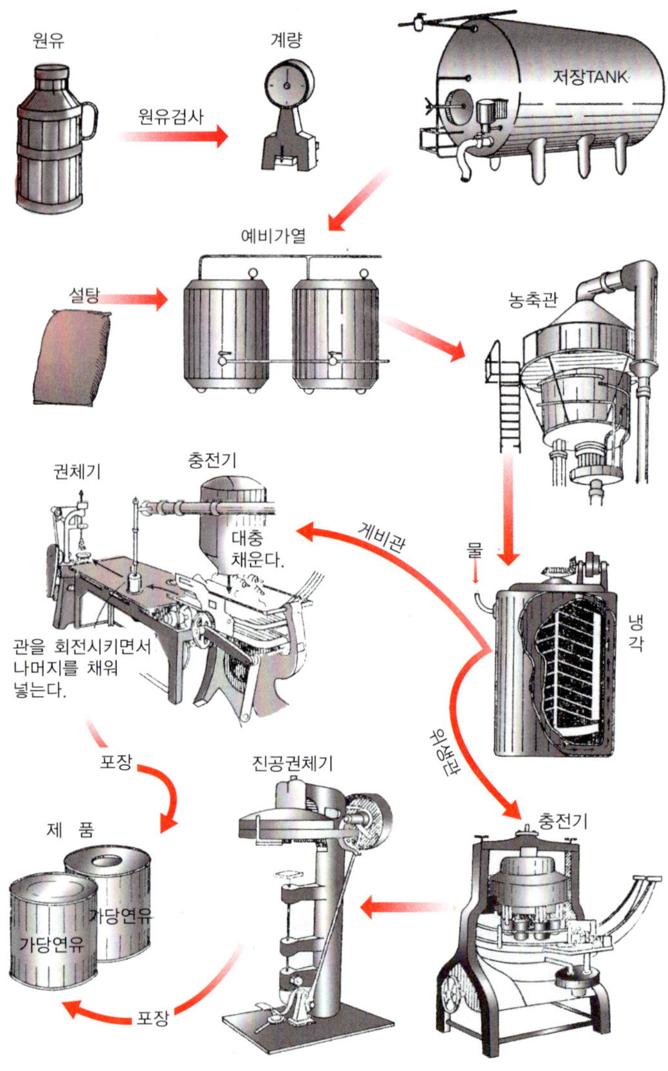


그림 13-4 가당연유의 제조공정

## 2. 가당

가당연유(sweetened condensed milk)는 우유에 약 16%의 설탕을 가하여 2.5~3:1 로 농축한 것이다. 연유에 단맛을 주고 농후한 당용액에 의하여 세균의 번식을 억제시켜 제품의 보존성을 높이기 위하여 보통 16~ 18%의 설탕을 가하고 있다.

첨가되는 설탕의 양은 미생물이 증식할 수 없을 정도의 삼투압이 되어야 한다. 이러한 수준의 설탕 농도를 설당율(sugar ratio) 또는 설당농축도(sugar-in-water concentration)라 하고, 연유 중의 수분 (100-TS) 함량에 대한 설탕량 %를 말한다. 가당연유가 보존성을 가지려면 설당율이 62.5~64.5%가 되어야 한다.

가당량을 구하는 방법을 예를 들면 다음과 같다.

[예 1] 우유 500kg(TS 11.4 %)을 사용하여 TS 30%, 설탕 함량 44%를 갖는 연유를 만들려면, 첨가하여야 할 설탕의 양은 얼마인가?

[풀이] 먼저 원료유에 들어가야 할 설탕의 농도는

$$11.4 : 30 = x : 44$$

$$x = \frac{11.4 \times 44}{30} = 16.72\%$$

설탕의 필요량은 $500 \times \frac{16.72}{100} = 83.6$kg 이 된다.

설당농축도는 $\frac{\text{설탕 \%}}{100\text{-TS}}$ 이므로

[예 2] TS 28%인 연유의 설당농축도를 62.5%로 하려면, 연유의 설탕 %는 얼마여야 하는가?

[풀이] 희망하는 설당농축도에 대한 연유의 설탕 %는

$\frac{(100-\text{연유의 TS})}{100}$ 설당농축도(%)이므로

$$\text{설탕(\%)} = \frac{100-28}{100} \times 62.5 = 45.0(\%)$$

## 3. 예비가열

연유의 보존성을 높이고, 위생상 안전하며, 당을 완전히 용해시킴과 동시에 진공농축을 용이하게 하기 위하여 예비가열을 한다. 가열방법은 여러가지가 있으나, 초고온살균법 (UHT)에서는 110~150℃에서 2초간 가열하고 있다.

## 4. 진공농축

농축시에는 가열온도가 높을수록 단백질이 열변성되기 쉽고 풍미와 색택이 나빠지므로, 압력을 내려 가능한 낮은 온도에서 농축을 시킨다. 635~660mmHg의 진공도(眞空度)에서는 51~56℃로 가열하면 10~20분으로 농축이 가능하다.

## 5. 냉각

농축이 끝나면 진공솥에서 냉각기로 옮겨 교반하면서 냉각시키게 되는데 이때 용해도가 낮은 유당은 과포화용액이 되어 결정으로 석출하게 된다. 결정의 크기가 크면 혀에 닿는 촉감이 나쁘므로 품질이 떨어진다.

유당의 결정이 혀에 감지되는 한계는 직경 10μ이므로 그 이하에서는 촉감을 느낄 수 없고, 12~15μ에서는 가루와 같이 느끼며, 15~30μ에서는 모래알과 같은 촉감을 느끼게 된다. 이와 같은 상태를 모래알상(sandiness) 이라고 한다.

그러므로 냉각 중에는 가능한 한 빨리 결정촉진온도인 28~30℃까지 온도를 내려 유당의 결정이 미세하게 석출되도록 노력하여야 한다. 이때 0.05 ~0.1 %의 정제 멸균한 유당결정핵(乳糖結晶核)을 소량의 연유에 혼합하여 연유를 교반하면서 조금씩 넣어주면 더욱 미세한 결정을 얻을 수 있다. 이와 같은 방법을 유당접종(lactose seeding) 이라 한다.

## 6. 충전 및 봉관

냉각이 끝난 연유는 잠시 방치하여 냉각 중 교반에 의해 생긴 기포를 없앤 다음, 미리 멸균하여 건조시킨 관(can)에 충전하고 봉관(封罐)을 한다.

# 4. 무당연유

무당연유(evaporated milk, unsweetened concentrated milk)는 설탕을 가하지 않고 우유를 그대로 2~2.5 : 1 로 농축한 것이다.

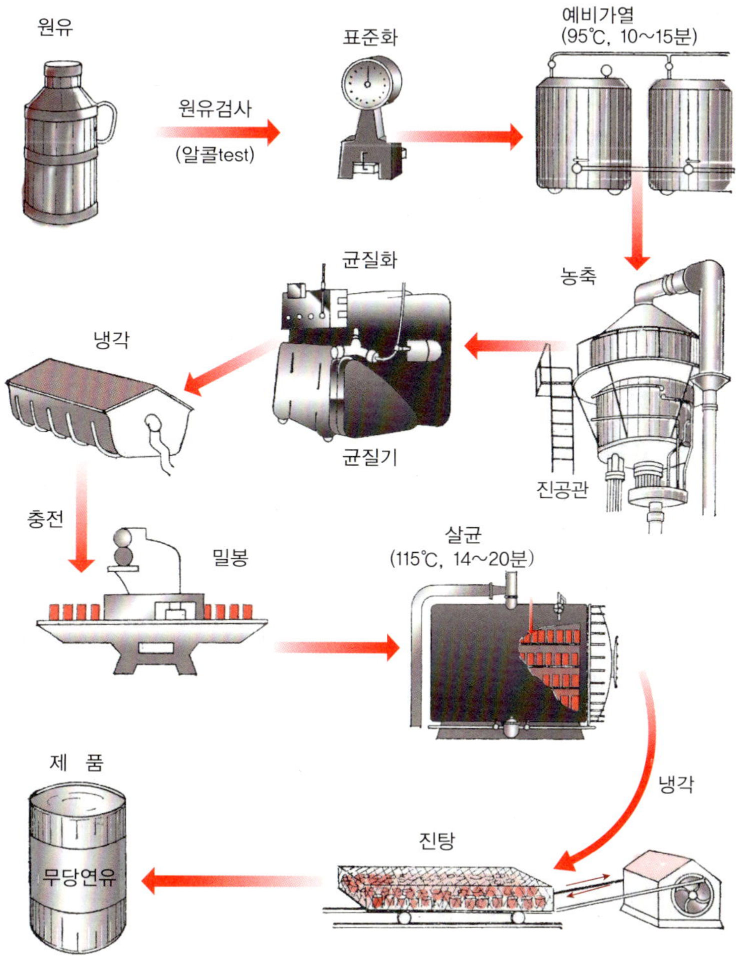


그림 13-5 무당연유의 제조공정

## 1. 원료유

무당연유는 제조공정 중에 100℃ 이상의 고온에서 처리를 하게 되므로 원료유는 특히 신선하고 내열성이 있어야 한다. 원료유에 대한 검사는 alcohol test 와 산도측정 등 신선도를 측정하는 검사 외에 소량의 시료를 멸균온도까지 가열하여 응고여부를 검사하는 pilot test와 같은 실용적인 검사방법이 있다.

## 2. 표준화와 안정제 첨가

원료유의 표준화는 조성성분을 표준규격에 맞게 지방과 무지고형분의 함량비를 조정한다. 그리고 열안정성과 제품의 저장 중 안정성을 위하여 안정제를 첨가한다. 일반적으로 유리 Ca이온이 많으면 인산이나 구연산이 적어 염류평형(mineral balance)이 깨져 열안정성이 낮아지므로, 제 2인산소다($Na_2HPO_4$), 구연산소다($Na_3C_6H_5$ $2H_2O$), 중탄산소다($NaHCO_3$) 등을 원료유 100kg 당 1~20g 첨가하여 준다.

## 3. 예비가열

Casein과 유청단백질을 가열변성시키고, Ca의 일부를 불용화하여 고압멸균시에 열안정성을 높이며, 제품에 적당한 점도를 유지하도록 하기 위하여 예비가열을 한다. Vat식 가열장치에서는 93~98℃에서 5~15분간 처리하며, UHT식에서는 101~ 165℃에서 25초간 실시한다.

## 4. 농축

농축장치의 가동조작은 가당연유의 농축과 거의 비슷하지만, Vat식으로 예비가열을 하였을 경우에는 멸균공정에서의 열안정성을 높이고, 제품의 점도를 증대시키기 위하여 고온단시간의 고온처리를 필요로 한다.

## 5. 균질

농축유의 지방분리를 방지하고 점도를 높이기 위해 50~60℃에서 2,500~3,000Lbs/$in^2$(100~200kg/$cm^2$)의 압력으로 균질(homogenization)을 한다.

## 6. 충전 및 봉관

균질이 끝나면 급히 4℃ 정도로 냉각시켜 거품을 제거하고 충전·봉관하여 멸균작업에 들어간다.

### 7. 멸균

무당연유는 가당연유와 달리 설탕에 의한 방부성이 없으므로, 115~120℃에서 15~20분간 가열하여 미생물을 완전히 사멸시켜야 한다. 이와 같은 처리로 제품의 점도가 증가하게 되므로 지방분리를 방지할 수 있으며, 제품은 크림상의 황색을 나타내게 된다.

### 8. 진탕

멸균시 고온에 의해 생길 수 있는 응고물을 없애고, 균일한 cream과 같은 조직을 갖게 하기 위하여 진탕기(shaking machine)로 30~60초간 진탕을 한다.

## 5. 분유 (dried milk)

분유는 건조유제품으로서 가볍고 용적이 작아서 다루기가 좋고 보존성이 커서 저장과 수송에 편리한 유제품으로, 전지분유와 탈지분유, 조제분유가 많이 생산되고 있다.

우유의 건조방법으로는 분무식 건조방법이 많이 이용되고 있으며, 그 원리는 열풍속에 미세한 분무액적을 분사하여 액적(液滴)의 표면적을 증가시켜 수분을 순간적으로 증발시켜 건조하는 방식이다.

### 1. 원료유의 검사와 표준화

연유와 마찬가지로 제품의 품질과 저장성을 높이기 위하여 원료유에 대한 신선도 검사를 하고 성분규격에 맞도록 조성분을 조정한다.

### 2. 예비가열

유해균의 사멸과 함께 지방분해효소 등을 불활성화시키기 위하여 75~90℃에서 15~30초간 가열하거나 110~150℃에서 0.5~2.0초간(UHT) 가열한다.

## 3. 농축

분유입자의 밀도가 높을수록 분유의 용해도가 높아지므로 건조 전에 반드시 농축을 하여 분유입자의 밀도를 높여주어야 한다.

예비가열 후 여과기를 통과시킨 다음 진공솥(vacuum pan)에서 약 4:1로 농축시켜 고형분 함량을 40~48% 정도 되게 한다.

## 4. 건조

건조방법에는 여러 가지가 있으나 현재는 대부분이 분무건조기(spray dryer)에 의한 분무건조법을 이용하고 있다. 이 건조방법은 공기정화기 (air filter)를 통하여 정화된 공기를 140~180℃로 가열하여 건조실로 보내고, 이 열풍속으로 농축유를 분무시켜 건조한다. 분무된 액적은 표면적이 증가하므로 건조속도가 빨라지며, 액적의 크기가 균일할 때 전체적인 건조효율이 높아지게 된다.

1mL의 액체를 직경 0.1 mm의 액적으로 만들면 액적의 수는 약 190만 개가 되며, 액적 전체의 표면적은 약 15,000배로 증가하게 되어 순간적으로 건조가 이루어져서 수분함량이 2~5%로 된다. 이때 열풍이 갖고 있던 열의 대부분은 기화열로 소모되므로 유적이 받는 온도는 50℃ 내외에 불과하다. 그러므로 열에 의한 성분변화는 극히 적다.

건조된 분말 입자를 건조실 내에 그대로 방치하게 되면 단백질의 변성, 지방의 산화 및 유당이 결정을 만들며 덩어리로 되기 쉬우므로 곧바로 꺼내어 냉각시켜야 한다.

분무장치에는 다음 세 가지가 있다.

### (1) 압력노즐 분무장치 (nozzle atomizer)

액체는 노즐에 의한 지름 0.2~1.5mm의 작은 구멍(orifice)을 통하여 100~250kg의 압력으로 원을 그리며 분무되어 미세한 액적으로 된다.

### (2) 원반 분무장치 (disc atomizer)

고속으로 회전하는 원반 위에 액체를 흘려 넣으면 강력한 원심력으로 인하여 액체는 원반 주위에서 미세한 액적으로 분산된다. 이 장치를 회전 분무 장치 (rotary atomizer)라고도 하는데, 회전하는 원반은 평판형과 추형 등 여러 가지가 있다.

#### (3) 2류체 노즐 분무장치

농축유를 자중(自重)으로 분사공까지 흘려보내고, 고온압축공기를 분사하여 농축유를 미세한 액적으로 만드는 방법이며, 압축공기 분무법(compressed air spraying)이라고도 한다.

### 5. 충전 및 봉관

건조실에서 반출된 분말입자는 25℃ 내외로 냉각시키고 20~30mesh의 진동체(sifter)로 쳐서 크기를 균일하게 한 후 캔에 충전하고 진공권체기(vacuum seamer)로 봉관한다. 최근에는 지방의 산화를 방지하고 우유의 풍미를 오래 보존하며, 비타민 A 등의 파괴를 방지하기 위하여 질소가스를 충전한 후 봉관하는 방법이 많이 이용되고 있다.

## 6. 크림

크림은 우유를 오랫동안 방치하거나 원심분리할 때 지방이 많은 부분으로, 식품의 성분규격상으로는 유지방이 18% 이상인 것을 말한다. 버터, 아이스크림, 제과 및 요리용으로 널리 사용되고 있다.

### 1. 크림의 종류

주요한 크림의 종류는 다음과 같다.

#### (1) 커피크림

유지방 함량이 10~30% 인 크림을 coffee cream, table cream, 또는 light cream 이라 하는데, 커피의 풍미를 온화하게 하고 색깔을 엷게 하기 위하여 커피에 첨가되는 크림을 말한다.

크림의 산도가 높거나, 커피를 용해시키는 물의 경도가 높아 염류평형에 이상이 있을 경우에는 우모현상(feathering)이 나타나는데, 이런 경우에는 미리 인산염과 같은 완충제를 첨가하면 억제할 수 있다.

또 지방이 부분적인 교동으로 버터립화되어 기름방울이 떠오르는 경우에는 균질을 하면 방지할 수 있다. 특히 이와 같은 현상들은 뜨거운 물에 크림을 용해시킬 때 잘 일어나므로, 물의 온도가 너무 높지 않은 80℃ 정도에서 크림을 넣는 것이 적당하다.

### (2) 포말크림

포말크림(whipping cream)은 유지방이 30~36%인 연한 포말크림(light whipping cream)과 유지방이 36% 이상인 진한 포말크림(heavy whipping cream)이 있다. 생과자의 장식용이나 과일과 함께 디저트로 이용된다.

### (3) 플라스틱크림

크림을 재차 원심분리하여 유지방이 79~81% 정도로 함유된 크림은 실온에서도 고화상태이므로, 이것을 플라스틱크림 (plastic cream)이라고 한다. 주로 아이스크림의 원료나 연속 버터 제조시에 원료로 이용된다.

## 2. 크림의 분리

예전에는 우유를 오랫동안 정치시켜 비중이 가벼운 지방이 상층부로 부상하여 형성된 크림을 사용하였으나, 이러한 방법은 시간이 오래 걸리고 분리된 크림의 질이 좋지 않기 때문에 산업적으로 이용하기가 어려웠다. 최근에는 유지방과 무지고형분의 중력 차를 이용한 원심분리법에 의해 크림을 생산하고 있다.

원심분리기에 의한 크림의 분리는 원통형식(tubular bowl type)과 원추판식(disc plate type)이 있으나 보통은 원추판식을 많이 사용하고 있다.

원추판식 원심분리기에는 수십장의 원추판이 일정한 간격으로 겹쳐져 있으며, 볼(bowl)을 6,000~7,000rpm 정도로 회전시키면서 우유를 주입시키면 우유는 원추판 사이로 흘러가면서 지방구와 무지고형분간의 중력차를 5~10 만배로 확대시키므로 크림과 탈지유로 분리되어 각각 별도의 출구로 나오게 된다.

이때 분리되는 크림의 양과 유지방의 함량은 우유의 유입량, 원추판의 직경, 보울의 회전속도, 우유의 온도 및 우유의 지방 함량에 따라 차이가 있다.

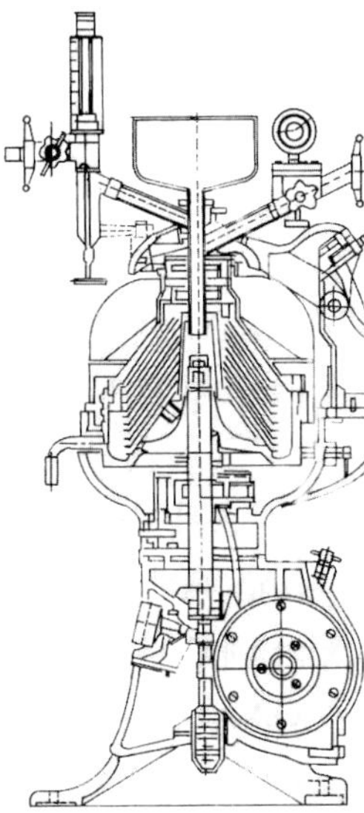

그림 13-6 밀폐형 크림 분리기의 내부구조

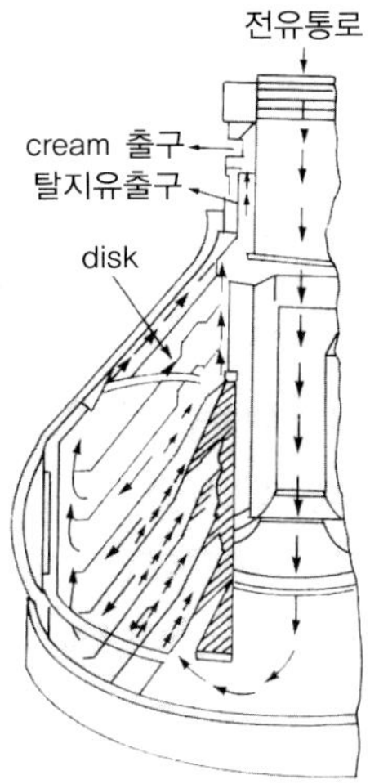


그림 13-7 크림분리기 회전 bowl 내의 크림 분리상황

## 3. 크림의 살균과 냉각

일반적인 크림의 살균 온도는 시유와 같지만, 버터의 원료인 경우에는 버터를 저장할 경우 문제가 되는 지방분해효소와 크림의 발효시 젖산균의 성장저해물질을 파괴하기 위하여 보다 높은 온도인 75~85℃에서 5~10분간(LTLT 법), 90~98℃에서 15초간(HTST 법) 살균한다.

살균공정 중 휘발성 변패취를 제거하기 위하여 탈취기(vacreator)를 사용하는 것이 좋다. 살균된 크림의 최종 냉각온도는 그 다음의 공정에 따라 4~22℃에서 냉각시킨다.

# 7. 버터

크림을 천천히 교동시키면 유지방구막이 파괴되면서 지방이 모여 버터입자(butter granules)가 형성된다. 이것을 한데 모아 반죽하여 물을 분산시키고 유화상태로 만든 것이 버터(butter)이다. 버터의 종류는 크림의 발효 여부에 따라 발효버터(ripened butter)와 생버터(sweet butter)로 나누며, 여기에 식염의 첨가유무에 따라 가염버터(salted butter)와 무염버터 (unsalted butter)로 분류할 수 있다.

## 1. 크림의 중화

크림의 중화는 가열시 카제인의 응고로 인한 지방의 손실을 방지하고, 응고물이 버터 조직에 들어가서 제품의 품질과 보존성을 저하시키는 것을 방지하는데 있다. 따라서 크림의 산도가 0.3% 이상일 때는 가열시 크림이 응고하기 때문에 알칼리로 중화시켜 산도를 0.2% 이하로 내린 후 살균하여야 한다. 중화제로는 $Na_2CO_3$ 외에 $Ca(OH)_2$와 $CaCO_3$ 등이 사용된다.

## 2. 원료 크림의 살균

위생적으로 안전하고 보존성이 있는 버터를 생산하기 위하여 원료 크림을 살균한다. 크림은 열전도가 나쁘기 때문에 불완전한 살균이 되기 쉬우므로 120~135℃에서 2~3초간 살균한다. 이상취를 제거하기 위해서는 탈취기(vacreator)가 사용되며, 살균 후 용도에 따라 4~22℃로 냉각한다.

## 3. 크림의 발효

발효버터 제조시에만 실시하며, 유산균에 의해 산을 생성시켜 크림의 점도를 감소시키므로 교동작업시 지방의 분리를 용이하게 하고, 유해균의 번식을 억제하며 특유한 풍미를 준다. Starter의 종류로는 *streptococcus lactis, St. cremoris, Leuc. citrovorum* 등이 있으며, *Leuc. citrovorum*을 사용하였을 경우에는 diacethyl을 많이 생산하여 버터의 풍미를 높여준다.

## 4. 크림의 숙성

유지방의 지방산 조성이 계절에 따라 다르기 때문에 버터의 경도도 계절에 따라 달라지는데, 유지방의 결정화를 조절하여 버터의 경도와 전연성을 항상 같게 하기 위하여 숙성(aging)시킨다. 숙성의 효과로는 액상 지방이 고화되므로 교동시간이 일정하게 되며, 버터 밀크(butter milk) 중의 지방함량을 줄여주고, 연압작업을 용이하게 해 준다.

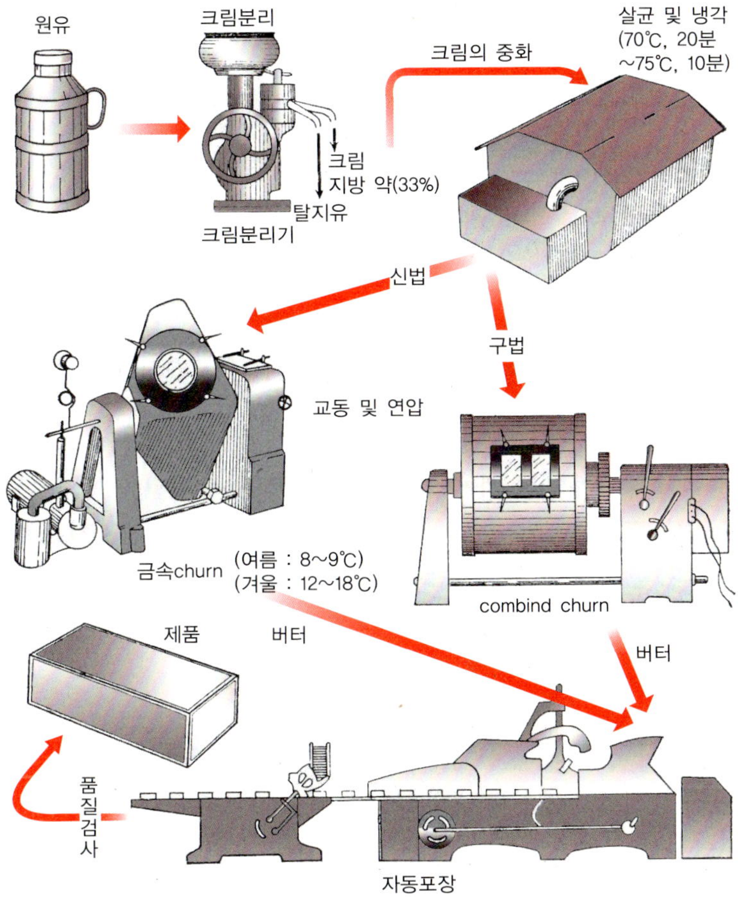


그림 13-8 버터의 제조공정

## 5. 교동

크림을 churn에 넣고 교반하면서 물리적 충격을 가하면 지방구막이 파괴되고, 지방구는 서로 융합하여 버터입자가 된다. 겨울철에 생산된 우유인 경우에는 carotene 색소가 부족하기 때문에 착색을 하기 위하여 크림에 색소(carotene butter color)를 넣고 교동(攪動)을 한다.

## 6. 버터 밀크의 배출과 수세

교동이 끝나면 잠시 정치하였다가 버터 밀크를 배출하고, 잔존하는 버터 밀크 제거와 수분 조절을 쉽게 하기 위하여 2~3회 수세를 한다.

## 7. 가염 및 연압 (working)

풍미와 저장성을 좋게 하기 위하여 1~2.5%의 식염을 첨가하고, 버터조직을 균일하게 하기 위한 연압을 한다. 이 과정을 통하여 수중유탁액(O/W) 상태에서 유중수탁액 (W/O) 상태로 상전환이 이루어진다.

## 8. 충전 및 포장

버터의 종류와 용도에 따라 적당한 용기에 충전하여 포장한다. 소형 포장인 경우에는 은박지(Al−foil)나 유산지로 싸서 종이상자에 넣어 저장한다.

## 9. 증량률

버터의 생산량은 제조 중에 수분, 소금, 미량의 curd가 포함되기 때문에 원료로 사용된 크림 중의 지방량보다 생산량이 많게 된다. 이것을 증량률 (% : overrun, OR) 이라 한다.

$$OR(\%) = \frac{\text{butter생산량(kg)} - \text{cream 중 지방량(kg)}}{\text{cream 중 지방량(kg)}} \times 100$$

※ cream 중 지방량(kg) = cream 량(kg) x cream의 fat(%)

# 8. 치즈

치즈(cheese)란 우유를 젖산균으로 발효시켜 생성된 젖산이다. 렌넷(rennet)의 응유효소의 작용으로 응고시켜 유청(whey)을 제거한 후 가온, 가압 등의 처리로 얻어진 응고물을 숙성시켜 만든 것이 자연치즈(Natural cheese)이다. 가공치즈(Process cheese)는 자연치즈를 주원료로 하여 식품첨가물 또는 다른 식품을 첨가하여 가열 · 용해하여 제조한다.

## 1. 치즈의 종류

치즈의 분류는 수분함량의 차이에 따른 굳기와 숙성 방법에 따라 분류한다.

### (1) 초경질치즈 (very hard cheese)

수분함량이 25~30%이기 때문에 매우 딱딱하여 분말치즈로 많이 이용되며, 세균에 의해 약 1년간 숙성시켜 만든다. Parmesan cheese 와 Romano cheese가 여기에 속한다.

### (2) 경질치즈 (hard cheese)

수분이 30~40%인 치즈로 세균에 의해 최소한 5~6개월간 숙성시켜 만든다. Cheddar cheese와 Gouda cheese는 가스 구멍이 없으나 Emmenthal cheese는 가스 구멍이 있는 것이 특징이다.

### (3) 반경질치즈 (semi hard cheese)

수분이 38~45%인 치즈이며 세균으로 숙성시킨 것(Brick cheese와 Limburger cheese)과 곰팡이로 숙성시킨 것(Roquefort cheese와 Blue cheese)이 있다.

### (4) 연질치즈 (soft cheese)

수분이 40~60%인 치즈로 숙성한 것(Camenbert cheese)과 숙성시키지 않은 것(Cottage cheese)이 있다.

## 2. 제조방법

치즈의 제조방법은 종류에 따라 차이가 있지만 일반적인 제조방법은 다음과 같다.

### (1) 원료유의 검사 및 표준화

원료유는 품질이 좋은 치즈를 생산하기 위하여 유질검사와 발효시험을 하게 되며, 아울러 발효와 숙성에 장애가 되는 항생물질 검출시험을 한다.

치즈의 주성분은 카제인과 지방이므로 카제인과 지방함량이 많은 우유일수록 치즈 생산량이 많아진다. 그러나 지방량에 대한 치즈 생산량은 지방함량이 낮을수록 많아지는데 이것은 C/F(casein % / fat %)로 나타나며, 표준은 0.7 이다. 따라서 균일한 제품을 만들기 위해서는 성분을 조정하여 C/F가 0.7이 되도록 표준화시켜야 한다.

표 13-6 지방과 카제인 함량의 비

| Fat (F, %) | Casein (C, %) | C/F |
|---|---|---|
| 3.0 | 2.10 | 0.700 |
| 3.2 | 2.18 | 0.681 |
| 3.4 | 2.26 | 0.665 |
| 3.6 | 2.34 | 0.650 |
| 3.8 | 2.42 | 0.637 |
| 4.0 | 2.50 | 0.625 |
| 4.2 | 2.58 | 0.614 |

### (2) 살 균

치즈 원료유의 살균은 시유와 같은 방법으로 한다. 살균유는 생유에 비해 렌넷에 의한 응고작용이 떨어지고 숙성이 늦게 되므로, 이것을 보완하기 위하여 0.01% 의 $CaCl_2$를 첨가하고 starter를 약간 많이 사용한다.

### (3) Starter의 첨가

살균이 끝나면 약 30℃로 냉각한 후 렌넷에 의한 응고작용에 적당한 산도를 갖게 한다. 숙성을 순조롭게 하기 위하여 starter를 넣고 산도가 0.18~0.22%가 될 때까지 발효를 시킨다.

발효의 목적은 렌넷에 의한 응고작용에 필요한 산도를 갖게 하고 숙성을 순조롭게 하여 풍미를 좋게 하는데 있다.

일반적으로 *Str. lactis* 와 *Str. cremoris*가 널리 사용되고, swiss cheese 제조시에는 *L. bulgaricus, Step. thermophilus, Propionb. Sermanii* 의 혼합 starter가 사용된다. 겨울철에 생산된 우유인 경우에는 버터 제조시와 마찬가지로 색소를 넣어주어야 한다.

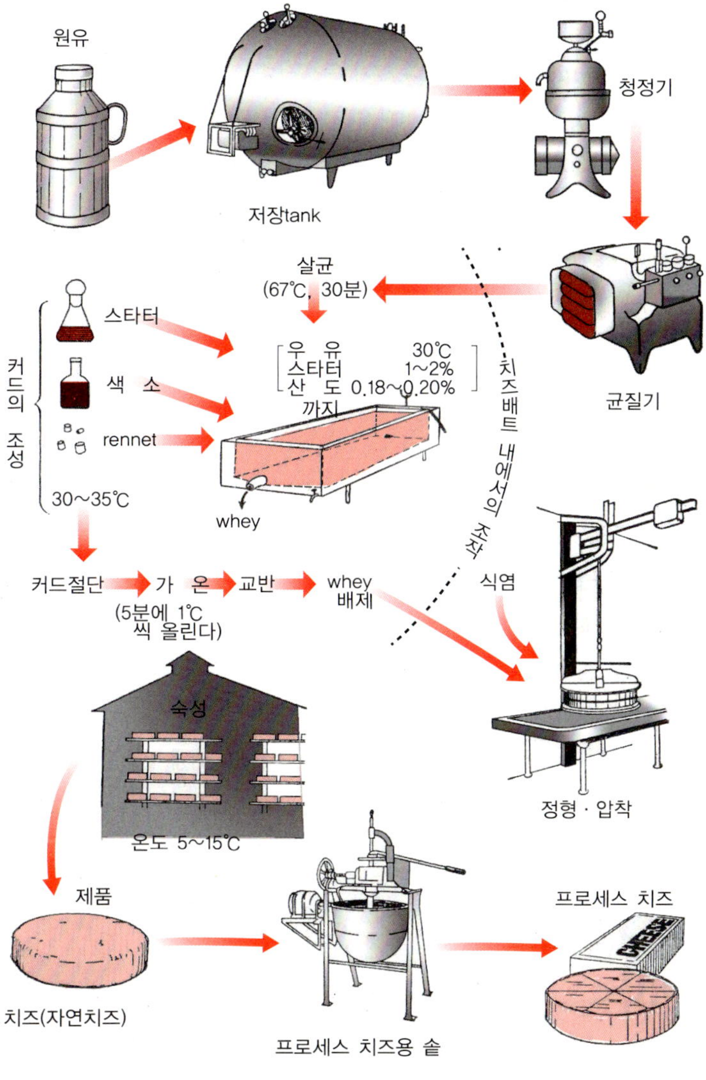


그림 13-9 치즈의 제조공정

### (4) Rennet 첨가

우유가 소정의 산도에 달하면 역가에 따라 적당한 양의 렌넷을 증류수에 용해시켜 균일하게 첨가한다. 렌넷을 첨가하면 우유는 응고하게 되는데 적당한 굳기가 되면 curd를 절단한다.

### (5) Curd의 처리

Curd의 표면적을 넓게 하여 whey의 배출을 용이하게 하고, 가열시 균일하게 열을 받도록 하기 위하여 curd knife로 연질치즈는 크게, 경질치즈는 작게 절단한다.

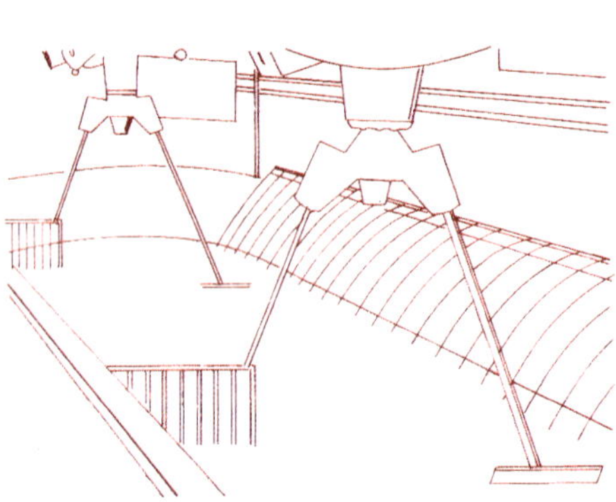

그림 13-10 가열장치

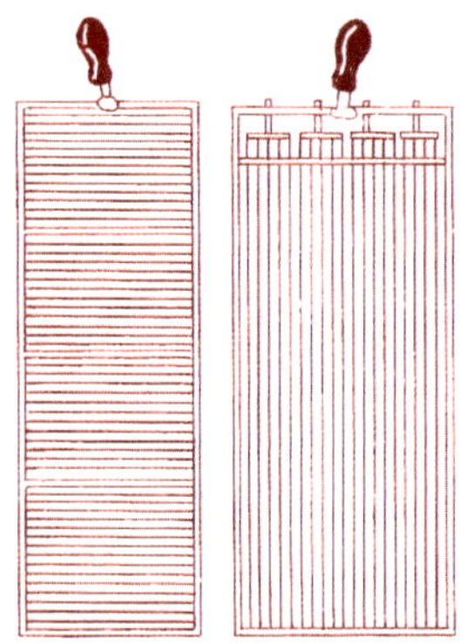

그림 13-11 curd knife

### (6) Curd의 가열 (cooking)과 교반

절단을 하면 아래쪽에는 curd조각이, 위에는 whey가 있게 된다. 이때 그대로 방치하면 조각들이 응집을 하게 되므로 교반을 하면서 서서히 가열을 한다. 가열을 하면 whey의 배출이 빨라지고 curd조각의 표면에 부드러운 막을 형성하여 지방의 손실을 방지하며 탄력성이 있는 조직이 된다. 가열은 2~5분에 1℃씩 상승하는 속도로 경질치즈는 38℃, 연질치즈는 31℃까지 가열한다.

### (7) Whey의 배출

Whey의 산도가 0.15% 정도로 되고 curd의 크기가 반 정도로 수축되어 탄력성이 있으면, vat 양쪽으로 curd 조각을 갈라 쌓은 후에 여과포를 대고 whey를 배출시킨다.

Cheddar cheese인 경우에는 whey를 배출시킨 후 수분함량을 조절하여 단단한 조직을 갖도록 하기 위해서 vat의 온도를 30~32℃로 유지하면서 매 15분마다 뒤집어 놓기, 세워 놓기, 올려놓기를 한다.

### (8) 틀에 넣기 및 압착 (moulding and pressing)

Whey의 배출이 끝나면 치즈틀에 담기 쉽도록 적당한 크기로 분쇄하여 틀에 넣는데, 이때 틀 안쪽에 살균된 천(cheese cloth)을 깔고 curd를 넣어 압착을 한다.

### (9) 가염 (salting)

치즈의 풍미를 좋게 하고 과도한 발효를 억제하며 잡균에 의한 이상발효를 억제하기 위하여 가염을 한다. 가염방법으로는 %의 식염을 압착을 하기 전에 섞는 건염법 (dry salting)과 18~24 Be′의 식염수에 48~72시간 동안 담그는 습염법 (wet salting)이 있다.

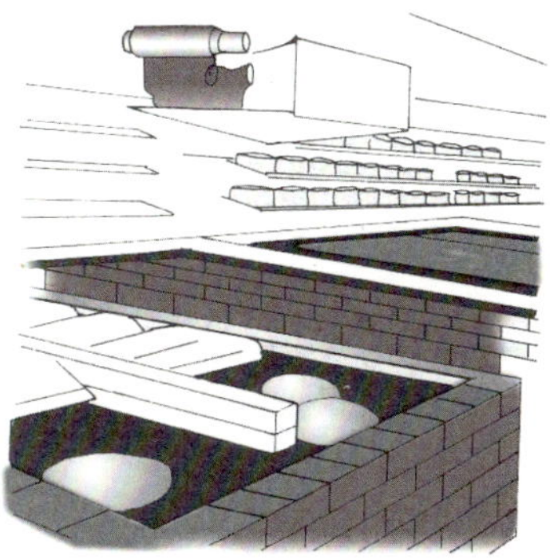

그림 13-12 가염조

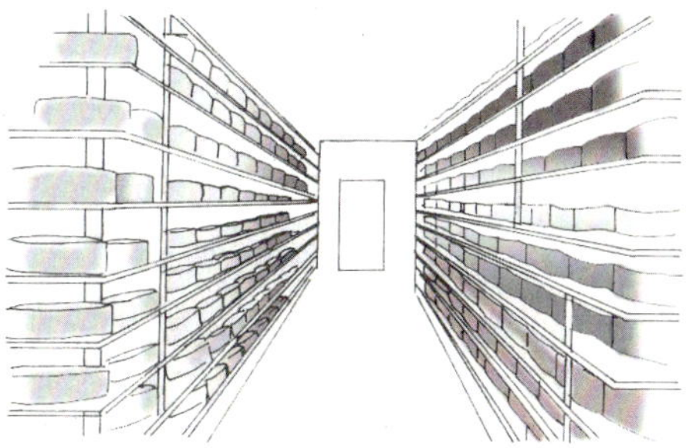

그림 13-13 숙성실

### (10) 숙성 (ripening)

숙성을 시킬 때에는 먼저 나무선반에서 표면을 건조시킨 후 실내온도 10~20℃, 습도가 80~95%인 숙성실에서 매일 반전시키면서 수주 또는 수개월간 숙성시킨다. 숙성 1~2주 후에는 수분 증발에 의한 감량과 곰팡이의 발생을 방지하기 위하여 wax 또는 paraffin 으로 coating을 시킨다.

### 3. 가공치즈 (process cheese)

가공치즈는 종류가 다르거나 숙성기간이 다른 2종류 이상의 치즈를 분쇄하고 유화제 등을 넣고 가열하면서 유화시킨 다음 일정한 모양으로 굳혀서 포장한 것으로, 원료로는 주로 Cheddar cheese가 많이 사용된다.

## 9. 아이스크림

아이스크림은 유제품에 설탕 및 안정제 등을 적당히 혼합시켜 만든 믹스(mix)를 동결시켜 만든 빙과류의 일종이다.

### 1. 아이스크림의 종류

#### (1) 보통 아이스크림 (plain icecream)

한 가지 향료만을 넣어 만든 것으로 유지방이 6% 이상, 무지고형분(SNF)이 10% 이상, 설탕 12~17%, 안정제 0~0.7 %의 조성을 갖는다.

#### (2) 너트 아이스크림 (nut icecream)

보통 아이스크림에 아몬드(almonds), 호두, 밤 등을 넣어 만든 것이다.

#### (3) 과실 아이스크림 (fruit icecream)

보통 아이스크림에 3~6%의 과실 또는 과즙을 섞어 만든 것으로, 인공 향료와 색소를 써서 풍미와 착색을 좋게 한다.

#### (4) 아이스밀크 (ice milk)

일반 성상은 보통 아이스크림과 같으나 유지방 함량이 2~5%로 낮고 SNF 함량은 높은 편이다.

### (5) 비유지방 아이스크림 (mellorine)

일반 성상은 역시 보통 아이스크림과 같으나 유지방 대신에 대두유와 같은 식물성 유지를 써서 만든 것이다.

## 2. 제조 원료

### (1) 유제품

아이스크림 조성분 중 풍미와 안정된 조직을 갖도록 하는 유지방과 SNF 공급원 유제품으로 사용되고 있다. 크림과 무염버터 등은 유지방 공급원으로, 전지분유와 탈지분유 등은 SNF 공급원으로 이용되고 있다.

### (2) 안정제

제품의 적당한 굳기와 보형성(保形性)을 위하여 젤라틴(gelatin)과 알긴산나트륨 등이 사용되고 있다.

### (3) 감미료

주로 설탕이 사용되며, 감미를 주는 외에 제품의 조직을 좋게 한다.

### (4) 향료

아이스크림용 향료로서 가장 많이 이용되는 것은 바닐라(vanilla)향이며, 그 밖에 딸기향과 초콜릿향 등이 많이 사용되고 있다.

## 3. 믹스의 조성과 표준화

아이스크림을 제조하기 위해서는 먼저 믹스의 조성을 정한 다음, 이 조성에 맞도록 각 원료의 양을 계산하여 결정하여야 한다.

## 4. 제조 방법

### (1) 원료의 배합 및 살균

용기에 물이나 탈지유 등을 먼저 넣고 50~60℃로 가열한 다음 탈지분유와 설탕 등을 용해시킨다. 젤라틴과 같은 안정제는 미리 용해시킨 다음 여과하여 섞는다. 배합이 끝나면 온도를 높여 70℃ 내외에서 30분간 가열하여 살균처리한다. 향료는 휘발성이기 때문에 동결 직전에 섞는다.

### (2) 믹스의 균질

지방 분리를 방지하고 믹스의 기포성을 좋게 하며 증용률을 증가시켜 조직을 부드럽게 하기 위하여 균질을 한다.

### (3) 숙성 (aging)

믹스를 저온에서 12~24시간 숙성시키면, 지방이 고체로 되고 안정제가 물을 흡수하여 점도가 증가하므로 부피와 조직이 좋아진다.

### (4) 믹스의 동결 (freezing)

믹스를 아이스크림 동결기(freezer)에 넣어 공기를 주입하면서 −18℃~ −23℃에서 동결시키면, 반유동체의 소프트아이스크림(soft icecream)이 된다. 이때 수분은 약 반 정도 동결된 상태이다.

표 13-7 유지방함량에 따른 믹스의 표준조성 범위 (%)

| Fat | S. N. F | Sugar | Gelatin | T. S |
|---|---|---|---|---|
| 8 | 11~12 | 13~14 | 0.3~0.5 | 32.5~34.5 |
| 10 | 10~11 | 14~15 | 0.3~0.5 | 34.5~36.5 |
| 12 | 9~10 | 14~15 | 0.3~0.5 | 35.0~37.5 |
| 14 | 8~10 | 14~15 | 0.3~0.5 | 36.5~39.5 |

표 13-8 Mix의 배합 예 (1)

| 원 료 | 사용량 (kg) | 성분별 공급량(kg) | | | |
|---|---|---|---|---|---|
| | | Fat | S.N.F | Sugar | T.S |
| 우 유(Fat 3.5%, S.N.F 8.0%) | 58.0 | 2.3 | 4.65 | | |
| 크 림(Fat 40.0%, S.N.F 5.0%) | 14.0 | 5.6 | 0.70 | - | |
| 가당탈지연유 | 22.0 | 0.04 | 6.27 | - | |
| (Fat 0.2%, S.N.F 28.5%,Suger 43%) | | | | 9.46 | |
| 설 탕 | 5.5 | — | | 5.50 | |
| 안 정 제 | 0.5 | | | | |
| 합 계 | 100.0 | 7.94 | 11.62 | 14.96 | 35.02 |

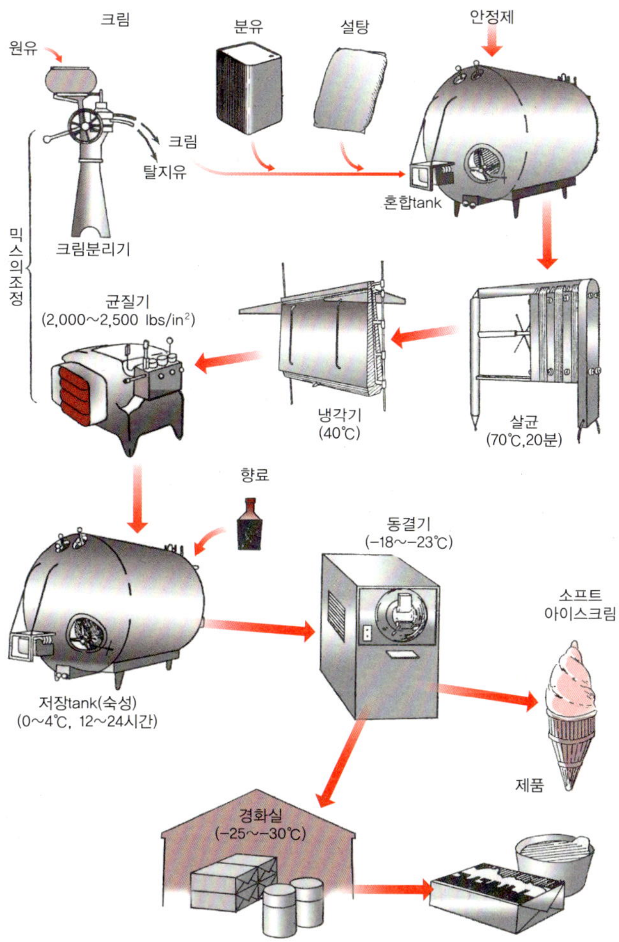


그림 13-14 아이스크림의 제조공정

### (5) 증용률 (OR : Over run, %)

동결시 교반에 의해 공기가 혼입되어 용량이 증가하게 되는데 그 정도를 증용률로서 표시하며, 증용률이 너무 크면 다공성조직이 되고, 너무 낮으면 딱딱한 조직이 되므로 80~100%가 적당하다.

### (6) 경화 (hardening)

동결된 반유동체의 soft icecream은 종이상자나 cone 등에 넣어 포장한 후 −25℃~30℃의 경화실에서 보다 많은 수분을 동결시켜 굳고 안정된 조직인 hard icecream으로 만든다.

# 10. 요구르트 (yoghurt)

발효유(fermented milk)는 포유동물의 젖에 젖산균을 배양, 발효시켜 제조되는 액상 또는 반 gel상의 젖산음료이다. 발효유는 젖산만을 발효시킨 젖산 발효유(yoghurt, acidophilus milk 등)와 젖산 발효는 물론 알코올 발효까지 시킨 알코올 발효유(kefir, koumiss 등)로 크게 나눌 수 있다.

오늘날 세계적으로 인기를 끌고 있는 요구르트는 가장 오래된 발효유의 하나로서 세계 여러 나라에서 여러 가지 이름으로 불리워지고 있다. 그에 따라 나라마다 제조방법, 성분, 원료 및 첨가물질이 다르지만 일반적인 제조방법은 다음과 같다.

## 1. 원료와 재료

### (1) 원료유

원료유로는 주로 전유와 탈지유가 사용되고 있으며, 유고형분을 강화하기 위해 탈지분유 등을 첨가한다.

### (2) 안정제

펙틴, 젤라틴, 카르복시메틸셀룰로오스 나트륨(CMC : Sodium carboxymethyl cellulose)이 적당하며 약 0.35% 정도 첨가한다.

### (3) 감미료 및 향료

감미와 풍미를 높이기 위하여 10% 내외의 설탕, 과즙, 잼, 그리고 여러 가지 인공향료를 사용한다.

## 2. 제조 방법

### (1) 원료의 혼합 및 살균

탈지유 또는 물을 가열하여 50~60°C가 되었을 때 탈지분유와 설탕 등을 용해하고 여과한 다음 85℃에서 30분간 살균한 후 바로 냉각을 한다. 냉각온도는 starter의 종류에 따라 발효 적온으로 한다.

### (2) Starter 넣기

이미 만들어진 bulk starter를 원료량의 0.5~2% 접종한다.

### (3) 발효

Starter를 넣고 혼합한 것을 용기에 넣고 마개를 닫은 다음 발효실에서 산도가 0.8~1.0%(pH 4.5 정도)가 될 때까지 발효를 시키고 5℃ 이하로 냉각을 시킨다.

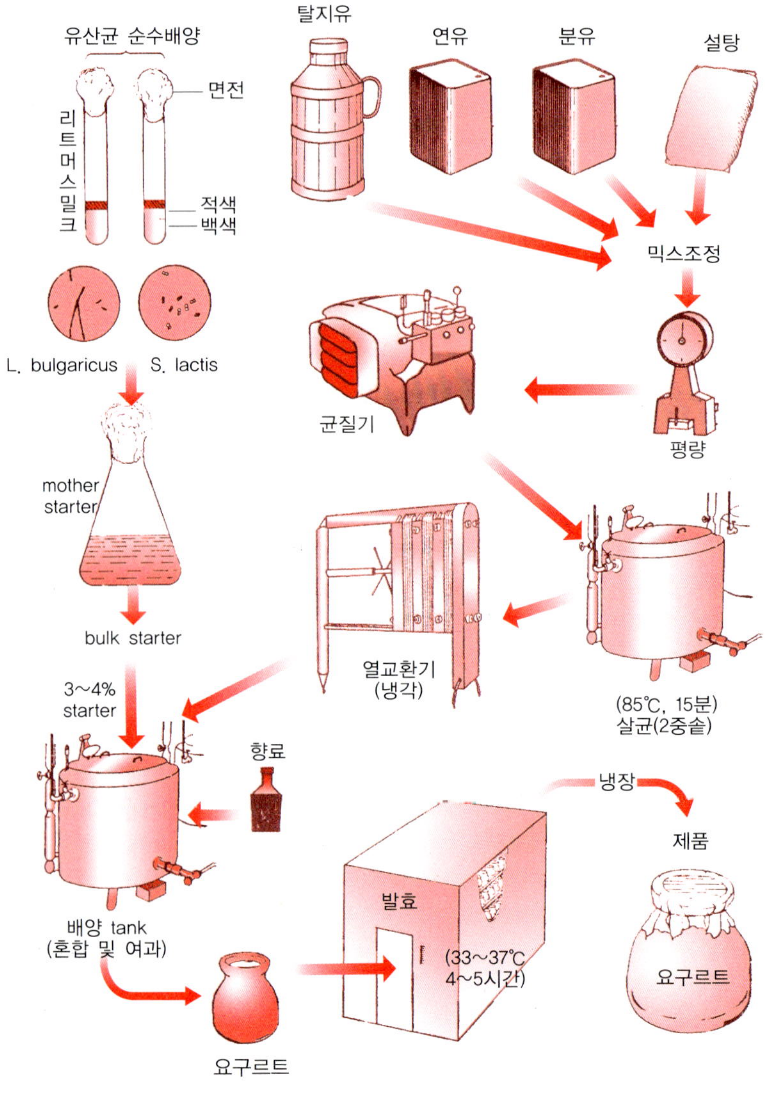


그림 13-15 요구르트의 제조공정

# Part V 수산식품가공학

Chapter 14

# 수산식품가공

수산가공 또는 수산제조란 원료적 특성으로 인하여 가공원료로서 제약성이 많은 수산물을 원료로 하여 물리적 · 화학적 또는 생물학적 조작을 가하여 오래 저장할 수 있게 하거나 새로운 성질을 가진 식품이나 사료 또는 의약품 등을 만드는 생산수단이다.

수산가공의 원료가 되는 수산물은 주로 물 속에서 서식하고 있는 동식물이기 때문에 육상에서 생산되는 농산물이나 축산물에 비해서 여러 가지 다른 성질을 지니는데 다음과 같은 특성을 가지고 있다.

첫째, 생산되는 장소와 시기가 국한되어 있다. 둘째, 어획량 변동이 크고 계획생산이 어렵다. 셋째, 종류가 많으며 일시에 대량 어획된다. 넷째, 어체의 크기, 부위, 계절에 따른 성분의 차이가 많다. 다섯째, 부패와 변질이 일어나기 쉽다. 그리고 특유의 냄새, 색깔 및 맛을 가지고 있다.

이와 같이 수산물은 원료적 한계를 지니기 때문에 일정한 소비량을 공급하기 위해서는 저장이 필요하며 또한 소비에 대한 효과적인 대응과 그리고 편리하게 사용하기 위해서는 가공을 하지 않을 수 없다.

수산가공학은 수산물의 저장, 처리 이용, 가공, 제조 등에 관한 기초적 및 응용적 연구를 하는 응용과학 분야이다. 가공 대상은 어패류와 해조류뿐만 아니라 알, 내장, 기름, 부산물 등에 이르기까지 다양하며, 응용분야는 식품, 사료, 비료, 의약품, 가공용품 및 공업원료 등 각 분야에 걸쳐있다.

# 1. 수산 냉동품

## 1. 저온저장의 기초

### (1) 식품의 저온저장 효과

식품의 온도를 낮추게 되면 미생물 발육억제, 효소 변성 또는 불활성화, 식품성분의 화학적 반응속도가 저하되어 식품의 성상을 변화시키지 않고 그 품질을 유지할 수 있어 장기저장이 가능하게 된다. 그러나 식품의 물리적 성상이나 조직에는 상당한 변화가 일어날 수 있다.

예로서 식품을 −20℃ 이하에서 저장시키면 식품을 변패시키는 2대 요소인 부패 미생물의 발육과 자가소화효소의 작용에 적당한 온도보다 훨씬 낮은 온도의 환경에 놓이게 되며 또한 식품중의 수분도 80% 이상 빙결하여 자유수 양이 극도로 감소하게 되므로 이들 작용은 사실상 정지하게 된다.

일반적으로 화학반응은 온도가 10℃ 내려감에 따라 반응속도는 1/2 정도로 떨어지므로 식품을 −20℃에 저장하면 저장 중에 식품의 산화속도는 30℃ 때의 1/30 정도로 감소하게 된다. 이러한 점이 저온에 의한 식품저장의 원리가 된다. 그러나 효소 중에는 저온에서도 상당한 작용력을 나타내는 것도 있고, 또 산화작용도 반응속도가 느려질 뿐이고 완전히 저지가 되는 것은 아니다. 더욱이 동결에 의하여 식품의 물리적 및 조직적 성상이 많이 변화하므로 저온에 의한 식품의 저장도 완전한 보장법이라고는 할 수 없다.

### (2) 식품 냉동의 원리

저온을 발생시키는 데 사용되는 냉동기는 냉매의 가스를 응축, 액화하는 방식에 따라 압축식(compression system)과 흡수식(absorption system)으로 나눌 수 있으며, 일반적으로 압축식이 널리 이용되고 있다. 냉매는 냉동효과를 얻기 위해서 사용되는 물질로서 주로 상(相)변화를 행하는 1차 냉매인 암모니아와 프레온이 많이 사용되며, 상변화가 없는 2차냉매(브라인)로 나누어진다.

압축식 냉동기의 개요는 다음과 같다.

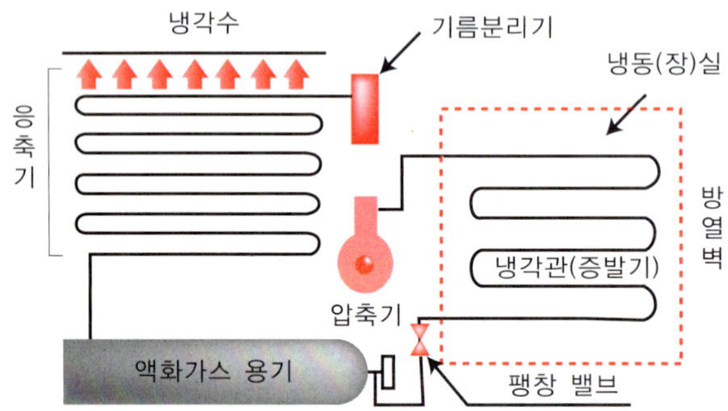


그림 14-1 압축식 냉동기의 개요

① 압축기 (compressor)

저온저압의 건포화증기나 과열증기를 압축하여 고온고압의 과열증기로 만든다.

② 응축기 (condensor)

고온고압의 과열증기를 응축시켜 상온고압의 과냉각액으로 만든다.

③ 팽창밸브 (expansion valve)

상온고압의 과냉각액을 팽창시켜 저온저압의 포화액으로 만든다.

④ 증발기 (evaporator)

저온저압의 포화액을 증발시켜 저온저압의 건포화증기나 과열증기로 만든다. 이때 저압의 포화액이 쉽게 증발하여 기체로 되면서 증발잠열을 빼앗아 가므로 증발기 주변의 온도가 내려가서 식품을 냉각하게 된다.

이때 발생하는 저온의 정도는 팽창밸브의 조절에 의하여 가감할 수 있다. 그리고 발생한 기체는 다시 압축기에 들어가서 냉동사이클을 순환하게 된다. 이 냉동사이클 중에서 증발기의 부분을 저압부라 하고, 그 외의 부분은 고압부라고 한다.

## 2. 냉장 및 냉동방법

### (1) 빙장법(icing)

식품에 직접 가루얼음을 채우거나 또는 식품을 얼음물에 담가 저장하는 방법이다. 이 방법은 극히 간편하고 얼음의 융해잠열(80kcal/kg)을 이용하므로 냉각이 빠르며 또한 어체 표면의 건조를 막을 수 있는 이점이 있다. 반면에 세균이나 자가소화효소의 작용을 완전히 저지시킬 수 없으므로 수일 내지 10일 정도의 저장만 가능하고, 또한 얼음을 사용하기 때문에 무게나 부피가 늘어나며, 얼음이 녹은 물이나 어체에서 삼출된 체액 등이 고이면 불결하게 되고, 얼음의 무게로 인하여 하층의 식품이 압박되어 손상을 받는 등의 단점이 있다.

얼음의 사용량은 어종 및 크기, 빙장기간 등에 따라 다르나 일반적으로 여름에는 1일 정도의 저장에는 어체 무게와 같은 양의 얼음을 사용하고, 2일 이내는 어체 무게의 1.5배, 3일 이내는 약 2배 정도의 얼음이 필요하다. 그리고 겨울에는 1일은 어체 무게의 1/5, 2일 이내는 1/4, 3일 이내는 1/3 정도의 얼음이 필요하다.

얼음에는 보통빙, 약품빙 및 특수빙이 있는데 일반적으로는 보통빙의 덩이를 2~3cm 크기의 각형으로 부수어 사용하나, 특수한 모양의 얼음을 사용하는 수도 있다. 약품빙은 얼음용수에 살균방부제로서 차아염소산나트륨, 오존 및 과산화수소 등을 넣어 얼린 것으로 식품위생상의 문제, 색이나 냄새, 조직손상 등의 이유로 실용화되지 못하고 있다.
또 항생제로서 주로 CTC(chloroteracycline)를 5ppm 정도 넣어 일부 어획물에 한하여 사용하기도 한다.

특수빙은 소금, $MgCl_2$, $CaCl_2$ 등의 수용액을 동결시킨 얼음으로 염수빙(brine ice 또는 minus ice)이라고 하며, 특히 포화식염수를 동결시킨 것을 공융빙(共融氷, eutectic ice)이라 하며 −21.2℃에서 녹는다. 그러므로 기한제(freezing mixture) 대신에 0℃ 이하의 저온이 필요할 때 사용하기도 한다.

냉각매체로서 dry ice가 사용되기도 하는데 dry ice는 대기압 하에서 −78.9℃에서 승화하며, 이때 주위로부터 흡수하는 승화잠열은 137kal/kg이다. 또 기화한 탄산가스가 0℃까지 승온하는데는 16kal/kg의 열을 흡수하므로 결국 153kal/kg의 열을 흡수하는 셈이 된다. 따라서 얼음의 융해잠열 80kcal/kg에 비교하면 dry ice가 얼음보다 약 2배의 냉각력을 가진다.

Dry ice의 좋은 점은 −80℃ 가까운 저온을 얻을 수 있는 점, 녹으면 용액이 되지 않고 바로 기화하여 물과의 접촉을 피할 수 있는 점, 그리고 기화한 $CO_2$ 가스가 세균에 대하여 억제적으로 작용하므로 식품의 보존성을 높일 수 있는 점 등이다.

수빙법은 맑은 물, 바닷물, 식염수 등에 가루얼음을 넣어 온도를 0℃ 내외로 내려 그 속에 어패류를 담가 냉각하는 방법이다. 수빙법은 간단하고 또 저장성도 좋은 빙장법이지만 식품의 종류에 따라서는 흡수가 일어나고, 변색이나 표피조직의 손상이 있으므로 상피를 가진 어체나 과피를 가진 과실 등에 이용된다.

### (2) 냉장법 (chilling, cold storage)

식품의 동결이 일어나지 않는 온도범위의 저온에서 식품을 보장하는 방법으로 식품의 종류에 따라 달라지지만 대략 −3℃에서 10℃까지의 온도범위가 이용된다. 어패류의 단기저장이나 또는 청과류 등을 저장할 때에 효과적으로 이용되는 방법으로, 선어를 냉장할 때에는 먼저 빙장을 하여 어체의 온도를 빨리 내린 후 냉장을 하는 것이 필요하다.

가공품으로는 염장품, 건제품, 연제품, 조미 가공품 등을 냉장하는데 염장품의 경우는 −2~−3℃, 건제품의 경우는 2~4℃ 정도가 적당하며, 특히 어묵은 동결하면 제품의 탄력이 없어지고 조직이 변화하여 품질이 떨어지므로 냉장을 하는데, 동결되지 않는 온도에 보관하는 것이 좋다. 냉장실의 습도는 90% 이상을 유지시키고 때때로 실내의 공기를 교환하여 준다. 저장기간은 신선어의 경우에는 길어도 10일 정도이다.

### (3) 동결저장법 (냉동법, freezing storage)

품온을 빙결점 이하로 내려 식품 중의 수분을 대부분 동결상태로 하여 저장하되 적어도 −18℃ 또는 그 이하로 저장하는 방법으로 공기동결법과 brine을 이용한 직접 또는 간접 접촉동결법으로 크게 나눌 수 있다.

#### ① 공기 동결법(sharp freezing) 및 반송풍동결(semi−air blast freezing)

방열을 한 공기동결실에서 냉매가 흐르는 냉각관을 선반모양으로 조립하고, 이 위에 식품을 얹어서 동결시킨다. 그리고 천장에 냉각관을 둘러서 공기의 온도를 −25~−30℃로 조절하여 동결을 촉진시킨다.

그러나 이 방법은 열용량이 적고 열전도가 나쁜 공기를 통하여 이루어지므로 동결속도가 늦어 완만동결(slow freezing)에 속한다.

이러한 결점을 보완하기 위하여 공기동결실 내에 송풍기를 장치하여 1.5m/sec 정도의 바람을 일으켜 공기를 교반하는 방법이 널리 이용되고 있다. 이 방법이 반송풍 동결법으로 동결시간을 공기동결 때의 약 1/2로 단축시킬 수 있다.

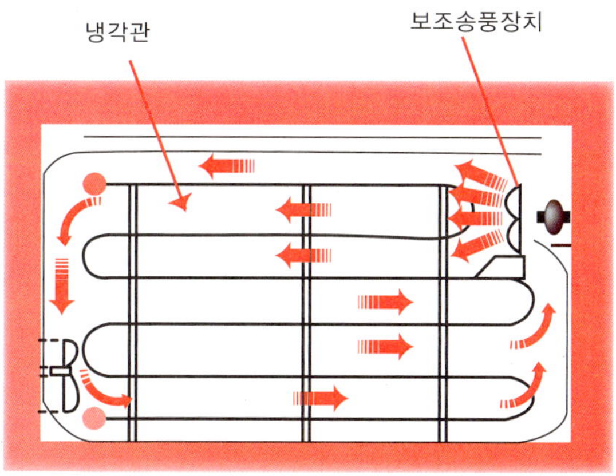


그림 14-2 반송풍 동결실의 보조 송풍기

② 송풍동결법 (air blast freezing)

동결실은 보통 tunnel형이며, 식품을 tray rack이나 conveyer 위에 얹어 tunnel 속에 넣고 식품표면에 −30~−40℃의 냉풍을 3~5m/sec 속도로 불도록 하여 단시간에 동결하는 방법이다.

동결 속도는 공기의 온도가 낮을수록 빨라지지만, 유속은 어느 정도 이상이 되면 비례하지 않게 된다. 어육편의 무게를 2.25kg과 6.75kg, 두께 5.6cm 의 크기로 하여 −28℃의 송풍동결장치 중에서 동결할 때 중심온도가 −15℃가 될 때까지 소요되는 시간은 2.25kg 경우 풍속 2.8m/sec에서 5.2시간, 19.6m/sec에서는 2.8시간이 소요되었고 6.75kg의 경우는 2.8m/sec에서 7.2시간이 19.6m/sec 풍속에서는 4.9시간이 소요된다.

이 방법은 공기동결법보다 동결속도가 훨씬 빠르므로 급속동결(quick freezing)이라 할 수 있다. 송풍동결은 건조조건에 차가 있으나 −5℃ 강하하는데 고등어는 1.3~4.3시간, 오징어는 5.7시간이 소요된다.

### ③ 접촉식 동결법 (contact freezing)

냉각한 금속판 사이에 식품을 넣고 상하로부터 밀착시켜 동결하는 방법이다. 금속판은 그 속에 직접 냉매를 흘리든가 또는 냉각한 brine과 같은 2차냉매를 흘려서 −30~−40℃로 냉각하고, 식품과 금속판 사이에는 0.1~0.2kg/m$^2$ 정도의 접촉압이 걸리도록 가볍게 눌리면서 동결하게 한다.

이 방법은 두께 3~4cm의 식품이면 1시간 반 정도에 급속동결되며, 제품의 모양이 같게 되면, 또 같은 동결능력이면 동결장치가 차지하는 면적이 작은 것들이 장점이다.

### ④ 침지식 동결법 (immersion freezing)

식염수, 염화칼슘, 염화마그네슘, 메틸알콜, propylene glycol 등과 같은 brine은 공정(共晶)점이 낮은 일종의 부동액으로 −16~−50℃ 정도로 냉각하여 그 중에 식품을 침지하여 급속히 동결하는 방법이다. 이 경우 brine이 식품 내로 침입하므로 미리 포장할 필요가 있다.

표 14-1 침지동결법에 이용되는 brine

| 종 류 | 용액의 농도(%) | 동결점(℃) |
|---|---|---|
| NaCl | 21.2 | −19.4 |
| $CaCl_2$ | 30.3 | −50.6 |
| Propylene glycol | 45.0 | −25.0 |

### ⑤ 액체질소 동결법

액체질소는 대기압하에서 −195.8℃에서 기화하는데 이때 흡수되는 증발잠열은 47.6kcal/kg이고 다시 0℃까지 오르는데 47kcal/kg의 감열이 발생하게 된다. 따라서 액체질소는 94.6kcal/kg의 열량을 주위로부터 빼앗아 가는 셈으로 얼음의 융해열에 비해서 약 1.2배의 냉각력을 가지는 정도이다.

그러나 액체질소는 증발시에 순간적으로 −195.8℃라는 극저온을 얻을 수 있기 때문에 이러한 액체질소를 식품표면에 직접 살포하면 종전의 급속동결법의 약 10배의 동결속도를 얻을 수 있다. 이러한 급속동결에 의하여 제품의 품질이 향상되는 것은 물론이고 필요에 따라 개체 한 개씩을 동결하여 이용할 수 있는 이른바 IQF식품(개체동결식품, individually quick forzen food)에 사용이 가능하다. 이 동결법은 현재 식품뿐만 아니라 종자, 조직, 혈액 등의 동결보존에도 이용된다.

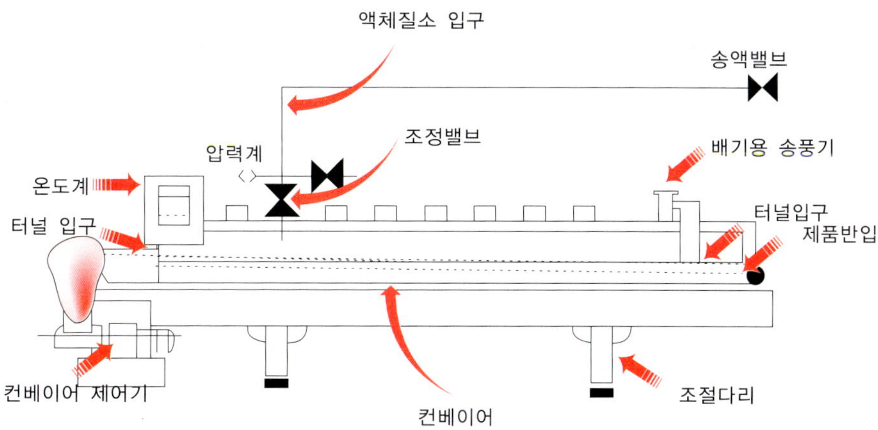


그림 14-3 액체질소 동결기의 개요

⑥ 부분동결법 (partial freezing, super chilling)

부분동결법은 피동결물을 −2~−10℃ 범위에서 저장하는 방법이다. 이 방법에서는 어체 수분의 일부가 동결하기 때문에 부분동결 또는 초냉각이라 한다.

종래 수산물을 이 온도부근에 저장하는 것은 대형의 빙결정이 생성되어 조직의 기계적 손상과 단백질의 변성 등이 일어나 품질유지에 좋지 않은 것으로 여겨져 왔다. 그러나 어획물은 1~2주간 정도 보관하는 경우에는 −3℃의 동결상태에 보관하는 것이 −10℃ 또는 −5℃에서 동결하는 것보다도 해동시의 품질이 양호하여 그 유용성에 관한 인식이 높아져 가고 있다.

⑦ 저온삼투압 탈수동결법

탈수동결법은 오래 전부터 과실에 대하여 사용되어 왔는데, 과실을 고농도의 시럽에 침지하여 탈수시킨 후 동결하면 조직의 파괴를 어느 정도 막을 수 있었다. 그러나 최근에 탈수시트에 의해서 어류를 선어상태로 저온에서 탈수시켜 동결시키는 탈수동결법이 이용되고 있다. 탈수시트는 내부 중앙에 고삼투압성 물질을 넣고서 이것의 상하층에 고흡수성의 고분자 화합물로 채운 뒤 반투막으로 둘러싼 구조로 되어 있다. 탈수시트의 반투막 위에 어류를 접촉시키면 삼투압의 차이에 의하여 삼투압이 낮은 어류로부터 탈수시트편으로 수분이 이동한다. 그리하여 수분은 흡수성이 큰 고분자 화합물에 흡수되어 어류의 표면은 살아서 건조된 것 같은 상태가 된다.

따라서 자유수가 제거되므로 동결에 의한 단백질 변성이 억제되고 드립량이 감소되며 육색의 개선효과가 있다. 또 탈수에 의하여 최대빙결정 생성대의 통과시간이 단축되며 그 후의 온도저하도 신속히 일어난다. 탈수율은 제품을 탈수시트에 방치하는 시간이 길고 온도가 높을수록 높아진다. 이 방법은 어패류를 탈수 동결하여 거의 선어상태로 저장할 수 있어 효과가 크다.

### (4) 동결품의 해동

#### ① 해동 방법

동결식품을 다루는 데 있어서 특히 동결어를 원료로 하는 가공에 있어서는 해동(thawing, defrosting)은 동결이나 냉장에 못지 않는 중요한 공정의 하나이다.

해동은 동결의 역현상이므로 동결 때 제거되었던 것과 같은 양의 열을 흡수하게 되면 식품 중의 빙결정은 녹아서 품온이 원래 상태로 돌아간다. 그러나 같은 온도변화 범위에 있어서는 동결에 소요되는 시간보다 해동에 소요되는 시간이 더 길다. 그 이유는 동결어육의 열전도율이 동결하지 않는 어육의 그것보다 높기 때문이다. 즉 동결에 있어서는 표층부터 얼어서 열전도도가 높아지기 때문에 식품 내외부의 열교환이 잘 이루어지는데 비해 해동의 경우는 반대로 표층부터 녹아서 열전도도가 떨어지기 때문에 열전달이 잘 되지 않는 까닭이다.

동결식품의 해동에는 다음과 같은 방법이 있다.

- 자연해동법(공기해동) : 큰 설비가 필요없어 널리 이용되고 있으며, 해동시간이 길고 표면건조나 변질이 일어나기 쉽다.
- 송풍해동법 : 약 20℃의 다습공기를 2~6m/sec 정도로 순환시켜 단시간에 해동하는 방법으로 batch식과 연속식이 있다.
- 침수해동법 : 유수 중에 담그거나, 또는 살수(撒水)를 하여 해동시간을 단축하는 방법으로 연속처리방식이 실용화되고 있다.
- 수증기해동법 : 다습공기 대신 수증기를 사용하는 점이 다른데 두 방법 모두 미생물의 오염을 막기 힘든 결점이 있다.
- 접촉해동법 : contact freezer와 같은 장치를 사용하는데 열원으로 냉동시설의 응축기의 냉각수를 이용하는 방법이 있다.

- **진공해동법** : 감압 하에 수증기를 도입하여 일정온도를 유지시키면서 해동하는 방법으로 해동속도가 빠르고 변질이 적으며 균일하게 해동되고 미생물의 오염방지가 용이한 장점이 있다.
- **전기해동법** : 실용화된 것은 고주파해동(10~100M cycle)이다. 다른 해동법은 모두 외부가열로 동결식품이 외층에서 내층으로 해동이 진행되는데 비하여, 이 방법은 내부가열로 내층부터 해동이 진행되므로 표층과열현상이 일어나기 쉽다. 이것은 식품의 유전도(誘電度)가 동결된 상태와 해동된 상태에 따라 다르기 때문이다.

### ② 해동속도와 품질

해동속도가 품질에 미치는 영향에 대하여는 명확하지 않지만, 일반적으로 두께가 얇아 동결속도가 균일한 식품은 해동속도에 의한 품질의 영향을 적게 받는다. 따라서 이런 식품은 급속해동을 시키는 것이 해동시간이 단축될 뿐만 아니고, 미생물이나 효소의 작용 또는 산화를 받는 시간이 짧아서 품질의 손상이 적다고 할 수 있다. 한편 완만해동을 하면 빙결정이 녹아서 생긴 물이 다시 육질에 흡수되는 시간이 길어지므로 drip 발생량이 줄어들어 육질이 원래의 상태에 가깝게 회복된다는 의견이 있다. 그러나 동결변성을 한 단백질의 보수성이 회복한다는 점에 대하여는 의문점이 있다.

일반적으로 해동온도를 15℃로 하여 품온은 10℃가 넘지 않는 조건에서 약 2시간 정도로 급속히 해동시키는 것이 좋다.

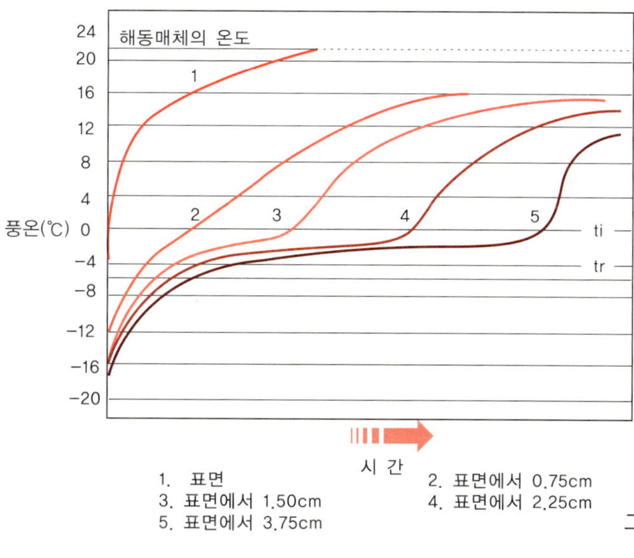


그림 14-4 식품 해동곡선의 예

## 3. 수산냉동품 제조 및 관리

### (1) 수산냉동품의 일반제조법

수산물의 동결처리공정은 원료전처리에서부터 냉동 pan에 채우기까지의 공정을 동결전처리 공정이라 하고, 동결 후부터 마무리 공정까지를 동결후처리 공정이라 한다.

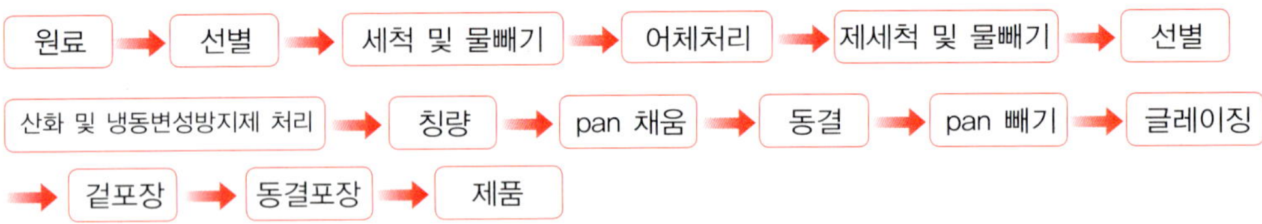


그림 14-5 수산물 냉동식품의 제조공정

#### ① 원료 및 선별

원료어는 선도가 양호한 것을 이용하여 크기, 손상 유무 등에 따라 선별한다. 원료의 취급은 어체의 사후경직 시간을 좌우하므로 가능한 원료어는 0~5℃의 온도에 보존하되, 방치시간을 최소한으로 단축하고 또한 직사광선을 피하여야 한다.

#### ② 세 척

원료어는 맑은 물 또는 소독된 바닷물로 충분히 세척하여 어체에 부착된 혈액, 점액, 이물 등을 깨끗이 제거하여야 한다. 이는 어체의 표면건조 방지뿐 아니라 세균번식 및 악취의 원인을 제거하는 효과가 있다.

#### ③ 어체처리

동결처리 형태, 처리방법 및 적용 어류명은 표 14-2와 같다.

표 14-2 냉동어의 처리방법별 분류

| 명 칭 | 처 리 방 법 | 적용 어류명 |
|---|---|---|
| Whole (Round) | 원형 그대로인 것 | 삼치, 방어, 고등어, 꽁치, 가자미, 조기, 병어, 오징어 등 |
| Semi-dressed | 내장, 아가미 제거한 것 | 북어류, 광어, 가자미 등 |
| Dressed | 머리, 내장(비늘) 제거한 것 | 연어, 송어, 대구, 상어, 아귀 등 |
| Pan-dressed | dress에서 지느러미 제거한 것 | 아귀 등 |
| Fillet | dress를 등뼈를 따라 두텁고 평평하게 제거하여 육편으로 처리한 것 | 명태, 보리멸, 쥐치, 학꽁치, 아귀, 고등어, 상어, 도루묵 |
| Chunk | 육괴를 dice형으로 네모지게 절단한 것 | 참치, 경육 |
| Steak | dressed of fillet 어육을 두께 2~3cm로 절단한 것 | 참치, 연어, 송어, 삼치 |
| Stick | fillet block을 세절하여 각봉형으로 한 것 | 명태 |

#### ④ 세척 및 물빼기

절단하여 처리된 어체는 세척하여 혈액, 내장, 이물질 등을 깨끗이 제거하고 충분히 물기를 빼낸다.

#### ⑤ pan 담기 (panning)

처리를 마친 것은 일정량씩 칭량하여 금속제의 냉동팬(freezing pan)에 살재임으로 담아 동결하게 된다. Pan에 살재임할 때는 어종별 특성을 살려 외관상의 상품가치를 돋보일 수 있도록 하여야 하며 fillet block 살재임시는 각 단마다 polyethylene sheet를 깔기도 한다.

원료에 따라서는 냉동팬에 담기 전에 plastic film으로 포장하여, 동결 후의 glazing을 생략하고 carton box 등에 담는 수가 있는데 이것을 raw pack이라고 한다. 살재임시 대형의 원료는 개체별로 하나씩 개체동결을 하나 소형의 원료는 여러 개를 모아 집괴동결을 한다.

#### ⑥ 동 결

동결은 접촉식 동결법이나 송풍동결법을 이용하여 −35~−40℃ 이하에서 급속동결을 하여야 하며 동결이 완료된 후 어체의 중심온도가 적어도 −20℃ 이하인 것을 확인하고 출고하여야 한다.

⑦ pan 빼기 (depanning)

어체처리를 마친 어패류를 냉동팬에 담아 일정한 형상으로 동결한 것을 보통 cake라고 하며, cake를 팬으로부터 이탈시키는 작업을 pan 빼기작업이라 한다. 표면에 물을 뿌리든가 또는 탱크 중의 흐르는 물에 30~60초 동안 담갔다가 건져 올려 뒤집어서 가볍게 충격을 주면 빠진다. 용수는 맑은 물 또는 바닷물을 사용하며, 용수온도는 10~20℃, 실내온도는 5~10℃가 적당하다.

⑧ 빙의처리 (glazing)

동결식품을 냉수 중에 수초 동안(약 5초) 담갔다가 건져 올리면 부착한 수분은 곧 얼어붙어 표면에 얇은 얼음막이 생기는데 이것을 glaze(빙의)라고 하며, 이 빙의를 입히는 작업이 glazing이다. Glazing은 동결식품을 공기와 차단하여 건조나 산화를 막기 위한 보호처리이다. 일반적으로 먼저 동결화된 제품 전체에 완전히 빙의를 입힌 후 다시 0~2℃ 정도의 냉수에 담갔다가 꺼내 2차 glazing을 실시한다.

Glazing을 하는 실내온도는 −5~−10℃, 용수의 온도는 1~3℃, 동결식품의 온도는 −15℃ 이하인 것이 적당하며, 용수 중에 3~6초 동안 담그는 처리를 2~3회 반복하여 무게로 3~5%, 두께로 2~7mm 이상의 glaze가 붙도록 하여야 한다. 그리고 동결식품에 부착한 빙의는 무색 투명하고 고르게 또 단단하게 붙어 있어야 한다. 용수는 맑은 물이 원칙이나 바닷물도 사용할 수 있다.

빙의는 냉동보관 중에 증발하든가 또는 균열이 생기므로 적당한 시기에 재빙의처리(reglazing)를 해야 한다. 일반적으로 3% 정도의 glaze를 붙여 −15℃에 보관하고 있는 동결식품이면 3개월에 한 번 정도 재빙의처리를 하는 것이 좋다.

⑨ 동결저장

완전포장된 제품은 −18℃ 이하(±2℃)에 냉동저장하여야 한다.

일반적으로 동결어류의 어종과 저장기간에 따른 냉동보관의 온도기준을 표시하면 표 14−3과 같다.

표 14-3 냉동보관의 기간과 온도와의 관계

| 저장기간 | 저장 온도 | |
|---|---|---|
| | 지방이 많은 어류 | 지방이 적은 어류 |
| 3개월 이내 | −10℃ 이하 | −5℃ 이하 |
| 3~6개월 | −10~15℃ | −5~−10℃ |
| 6~9개월 | −15~−20℃ | −10~−15℃ |
| 9~12개월 | −20~−25℃ | −15~−20℃ |
| 12개월 이상 | −25℃ 이하 | −20℃ 이하 |

### (2) 동결식품의 T.T.T (Time Temperature Tolerance)

동결식품의 최종품질은 경과시간과 품온에 크게 좌우된다. 이러한 동결식품의 품질과 저장시간 및 품온과의 관계를 수학적으로 산출한 것이 시간−온도 허용한도(time temperature tolerance, T.T.T)이다. 이것을 이용하여 동결식품의 저장조건에 따른 품질 저하량을 정량적으로 파악하여 품질유지기간을 추정해 낼 수 있다.

일부 식품의 T.T.T를 보면 그림 14−6과 같은 선으로 나타난다. 이것은 동결식품의 품온과 품질유지시간과의 관계를 표시한 것으로 품질유지특성곡선이라 부른다. 예를 들면 그림에서 1은 닭고기의 육으로 −20℃에 저장하면 약 1,000일간 저장이 가능하나, −5℃로 하면 약 200일 밖에 되지 않는다.

이제 관능검사에서 처음으로 품질저하가 인식될 때의 변화량을 1로 하면, −20℃에서는 1.0÷1,000=0.001, −5℃에서는 1.0÷200=0.005로서 이 값이 클수록 품질의 변화가 크게 되는 것이다.

이렇게 하여 동결품이 생산부터 해동될 때까지의 유통되는 각각의 단계에서 온도와 시간에 대한 이 값의 총계를 구하고 그 합계량이 1.0을 넘으면 관능검사로 품질의 저하가 인식되는 것이며 1.0 이하일수록 품질이 우수하다고 보는 것이다. 대구어육편의 T.T.T. 계산의 한 예를 보면 표 14−4와 같다.

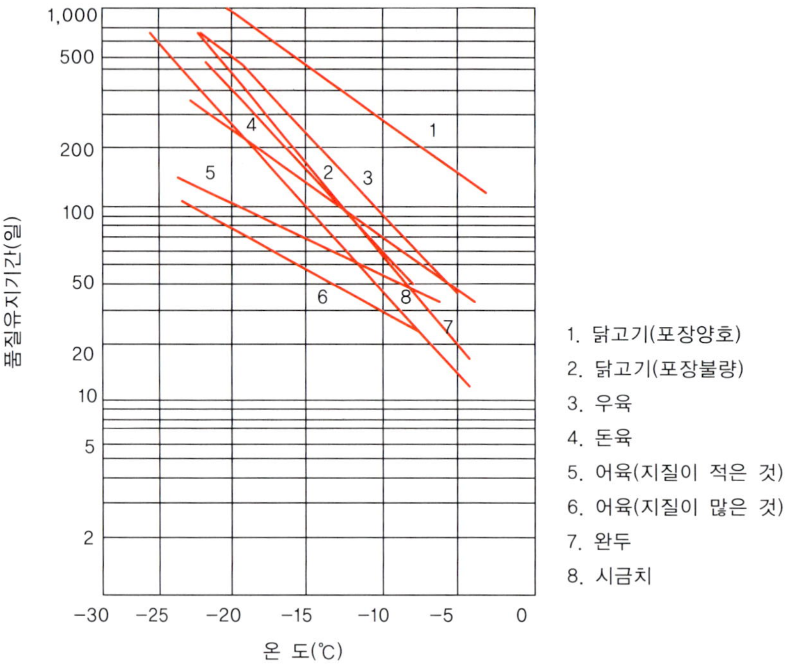


그림 14-6 동결식품의 품온과 품질 유지시간

표 14-4 T.T.T.의 계산 예

| 번호 | 유통과정 | 온도(℃) | 시간(일) | 1일당 품질저하량 | (품질저하량 X 시간) |
|---|---|---|---|---|---|
| 1 | 생산자의 동결 저장 | −30 | 95 | 0.00362 | 0.344 |
| 2 | 생산자에서 도매상으로 동결 수송 | −18 | 2 | 0.011 | 0.322 |
| 3 | 도매상의 동결 저장 | −22 | 60 | 0.0074 | 0.444 |
| 4 | 도매상에서 소매상으로 동결 수송 | −14 | 3 | 0.016 | 0.048 |
| 5 | 소매상의 동결 보관 | −20 | 10 | 0.008 | 0.080 |
| 6 | 소매상의 동결 판매 | −12 | 21 | 0.018 | 0.378 |
| 7 | 소매상에서 소비자에게 동결 수송 | −6 | 1 | 0.036 | 0.036 |
| 합 계 | | | 192 | | 1.352 |

### (3) 냉장 중의 변화 관리

#### ① 어체 내의 수분 증발

어류나 어육 주위의 공기습도는 99.2~99.4%가 되며 냉장실 내의 공기 습도가 이것보다 적으면 어체에서의 수분증발이 일어나는데, 냉장실 내의 습도가 낮고 온도가 높아질수록 수분 증발은 많아진다. 또 지방함량이 적은 어류나 동일 어종이라도 소형어가 대형어보다 수분증발이 크게 일어난다. 포장유무나 상태, 보관방법 등도 수분증발에 영향을 미친다.

신선어의 냉장 중 수분증발에 의한 중량감소를 방지하기 위하여 습도를 높게 유지할 필요가 있다. 보통 습도를 90~95%로 유지하고 0~4℃의 온도에서 냉장하는 것이 적당하다.

#### ② 어체의 변색

냉장 중의 어체 변색은 세균학적 변색과 화학적 변색으로 구분된다. 세균에 의한 변색은 어체에 부착된 색소형성 세균의 발육이 원인으로 주로 황변, 홍변 및 적변 등이다. 이것의 방지법은 염소소독, 빙의 등의 처리가 효과가 있다.

화학적 변색은 주로 어류근육 색소의 변화로 참치육의 적색이 저장 중 담황색으로 되거나 적색피부를 가진 돔류의 퇴색 등이 있으며, 이의 방지는 gas 치환에 의한 공기접촉 차단법 등이 있다.

#### ③ 질소화합물의 변화

냉장온도인 0~4℃ 범위에서도 체내의 효소는 서서히 자가소화작용을 일으켜서 질소화합물은 변화되어 가용성 질소가 증가되며, 아미노산 및 염기성 질소화합물도 저장기간이 길어질수록 증가된다. 또한 장기냉장 중 어체에 부착한 저온세균이 발육되면 어육 단백질을 아미노산을 거쳐 암모니아로 변화시키게 된다.

#### ④ 지질의 변화

어육 중의 지질은 장기냉장 중에 산화되어 육질이 마치 불에 탄 것과 같은 오렌지색이나 적갈색으로 변색된다. 냉장 중 지질의 변화는 0℃ 부근 온도에서 유지분해효소와 더불어 세균의 작용이 동시에 일어나기 때문이다.

### (4) 냉동 중의 변화와 관리

냉동 중에 빙결정이 성장하면서 그 결과로서 조직이 파손되거나 drip이 발생하는 등의 기계적 변화와 식품성분이 변화하는 화학적 변화로 크게 나눌 수 있다.

#### ① 빙결정의 성장

동결식품을 저장하면 조직 중의 미세한 빙결정의 수가 줄어들고 대신에 대형의 빙결정이 생기게 된다. 이 현상을 빙결정의 성장이라고 하며, 동결식품의 저장 중에 빙결정이 성장하게 되면 그 품질을 떨어뜨리게 된다.

빙결정의 성장을 막으려면 급속동결시켜 빙결정의 크기를 가능한 작으면서 고르게 되도록 하고 동결정온을 낮추어 빙결율을 높여서 잔존하는 액상의 수분이 적도록 하여야 한다. 또 저장온도를 낮추어 증기압을 낮게 유지하고, 특히 저장 중의 온도 변동폭이 적도록 한다.

#### ② 식품조직의 변화

육질 내에 빙결정이 생성되면 빙결팽창에 의하여 육질을 구성하고 있는 근섬유가 기계적으로 손상을 받게 된다. 그러면 해동을 시켜도 수분은 다시 흡수되지 못하고 외부로 유출된다. 이 유출액을 드립(drip)이라 하며 유출되고 난 자리는 구멍이 생겨 육조직은 곧 다공질로 된다.

#### ③ 드립(drip) 발생

빙결정이 녹은 물이 다시 조직으로 흡수되지 못하고 분리되어 외부로 유출된다. 드립 중에는 수용성의 단백질, 고형분, 염류 및 비타민류 등의 성분이 같이 용해되어 유실되기 때문에 식품의 풍미, 식미, 영양분의 손실을 가져오고 또한 유출된 드립량 만큼 중량이 감소되어 여러 면에서 손실이 크다.

드립 발생율은 품질 측정 요소의 하나로서 일반적으로 선도가 양호하고, 동결속도 빠르고, 냉동온도 낮고, 저장기간 짧고, 온도 상하변동 폭이 적을수록 드립발생량이 적어진다. 드립은 자연드립과 압출드립이 있는데 자연드립은 해동시 녹은 수분이 원래대로 조직에 흡수되지 못하고 유출되는 액즙으로 일반적인 드립을 말하고 압출드립은 자연드립 유출 후 1~2kg/cm$^2$ 정도 가압하였을 때 유출되는 액즙이다. 드립방지제로는 당류, 식염, 축합인산염 등을 사용한다.

④ 젤리화육 (Jelly meat)

주로 어육에서 부패와는 무관하게 육질이 연화하여 허물어져서 jelly 모양이나 또는 액화한 것을 말한다. 이것은 어육에 미세한 구멍이 생겨 침식되면서 점점 커지거나 육의 일부가 말랑말랑하며 두부 같은 상태나 껍질을 제거할 때 육이 흩어지는 현상 등 여러 가지이다. 주원인은 점액포자충이나 기생생물로서 이들이 분비하는 단백분해효소에 의하여 육조직이 허물어진다.

⑤ 냉동어육의 변색

- 냉동 다랑어 육의 갈변 : 다랑어 육을 동결저장하면 갈변이 일어나 횟감으로 부적당하게 되는데 이 원인은 myoglobin이 met화하기 때문이다. 이러한 변화는 어육이 축육에 비하여 2~4배 정도나 빠르게 일어나며, pH가 낮을수록 빨리 진행된다. 또한 met화는 표층일수록 일어나기 쉬우며, 0℃와 −5℃에 저장하였을 때를 비교하면 −5℃의 경우가 빠르게 진행된다.

  냉동 다랑어 육의 갈변 방지를 위해서는 −40℃ 또는 그 이하의 저온에서 저장하거나 또는 어획 후 중합인산염, 구연산소다, $NaHCO_3$ 복합제로 처리하면 효과가 있다.

- 냉동 황새치 육의 녹변 : 황새치 육은 원래 백색에 가까운 담홍색이지만 동결저장 중에 간혹 녹색으로 변하여 변색부분이 점점 확대되는 수가 있다. 이 녹변 현상은 피하에 가까운 부분에 나타나기 쉽다. 또한 녹변육은 유화수소함량이 극히 높은 점으로 보아 원인은 세균에 의하여 생산된 유화수소와 myoglobin 또는 hemoglobin이 함께 결합하여 녹색색소를 생성하는 때문이다.

## 4. 수산냉동품의 종류

### (1) 냉동새우

새우를 빙장하거나 또는 냉장시키면 두흉부, 다리관절, 꼬리부분에서 흑변이 일어나는 경우가 많다. 빙장 중의 흑변을 방지하려면 먼저 원료 처리시는 저온보관과 산소의 접촉을 피하기 위하여 0℃의 빙수 중에 깊게 담가 산화효소의 작용을 억제하도록 하여야 한다.

그리고 선별이 끝난 새우는 0.5% ascorbic acid 수용액 중에서 5~10분 침지 후 −20℃ 이하에서 급속동결시켜 산화효소의 활성을 억제시킨다.

동결 출고된 새우는 0~2℃ 정도의 용수에서 1차 glazing을 하여 완전히 빙의를 고루 입힌 후 2차 glazing을 시행한다. 이때 glazing 용수는 0.5% ascorbic acid 수용액으로 사용하면 더욱 효과적이다. 그리고 포장하여 −25℃ 이하에서 보관하여야 한다.

### (2) 냉동 명태

명태는 대표적인 백색육 어류의 일종으로서 냉동저장을 하면 육질이 스펀지화 하여 근섬유가 경화되기 쉽다. 이것은 빙결정 생성에 의한 육조직의 기계적 손상과 육중에 용존하고 있던 가스의 영향으로 일어나는 현상으로 사후경직 전의 어육은 큰 영향을 받지 않는다. 그래서 어획 후 가능한 짧은시간 내에 동결시켜야 한다. 송풍식 또는 접촉식 동결장치로써 2시간 이내에 어체의 중심온도를 −15℃ 이하로 내리고 그 후 −40℃ 이하에서 온도변동폭이 적은(±2℃ 이하) 저장을 하면 최소한 1년간은 스펀지화 현상이 나타나지 않는다.

### (3) 냉동 다랑어

어획된 다랑어는 전처리로서 즉살시킨 다음 꼬리부분을 제거하고, 양쪽 옆구리 부분의 혈관을 절단하여 피를 뽑는다. 다음 복부를 절개하여 내장을 제거하고 10kg 이하의 소형어는 round 형태로, 10kg 이상의 대형어는 아가미와 내장을 제거하는 semi-dressed 형태로 처리한다.

동결조건은 어체의 크기 및 양, 동결실 크기 등에 따라 달라지나 주로 송풍동결로써 −50~−60℃에서 36시간 이상 처리하여 가능한 신속히 어체 중심온도를 −35℃ 이하로 내려야 한다. 그리고 저장온도는 생식용 원료일 때는 −40℃ 이하에서 보관하여야 육색의 변화를 방지할 수 있으며, 가공용이나 자숙하여 식용으로 쓰는 것은 육색유지가 필수적이 아니므로 −20℃ 이하로 하여도 무방하다.

### (4) 조리냉동식품

반조리 또는 완전 조리한 식품을 동결한 것으로 그 종류가 매우 다양하며 최근의 식품 냉동분야에서 큰 비중을 차지하고 있다. fish stick, meat pie, croquette, fish burger 등이 대표적이다.

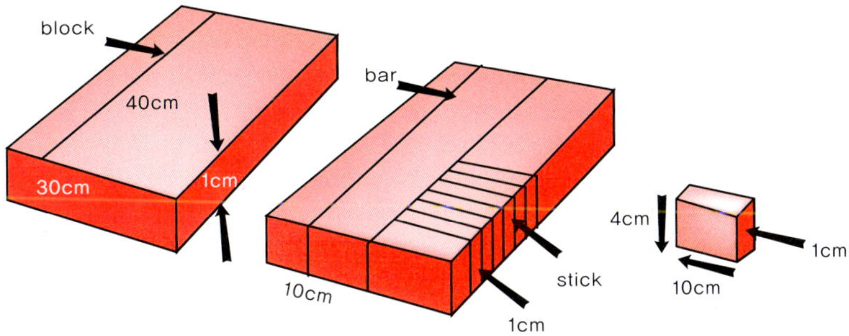


그림 14-7 Fish block, bar 및 stick

### ① Fish stick

어육편을 냉동팬에 채워 접촉식 동결기에 넣어 밀착동결시킨 두터운 판상의 동결육덩이를 fish block이라 한다. 이 fish block을 절단하여 큰 각봉상으로 한 것은 fish bar라 하고, fish bar를 일정한 두께로 작게 절단한 것을 fish stick이라 한다. Fish stick은 그대로 glazing을 하여 냉동식품으로 포장하거나 또는 fish stick을 밀가루 등을 물에 푼 반죽, 즉 battering mix에 담가 밀가루반죽을 묻히고 이어서 곧 조제빵가루(breading mix)를 입히는데 이것을 빵가루 묻힌 스틱(breaded stick)이라 한다.

표 14-5 Battering mix

| 재 료 | 배합률(%) |
|---|---|
| 밀가루 | 72.30 |
| 소금 | 1.00 |
| 베이킹 파우더 | 1.70 |
| 건조달걀 | 8.15 |
| 탈지분유 | 6.00 |
| shortening 유 | 9.00 |
| sodium glutamate | 1.85 |

표 14-6 Breading mix

| 재 료 | 배합률(%) |
|---|---|
| 밀가루 | 40.00 |
| 건조달걀 | 10.00 |
| 탈지분유 | 2.50 |
| 소금 | 1.00 |
| cracker 가루 | 45.85 |
| sodium glutamate | 0.65 |

### ② Fish burger

Fish burger는 fish hamburger라 불리우는 수산냉동 조리식품이다. 축육가공 제품인 햄버거와 공정이 흡사하나 주원료로 어육을 사용하는 점이 다르다. 원료 어육은 주로 냉동고기풀을 많이 사용하나 이 외에 새우, 게살 등 다양한 수산물이 이용되고 있다.

Fish burger의 제조공정은 원료의 종류나 제품의 특성에 따라 다소 차이는 있으나 일반적인 제조공정은 그림 14-8과 같다.

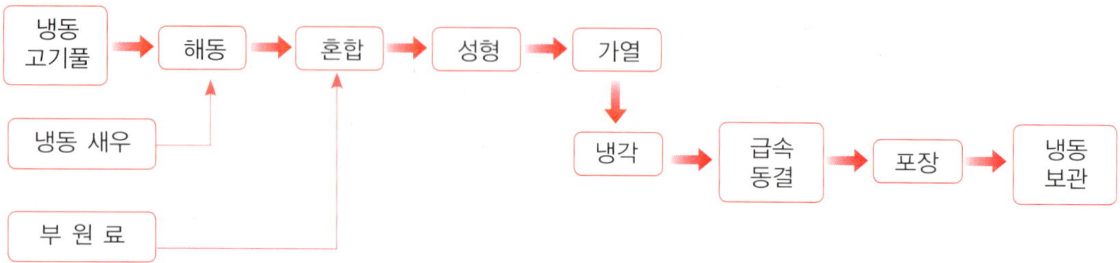


그림 14-8 Fish burger의 제조 공정도

Fish burger는 어육을 세절하여 잘게 갈고 이것에 식육을 저며 첨가하거나 또는 축육 이외에 다른 단백질(곡류, 우유, 달걀단백), 야채를 잘게 썬 것, 부원료, 조미료, 향신료, 결착보강제 등을 첨가하거나 섞어 둥근 모양으로 성형한 것을 배소, 증자 또는 기름에 튀긴 것을 말한다. 배합기준으로서 어육은 전체의 40% 이상을 함유해야 하고 식육 및 부원료의 함량은 각각 10% 및 15% 이하여야 한다.

# 2. 수산 건제품

## 1. 제조 원리

일반적으로 어패류는 대략 80% 또는 그 이상에 달하는 많은 수분을 함유하고 있으며, 양적으로 가장 많은 성분인 수분은 수산품을 가공저장하는 데 중요한 요인이 된다. 또한 수분은 건제품에 있어서 그 저장성, 맛, 형태, 성분의 변화 등의 가공적성 등을 좌우하며 특히 수분량은 저장성과 긴밀한 관련이 있다.

통상 세균의 발육에 수분이 필요한 것은 잘 알려져 있다. 식품 중에 함유되어 있는 수분의 양과 세균과의 관계를 보면 50% 이상의 수분을 함유하는 경우에는 세균이 왕성하게 발육하지만, 이보다 수분이 감소됨에 따라 세균의 발육도 감소되어 수분함량 40% 이하로 되면 세균의 발육이 억제되어 상온에서도 상당기간 저장 및 유통이 가능하게 된다.

따라서 식품을 건조시켜 수분량을 40% 이하로 만들면 세균의 발육이 정지되고, 또한 수분량을 약 13% 이하로 만들면 곰팡이의 번식도 억제시킬 수 있다. 이렇게 건제품으로 가공하면 제품의 변패방지, 저장성 증대, 운반이나 보관이 용이하고 또 새로운 풍미나 독특한 조직감도 부여하는 장점이 있다.

일반적으로 미생물의 발육 가능한 $A\omega$ 하한선은 세균 0.90, 효모 0.88 그리고 곰팡이 0.80인데 여러 식품들의 $A\omega$ 범위로서 건조식품은 0.2~0.6, 건조과실은 0.6~0.66, 중간수분식품 0.65~0.85 및 생선식품은 0.85~0.99 정도이다.

수산 건제품은 어류, 조개류 및 해조류 등을 태양열 또는 인공열에 의하여 건조시켜 수분함량을 낮게 하여 세균의 발육을 억제시킨 제품이며, 건조방법이 간편하고 복잡한 시설이 요구되지 않으며 제품은 저장기간이 길기 때문에 오래 전부터 만들어 온 저장품 중의 하나이다.

## 2. 수산 건제품의 종류

수산 건제품은 수분함량을 낮추어 세균 발육을 억제시킨 제품인데 그 처리방법에 따라 나누면 다음과 같다.

① 날마른치(plain dried products) : 어패류의 날것을 그대로 또는 간단하게 전처리하여 말린 것.

② 찐마른치(boiled and dried products) : 어패류를 그대로 또는 염지한 것을 삶은 후 말린 것.

③ 군마른치( roasted and dried products) : 어패류를 불에 쬐어 말린 것.

④ 간마른치(salted and dried products) : 어패류를 먼저 염지한 후 말린 것.

⑤ 얼마른치(frozen and dried products) : 어패류를 얼렸다가 녹였다를 반복하며 말린 것.

⑥ 쩌군마른치(boiled and roasted products) : 어패류를 일단 찐 후에 불에 쬐어 말린 것.

⑦ 맛붙이마른치(seasoned and dried products) : 어패류를 조미하여 맛을 붙여 말린 것.

### (1) 날마른치

날마른치는 원료를 날것 그대로 또는 간단한 전처리를 거친 후 수세하여 말린 제품이다. 마른 오징어, 마른 명태, 마른 복어, 마른 상어 지느러미, 마른 미역, 마른 김 등이 이에 속한다. 날마른치는 원료처리에 있어 극히 신선한 것을 선택하고 수세시 바닷물 또는 묽은 식염수를 사용한 경우는 식염의 흡습성으로 인하여 저장성이 떨어지고 광택도 흐려지므로 마지막에 담수로 씻어 염분을 잘 제거한 후 건조시킨다. 이때 작은 것은 그대로, 큰 것은 쪼개거나 적당히 잘라 건조시킨다.

건조는 대부분 천일건조를 하며 처음에는 서서히 건조시키는 것이 좋다. 만일 건조속도가 너무 빠르면 제품의 표면만이 먼저 건조하여 단백질이 응고되어 피막을 형성하므로 내부의 수분증발을 방해하게 되어 건조가 더디고 불량한 제품이 된다. 이럴 때는 먼저 그늘에서 말리는 것이 좋다.

#### ① 마른 오징어

오징어 육은 물에 녹기 쉬운 단백질이 많아 건조 중에 비를 맞게 되면 단백질이 용출하여 육이 적갈색으로 착색되며 살이 얇아지고 악취가 나는 소위 비 맞은 물오징어가 된다. 이와 같은 악변을 막기 위하여는 우천시에는 덮개를 덮고, 또 원료오징어를 초산이나 방부제 등에 침지처리하는 것이 필요하다. 품질이 좋은 제품은 오징어 특유의 향미가 있고 색깔은 황갈색 내지 황백색이며 다리나 흡반의 탈락이 적고, 표면이 적당한 양의 백분으로 덮여 있는 것이 보통이다. 마른 오징어의 표면에 피는 백색의 분말은 betaine, taurine, aspartic acid 등의 육 엑스분 중의 아미노산이 스며나와 건조된 것이다.

#### ② 마른 명태

마른 명태는 주로 얼말림에 의하여 동건품으로 제조되었으나 북양명태가 대량으로 반입되면서 천일건조나 열풍건조에 의해서도 많이 제조되고 있다.

얼말림에 의한 마른명태의 제조법으로 먼저 겨울철에 선도가 좋은 어체의 복부를 항문까지 절개하여 내장을 제거하고 잘 씻은 다음 2~6마리씩 꿰어 건조대(덕)에 건다. 어체는 밤사이에 충분히 얼게되고 낮 동안에는 녹아내리면서 수분이 증발되고, 밤이 되면 다시 얼게 된다.

이러한 동결과 융해를 반복하여 건조가 진행되는데, 얼말림 초기에 낮의 기온이 너무 급격히 올라갈 때에는 어체를 한데 모아서 덮개를 덮어 표면과 내부가 고르게 해동이 되도록 한다. 건조가 진행되어 건조도가 80% 정도 되면, 어체를 모아 1m 정도의 높이로 쌓아 덮개를 덮어 3~4일간 두었다가, 날씨가 좋을 때 씌웠던 덮개를 펴 그 위에 명태를 널어 말린다. 이처럼 얼려 말리는데 소요되는 기간은 대개 40~70일 정도 걸린다.

③ 마른 상어지느러미

마른 상어지느러미(shark's fin)은 상어의 가슴지느러미, 등지느러미, 꼬리지느러미를 건조한 것으로 중국에서는 어시(魚翅) 또는 사시(鯊翅)라고 한다. 제품은 흰 상어지느러미(白翅)와 검은 상어지느러미(黑翅)의 두 종류가 있는데 백시가 흑시보다 고급품이다.

백시는 귀상어, 흉상어 등을 원료로 하고, 흑시는 흉상어, 참상어, 귀상어의 지느러미를 원료로 한다.

제조법으로는 어체로부터 지느러미를 분리하여 해수 또는 묽은 소금물로 잘 씻은 다음 담수로 헹구고, 끈에 꿰어 매달아서 천일건조를 행한다. 보통 2~3주간이면 건조가 완료되며, 제품은 고유한 색택을 가지고 악취가 없어야 하고 수분량은 13% 이하를 기준으로 하고 있다.

④ 마른 대구 (dried cod)

신선한 대구를 등에서 배쪽으로 칼을 넣어 아래 턱부를 붙여 둔 채 머리부터 꼬리까지 완전히 가르고, 등뼈의 일부를 떼어내어 흑막을 제거한 다음 깨끗이 씻어서 안쪽이 햇볕을 받도록 널어서 말린다. 적당히 건조되면 쟁여 다시 말린다. 쟁임과 건조를 여러 번 반복하여 제품으로 한다. 추운 겨울철에는 1개월 가량 걸려 건조한다.

### (2) 찐마른치

원료 어패류를 살짝 데쳐 삶은 후 건조시킨 것으로 마른 멸치, 마른 해삼, 마른 전복, 마른 새우, 마른 굴 등이 있다. 찐마른치의 제조에서 원료를 미리 삶는 것은 조직 중의 자가소화효소를 파괴하고, 부착하여 있는 미생물을 사멸시키는 효과가 있다. 또한 지방의 일부가 제거되고 육단백질을 열응고시키어 건조를 용이하게 하기 위해서이다.

### ① 마른 멸치

일부는 날마른 멸치로 제조되나 대부분 찐마른 멸치로 제조된다.

찐마른 멸치의 제법은 다음과 같다. 선도가 좋은 멸치를 수세한 다음 끓는 소금물(5~10%)에 넣어 소금물이 다시 끓기 시작하여 멸치가 부상할 때까지 삶는다. 이 동안의 시간은 대개 10~15분 정도 소요된다.

이때 제품의 기름변색(rusting)을 방지하기 위하여 산화방지제를 흔히 첨가하는데 BHA(butyl hydroxy anisole) 또는 BHT(butyl hydroxy toluene)를 사용할 때에는 삶는 물에 대하여 0.01~0.05% 정도의 농도가 되도록 첨가한다.

소금물에 삶는 것은 제품의 색택을 좋게 하기 위해서이고 담수에 삶으면 광택이 나지 않는다. 끓이기가 끝나면 표면에 뜬 기름을 제거하고 멸치를 건져 올려 천일건조를 하는데, 하루에 한 번씩 뒤집어주면 건조가 빠르다. 일기가 순조로우면 보통 2~3일로 건조가 완료되며, 수분함량은 20% 이하가 되도록 하는 것이 좋다. 남해안에서는 품질이 좋은 제품을 얻기 위하여 어획 직후 선도가 좋은 원료를 선상에서 바로 자숙처리를 많이 하며, 자숙이 끝나면 천일건조시키는데 근래에는 열풍건조를 하기도 한다.

### ② 마른 굴

마른 굴은 중국에서는 호건(壕乾) 또는 호고(壕鼓)라 하여 요리에 널리 쓰여진다. 마른 굴의 제조공정도를 보면 그림 14-9와 같다.

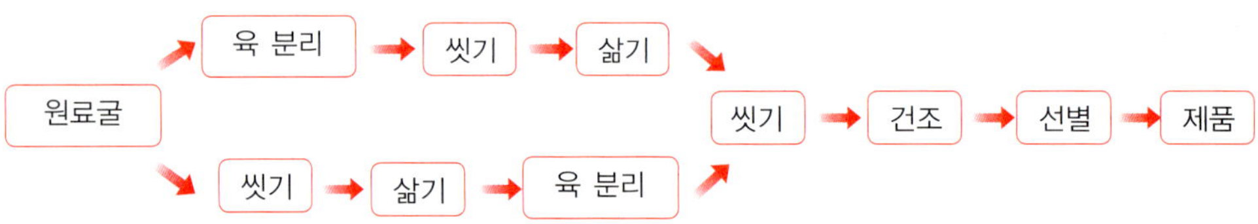


그림 14-9 마른 굴의 제조공정도

알굴의 분리는 원료굴의 껍질이 붙은 채로 삶아 육을 분리하는 수도 있고, 생굴을 한 개씩 직접 껍질을 벗겨 육을 분리하는 수도 있다. 먼저 세척이 잘 된 원료굴을 솥에 넣어 증기로 삶는다.

이때 온도와 시간은 제품의 질과 밀접한 관계가 있다. 너무 고온에서 삶으면 육질이 파열되기 쉽고 저온에서 삶으면 굴껍질에 부착된 패주가 잘 떨어지지 않는다. 굴의 크기에 따라 차이가 있으나 대체로 110℃에서 10분 또는 107℃에서 15분 정도가 적당하다.

삶은 후 굴껍질이 완전히 식기 전에 육을 분리하여야 하며 너무 삶으면 굴알이 굳어 잘 부스러지기 쉽게 된다. 분리된 알굴은 장시간 방치해 두지 말고 다음 작업과정으로 신속히 처리해야 하며, 만일 알굴을 오랫동안 방치해 두면 색택이 검게 변하는 등 품질이 좋지 못하게 된다. 그리고 생굴을 육 분리하였을 때에는 묽은 소금물로 잘 씻고 염지한다.

마른 굴가공의 시기는 보통 2~5월경이며 건조는 천일건조와 기계건조의 2가지 방법을 사용한다. 천일건조시 일기가 좋은 때는 2일 정도면 건조가 완료된다. 기계건조는 건조기 종류에 따라 건조조건이 약간 달라지지만 일반적으로 온도 60~70℃, 습도 30%, 풍속은 3m/sec 정도가 적당하다. 마른 굴의 최종 수분함량은 17% 이하로 해야 한다.

### ③ 마른 전복

마른 전복에는 명포(明鮑)와 회포(灰鮑)의 두 가지가 있다. 명포는 보통 대형으로 밝은 황색을 띈 고급품이며, 회포는 소형이고 표면에 백분이 생겨 회백색을 하고 있으나 육색 자체는 홍색이 섞인 흑색이다. 명포 중에서도 불량품은 적갈색을 나타내는 것도 있다.

명포의 원료로는 말전복이 가장 좋고 다음이 둥근 전복이다. 까막전복은 색이 검고 삶은 후 정형하기가 힘들므로 명포의 제조에는 사용하지 않고 회포의 제조에 이용된다.

명포의 제조는 우선 껍질을 벗겨 내장을 완전히 제거하고 염지하여 육질을 단단하게 하는 동시에 육에 부착한 오물을 제거시킨다. 염지는 크기에 따라 6~10% 정도의 소금을 사용하여 행하고 1~2일 후에 수세하는데 솔로써 표면을 잘 문질러 오물이나 점액을 제거한다. 그리고 물기를 뺀 후 자숙하되 처음에는 60℃ 전후의 열수에 넣어 차차 온도를 높여 95℃ 정도로 하여 원료의 크기에 따라 1~3시간 삶은 다음 약 1시간 정도 음건을 시킨 후 건조로에 얹어 70℃ 정도에서 배건을 한다.

다음날 재차 끓는 물에 넣어 물이 다시 끓기 시작할 때까지 끓인 후 건져 올려 음건한 후 배건한다. 5~6일간 하루에 한 번 정도에 배건과 천일 건조를 반복한 후 대형의 것은 약 1개월, 소형의 것은 약 2주일간 천일건조로 건조를 완료시킨다.

회포의 제법은 명포의 경우와 거의 같으나 염지할 때에 소금사용량을 약간 많이 하고 삶는 것은 한 번만 한다. 건조도가 70~80%가 되었을 때 용기에 넣어 1주일 정도 두어 표면에 백분이 스며나도록 한 후 3~4일간 천일 건조시켜 포장한다.

④ 마른 해삼

해삼은 날것으로 많이 식용하나 일부 찐마른치로 제조된다. 해삼은 체표면에 가시모양의 돌기가 돋아난 유자삼과 돌기가 작거나 아주 없는 무자삼으로 나누는데 다같이 찐마른치의 원료로 쓰인다. 살아 있는 해삼을 물에 넣어 하룻밤 정도 충분히 모래와 진흙을 토해내게 한 후 배설공을 절단하여 내장을 제거하고 잘 씻어낸다. 이것을 약 95℃의 해수 또는 묽은 소금물에 넣어 1~1.5시간 정도 끓인다. 끓이는 도중에 팽창하는 것이 있으면 송곳으로 구멍을 내어 공기를 뽑아준다.

끓인 후에는 건져 올려 천일건조하여 4~5일 후에 통에 넣어 2~3일 두었다가 꺼내어 다시 2~3일간 천일건조한다. 이어 인공색소로 착색을 한 후 말려서 포장하며 제품으로의 수율은 5% 정도이다.

⑤ 기 타

찐마른치에는 보리새우, 징거미새우, 벗새우, 중하 등을 말린 마른새우 제품, 큰가리비조개, 국자조개, 키조개 등의 패주를 말린 마른패주 제품이 있다.

명골(明骨) 은 상어류, 개복치, 가오리 등의 연골에서 육과 석회질을 제거하고 말린 제품이다.

퇴시(堆翅)는 상어지느러미를 열탕으로 끓인 후 표피와 연골을 제거하고 근사만을 다시 열탕에 담가 표면의 gelatin을 제거하여 천일건조한 제품으로 사채(糸菜)라고도 하며 중국요리에 쓰인다.

### (3) 간마른치

어체를 먼저 소금에 절임한 다음 건조한 것으로 알맞게 짠맛을 붙여 맛을 향상시키는 것을 목적으로 하는 것과 염장으로 수분의 일부를 제거함과 동시에 소금의 방부력과 충분한 건조에 의하여 저장성을 높이는 목적으로 하는 것이 있다.

① 굴비(간마른 조기)

신선한 조기를 그대로 물간이나 마른 간을 한 다음 건조시킨다. 물간을 하는 경우는 포화식염수에 7~10일간 염지하고 마른 간은 어체 중량의 15~30% 정도의 소금을 뿌려 약 1주일간 용기에 담아 염장한다. 또 개량 염지법을 사용하는 수도 있는데, 먼저 마른 간의 경우처럼 어체에 소금을 고루 뿌려서 용기에 차례로 재우고 덮개에 누름돌을 얹어두면 2~3일만에 어체에서 삼출된 수분으로 포화식염수가 형성되어 물간을 한 것 같이 된다. 염지기간은 어체 크기에 따라 약 1주일 전후로 하며 소금은 정제염을 사용하는 것이 좋은 제품을 얻을 수 있다.

소금에 절인 조기는 10마리씩 엮어 건조대에 매달아 건조시키거나 또는 철사고리에 꿰어 줄에 걸어서 말리는 수도 있다. 이렇게 하면 마르기 힘든 아가미나 복부부위도 잘 마르게 되어 3~5일 정도면 육질이 단단한 좋은 제품을 얻을 수 있다.

② 간마른 대구

대구 어체를 등쪽이나 복부에서부터 절개하여 아가미, 내장, 복강의 흑막 등을 제거하고 벌려서 염건한 것이다.

어체 처리를 마친 것은 충분히 세척하여 혈액을 제거하고 염지시킨다. 염지법으로는 보통 마른 간을 주로 많이 쓰며 소금 사용량은 어체 무게의 40~50% 정도이나, 얼간을 할 때는 10~20% 정도로 하여 5~6 일간 염지한다.

### (4) 얼마른치

원료 중의 수분을 자연저온에 의하여 동결시킨 다음 융해시키는 작업을 몇 번 되풀이하면서 건조시킨 것이며, 대표적인 제품으로는 얼마른 명태(북어)와 한천 등이 있다.

선도가 좋은 명태의 배를 갈라 내장을 제거한 다음 2~3℃의 담수에 담가 씻는다. 이 조작으로 피빼기와 표백을 하는 동시에 어체에 물이 흡수되므로 동결시에 빙결정 생성이 잘 되어 제품의 육질이 다공질로 된다. 이렇게 처리한 원료는 머리를 꿰어 덕장에 걸어서 겨울철의 천연 냉기로 밤사이에 동결시킨다. 낮이 되면 그대로 자연 융해되어 수분이 유출되면서 건조되는 과정을 약 40~50일간에 걸쳐 건조시킨다. 건조가 진행되어 건조도가 약 80% 정도 되면 어체를 모아 3~4일간 쟁여 두었다가 다시 건조한다.

### (5) 찌군마른치

절(節)은 주로 붉은살 어류를 찐 후 배건, 천일건조, 곰팡이 붙이기 등의 공정을 거쳐 건조한 것으로, 일본에서는 부시라 부르며 특히 가다랑어 제품은 가쓰오부시라 하여 중요한 조미소재로 사용된다. 그 외에 고등어, 정어리, 다랑어 등을 원료로 한 제품도 있다.

원료로는 지방 함량이 적은 가다랑어가 적합하며, 지방이 많으면 색깔이 흑갈색으로 되고 향미도 떨어진다. 또한 원료의 선도가 제품의 모양에 미치는 영향이 크다. 즉 경직 중에 있는 원료는 찌는 과정에서 육편이 갈라지기 쉽고 선도가 저하된 것은 늘어진 길쭉한 모양이 되기 쉬우므로 사후경직이 약간 지난 원료가 가장 적합하다.

가다랑어절(가쓰오부시) 가공 공정도는 그림 14-10과 같다.

원료처리 → 바구니쟁이기 → 쪄말리기 → 뼈뽑기 → 1차 배건 → 수선 → 배건 → (10~12차까지 배건 반복) → 정형 → 곰팡이붙이기 (보통 4번) → 제품

그림 14-10 가다랑어 절의 제조공정도

원료가다랑어를 육편뜨기하여 2장의 육편을 얻는데 어체가 4kg 이상의 대형어일 경우에는 다시 등육과 복부육으로 절단하여 4장의 육편을 얻는다. 이 육편을 찐 후 뼈를 뽑고, 표면이 황갈색이 될 때까지 1차 배건한다. 배건온도는 110~140℃ 정도에서 1시간 정도 배건하는데 1차 배건이 끝난 것은 수분이 많아 저장성이 낮다.

1차 배건이 끝난 후 2차 배건 하기 전에 수선을 한다. 즉 가다랑어 자숙육과 생육을 약 2:1의 비율로 섞어 고기갈이하여 풀과 같이 만들어 뼈뽑기까지의 작업 중에 육면에 생긴 상처나 균열이 생긴 곳에 충전하여 외형을 보수한다. 수선이 끝난 것은 1차 배건 때와 같은 정도로 다시 2차 배건한다. 이처럼 배건을 반복하여 표면이 tar 질로 덮여 흑갈색이 되도록 10~12차 배건을 한다. 배건이 끝나면 수분이 약 30%까지 떨어진다.

여름철이면 10일만에 육편의 표면이 *Penicilliun* 속의 푸른 곰팡이로 덮이게 된다. 이것을 1번 곰팡이라 하며 이를 솔로 털어버리고 방냉한 다음 다시 상자 속에 채워두면 12~14일만에 2번 곰팡이가 자라게 되는데 이와 같은 조작을 보통 네 번 되풀이하여 곰팡이 붙이기를 끝낸다. 2번 이후 횟수가 진행됨에 따라 곰팡이가 붙는 일수도 길어지지만, 곰팡이 종류도 *Penicilliun* 속에서 점차로 *Aspergillus* 속으로 바뀐다.

## 3. 중간수분식품과 건조압축식품

### (1) 중간수분식품 (intermediate moisture food, IMF)

신선식품과 건조식품의 중간정도에 해당하는 식품으로 잼, 간장, 된장, 양갱, 곶감 등이 이에 속한다. 중간수분식품은 수분함량이 20~50% 정도로 높은 편이나 수분활성은 0.65~0.85 정도로 낮기 때문에 보존성이 우수하다. 그리고 복원시킬 필요없이 그대로 먹을 수 있고 식감이 양호하며 편의성이 높다. 제조법으로는 제품의 맛에는 영향을 주지 않으면서 수분활성을 조절하기 위하여 수분유지제(humectant)를 첨가하는데 glycerin, propylene glycol 등의 다가알콜류나 전분의 부분가수분해물 등이 사용된다. 현재 이용되는 중간수분식품의 제조법은 다음과 같다.

① 습식침투법(moist-infusion)

식품을 glycerin, 식염, 설탕, sorbitol, 조미액 등에 일정시간 침지하여 수분유지제의 침투와 탈수에 의해 소정의 수분활성이 조절된다. 당근, 셀러리, 축육, 어육 등의 제품이 있다.

② 건식침투법(dry-infusion)

건조한 식품을 glycerin, 식염, 설탕, sorbitol, 조미액 등에 침지하여 소정의 수분치로 될 때까지 흡습시키는 방법이다. Roast beef, beef stew 등의 제품이 있다.

③ 혼합법(blending)

미리 수분함량을 알고 있는 각종 재료를 혼합하여 소정의 수분치가 되도록 하는 방법으로 육폐기물, 곡류, 당류, 기타 첨가물 등을 혼합하여 제조한다. 이에 대한 각종 배합례가 보고되어 있다.

### (2) 건조압축식품

식품을 동결건조하는 과정 중 기계적으로 압축하여 부피를 5~12%, 무게를 10~40%로 줄인 동결건조식품이다. 부피가 적고 잘 부서지지 않으며 복원성이 좋다. 채소류, 과일, 곡류, meat ball, salad, pudding 등 제품의 종류가 다양하다.

## 4. 수산건제품의 품질

### (1) 건조에 의한 물리적 변화

① **건조수축** : 어육은 동결건조법을 제외한 보통의 방법으로 건조하면 근섬유가 가늘어지고 서로 밀착하여 부피가 줄어드는 현상이 일어난다.

② **표면경화** : 겉마르기(hard casening 또는 skin effect) 현상이라고도 한다. 건조가 진행되면 먼저 표면의 수분이 증발하고 나서 차차 내부의 수분이 표면으로 이동하게 된다. 이때 용존하고 있던 수용성 물질도 표면으로 이동하여 수분이 증발하고 나면 결정으로 석출하든가 피막을 형성한다. 또는 표면에서 염류농도가 점점 농후하게 되어 colloid를 형성하고 있던 단백질이 침전하든가 변성하여 불가역적인 피막을 형성한다.

이와 같은 현상은 건조온도가 높을수록 잘 일어난다. 표면이 먼저 겉마르게 되면 건조속도와 흡수복원성이 저하되며, 내부의 수분은 증발이 어려워 제품은 장기 보존성이 떨어진다. 그리고 섬유질계보다 단백질이나 전분계 식품에서 잘 일어난다.

③ **흡수복원성** : 건조식품의 복원력은 식품조직의 변화와 단백질의 변성에 크게 영향을 받는다. 특히 건조 중의 수축이나 표면경화 현상은 식품조직의 복원성에 나쁜 영향을 미친다. 일반적으로 열풍건조품은 물을 흡수하여 복원시키는데 많은 시간을 요하나 서서히 흡수량이 증가하여 위축하였던 섬유, 세포막 등이 늘어나는데 그 신장력이 조직 내에 물이 복원되는 것을 돕는다고 볼 수 있다. 한편 위축변형 없이 건조된 동결건조품은 주변은 용이하게 흡수하나 내부는 조직 내에 공기가 들어 있어 이것 때문에 내부로 흡수가 늦어진다.

### (2) 건조에 의한 화학적 변화

#### 1) 단백질의 변성

① 탈수 변성

어육을 건조하면 탈수 정도에 비례하여 어육단백질 중의 myosin 단백질의 불용화가 진행된다. 이러한 변성이 일어나면 단백질 상호간의 분자간 결합이 강화되어 응집이 일어나게 된다. 따라서 어육을 보통의 방법으로 건조하면 외관, 수분량, 강도, 맛 등이 달라지면서 물에 담가 복수(rehydration)시켜도 다시 건조 전의 생육의 상태로 되돌아가지 않는다.

### ② 동결 건조육의 변성

진공동결건조에 의하여 만들어진 제품은 다시 수분을 흡수시켜 복수시켰을 때 원래 대로의 상태로 되돌아가는 성질이 크다. 진공동결건조에 있어서 건조조건이 적당하면 myosin 단백질의 용해성은 거의 변하지 않기 때문이다.

그러나 동결건조한 육을 고온에 저장하면 단백질의 변성이 진행되는데 이 경우는 actomyosin의 응집이 일어나며 동결건조 직후의 육이라도 이를 사용하여 만든 연제품은 그 보수성이 신선육으로 만든 것에 비하여 떨어진다.

## 2) 지방의 산화

### ① 산 패

지방이나 지방함량이 높은 식품을 저장하여 두면 공기 중의 산소, 빛, 효소 등의 작용에 의하여 불쾌한 자극성의 냄새와 떫은 맛을 띠게 되는데 이와 같은 지방의 변패를 산패(rancidity)라고 한다. 특히 지방함량이 높은 식품을 극도로 건조시킨 제품은 내부 조직에 산소가 직접적으로 접촉할 기회가 많아져 산화가 일어나기 쉬워진다.

### ② 기름 변색

지방을 많이 함유하는 어육을 공기 중에 오래두면 육질이 직접 · 간접적으로 지방성분의 영향을 받아 마치 불에 탄 것과 같이 오렌지색이나 적갈색으로 변하는 경우가 많다. 이렇게 변한 어육으로부터 기름을 추출하여 보면 기름도 변색되어 있다. 이러한 산패, 중합, 변색 등의 여러 가지 현상을 포함한 기름의 종합적 변패 현상을 기름 변색(rusting, reddening, yellowing)이라고 한다.

기름 변색을 일으킨 어육을 불에 구워보면 산패 특유의 자극취를 내고, 표면에는 진하게 착색된 기름이 스며 나와 먹어보면 입 속에서 진득진득하고 떫은 맛을 낸다.

### ③ 성분의 석출

찐마른 전복이나 마른 오징어의 표면에 다량의 백분이 생기는 것을 볼 수 있는데, 찐마른 전복의 흰 반점은 주로 taurine이고, 마른 오징어의 경우는 taurine 외에 betaine, glutamic acid, histidine 등이 함유되어 있다.

### 5. 건조식품의 보장

#### (1) 첨가물 처리

① 변패방지 : sorbic acid 사용(1.0g/kg 제품).

② 산화방지 : BHT, ascorbic acid, tocopherol, 향신료, 간장, 당이나 당알콜로써 coating 처리하거나 포장방법을 개선한다.

③ 단백질변성 방지 : sodium pyrophosphate, sodium polyphosphate, potassium polyphosphate 등의 인산염을 첨가한다.

④ 파손방지 : glycerin, propylene glycol, sorbitol 등을 첨가하거나 또는 이들 용액에 침지한 후 건조시킨다.

#### (2) 제품의 포장

① 방습포장 : 포장재질로서 수증기 차단성이 뛰어난 polyethylene, polypropylene, polyvinylidene chloride 필름을 사용하면 제품의 흡습을 방지할 수 있고, 고도의 방습성을 요할 때에는 알루미늄 박 또는 증착 필름을 사용한다. 또한 포장 속에 건조제로서 염화칼슘이나 silica gel을 함께 봉입하여 사용한다.

② 산화방지 포장 : 수증기 차단성뿐만 아니라 산소 차단성도 우수한 포장재질을 사용하는데 polyvinylidene chloride 도포 polypropylene이 효과적이다. 그리고 진공포장, 가스치환포장, 탈산소제 봉입포장을 실시한다.

## 3. 수산 훈제품

### 1. 제조 원리

목재를 불완전 연소시켜 발생하는 연기에 어패류나 육류제품 등을 쐬어 독특한 풍미와 보존성을 갖도록 한 것이 훈제품이다. 훈제품의 보장원리는 훈연중 일어나는 건조에 의한 수분의 감소, 염지에 의한 소금 및 연기중의 방부성 물질 등에 의하여 보존성이 부여된다.

훈연 중 제품으로 침투되는 연기성분 중에서 포름알데히드, 페놀, 유기산, 알콜, cresol 등에 의하여 항균효과를 가지게 되고, 또 guaiacol, methyl guaiacol 같은 페놀화합물, 카르보닐화합물, 케톤화합물, lactone 및 pyrazine류에 의해서 풍미를 가지게 된다. 특히 수산훈제품은 목새의 연기성분 침투에 의하여 이패류 특유의 비린내를 제거하여 기호성을 높인 수산가공품이다.

훈연을 이용하여 식품의 저장성을 연장시키려는 것이 원래 목적이었지만, 근래에 와서는 보존성보다 식품의 풍미 강화에 주목적을 둔 제품이 많이 만들어지고 있으며, 이럴 때 부족한 보존성은 진공포장이나 냉장 등의 방법으로 해결한다.

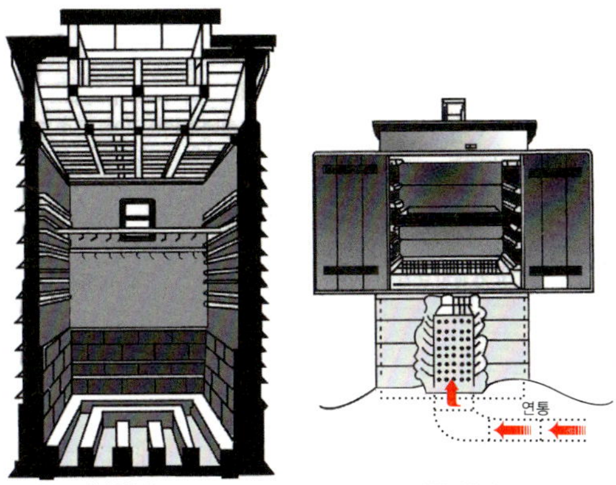


그림 14-11 훈연실의 개요

## 2. 훈연방법

### (1) 냉훈법

훈연실 온도는 15~30℃ 정도의 비교적 저온에서 1~3주간의 장기간에 걸쳐 행한다. 제품의 수분함량은 40% 정도로 1개월 이상 보장이 가능하나 풍미는 다소 떨어진다.

### (2) 온훈법

훈연실 온도는 30~80℃ 정도의 비교적 고온에서 3~8시간의 단시간에 걸쳐 훈연한다. 제품의 수분함량은 50~65% 정도로 비교적 높고 4~5일간 저장이 가능한 제품으로, 풍미부여가 주목적이고 보장성은 떨어진다.

### (3) 열훈법

훈연실 온도는 120~140℃로 매우 고온이며 2~4시간만에 훈연이 완료된다. 제품의 수분함량이 높아 저장성이 매우 낮으므로 제조 후 단시간 내에 소비하여야 한다. 제품 표면의 단백질이 열응고되고 일부는 타게 되므로 배훈법이라고도 한다.

### (4) 속훈법

원료를 특별처리하여 단시간에 훈연처리한 것으로 장시간 훈연한 것과 같은 효과를 얻는 방법이다. 주로 훈연액을 이용하여 바르거나 침지시키는 방법을 사용한다.

### (5) 액훈법

훈연처리의 단점으로는 처리시설의 보유, 시간과 일손 필요, 균일한 제품 만들기 곤란 그리고 연기배출 문제 등이 있다. 이를 해결하기 위해서 고안된 방법으로서 훈액에 담그거나 훈액을 가열하여 나오는 연기성분을 재휘발시켜 쐬는 방법을 사용한다.

### (6) 전훈법

훈연실에 전선을 설치하고 원료를 걸어 두고서 밑에서 연기를 발생시키면서 전선에 고전압을 흘려 corona 방전시키면 연기가 전하를 띠므로 제품으로 부착이 잘 된다. 이를 이용하면 훈연 시간을 1/2로 단축시킬 수 있다.

## 3. 수산 훈제품의 종류

### (1) 청어 훈제품

청어를 전어체 그대로 또는 내장과 아가미를 제거하여 사용한다. 전처리한 청어를 염지할 때 마른 간은 10~20%의 식염을 뿌려 1주일 정도 두고 물간은 포화식염수에 40시간 정도 둔다. 염지가 끝나면 하루 정도 물에 담가 소금기를 빼서 약간의 짠맛만 느낄 정도로 한다. 그리고 훈제실에서 냉훈법 또는 온훈법으로 훈연한다.

### (2) 연어 훈제품

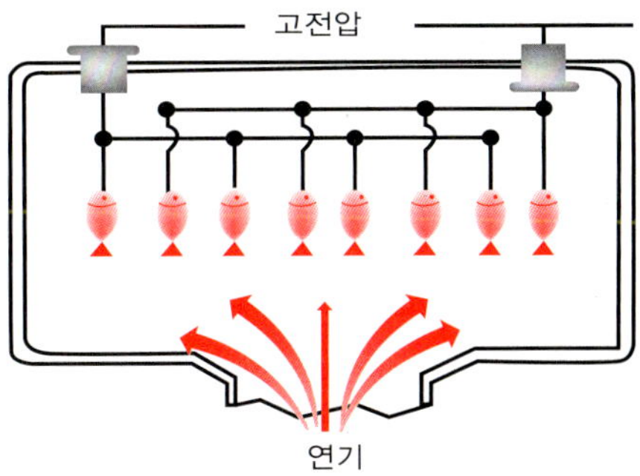


그림 14-12 전훈법의 예

백연어를 원료로 하여 내장과 콩팥을 제거하고 냉훈시킨 round제품, 머리를 자르고 배를 갈라 내장을 제거한 후 round와 같은 방식으로 제조한 headless제품, 홍연어의 머리를 제거하고 옆으로 절단하여 복부 부분을 제거하고 냉훈한 러시아식 훈제품 등이 있다.

연어 훈제품의 일반적인 제법을 보면 연어의 내장, 신장 등을 제거하여 수세하고 물기를 뺀 후 20~30%의 식염을 뿌려 10~30일 정도 마른 간하거나 포화식염수에서 1~10일간 물간한다. 염지 후 물기를 빼고 훈연처리하는데 그 처리법은 청어 훈제 공정과 거의 유사하다.

### (3) 오징어 훈제품

오징어의 몸통만을 잘 문질러서 껍질을 벗긴다. 이어서 수세하고 80℃의 열탕에서 2~3분간 데친 후 들어내어 가볍게 말린다. 다음에 가볍게 건조 처리한 오징어 육 10kg을 용기에 담고 소금 540~660g, 설탕 2~2.5kg, 글루타민산나트륨 100g을 혼합한 것을 고루 뿌려 가볍게 누름돌을 하여 하룻밤을 둔다. 이어 훈제를 하는데 처음 1~2시간은 20~25℃로 시작하여 그 후 서서히 온도를 높여 마지막 2~3시간은 60~70℃에서 훈연하되 합계 7~9시간이 되도록 한다. 훈연이 끝난 것은 1~2mm의 두께로 찢어 마무리 조미를 한다.

# 4. 수산 염장품

## 1. 제조원리

소금용액에서는 세균이 분비하는 단백분해효소의 작용이 저해되고, 산소 용해도도 감소하며 또 소금용액에서 해리된 염소이온이 살균력을 갖는다. 보통 15% 전후의 소금을 사용하여 염장하며 이 농도는 세균의 종류, 균주 등에 따라 달라지지만, 일반세균은 15% 정도의 소금농도이면 그 발육이 억제된다.

염장에 의한 세균의 발육은 상당히 억제할 수 있지만, 육중에 존재하는 효소의 작용은 저지할 수 없기 때문에 염장 중 자가소화가 일어나 육질은 점차 연화한다. 이 효소 작용을 이용하여 육의 맛을 더욱 좋게 만든 염장품이 젓갈이다.

## 2. 염장방법

### (1) 마른간법(dry salting)

마른 소금을 식품에 골고루 직접 뿌려 염장하는 방법이다.

마른간법의 특성으로 먼저 염장처리 시 특별한 설비가 필요없으며, 소금사용량에 비하여 탈수량이 많고, 소금의 삼투가 빠르므로 염장초기의 부패가 적으며, 염장이 잘못 되었을 때 그 피해를 부분적으로 그치게 할 수 있는 이점이 있다.

반면에 소금의 삼투가 불균일하게 되기 쉬워 제품의 품질이 고르지 못하고, 강하게 탈수되어 제품의 외관이 좋지 못하고 수율도 낮으며, 염장 중 공기와 접촉되므로 지방이 산화되어 기름변색(rusting)을 일으키기 쉬운 점 등의 결점이 있다.

### (2) 물간법(brine salting)

일정한 농도의 소금물을 먼저 만들어서 식품을 담그어 염장하는 방법이다. 물간법의 특성으로는, 먼저 소금의 삼투가 균일하여 제품의 품질이 고르며, 염장 중에 공기와 접촉하지 않으므로 지방의 산화가 적고, 과도한 탈수가 일어나지 않으므로 외관 · 풍미 · 수율이 좋으며, 그리고 제품의 소금맛을 조절할 수 있는 등의 이점이 있다.

그 반면에 물이 새지 않는 염장용기가 필요하고, 마른간에 비하여 소금사용량이 많이 들며, 염장 중에 자주 교반을 하지 않으면 식품 주위에 묽은 염수층이 생김으로써 염장초기에 부패하기 쉬운 점 등의 단점이 있다.

### (3) 개량 물간법

염장용기에 식품을 층층이 쌓아 올리면서 마른간을 하여 재우고, 뚜껑을 하고서 누름돌을 얹은 다음에 적당히 가압한다. 시간이 흐르면서 식품으로부터 삼출한 수분에 의하여 마른 소금이 녹아서 포화식염수가 형성되고, 결과적으로 물간을 한 것과 같은 효과를 얻게 된다.

이 방법은 마른간과 물간의 단점을 서로 보완한 것으로, 염장 초기에 부패를 일으킬 염려가 적고, 소금의 삼투가 균일하며, 외관이나 수율이 좋고, 기름 변색을 막을 수 있는 등의 장점이 있다. 이 방법과 같이, 염장이 두 단계로 이루어질 때에 처음 염장을 가염지라고 하며, 그 다음 염장을 본염지라고 한다.

### (4) 개량 마른간법

먼저 식품을 물간하여 식품 표면에 부착한 세균과 점질물 등을 제거한 후에 마른간으로 본염지를 하여 염장효과를 높이는 방법이다. 특히 기온이 높은 계절 또는 선도가 불량한 것을 염장할 때의 초기 변패를 막는 데 효과적인 방법이다.

### (5) 특수 염장법

염장속도를 빠르게 또는 효율적으로 하거나, 제품의 풍미를 좋게 하기 위한 목적으로 하는 염장법이다.

#### ① 변압염장법

밀폐할 수 있는 용기에 먼저 식품을 넣고 용기 내를 감압하여 식품조직 내의 기체를 제거한 다음에 소금물을 주입하여 물간을 하고, 이번에는 용기 내를 가압하여 염장기간을 단축하는 급속 염장법의 하나이다.

#### ② 염수주사법

축육이나 대형어육에 먼저 염수주사기(brine injector)로 소금물을 적당히 주사한 다음에 일반 염장법으로 염장하는 방법이다. 이렇게 하면 염장기간을 1/3 이내로 단축할 수 있다. 주로 햄이나 베이컨의 제조에 이용되는 방법으로, 근육주사법(Stich 법)과 맥관주사법(Morgan법)이 있다.

#### ③ 압착염장법

식품을 먼저 마른간을 한 다음에 다시 소금물을 가하여 물간으로 소금의 침투를 완료시킨다. 이어서 소금물에서 건져낸 다음에 적당하게 압착하여 과잉의 소금기를 수분과 함께 압출하여 제거한다. 이렇게 하면 짠맛이 적은 좋은 제품을 얻을 수 있다. 대량생산에는 부적당하지만, 풍미에 중점을 둔 일부 제품에 이용되는 방법이다.

## 3. 수산 염장품의 종류

### (1) 염장 어류

어류 염장품의 원료로는 선도가 좋은 연어, 송어, 고등어, 전갱이, 대구, 청어, 임연수어, 조기 등이 쓰인다. 동결된 원료는 3~4%의 식염수 중에서 해동을 시킨 다음에 사용한다. 소금 사용량은 원료 무게의 약 20~40% 정도로, 1주일 정도면 염장이 완료된다.

#### ① 염장 고등어(간 고등어)

원료 고등어의 복부를 절개하여 아가미, 내장 및 신장 등을 제거하고, 묽은 염수로 잘 세척한다. 이어서 물기를 뺀 후에 아가미 및 복부의 내부와 어체 표면에 고르게 소금을 뿌리고, 사잇소금을 넣으면서 어체를 재어서 염장한다. 소금 사용량은 원료어의 30% 정도이고, 필요하면 2~3일 후에 다른 용기에 사잇소금을 넣으면서 갈아 재운다.

#### ② 염장 멸치

신선한 멸치의 머리와 내장을 제거하고 수세한 다음, 밀폐용기에 담아서 원료 무게 약 30%의 소금을 고루 뿌린 후에 마른간을 하고 누름돌을 얹어 둔다. 4~5일이 지나서 상부에 고인 액즙을 떠 내고, 그 위에 포화식 염수를 부어서 어체가 공기 중에 노출되지 않도록 한다. 이렇게 약 2개월 동안 가염지를 하여 소금의 침투와 탈수를 시킨 다음, 멸치를 들어내고 다시 원료 무게 15%의 소금을 써서 다른 용기에 본염지를 한다. 이때도 어체 위를 포화식염수로 채우고 누름돌을 얹고서 6개월 내지 1년 동안을 숙성시킨다.

### (2) 염장 해조류

#### 염장미역(간미역)

미역을 해수로 잘 씻고 85~100℃ 정도로 가열한 해수에 10~30초 정도 담그어서 데친 다음, 미역줄기가 전부 녹색으로 변하면 건져내어 급랭시킨다. 다음에는 미역 중량의 40~50%의 소금을 뿌린 후에 24시간 동안을 염장한다. 이어서 이를 마대에 넣고 누름돌을 얹은 다음, 48시간 동안을 탈수시킨다. 그런 후에 미역잎을 갈라서 가운데 줄기를 제거하고, 다시 5~10%의 소금을 가하여 포장한다.

### (3) 젓 갈

젓갈은 소형 어패류의 근육, 내장, 생식소 등에 약 25% 이상의 소금을 첨가하여 부패를 억제하면서 자가소화 및 미생물의 작용으로 적당하게 분해 및 숙성시킨 제품이다.

#### ① 멸치젓

선도가 좋은 멸치를 수세하고 물기를 뺀 후, 어체 무게의 25% 정도의 소금을 켜켜이 뿌려서 절인다. 소금을 뿌려서 절인 후에 며칠 동안은 하루 한 번 정도 휘저어 주고, 소금이 고르게 침투되도록 한 다음, 밀봉하여 그늘지고 시원한 곳에 둔다. 숙성기간은 기온과 소금량에 따라 다르며, 대체로 2~3개월 정도이다.

멸치젓을 담은 지 5~6개월 지나면 완전히 숙성되어 멸치가 삭은 말간 웃물이 고이는데 이것을 생젓국이라 하며, 떠서 조미료로 쓴다. 생젓국을 뜨고 난 나머지에 소금과 물 등을 적당히 가하여 솥에서 달인 후에 베보로 걸러서 멸장(멸치젓국)을 만들어서 조미료로 쓴다.

#### ② 새우젓

새우젓은 주로 서해안에서 어획되는 젓새우를 원료로 한다. 담는 시기에 따라 동백젓, 오젓, 육젓, 추젓 등의 명칭으로 구분된다. 특히 5~6월에 살이 잘 오른 새우로 담은 젓을 육젓이라고 하는데, 10월경이 되면 젓이 익어서 맛도 있고 젓국도 좋기 때문에 김장철에 많이 이용된다.

표 14-7 원료 새우와 어획시기에 따른 새우젓의 명칭 및 특성

| 어획시기(음력) | 명 칭 | 품질 특성 |
|---|---|---|
| 1~2월 | 동백하젓 | 희고 깨끗하며 겨울철에 생산된다. |
| 3~4월 | 봄젓 | 어체가 작고 크기가 고르지 못하며 약간 붉은색을 띈다. |
| 5월 | 오젓 | 어체가 고르지 못하고 붉은색을 띈다. |
| 6월 | 육젓 | 어체가 비대하고 흰색 바탕에 붉은색이 섞여 있다. |
| 7~8월 | 자젓 | 어체가 작고 색깔이 희다. |
| 9~10월 | 추젓 | 어체가 작고 색깔이 희다. |

③ 오징어젓

오징어 젓갈을 담기 위해서는 세절한 몸통 육과 다리 육에 간장 내용물을 함께 싸서 넣고, 20~30%의 소금을 가하고 서늘한 곳에 방치하여 숙성시킨다. 소금량이 적으면 숙성기간은 짧아지지만, 장기 저장이 되지 않는다. 출하 직전에 20~30%의 쌀누룩을 탕에 녹여서 첨가하여 2~3일간을 저장하면, 육질이 연화되어 풍미가 증가한다.

④ 성게젓

말똥성게, 분홍성게, 보라성게 등의 생식소를 원료로 한다. 말똥성게를 원료로 한 것은 황홍색으로 제품의 질이 좋아서 고급품으로 치고, 보라성게를 원료로 한 것은 색깔도 엷어서 하급품으로 친다. 소금사용량은 물기를 뺀 원료의 20~30%이며, 탈수시간은 10~40시간 정도이다. 이렇게 한 것을 용기에 재어서 익힌다.

⑤ 명란젓

명란젓은 명태의 알을 원료로 하여 만든 제품으로, 이는 고급 기호식품으로 취급되고 있다. 명란젓은 담그는 기술에 따라 풍미가 달라지게 된다. 또한, 그 제조과정은 원료란의 채취, 세척, 염지 및 포장 등으로 구분된다.

- 채란 : 어획적기에 어획된 명태가 가장 수율도 좋고 원료로서의 가치가 크다. 그리고 선도가 저하된 명태에서는 좋은 알을 채취할 수 없으며, 또한 채란수율도 낮다. 정상 명태의 채란수율은 어체 중량의 10~16% 정도이다. 채란할 때는 할복작업을 하다가 난의 막이 터지는 등의 손상이 가지 않도록 주의해야 한다.

- 세척 : 채란된 원료는 바구니 등에 담아서 점질물, 혈액, 기생충, 기름기, 내장의 오물 등을 잘 씻어내야 한다. 세척이 불충분하면 저장할 때 변질이 일어나는 원인이 되고, 또 염지 중 첨가물의 삼투나 탈수 등을 저해하게 되며, 균일한 양질의 제품이 되기 어렵다.

- 염지 : 염지용 소금은 양질의 것을 사용하여 가급적 단시간 내에 염분이 명란 내부로 고르게 침투되도록 하는 것이 좋다. 침투가 균일하지 못하거나 침투속도가 너무 완만하면 변질될 우려가 있고, 또 불량 소금을 쓰게 되면 제품의 맛과 색깔이 나빠진다. 염장 용기로는 목재나 플라스틱 용기 등을 사용하는 것이 좋으며, 산화가 일어나기 쉬운 철제 용기는 피한다.

염지방법은 마른간법을 쓴다. 소금 사용량은 원료의 성숙도 및 선도 등의 상태에 따라 다소 다르나, 대체로 원료중량의 15~25% 정도가 된다.

### (4) 어간장(액젓)

소형의 어패류나 또는 그 내장을 염장하여 장기간 숙성시켜서 액화물로 만든 생선간장으로, 우리나라와 일본을 비롯한 동남아시아의 여러 나라에서는 다양하고 독특한 어간장이 만들어지고 있다. 특히 일본의 shottsuru, 라오스, 캄보디아, 베트남 등지에서 만들어지는 nouc−man, 필리핀의 patis나 bagoong, 태국의 nampla, 구미의 anchovy sauce 등은 유명하다. 우리나라에서는 젓을 담아서 숙성시킨 다음에 젓국을 떠서 액젓으로 이용하며, 대표적인 것이 멸치젓장(멸장)이다.

어간장의 제법은 일반 젓갈류의 제조 공정과 동일하나, 액젓의 경우에 젓갈의 숙성기간보다 훨씬 길어서 2~3년간을 숙성시키기도 한다. 최근에는 우리나라에서도 액젓을 기업적인 규모로 생산하는 곳이 많다. 또한 김치를 담글 때 뿐만 아니라, 조미료 소재로써 그 용도도 다양화되고 있다.

표 14-8 세계 각국의 어간장 종류 및 제조조건

| 나라명 | 제품명 | 원료 : 소금비율 | 숙성기간 |
|---|---|---|---|
| 일 본 | 숏쯔루 (shottsuru) | 5:1 | 3~6개월 |
| 크메르 | 느억 맘(nonc-man) | 3:1~3:2 | 3~12개월 |
| 캄보디아 | 느억 맘(nonc-man) | 5:1 | 5~12개월 |
| 태 국 | 남프라(nam-pla) | 5:1~1:1 | 5~12개월 |
| 말레이시아 | 부두(budu) | 5:1~3:1(당첨가) | 3~12개월 |
| 버 마 | 나가피(nagapi) | 5:1 | 3~5개월 |
| 필리핀 | 패티스(patis) | 3:1 | 3~12개월 |
| 인도네시아 | 케찹이간(ketjap-ikan) | 6:1 | 6개월 |
| 인도, 파키스탄 | 컬럼버큐아(colombo-cure) | 6:1 | 12개월 |
| 그리스 | 가로스(garos) | 9:1 | 8일 |
| 프랑스 | 피살라(pissala) | 4:1 | 2~8주 |
| 칠 레 | 안쵸비소스 (anchovy sauce) | 2:1 | 6~7개월 |

### ① 멸치 액젓

멸치 액젓의 일반적인 제조공정은 그림 14-13과 같다.

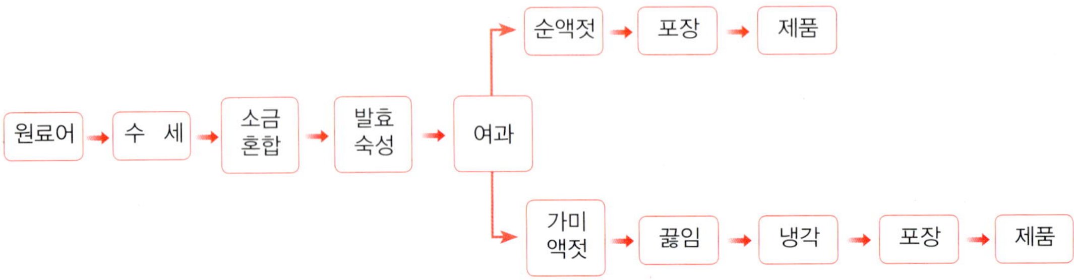


그림 14-13 멸치 액젓의 제조 공정도

선도가 좋고 육질이 충실한 멸치를 원료무게에 대하여 3~5배 정도의 3% 소금물로 가볍게 수세한다. 수세 후에 물기를 빼고 원료 무게 20~25%의 소금으로 골고루 혼합한다. 소금 혼합이 끝나면 숙성통에 담고, 윗부분에 여분의 소금을 뿌려서 원료가 바깥 공기에 노출되지 않도록 하고, 밀봉하여 서늘한 곳에서 숙성시킨다. 숙성기간은 기온과 소금량에 따라 다르나, 대개 1년 정도가 소요되며, 숙성온도는 15℃ 내외가 적당하다. 숙성 5~6개월 후면 멸치가 삭으면서 웃물이 고인다. 이것을 생젓국이라 한다.

### ② 새우 액젓

새우 액젓의 제조공정은 그림 14-14와 같다.

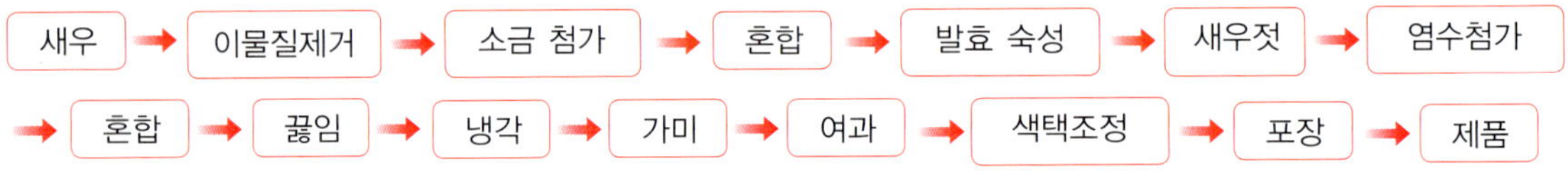


그림 14-14 새우 액젓의 제조공정도

원료는 선도가 좋고 육질이 충실한 것으로 선별하여 혼합기에 넣고서 원료 무게 30~40%의 소금으로 골고루 혼합한다. 새우는 껍질이 있기 때문에 소금의 침투가 느리고, 내장에는 강력한 활성을 갖는 효소가 있기 때문에 소금량이 부족하거나 선도가 좋지 못할 경우에는 검게 변하게 된다.

소금 혼합이 끝나면 숙성통에 담고 윗부분에 여분의 소금을 뿌려서 원료가 바깥 공기에 노출되지 않도록 하며 밀봉하여 저온에서 숙성시킨다. 숙성 조건은 멸치 액젓과 비슷하다.

숙성이 끝나면 새우젓을 꺼내어 새우젓과 같은 양의 염수를 골고루 섞어서 가열통에 담고 100℃에서 90분 정도 끓인다. 끓인 후에 실온 부근으로 냉각시키고 글루탐산나트륨을 소량 넣어서 가미한 다음, 여과장치를 통해서 맑은 액즙을 분리하여 액젓 제품으로 하고, 잔사는 버린다.

### (5) 식 해

식해(食醢)는 어패류를 염지한 후에 쌀밥, 엿기름, 소금, 고춧가루 그리고 그 밖의 부재료 등과 혼합하여 절이면서 숙성 및 발효시킨 식품이다. 원료어는 동태, 가자미, 도다리, 전어, 조기, 갈치, 오징어 등으로, 젓갈의 원료가 되는 어패류는 모두 이용할 수 있다. 부원료로는 쌀밥, 찰밥, 조밥, 밀가루죽 등의 곡류와 엿기름, 소금, 고춧가루, 무채, 생강, 그리고 그 밖의 향신료 등을 적절히 사용한다.

#### ① 가자미식해

신선한 가자미의 비늘, 지느러미, 머리, 내장 등을 제거한 다음, 3% 정도의 소금물로 수세한 후에 물기를 뺀다. 이어서 어체를 가로 x 세로 x 두께 1cm 정도의 크기로 세절한 다음, 원료 중량의 5~10% 정도의 소금을 가하여 하루 정도를 염지한다. 어체에서 빠져나오는 액즙을 제거하고 부원료를 혼합하여 숙성시킨다. 숙성은 실온에서 약 2주일 내외에 이루어지는데, 육질과 뼈는 부드러워지고 생선 비린내는 거의 사라진다.

#### ② 그 밖의 식해류

일본에서 많이 제조되는 식해로는 붕어 · 송어 · 도루묵 등을 염지하여 밥에 절여서 발효시킨 sushi, 은어 · 전복 · 대구 · 연어 등의 염지육을 지게미에 절인 kasuzuke, 청어 · 돔 · 보리멸 · 전갱이 · 상어 등을 소금과 식초에 절인 suzuke, 그리고 정어리 · 청어 · 고등어 · 복어 및 복어 난소 등을 염지한 후에 쌀겨로 절여서 발효시킨 nuka-zuke 등이 있다.

# 5. 수산 연제품

## 1. 제조원리

### (1) 고기풀의 gel 형성 기구

연제품은 어육에 소량의 소금을 가하고 갈아서 만든 고기풀을 가열하여 gel화 한 제품이다.

어육에 2~3%의 소금을 가하여 갈면 sol 형태의 아주 점조한 고기풀이 된다. 이것은 소금의 첨가로 육중의 소금물에 actomyosin이 녹아서 점성이 높아지기 때문이다. 고기풀을 만들 때에 소금을 첨가하여 고기갈이를 하는 그 첫째 목적은, 어육으로부터 actomyosin을 용출시키는 데 있다. 그러나 고기풀을 가열하든가 또는 상온에서 오래 두면 점착성이 없어지고 탄성이 있는 gel로 변화한다. 가열하여 gel화 한 것이 어묵이다. 그리고 상온에 그대로 두었을 때의 탄력 있는 gel로 변화하는 현상을 특별히 엉겨앉음(setting, suwari)이라고 한다.

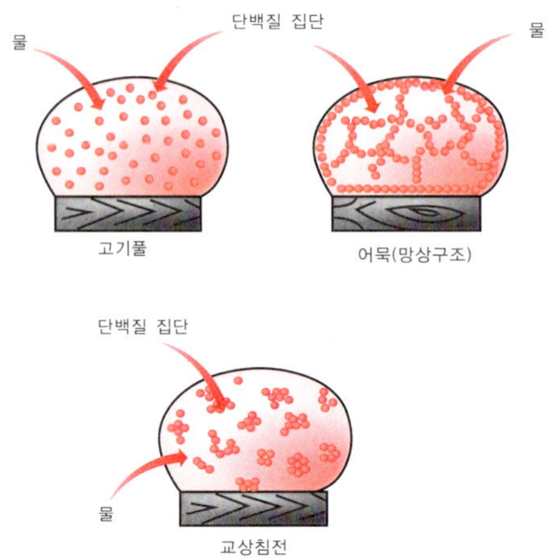


그림 14-15 고기풀의 엉겨앉음과 되풀림 현상

고기풀을 낮은 온도에서 천천히 가열하든가 또는 선도가 떨어진 어육으로 만든 고기풀은 가열하여도 탄력이 있는 gel로 되지 않고, 두부와 같이 부스러지기 쉬운 약한 gel이 된다. 이와 같은 현상을 특별히 되풀림(returning modori) 이라고 한다.

### (2) 어종에 따른 어묵 형성능

연제품의 탄력은 원료어의 종류에 따라 차이가 많다. 매퉁이, 조기, 녹새치 등은 탄력이 강한 어묵을 만드는 대표적인 어종이고, 반대로 정어리 · 고등어 · 방어 등은 탄력이 약한 어묵을 만드는 대표적인 어종이다. 대체로 해산어가 담수어보다, 경골어가 연골어보다, 백색 육어류가 적색 육어류보다 탄력이 강하다. 어종에 따라서 이와 같은 차이가 있는 것은 탄력형성에 관여하는 actomyosin의 성질 및 함량의 영향이 크다. 그러나 원칙적으로는 어떠한 어종이라도 죽은 직후라면 탄력 있는 연제품을 만들 수 있다.

일반적으로 도미 · 넙치 · 농어와 같은 백색 육어류는, 죽은 뒤에도 상당히 장시간 어묵 형성능을 유지한다. 백색 육어류는 사후경직을 거쳐 해경이 되는 동안에 actomyosin 섬유의 물리적 성질이 서서히 변화하고, 선도의 저하에 따른 어묵형성능의 저하가 완만하다. 이에 비하여 방어 · 고등어 · 꽁치 등의 적색 육어류는 그 변화속도가 빠르고 또 급속히 그 능력을 상실하는 경향이 있다.

표 14-9 수산 연제품에 사용되는 주요 어종

| 제품종류 | 가장 널리 사용되고 있는 것 | 비교적 널리 사용되고 있는 것 |
|---|---|---|
| 판붙이 어묵 | 참조기, 보구치, 갯장어, 매퉁이 | 동갈민어, 흙조기, 게르치, 명태, 볼낙, 달강어, 창꼬치, 전갱이, 상어류 |
| 부들어묵 | 조기, 매퉁이, 달강어 | 갯장어, 전갱이, 게르치, 가자미, 갈치, 상어, 대구 |
| 튀김어묵 | 갈치, 전갱이, 조기, 달강어 | 매퉁이, 상어류, 가오리류, 정어리, 명태, 가자미, 갯장어, 대구 |
| 마어묵 | 청새리상어, 귀상어, 환도상어, 청상아리, 별상어, 조기, 기름가자미, 임연수어, 녹새치 | |
| 어육 소시지 | 다랑어류, 청새치류, 조기, 고래, 명태, 상어류, 임연수어 | |

표 14-10 어종에 따른 탄력의 강도 및 엉겨앉음의 정도

| 탄력의 강도 | 엉겨앉기 쉬운 어종 | 엉겨앉음이 보통인 어종 | 엉겨앉기 어려운 어종 |
|---|---|---|---|
| 탄력이 강한 어종 | 매퉁이, 날치 | 조기, 넙치 | 녹새치, 상어류 |
| 탄력이 보통인 어종 | 전갱이, 갈치, 창꼬치, 명태 | 복어, 샛멸, 갯장어 | 줄가재미 |
| 탄력이 약한 어종 | 정어리, 눈퉁멸 | 꽁치 | 다랭이류 |

## 2. 냉동고기풀

명태육을 충분히 물로 씻고 바랜 다음, 육중에 손재하는 단백질 변성의 촉진인자인 염류 등을 제거하고, 또한 동결변성을 방지하는 적당한 부원료를 첨가하여 가볍게 갈아서 냉동하면 연제품 원료로 쓸 수 있는 냉동고기풀이 된다.

표 14-11 냉동고기풀의 조성비 (단위 : %)

| 제 품 | 어 육 | 소 금 | 중합인산염 | 당 류<br>(설탕, sorbitol, 포도당) |
|---|---|---|---|---|
| 무염고기풀 | 100 | 0 | 0.2~0.3 | 3~5 |
| 가염고기풀 | 100 | 2~3 | 0 | 10 |

냉동고기풀의 제조에는 식염을 사용하지 않는 무염고기풀과 식염을 첨가하는 가염고기풀의 두 가지로 나누어진다. 무염고기풀은 어육을 충분히 수세하여 수용성 단백질과 염류를 제거하고, 5% 정도의 당류와 0.2% 정도의 중합인산염을 첨가하는 것이 보통이다. 그리고 가염고기풀은 당류와 소금 2.5%를 첨가하고, 중합인산염은 첨가하지 않는다. 당류는 무염고기풀에 비하여 약 2배 정도 많이 첨가하는데, 이는 가염고기풀의 동결 중 actomyosin 의 gel 화가 진행되는 것을 방지하기 위해서이다.

냉동고기풀의 제조공정은, 대략 그림 14-16과 같다. 원료어종은 명태 외에도 조기 · 갈치 · 임연수어 등 10여 종의 이류가 이용되고 있지만, 명내가 주종을 이룬다. 변성을 일으키기 쉬운 명태일지라도 이러한 냉동고기풀의 형태로 제조하면, 적어도 6개월 이상 저장하여도 어묵형성능을 상실하지 않는다. 그리고 해동시켜서 바로 고기갈이 공정에 사용할 수 있다.

그림 14-16 냉동고기풀의 제조공정도

### ① 원료처리

냉동고기풀의 원료어는 사후경직이 끝난 신선한 원료를 사용하고, 머리와 내장 등의 불가식 부위와 이물질을 철저히 제거한다.

② 채육

머리와 내장이 절단된 원료육을 절단면이 채육망 쪽으로 향하게 하고, 꼬리 부분부터 채육기에 투입한다. 순수한 육은 채육망 안으로 들어가게 되고, 망의 외부로는 뼈와 껍질 및 비늘 등이 분리되어 나온다.

③ 수세

채육기에서 분리된 육은 신속히 10℃ 이하로 유지된 수세 탱크로 옮긴다. 수세 탱크 안에서 교반한 다음, 육 속의 혈액과 지방을 분리하여 제거한다. 연속식이 아닌 경우는 수세 후에 10분간 정치시킴으로써 위에 떠오른 지방과 혈액을 제거하는 조작을 3~4회 반복한다.

④ 여과

수세 및 탈수시킨 육에는 아직 잔뼈 등이 있다. 이를 제거하기 위해 여과기(strainer)에 넣는다. 순수 정육은 여과망으로 나오며, 잔뼈나 비늘 등은 배출구로 나온다.

⑤ 고기갈이

여과된 정육은 세절기를 사용하여 잘게 세절한다. 이때 설탕, 솔비톨, 인산염 등의 부원료를 함께 넣어서 혼합과 고기갈이를 동시에 실시한다.

⑥ 포장

어육과 부원료가 잘 혼합되면 충전기를 통하여 비닐 봉지(poly bag)에 10kg 단위로 개별 포장한 후, 냉동 팬에 블록 형상으로 담는다.

⑦ 동결 및 저장

냉동 팬에 담긴 고기풀을 −35℃ 이하의 급속 동결기에 넣고 2~3시간을 동결시킨다. 동결이 끝난 것은 골판지 상자에 20kg씩 넣고, 등급과 제조일자를 표시하여 결속한 후에 금속성 이물질의 혼입 여부를 검출한 다음, −18℃ 이하의 냉동고에 저장한다.

냉동고기풀의 등급은 수분 함량, 젤리 강도, 백도 및 흑피 협잡물의 함량에 따라, 표 14-12 와 같이 여러 등급으로 분류한다.

표 14-12 냉동고기풀의 등급별 기준

| 등급 | 수분(%) | 젤리 강도 (gxcm) | 하중(g) | 심도(cm) | 백도(%) | 흑피 협잡물 (g당) |
|---|---|---|---|---|---|---|
| UA | 75.0~75.5 | 1.400 이상 | 1,000 이상 | 1.4 이상 | 30 이상 | 2개 이하 |
| SA | 75.0~75.5 | 1,200~1,400 | 800~1,000 | 1.3 이상 | 30 이상 | 4개 이하 |
| FA | 75.5~76.0 | 1,100~1,400 | 700~1,000 | 1.3 이상 | 30 이상 | 4개 이하 |
| A | 75.5~76.5 | 900~1,100 | 650~800 | 1.2 이상 | 25~30 | 7개 이하 |
| RA | 76.5~775 | 600~900 | 500~700 | 1.1 이상 | 25~30 | 11개 이하 |
| M | 76.5~77.5 | 500~750 | 400~600 | 1.0 이상 | 22 이상 | 15개 이하 |
| B | 78.0 이하 | 300 이상 | 300~500 | 0.9 이상 | 22 이상 | 19개 이하 |

## 3. 어묵의 제조

### (1) 일반 제조공정

어묵의 일반적인 제조공정은 그림 14-17 과 같다.

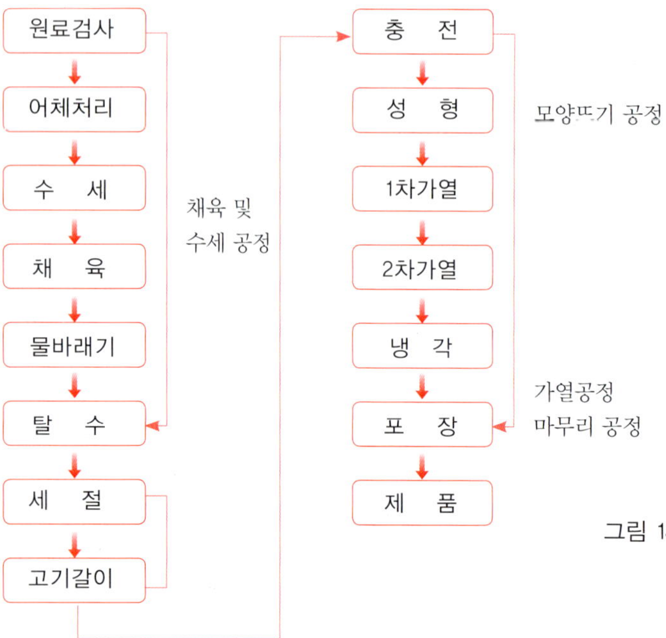


그림 14-17 어묵 제조 공정도

① 어체처리

원료어는 탄력이 좋은 백색어류로, 선도가 좋은 것을 사용한다. 먼저 머리, 내장, 지느러미 등을 제거한다. 또 어종에 따라서는 복막을 제거하며, 실뜨기를 할 때는 불순물이 들어가지 않도록 하기 위하여 충분히 다듬는다. 혈액이나 기타 부착된 오물은 10℃ 이하의 수돗물로 깨끗이 수세한다.

② 채육 (fleshing)

전처리한 원료어는 그림 14-18과 같은 채육기를 사용하여 육만 발라내고 뼈와 껍질 및 비늘 등은 분리하여 제거한다. 이때 채육기의 압력을 적당히 조절하여 채육 수율을 높이고, 불순물의 혼입 등에 유의해야 한다. 어육채취기에는 roll식과 stamp식, 그리고 이 두 가지를 겸한 2중 압축식이 있다.

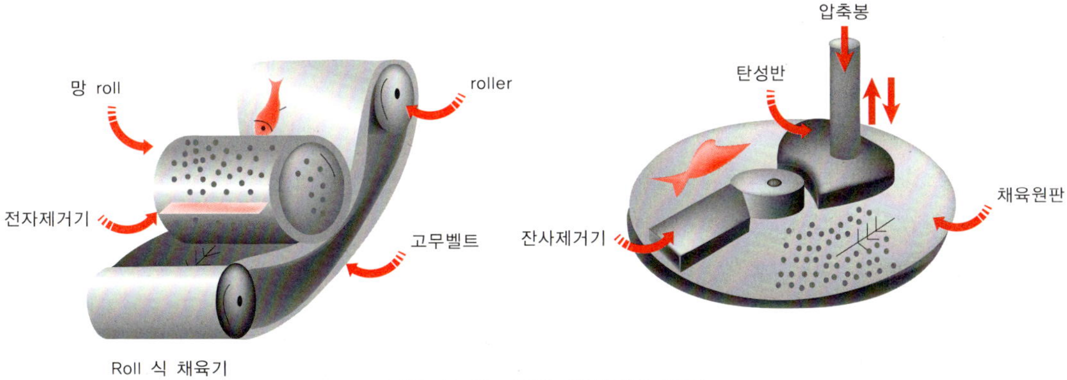


그림 14-18 어육 채취기의 원리

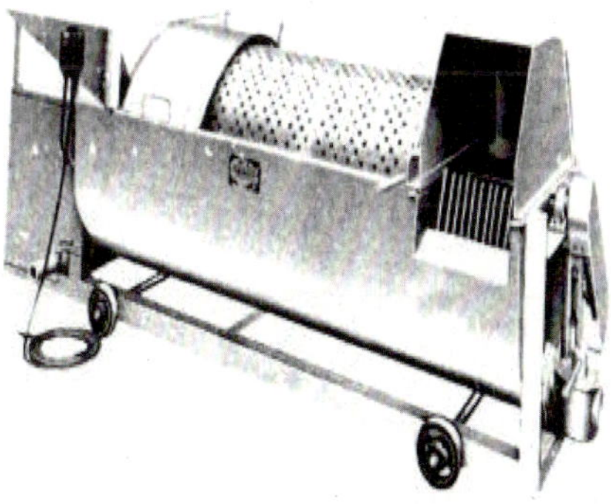

그림 14-19 Roll식 어육 채취기

③ 물바래기

채육한 어육을 물에 담그고 교반하면서 어육 중에 혼입한 오물, 혈액, 색소, 지방, 껍질, 엑스분, 수용성 단백질 등을 제거한다. 이는, 제품의 색을 희게 하고, 탄력을 강하게 하며, 보존성을 높이게 된다. 이렇게 하는 작업을 물바래기 또는 수쇄(水晒)라고 한다. 그러나 이 과정에서 수용성 엑스분 등의 정미성분에 대한 유실도 또한 크다.

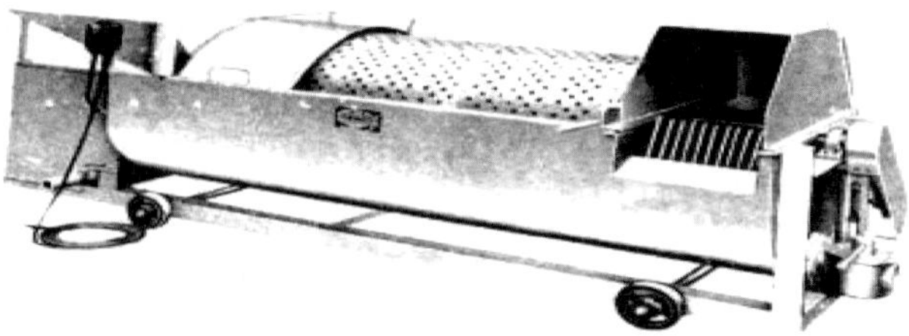

그림 14-20 어육 수세기

④ 탈 수

물바래기가 끝나면 어육을 완전히 침전시키고 탈수작업으로 들어간다. 물기빼기 작업은 보통 압착기나 원심탈수기를 사용한다. 탈수를 용이하게 하기 위하여 물바래기 작업을 할 때에 물의 pH 를 단백질의 등전점 부근(pH 5.5~6)으로 조정하면 효과적이다.

그림 14-21 탈수기

⑤ 세절 (chopping)

채육된 어육은 섬유가 길고 뼈나 비늘 등의 이물질이 들어 있으므로, 탈수를 마친 어육은 육세절기(chopper)를 사용하여 육과 작은 뼈 등을 잘게 끊어 주고, 비늘 등의 이물질을 제거한다. 세절기는 screw의 회전으로 어육을 밀어내면서 knife 와 작은 구멍이 많이 뚫린 plate에 의하여 세절하게 된다. 이때, 이들간의 마찰에 의한 발열로 육단백질이 변성되기 쉽다. 그러므로 어육과 세절기를 충분히 냉각시켜서 처리하는 것이 좋다.

⑥ 고기갈이 (grinding)

고기갈이는 어육조직을 파쇄한 다음 첨가한 소금에 염용성 단백질을 용해하여 충분히 수화시키고, 또 전분과 각종 향신료 등의 부원료를 고루 혼합시키는 것이 주목적이다. 즉, 세절한 어육을 stone grinder나 silent cutter에 넣은 다음, 약 15분 동안을 고기갈이 한 후에 소금 2.5~3%를 넣고 염용성 단백질인 actomyosin 을 충분히 용출시키고 나서 , 각종 향신료 등의 첨가물을 혼합하고, 전분을 최종적으로 넣어서 다시 혼합하여 고기갈이를 한다.

Silent cutter는, 수평으로 회전하는 대형접시에 어육과 부원료를 넣었을 때, 그 접시 내면에 수직방향으로 고속회전하는 칼날에 의하여 세절 및 혼합이 이루어지도록 되어 있다.

육조직을 세절하는 점에서는 silent cutter가 우수하여, 10분 정도의 단시간으로 처리를 끝낼 수 있다. 그러나 부원료 등의 혼합효과는 stone grinder가 우수하다.

보통 연제품 제조에는 주로 stone grinder가 많이 사용되고, 어육소시지의 제조에는 silent cutter를 많이 사용한다. 다만, 냉동 고기풀을 원료로 한 연제품 제조에서는 silent cutter를 사용하는 경우가 많다. 첨가하는 부원료는 표 14-13과 같다.

그림 14-22 Stone grinder

그림 14-23 Silent cutter

⑦ 성형 (shaping)

판붙이 어묵은 판에 올리고, 부들어묵은 꼬치에 붙이며, 어육 소시지는 casing에 채운다. 특히 성형할 때에 주의할 점은 기포가 들어가지 않도록 하여야 하고, 또 고기풀이 엉겨앉음을 일으키기 전에 신속히 마쳐야 한다. 기포가 들어 있으면 가열 시에 팽창하여 파열하거나, 제품의 조직을 손상시킨다. 또 내부로부터 변패가 일어나는 원인이 된다.

표 14-13 어육 연제품에 사용하는 첨가물의 종류 및 용도

| 분 류 | 명 칭 | 사용 목적 | 사용 기준 |
|---|---|---|---|
| 품질개량제 | 중합인산염<br>Sorbitol<br>취소산칼륨 | 조직 개량<br>냉동변성 방지<br>탄력 증강 | 0.2~0.3%<br>0.5%<br>0.27/kg 이하(취소산으로) |
| 조미료 | 글루타민산나트륨<br>이노신산나트륨 | 맛 조정<br>맛 조정 | 0.3~1.0%<br>MSG의 2~10% |
| 감미료 | 사카린나트륨 | 감미 조정 | 0.02~0.03% |
| 착색료 | Tar 계 색소 | 색상 조정 | 어육 소시지에 한함 |
| 발색제 | 아초산나트륨 | 육색 보존 | 어육햄 소시지에 대해<br>0.05g/kg 이하($No_2$으로) |
| 보존료 | Sorbic acid | 방부 | 2g/kg 이하 |
| 기 타 | $H_2O_2$<br>아스코르빈산 | 색택 향상 | 어묵 0.1g/ kg 이하<br>기타 0.03g/ kg 이하 |

### ⑧ 가열

가열의 주목적은 탄력 있는 gel을 형성시키는 데 있다. 일반적으로 고기갈이를 마친 고기풀을 가열할 때에는 고온일수록 탄력이 강한 제품이 된다. 특히 선도가 떨어진 어육을 원료로 사용하였을 때에는 급속히 가열할 필요가 있다.

가열처리의 또 다른 목적은, 고기풀에 부착한 세균을 사멸시키는 데 있다. 일반적으로 연제품은 중심 온도가 75℃ 이상, 어육소시지와 햄 등은 80℃ 이상이 되도록 가열하여야 한다. 실제로는 보통 95℃에서 40분간을 가열하여 중심 부분까지 살균되도록 한다.

표 14-14 연제품의 가열방법

| 가 열 방 법 | 가 열 매 체 | 가 열 온 도 | 제 품 종 류 |
|---|---|---|---|
| 찌는 것 | 수증기 | 80~100℃ | 판붙이, 어묵 |
| 삶는 것 | 물 | 80~95℃ | 마어묵, 어육 소시지 |
| 굽는 것 | 공기 | 10~180℃ | 부들어묵 |
| 튀기는 것 | 식용유 | 170~200℃ | 튀김어묵 |

### (2) 각종 어묵의 제조

#### ① 판붙이 어묵 (kamaboko)

작은 판자(길이 12~17cm, 폭 4.5~6.6 cm 정도)에 고기풀을 반원통형으로 붙인 다음, 가열하여 만든 제품이다.

가열방법으로는 찌는 법과 굽는 법이 있다. 수증기로 찌는 제품이 일반적인 것으로, 이것이 찐어묵이다. 또 판붙이 어묵에는 표면에 착색을 하거나 또는 절단면에 무늬가 나오도록 처리한 것도 있다.

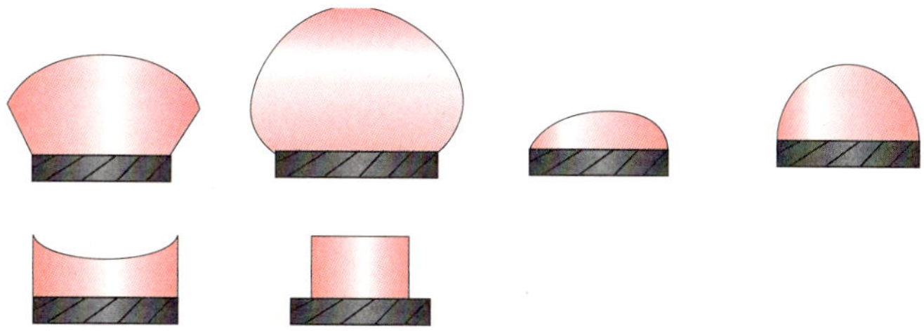

그림 14-24 판붙이 어묵의 여러 가지 모양(가로 단면도)

#### ② 부들어묵 (chikuwa)

꼬챙이에 고기풀을 붙여서 구운 것으로, 배소로(焙燒爐)에서 가열한다. 그 모양이 부들과 비슷하다고 하여 부들어묵이라 한다. 주로 곰장어, 명태, 임연수어, 매퉁이, 조기, 가자미 등이 이용된다.

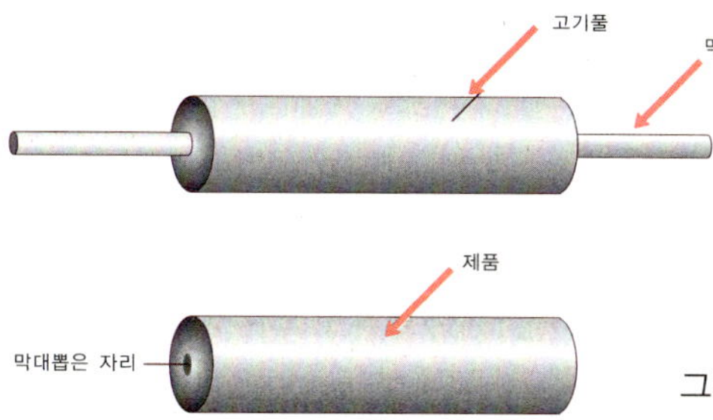


그림 14-25 부들어묵

#### ③ 튀김어묵

고기풀을 기름에 튀긴 것으로, 급속한 가열을 받음으로써 탄력이 강하고, 또 기름에 튀겼기 때문에 맛이 있다. 탄력이 약한 원료를 사용할 때는, 원료육에 대한 15% 정도의 전분을 첨가한다. 주로 170~180℃ 정도로 가열한 대두유나 채종유를 사용한다.

④ 마어묵 (hanpen)

원료어로는 주로 상어류 중에서 특히 청새리상어 또는 녹색치가 사용되며, 원료육에 대하여 약 10% 정도의 마를 첨가하여 고기갈이를 한다. 마를 첨가하여 갈면, 고기풀에 기포가 많이 함유되어, 그 부피가 약 2배 가까이 불어난다. 성형한 후, 80~85℃의 열탕에 넣어서 7~10분간을 가열한다. 이렇게 하면, 다공질의 스펀지와 같은 촉감을 가진 독특한 풍미의 제품이 된다.

## 4. 맛살 제조

맛살은 냉동고기풀을 원료로 하여 게살 또는 새우살의 풍미와 조직감을 갖도록 만든 제품이다. 맛살은 게와 새우의 천연 맛과 향, 색 및 조직감을 가져야 한다. 그러므로 원료육의 색은 백색이 좋고 어취는 적은 것이 좋다.

① 고기갈이 : 어묵의 고기갈이 공정과 기기가 거의 동일하다.

② 성형 : 고기갈이가 끝난 고기풀을 성형기에 옮긴 다음, 두께 1.5mm, 폭 120mm의 엷은 띠(sheet) 형태로 분사성형 한다.

③ 증지 및 배소 : 엷은 띠 형태로 성형된 육은, 90V의 증기를 공급하여 증사하며, 증자된 육은 배소한다. 배소 후에 송풍기의 이용으로 성형된 면대(sheet)를 냉각시킨다.

④ 섬유상 세절 : 응고된 면대를 섬유상 세절기 (thin cutter)에 넣고 누른다. 이로써, 섬유상의 결이 쉽게 찢어지는 조직을 갖게 된다.

⑤ 결속 : 세절된 면대상의 육을 막대 모양으로 감으면서 결속한다.

⑥ 색소육 도포 : 미리 소량의 원료육과 1~2% 정도의 색소를 혼합하여 내 포장지에 도포하고, 색소육이 도포된 포장지에 결속된 제품을 감싼다.

⑦ 가열살균 : 포장된 것을 88~92℃의 열탕 살균기에 넣고 40~50분간을 살균한다. 이때 제품의 중심온도는 85~90℃가 되어야 한다. 살균이 끝나면 곧바로 냉각시키고, 냉장 또는 동결저장한다.

## 5. 어육 햄 및 소시지 제조

제조원리는 일반 연제품과 같으나, 원료어로는 백색육어류뿐만 아니라 적색육어류도 이용하고, 지방이나 향신료를 사용하여 축육 소시지와 같은 풍미를 가지도록 한다. 제품의 특징은 통기성이 없는 열수축성 포장 재료에 채운 후에 충분히 가열하여 저장성을 가지도록 만든 것이다.

① **채육** : 세척이 끝난 원료어는 채육기로 어육만을 분리하되, 처리 후에 어육의 온도는 2~5℃로 유지한다.

② **고기갈이** : 어육은 혼화하기 전에 먼저 stone grinder를 이용해서 약 30~40분간을 고기갈이 한다. 소금사용량은 원료육의 약 2%로 조절한다. 마쇄한 어육에 잘게 세절한 돈육과 기타 원료를 넣고 혼화시킨다. 이때 육온상승을 방지하기 위해 가루얼음을 첨가하되, 수분량이 너무 많게 되지 않도록 첨가량을 조절하여 사용한다. 조미료, 향신료, 절착제(전분) 등은 처음부터 첨가하여 갈고, 지방은 비교적 뒤에 넣는다. 어육 소시지용의 향신료 배합 예를 들면, 표 14-15와 같다.

표 14-15 어육 소시지용 향신료의 배합 (단위 : %)

| 향 신 료 | 방향이 강한 배합 | 신미가 강한 배합 |
|---|---|---|
| white pepper | 40 | 50 |
| allspice | 10 | 10 |
| onion | 20 | 18 |
| ginger | 6 | 5 |
| nutmeg | 6 | 3 |
| sage | 6 | 5 |
| corinder | 4 | 2 |
| mace | 3 | 3 |
| cardamon | 3 | 2 |
| chili | 2 | 2 |

③ **충진** : 세절 및 혼화된 육을 충진기에 넣을 때는 소량씩 다져 넣어서 공기가 들어가지 않도록 하여 적절한 재질의 casing에 정량 충진한다. 어육 햄이나 소시지의 casing으로는 대개 plastic film이 사용되고 있다.

④ **살균** : 충진 및 결속이 끝난 것은 육온의 상승을 막으면서 레토르트 내에 일정량씩 넣고 살균을 한다. 어육 소시지는 열탕의 온도가 85~95℃ 정도이고, 돈지육을 많이 넣은 어육 햄에 있어서는 지방의 융해를 막기 위하여 75~85℃ 정도로 낮게 하여 가열시간을 길게 한다.

또 가열시간은 제품의 크기에 따라 다르다. 예를 들면, 직경 49~50mm의 casing에 채운 어육소시지는 약 60분이 소요되고, 직경 70~75mm의 casing에 채운 경우는 약 60~80분이 필요하다.

⑤ **주름펴기** : 가열을 마치고 냉각하면 가열 중에 팽창한 육이 수축하여 casing에 주름이 지게 된다. 이 주름을 펴기 위하여 약 95℃의 열탕에 30초 정도를 담갔다가 꺼낸다.

# 6. 수산 통조림

## 1. 수산 통조림의 분류

수산물 통조림은 어패류, 갑각류, 연체류 및 해조류 등을 대상으로 원료 그대로 사용하거나 중간가공품을 사용한다. 원료를 그대로 사용할 때는 사용한 원료의 특성에 따라 통조림 제품의 맛과 향미가 좌우된다. 그러나 중간가공품을 사용하는 경우는 통조림이 되기 전에 이미 중간가공을 거쳤기 때문에 가공특성에 따라 달라진다. 수산물 통조림의 종류를 제조방법에 따라 분류하면 다음과 같다.

### (1) 물담금 통조림(canned boiled fish)

원료를 그대로 또는 삶거나 찌고 나서, 관에 채우고 단지 맛을 내기 위해 약간의 소금을 넣거나 식염수를 주입하여 만든 것으로, 보일드 통조림이라고도 한다. 원료어에 후추, 피망(piment), 월계수잎 등을 넣어서 통조림한 것은, 영양가치가 커서 앙트레(entrees), 주된 식사나 차가운 오르되브르(hors-d'oeuvre), 샐러드 등으로 사용된다.

### (2) 기름담금 통조림(canned fish in oil)

다랑어, 정어리, 고등어, 바지락, 굴 등을 먼저 전처리하여 관에 살재임하고서 식물유를 첨가한 제품이다. 일반적인 제법으로, 먼저 전처리한 원료어육을 식물유에 살짝 튀긴 후에 훈연하고 더운 공기로 건조시킨다. 그것을 관에 넣고서 주로 올리브유, 면실유, 대두유 등의 식물유를 함께 주입하고 가열살균하여 제품으로 만든다. 또한 바지락, 굴 등의 기름담금 통조림은, 보통 액훈법으로 훈연처리한 원료를 많이 쓰기 때문에, 훈제 기름담금 통조림이라고도 한다.

### (3) 토마토담금 통조림(canned fish in tomato sauce)

정어리, 꽁치, 전갱이 등을 원료로 하여 살재임한 다음에 토마토 퓌레(puree)나 소스를 주입한 것인데, 그대로 먹을 수 있도록 만든 제품이다. 지방이 많고 비만한 원료를 사용하며, 먼저 머리를 절단하고 내장을 제거하는데, 생식소는 제거하지 않아도 된다. 전처리한 어육을 식물성 기름으로 살짝 튀기고 수증기로 쪄서 기름에 데친 다음, 열풍건조하거나 훈연시킨다. 그리고 관에 살재임하고 토마토 소스를 채워 넣고 살균한다.

### (4) 기타 통조림

#### ① 조미 통조림

독특한 향미와 신맛, 그리고 식욕을 자극하는 강한 풍미를 가지고 있는 제품이다. 이것은 생선의 독특한 맛을 보존시키거나 또는 훈제 정어리, 기름 튀긴 생선 등과 같이 특이한 향미를 주기 위하여 응용된다.

#### ② 야채담금 통조림

어육에 야채를 섞어 만든 통조림 제품이다. 양배추잎, fish ball, 토마토소스, 자극성의 marinade 등이 포함된다.

#### ③ 연체류 통조림

해삼, 문어, 섭조개와 기타 연체류를 사용하여 미리 기름에 튀기거나 데치고, 혹은 약하게 훈연시켜 사용하며, 소스를 살짝 쳐서 제조하기도 한다.

## 2. 물담금 통조림

원료로는 주로 고등어, 꽁치, 전갱이, 전복, 백합, 바지락, 굴, 삼치, 오징어, 문어, 게, 새우 등이 사용된다.

### (1) 꽁치 통조림

꽁치 물담금 통조림의 제조공정은 그림 14-26과 같다.

원 료 → 선 별 → 원료처리 → 소금절이기 → 평 량 → 살재임 → 삶 기 → 조미액 주입 → 밀 봉 → 살 균 → 냉 각 → 타 검 → 포 장 → 제 품

그림 14-26 꽁치 통조림의 제조공정

① **원료** : 색채와 광택이 있고, 점액이 없는 것을 사용한다.

② **어체 처리** : 충분히 세척한다. 절단은 관의 길이에 맞추되, 직각으로 한다.

③ 염지작업(피빼기)

보통 3~5° Be' 소금물에 5~30분간을 염지처리한다. 이때 피빼기가 불완전하면 가열할 때 가용성 단백질이 응고된다. 이럴 땐 18~20° Be'의 소금물로 20~40분간을 2차 염지처리한다.

④ 살재임

꽁치 꼬리부분을 먼저 넣고 몸통부분은 서로 얽히지 않게 보기 좋도록 살재임 한다. 꼬리와 몸통의 살재임 배합비율은 표 14-16 과 같다.

표 14-16 꽁치 통조림의 살재임 배합비율

| 어체절단 구분 | 살재임 배합비율 |
|---|---|
| 2등분 | 꼬리부분과 몸통부분이 같은 수가 되도록 함. |
| 3등분 | 꼬리부분 1에 몸통부분 2의 비율이 되도록 함. |
| 4등분 | 꼬리부분 1에 몸통부분 3의 비율이 되도록 함. |

⑤ 조미액

물담금의 경우는 소금물을 넣고 가미할 때에 조미액을 추가한다. 소금물 농도는 2~3° Be'로 하되, 너무 짜서는 안 된다. 첨가물은 식품위생법에서 허용하지 않는 것이 첨가되거나 검출되어서는 안 된다.

⑥ 살균

밀봉된 통조림은 장시간 방치하지 않고 신속히 살균처리한다. 살균온도 및 시간기준은, 꽁치 보일드 통조림 4호관의 경우에 112.6~115. 2℃에서 80~110분간, 꽁치가미 통조림 휴대관의 경우에 115℃에서 70분간이다.

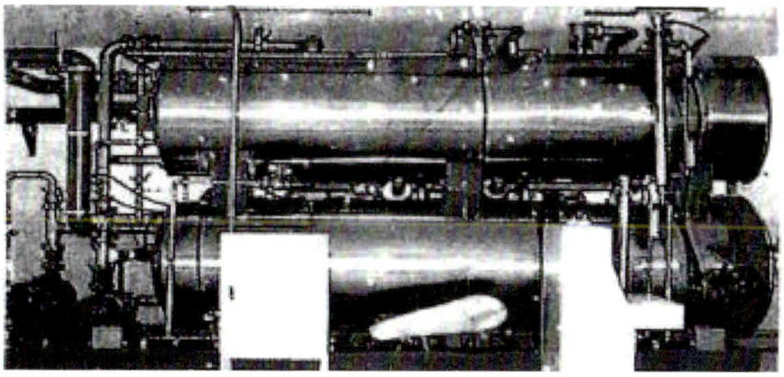

그림 14-27 고압살균기 (retort)

⑦ 타검

통조림을 배열하고 타검봉으로 두들겨서 음량 및 손에 전도되는 촉감에 의해 내용물의 상태를 판정한다.

## (2) 바지락 통조림

① 원료처리

바지락을 물에 담가 수시로 물을 갈아 주면서 2~3시간 동안을 모래와 진흙을 토하게 한 후에 살을 분리해 낸다. 보통은 열탕이나 증기로 가열하여 껍질과 살로 분리해 낸다.

② 제조법

분리한 살을 크기별로 선별하여 수세하고 물기를 뺀 다음, 관에 살재임을 한다. 바지락의 내장부가 때로 녹색을 띠는 경우가 있는데, 이것을 green feed라고 한다. 이는 바지락의 먹이 플랑크톤에서 유래하는 것으로, 통조림 제조 시 제외시킨다.

주입액은 보통 소금물을 사용하며, 흑변방지를 위하여 0.5% 정도의 phytic acid나 sodium hexametaphosphate 또는 0.15% 정도의 구연산을 첨가한다. 살균조건은 4호관일 경우에 113℃에서 70~80분, 7호관의 경우에 113℃에서 60~70분 정도이다. 그러나 *Cl. nigrificans* 등의 내열성이 강한 유화수소 생성균을 대상으로 할 때는 126℃에서 60~70분간의 살균을 해야 한다.

### (3) 게 통조림

① 원료 처리

원료로는 살이 많고 가늘며 특유의 향기를 가지는 것이 좋다. 게는 먼저 다리만 분리하여 끓는 바닷물 또는 맑은 물에서 10분 정도를 삶은 다음, 살을 발라 내고 다리 껍질을 칼로 쪼개고는 살을 빼낸다.

② 제조법

분리해 낸 살을 크기별로 선별하고 수세하여 물기를 뺀 후, 황산지 위에 1번 다리살 2~3개를 붉은 쪽이 밑으로 가도록 깐다. 중심부에는 어깨육 등을 넣고, 표면에는 다시 1번 다리살을 붉은 쪽이 표면에 오도록 살재임한다. 끝으로 황산지를 국화꽃 종이 모양으로 접고, 적당한 농도로 조제한 소금물을 부어서 탈기 밀봉한 후, 107℃에서 80~90분간을 살균하여 제조한다.

게 통조림의 경우는 흑변이나 청색반점 등이 일어날 수 있다. 흑변은 게를 가열할 때 발생한 $H_2S$가 관 내면의 금속과 작용하여 FeS를 형성하기 때문이다. 방지책으로는 산을 첨가하여 $H_2S$의 발생을 저해시키거나, 관의 내면에 에나멜이나 락카 등을 칠한다.

## 3. 기름담금 통조림

알맞게 조리한 어육에 양질의 식물유를 첨가하여 통조림한 것이다. 원료어로는 정어리, 꽁치, 고등어, 다랑어 등이 사용된다.

### (1) 고등어 통조림

① 원료어 처리

두부와 내장을 제거하여 잘 세척한 다음, 100℃에서 30~40분 정도를 자숙하여 식힌 후, 온탕에 담가서 솔로 박피한다. 박피를 마친 것은 등뼈를 따라 두 조각으로 가르고, 겉의 청흑색의 부분과 뼈가 붙어 있던 부분의 흔적이 없어질 정도로 손질하여 떼어 낸다. 손질을 마친 것은 관형에 따라 절단하는데, 각 5호 A관이나 각 7호 A관은 9.5~10cm 길이로 절단한다.

② 제조법

관형에 맞게 적당하게 절단한 육을 각 5호 A관은 110~115g, 각 7호 A관은 80~83g, 각 7호 C관은 45~50g 정도가 되게 평량한다. 또한 관 속에 살재임하고서 식물유와 소금을 첨가하여 곧 밀봉한다.

표 14-17 고등어 통조림의 관형에 따른 식물유 주입량 및 소금량

| 품 명 | 각 5 호 A 관 | 각 7 호 A 관 | 각 7 호 C 관 |
|---|---|---|---|
| 정제유 | 25g | 20g | 10g |
| 정제염 | 2.5 | 2 | 1 |

표 14-18 고등어 통조림의 관형에 따른 살균조건의 예

| 조 건 | 각 5 호 A 관 | 각 7 호 A 관 | 각 7 호 C 관 |
|---|---|---|---|
| 온도(℃) | 113.3 | 109.9 | 109.9 |
| 시간(분) | 60 | 60 | 50 |

### (2) 다랑어 통조림

① 원료 처리

원료어로는 신선하며 비만도가 좋고 지방함량이 많은 것이 좋다. 통조림 용으로는 날개다랑어를 비롯하여 황다랑어, 눈다랑어, 인도다랑어 등 여러 종류가 있다. 원료 다랑어는 머리 부분을 잘라내고 내장을 제거한 후에 물로 씻어서 피를 빼낸다.

② 제조법

처리된 다랑어를 100℃의 열탕에서 3~4시간을 삶은 다음, 하룻밤 방냉한 후에 등골, 혈압육, 가는 뼈, 껍질 등을 제거한다. 그리고 관의 크기에 따라 적당히 절단하여 관 속에 살재임하고 소량의 소금과 올리브유 또는 면실유를 부어서 탈기 후에 밀봉한다. 참치 2호관의 경우는 114℃에서 80분간을 가열살균한 뒤에 급냉시켜서 제품으로 한다.

## 4. 훈연 기름담금 통조림

어패육을 일단 훈연한 후에 정제한 식물유를 첨가하여 통조림한 것이다. 원료로는 연어, 방어, 굴, 전복, 소라, 바지락 등을 많이 사용한다.

### (1) 굴 통조림

① 원료 처리

껍질 표면에 부착한 오물을 씻어내고 증자함에 넣은 다음, 103~105℃에서 15~20분간 정도를 자숙한다. 자숙한 것은 껍질을 벗겨서 육을 분리하여 세척하고 물기를 뺀다.

② 훈 연

전처리를 마친 굴은 훈연하기 전에 먼저 75~90℃ 정도의 소금물에 2~3분 정도로 가열처리하여 맛을 붙인다. 훈연은 100~120℃에서 10~20분 정도로 한다. 훈연목재로는 떡갈나무, 느티나무, 상수리나무, 벚나무, 졸참나무 등이 좋다.

③ 살재임

훈제한 굴은 크기에 따라 L, M, S 및 T급으로 선별하여 살재임을 한다. 고형 물량, 내용총량, 개체수 등의 예를 들면, 표 14-19 와 같다.

표 14-19 굴훈제 기름담금 통조림

| 관 형 | 고형물량 | 내용종량 | 내 용 개 체 수 | | | |
|---|---|---|---|---|---|---|
| | | | L | M | S | T |
| 각3호 B관 | 90g | 105g | 20 이하 | 21~40 | 21~40 | 42 이상 |
| 각5호 C관 | 55 | 70 | 10 이하 | 11~20 | 21~30 | 31 이상 |

고형물량은 개관 시의 양을 말하므로 훈연이나 가열살균 등을 거친 후의 변화를 감안하여 충진량을 결정하여야 한다. 일반적으로 대형 굴보다 소형 굴의 충진량을 약간 적게하여도 된다. 예를 들면, 각2호 B관의 경우 L 95 g, M 90g, S 및 T 85g 정도를 살재임한다.

또 개관할 때 기름 중에 유리된 수분은 L에 있어서는 50% 이하, M, S, T에 있어서는 40% 이하가 되도록 살재임해야 한다.

④ 밀봉 및 살균

밀봉을 마친 것은 곧 가열살균하여 급랭한다. 살균조건의 예를 들면, 각3호 B관일 때는 110℃에서 60분간이 표준이다.

## 5. 통조림의 제조 및 저장 중의 변화

### (1) 유화수소의 발생과 흑변

육류를 가열하면 보통 $H_2S$가 발생하는데, 이것이 통조림의 흑변을 일으키는 원인이 된다. 일반적으로 고등동물의 근육보다 어육에서 더 많은 $H_2S$가 발생하고, 산성일 때보다 알칼리성일 때가 더 많이 발생한다. 어육 중 $H_2S$의 발생이 비교적 오래 지속되는 것은 고등어, 참치, 잉어, 방어 등이다. $H_2S$는 관 내면에서 용출한 금속이나 어체에서 유래하는 철분, 그리고 혈액의 hemocyanin 에서 유리된 구리 등과 결합하여 황화물이 되면서 흑변한다.

$H_2S$의 발생량이 50mg/% 이상이 되면 관능적으로도 흑변을 인정할 수 있게 된다.

바지락 통조림의 흑변을 방지하는 방법으로는 ① 바지락 장관의 정화법, ② 바지락 장내 세균의 배출법, ③ 0.5% 정도의 phytic acid 나 sodium hexametaphosphate을 첨가하는 방법 등이 있다.

### (2) 어골의 연화

가열에 의하여 어골이 연화하는 것은 경단백질이 가용성의 gelatin으로 되어, 무기질을 침착시키고 있는 지지체가 느려지기 때문이다. 무기질에 비하여 단백질이 많은 뼈일수록 연화하기 쉽다. 그대로 먹을 수 있을 정도로 연화하는 뼈는 무기질이 50% 이하이다.

### (3) 스트루바이트 (Struvite)

Struvite는 $Mg(NH_4)PO4$, $6H_2O$의 조성을 가지는 무색 또는 약간 착색된 유리조각 모양의 결정이다. 원료육 중의 마그네슘 및 인화합물과 육분해산물인 암모니아가 가열살균 중에 결합하여 냉각 및 저장 중에 결정으로 성장한다. 수산물 통조림에서는 게, 연어, 오징어, 참치 등에서 간혹 나타난다. Struvite 성장의 적온은 30~50℃이며, 통조림을 가열살균한 후에 완만하게 냉각하면 이 온도대를 통과하는 시간이 길어지기 때문에 결정이 커진다.

Struvite는 중성 내지 약알칼리성의 통조림에서 생성되기 쉬우며, pH 4.0 이하에서는 용해도가 커지므로 체내의 위액 중에서는 곧 용해하여 무해하게 된다.

생성의 방지법으로는, 그 구성성분인 Mg을 수용성의 착염으로 만들어서 제거하기 위하여 sodium hexametaphosphate, EDTA 등을 첨가하는 방법이 있다. 또 0.05~0.13% 정도의 phytic acid를 첨가하면 아주 효과적이다.

### (4) 접착 (Adhesion)

Adhesion은 고등어, 연어, 송어 등의 통조림을 개관하였을 때 육편이 관 내면이나 뚜껑에 고착해 있는 현상이다. 신선한 원료일수록 잘 일어나고, 육과 관벽 사이에 물기가 있으면 일어나기 어렵다. 그 방지법으로는 ① 빈 관 내면에 물을 분무하거나, ② 육 표면에 소금을 뿌려서 내부로부터의 수분삼출을 조장하거나, ③ 빈 관 내면에 식용유를 발라서 emulsion을 만들어 두거나, ④ 관의 내면 도료에 규소수지를 사용하는 등의 방법이 있다.

### (5) 커드 (Curd)

Curd는 수산물의 물담금 통조림의 관 내면에 부착된 두부 모양의 응고물을 말한다. 이는, 수용성 단백질이 용출되어 열응고한 것으로, 원료의 선도가 저하한 것일수록 생기기 쉽다. 그러나 신선한 원료라도 서서히 가열되었을 때에는 다량의 curd를 생성할 수도 있다.

Curd의 방지법으로는 ① 살재임한 육의 표면이 50℃ 이상이 되도록 급속가열하거나, ② 긴밀하게 살재임함으로써 육편 사이에 수용성 단백질이 용출되어 응고할 수 없게 하거나, ③ 살재임하기 전에 육을 묽은 소금물에 짧게 담그어서 가용성 단백질을 미리 용출 제거하는 등의 방법이 있다.

### (6) 허니 콤 (Honey comb)

Honey comb은 다랑어류 등의 대형어를 통조림으로 가공하였을 때 육면에 벌집모양으로 다수의 작은 구멍이 생기는 것을 말한다. 이 원인은 근육 중의 수용성 단백질이 근절 사이나 근육의 상처 부분에 고이고, 열응고할 때 육의 내부에서 발생한 가스가 이 곳을 통하여 방출됨으로써 가스의 통로를 그대로 남기게 된 것이다. 그러므로 어체에 상처를 만들지 않아야 한다. 냉동어에서 honey comb이 생기기 쉬운 이유는, 동결될 때 생긴 빙결정의 자리에 체액이 괴기 때문이다.

#### (7) 주석의 이상 용출

통조림 식품에서 주석이 용출되는 이유는, 먼저 관 내에 잔존하는 산소와 액즙의 pH 영향으로 미량의 주석 이온이 생성되고, 이것이 아질산이온으로 되면서 관으로부터 계속하여 주석을 용출해 내게 되기 때문이다. 이러한 연속적인 주석의 용해반응은 관 내의 잔존 산소가 시동역할을 하게 된다. 주석은 다른 중금속과 같이 독성이 강하지는 않으나, 다량으로 섭취하게 되면 권태감이나 구토증 등의 중독현상이 나타난다.

그 방지법으로는 ① 용수 중의 질산이온의 제거, ② 관 내 잔존산소의 완전 배제, ③ 질산이온이 적게 포함된 원료의 사용 등이 있다.

## 7. 수산 조미가공품

### 1. 조미가공품의 제조원리

수산 조미가공품은 수산물을 당류, 식염 및 기타 첨가물로 조미하여 자숙, 건조, 배소 및 발효 등을 시켜서 저장성과 독특한 풍미를 부여한 제품이다. 이러한 조미가공품의 저장성은 자숙, 배소 등의 고온처리에 의한 미생물의 사멸, 건조처리와 당류나 설탕에 의한 수분활성의 저하에서 기인한다. 일반적으로 조미가공품의 수분함량은 30~50% 정도로 낮고, 식염 및 설탕 첨가량이 각각 10~15% 및 20~30% 정도로 높으므로, 0.65~0.85 정도의 수분 활성을 가진다. 최근에는 소금을 적게 쓰는 경향이 있어서 장기 저장성을 기대하기 어렵기 때문에, 방부제로서 sorbic acid 등이 사용되고 있다.

### 2. 조미가공품의 종류

#### (1) 조미건제품

조미건제품은 소형 어패류를 조미액에 침지한 후에 건조하여 보존성과 풍미성을 부여한 제품이다. 조미 후에 건조한 꽃포류, 그리고 이를 다시 배소, 압연, 절단 등의 공정을 거친 제품 등이 있다.

### (2) 조미자숙품

조미자숙품은 어패류를 간장, 물엿, 설탕, 미림 등을 배합한 진한 조미액으로 비교적 장시간 졸여서 만든 제품이다. 원료로는 주로 소형 어류, 오징어, 패류, 새우, 다시마, 김 등이 사용된다.

### (3) 식초 절임품

원료어는 정어리, 청어, 고등어, 작은 도미 등이다. 생것 또는 염지한 것이 쓰인다. 식초 절임을 하면 어육 속에 식초와 조미료가 삼투되고, 또 어육 속으로부터 단백질이 용출되어 좋은 맛을 가지게 된다.

### (4) 발효 조미품

어패류를 염장하여 보장성을 부여하고, 이것을 다시 쌀겨, 코지 등으로 담금하여 독특한 맛을 갖도록 가공한 제품이다. 또한 술지게미, 된장, 식초 등으로 절임하여 독특한 풍미를 갖도록 한 제품도 있다.

### (5) 술지게미 절임품

어패육, 어란, 연골 등을 일단 염장하여 삼출되어 나오는 액을 건조하고, 이것을 술지게미에 절인 제품이다. 도미, 은어, 전복, 대구 등이 사용된다.

### (6) 전자품

원료로는 어패류 및 해조류가 다양하게 쓰인다. 이들을 간장, 설탕, 물엿, 조미료 등의 조미액으로 졸인다. 일본에서는 '쯔꾸다니(佃煮, つくだに)' 라고 한다.

## 3. 조미가공품의 제조

### (1) 조미 쥐치포

조미 쥐치포의 제조공정은 그림 14-28 과 같다.

원료 → 해동 → 활복 → 몸체분리 → 탈피 및 자숙 → 냉각 → 탈수 → 조미액 침지 → 건조 → 방냉 → 선별 → 포장

그림 14-28 조미 쥐치포 제조공정도

Dress 로 처리한 원료는 혈액을 잘 빼낸 다음에 탈피하여 fillet로 가공한다. 이때 절개된 복부 내의 흑피 및 뼈를 완전 제거시킨다. fillet가 되면 즉시 흐르는 물에서 비린내와 불순물의 제거 및 혈액과 표백이 완전해지도록 5회 이상 충분히 세척한다.

조미방법은 원료의 적당량(20~30kg)을 취하여 거기에 배합된 조미료를 필요한 양만큼 넣고 잘 섞이도록 저어 준다. 조미료와 혼합한 후에 스테인리스 용기에 담아서 원료액에 조미료가 충분히 침투되도록 서늘한 곳에서 하룻밤 정도를 방치한다. 조미료의 일반적 배합률은 표 14-20 과 같다.

표 14-20 일반적 조미료 배합률

| 조 미 료 | 원료(fillet)에 대하여 | (예) fillet 15kg에 대하여 |
|---|---|---|
| 설 탕 | 5~7% | 1,000g |
| MSG | 1~2% | 180~200g |
| 식 염 | 2~2.5% | 300~350g |

조미침지가 완료되면 건조망으로 된 건조발에 널어서 건조시킨다. 건조방법에는 완전히 일광에 의하는 방법, 일광에서 반건한 다음에 기계건조하는 방법, 그리고 완전기계 건조하는 방법 등이 있다.

### (2) 맛오징어

맛오징어의 제조공정은 그림 14-29와 같다.

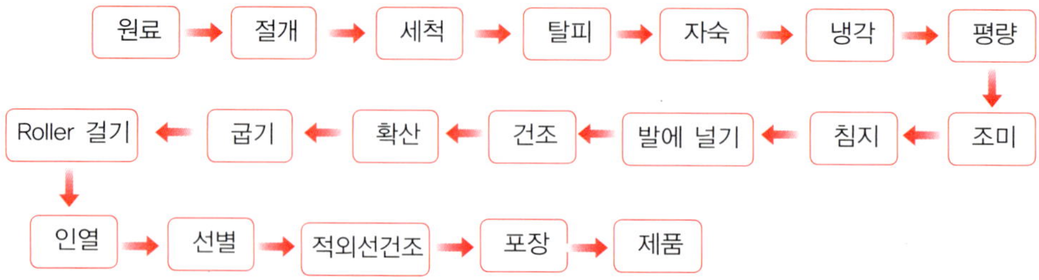


그림 14-29 맛오징어 제조공정도

① **세척** : 원료 오징어는 가능한 신선한 것을 사용하며, 절개한 동체와 다리에 내장 등의 이물질이 남지 않도록 세척한다.

② **탈피** : 탈피기를 사용하여 처리하되, 동체의 탈피온도는 50℃를 기준으로 하고, 선도가 좋을 때는 온도를 낮추며, 선도가 좋지 않을 때는 50~55℃로 온도를 높인다. 탈피는 완전히 해야 하고 탈피시간은 짧을수록 좋다. 껍질이 남아 있으면, 조미침투시에 색소가 용출되어, 희게 되지 않는다.

③ **자숙** : 탈피를 끝낸 후, 동체는 55℃ 정도, 다리는 3℃ 정도, 더 낮게 하여 2~3분간을 끓인다. 이는 가열하여 육질의 용출을 방지하기 위함이다.

④ **냉각** : 자숙한 오징어는 충분한 냉각수로 급속냉각시킨다.

⑤ **조미** : 충분히 혼합한 후에 사용한다. 다리부분의 조미는 동체 소요량의 70%에 해당하는 혼합조미료를 사용한다. 그 배합비율은 표 14-21과 같다.

표 14-21 부재료 배합비(탈피육 100kg 기준)

| 품 명 | A Type | B Type |
|---|---|---|
| 설 탕 | 8.0(kg) | 6.0(kg) |
| 정 제 염 | 3.80 | 3.2 |
| M S G | 0.45 | 0.5 |
| (사 카 린) | 0.023 | 0.04(사용금지) |
| 솔 빈 산 소 다 | 0.07 | 0.07 |
| 호 박 산 소 다 | 0.15 | 0.04 |
| 구 연 산 소 다 | 0.15 | – |
| 포 리 인 산 염 | – | 0.05 |
| 계 | 12.643 | 9.9 |

⑥ **침지** : 조미한 오징어를 침지용기에 넣는다. 침지 시간은 선도가 양호할 때 8시간, 보통 정도일 때 4시간이다. 매 2시간마다 침지오징어를 윗부분과 아랫부분을 고르게 뒤집어 준다.

⑦ **건조** : 열풍건조기를 사용한다. 건조기 내의 건조온도는 40℃ 이하로 한다. 40℃ 이상이 되면 동체가 붉게 변색한다.

⑧ **확산** : 건조가 완료된 것은 쟁여 쌓고 덮개를 씌워서 수분을 고르게 확산시킨 후에 동체에서 귀를 분리시킨다.

⑨ **인열** : 두 건조동체를 연속으로 반씩 포개어 인열기에서 잘게 찢는다.

⑩ **적외선 건조** : 잘게 찢은 오징어는 적외선 건조기를 통해 건조한 후에 냉각시킨다. 적외선 건조효과는 제품의 수분을 일시에 발산되도록 함으로써 표면에 광택을 부여한다. 제품의 최종 수분함량을 약 26%로 조정한다.

### (3) 꽃 포

꽃포는 정어리, 꽁치, 복어, 눈퉁멸, 학꽁치, 보리멸, 가자미, 돔, 새우 등을 원료로 한다. 원료어의 머리와 꼬리지느러미의 일부 및 내장을 제거한 후, 잘 세척하고 등따기 또는 배따기를 하여 조미액에 절인다. 조미액은 소금, 설탕, 글루타민산나트륨 등을 배합한다. 또 광택을 내기 위하여 한천이나 gelatin을 첨가하는 수도 있다.

조미절임을 마친 것은 대발이나 망 위에 얹어서 일건이나 기계적 건조를 한다. 이때 흰 참깨를 뿌리기도 하고, 또 소형어일 때는 여러 마리를 조금씩 겹쳐서 네모꼴 또는 부채살 모양으로 만들기도 한다.

### (4) 조미자숙품

#### ① 패류의 조미조림

바지락이나 백합 등이 많이 이용된다. 흐르는 물에 담그어서 모래를 토하도록 한 후에 수증기로 찌거나 삶아 살을 발라낸다. 조미액은 간장 1L, 설탕 400~500g, 물엿 100~200g 정도의 비율로 배합하는데, 조미액 10L당 조개육 약 10kg을 넣어서 40분 정도를 삶는다.

② 김의 조미조림

생김 또는 마른김을 원료로 한다. 조미액은 간장 2.7L, 설탕 280~940g, 미림 135~180 mL 정도의 비율로 배합한다. 생김일 때는 협잡물을 제거하고 물기를 뺀 후, 세절하여 조미액과 같이 솥에 넣어 졸인다. 그리고 마른 김을 원료로 할 때에는 세절하여 미리 조미액에 담그어 두었다가 졸인다.

# 8. 어분(魚粉) 및 식품소재

## 1. 어분

### (1) 어분의 종류

어분은 다획성 어류 및 가공가치가 낮은 잡어 또는 가공부산물 등을 삶아서 압착시킨 후에 건조분말로 한 것이다. 어분은 원료의 육질에 따라 백색 어분(white meal), 갈색어분(brown meal 또는 dark meal)으로 나누어진다. 전자는 주로 대구나 가자미 같은 흰살어류를 원료로 하고, 후자는 청어나 정어리같이 붉은살어류를 원료로 한다. 또 지방 함유량에 따라 다지어분(oily fish meal)과 소지어분(non−oily fish meal)으로 구별한다.

또 갈색어분 중에 탈지공정을 거친 것을 탈지어분이라고 한다.

### (2) 어분의 제조법

어분제조법 중에는 천일건조에 의한 압착박을 분쇄하는 방법, 인공건조하여 분쇄하는 방법 및 생어를 사용하여 기계적으로 제조하는 방법 등이 있다.

앞의 2가지를 습식제조법, 후자를 건식제조법이라고 부른다.

① 천일건조 어분의 제조법

천일건조한 압착박을 분쇄기로 분쇄한 후에 일정한 크기의 구멍을 가진 체로 쳐서 만드는 방법이다. 사료로 쓰이게 될 정어리, 대구, 송어 등의 거친 박은 잘 건조시켜서 가마니에 담는다.

② 인공건조 어분의 제조법

완전히 건조되지 않은 덩어리 박을 기계로 거칠게 잘라서 건조기로 건조시킨 후에 분쇄하여 체로 쳐서 만드는 방법이다. 이 건조법에는 직화법과 열풍법이 있다. 직화법은 가열한 솥 내부에 거칠게 자른 덩어리 박을 넣고 교반하면서 건조하는 방법으로, 연어 또는 송어 통조림의 폐기물을 비롯하여 거친박의 건조에 주로 사용된다. 열풍법은 연료를 연소시켜서 나오는 더운 공기를 직접 건조기 속으로 보내는 방법이다.

### (3) 어분의 품질

어분의 일반적인 규격 요소로서는 제품의 적정한 소화 정도, 입자 크기, 성분(수분, 지방, 무기물, 염분 등)의 최대 허용함량, 원료 단백질량과 소화성 단백질량 등이 있다. 제품은 반드시 균일한 입자 크기를 가져야 하고, 골분이 혼입되어서는 안 된다. 신선한 어분의 색은 녹회색인데, 저장 중에는 황갈색으로 변하는 것이 좋다. 상업적인 제품에 대한 어분의 품질은 표 14-22와 같다.

표 14-22 어분의 성분규격

| 성 분 | % |
|---|---|
| 수 분 | 6~10 |
| 지 방 | 5~12 |
| 단 백 질 | 60~75 |
| 회 분 | 10~20 |

어분제품은 흡습성이 강하기 때문에 수분함량을 6% 이하로 낮추기는 곤란하다. 그러나 수분함량이 12%일 때는 곰팡이의 번식이 용이해진다. 지방 함량의 실질적인 최저한계는 5%이고, 회분함량은 높다. 그리고 단백질 함량은 다른 성분과 가역적인 상관관계를 가지며, 소금을 보존제로 사용한 경우는 염소의 함량이 높아진다.

### (4) 어분의 사료로의 이용

어분은 주로 가축류의 좋은 단백질 공급원으로 쓰인다. 어분은 보통 55~70%의 조단백질을 함유하고 있기 때문에 가장 농후한 단백질 사료이다. 그러나 어분의 비늘, 껍질, 뼈, 결체조직 등에 존재하는 collagen, gelatin, elastin 등이 소화에 영향을 준다. 일반적으로 건조온도가 높은 사료의 소화율은 떨어지게 되기 때문에, 저온에서 진공건조를 하는 것이 좋다.

또 저장 중에 지방 함유량이 많은 것일수록, 또 저장온도가 높고 수분 함유량이 큰 것일수록, 그 사료의 소화율은 저하된다.

어분 중의 무기성분 함량은 약 8~20% 정도로, 대부분은 어류의 뼈에서 유래한다. 어분의 무기성분은 주로 칼슘과 인산으로, 가축의 골격, 젖, 알의 껍질 등의 형성에 관여한다.

### (5) 어분의 식용화

비료나 사료로 쓰기 위하여 개발된 어분을 정제하여 다른 조미식품을 섞은 다음, 식용어분으로 만들고 있다.

#### ① 건조어분

쪄서 말린 정어리를 분말로 하여, 그 상태로 또는 이것에 다른 조미료를 혼합하여 만든 것이다. 국물 맛을 내는 조미료의 대용품으로 이용된다. 그러나 장기저장 중에 잔존지방이 산화되면 좋지 못한 냄새를 발생하게 된다.

#### ② 탈지어분

- 식용 fish meal : 정어리나 청어 등의 신선한 물고기를 가늘게 세절하여 상온 또는 그 이하의 묽은 알코올 용액에서 교반하면 단백질은 응고되면서 물성이 변화되어 기계적 압착이 쉽게 된다. 이것을 1차 압착하여 수분을 함유한 알코올과 지질의 대부분을 제거한다. 이렇게 하여 얻은 압착잔사에 다시 벤젠, 아세톤, 에테르 등을 가하여 충분히 교반한 후에 2차로 압착한다. 또 저온이나 진공으로 건조시켜서 잔사 중에 잔류하는 소량의 수분, 알코올 및 용매를 제거한다. 이 방법을 사용하면, 백색의 영양가치가 높고, 불쾌한 냄새가 없는 어분을 얻을 수 있다.

- G-meal : 잘 건조된 어분에 에틸 알코올을 첨가하여 비교적 저온에서 몇 시간 동안을 방치하고, 이어서 에틸 알코올을 여과하여 버리는 조작을 몇 회 반복한다. 이 어분은 고유의 맛과 영양분의 손실이 없고, 불쾌한 악취가 제거될 뿐만 아니라, 장기간 보존이 가능하다.

#### ③ 선육성 어분

어육을 마쇄하여 풀과 같은 페이스트로 만들어서 분무건조시킨다. 이 방법의 최대 장점은 단백질의 변성을 방지하여 분말화시킨다는 것이다. 그러므로 어묵의 원료나 그 밖의 요리의 재료에 대한 신선한 어육의 대용품으로 사용할 수 있다.

## 2. 피시 솔류블 (fish soluble)

### (1) 피시 솔류블의 종류

어즙계 피시 솔류블은 어분이나 그 밖의 어패류의 가공처리 때에 얻어지는 증자액이나 압착액 등의 액즙분을 이용하여 만든 제품이다. 내장계 피시 솔류블은 다랑어류, 임연수어, 오징어 등의 어패류 내장을 자가소화시킨 다음, 그 중에서 지질을 제거한 후, 농축하여 만든 제품이다. 그리고 가공하기에 알맞지 않은 잡어류를 원료로 하여 만든 제품을 육질계 피시 솔류볼이라 고도 한다.

이 중에서 주로 생산되는 것은 어즙계 피시 솔류블이다. 내장계 피시 솔류블은 생산량이 적고, 육질계 피시 솔류블은 거의 생산되지 않는다.

### (2) 피시 솔류블 제품 및 용도

피시 솔류블 제품의 일반적인 권장규격은 수분 50% 이하, 조단백질 35% 이상, 조회분 10% 이하, 휘발성 염기질소 및 수용성 질소가 각각 총 질소의 15% 이하와 80% 이상으로 되어 있다.

어즙계 및 내장계 피시 솔류블 제품은 모두 담갈색 내지 암갈색의 반유동성인 paste 상태이다. 그러나 paste 상태의 제품이 유통되는 일은 거의 없다. 즉, 어분제조시에 부산물로 배출되는 액즙은 대부분 농축으로 압착박에 첨가된 뒤에 분말화하여 whole meal 로 제조된다. 또한 그 밖의 피시 솔류블은 쌀겨나 밀기울 같은 것에 흡착시킨 건조 분말제품으로 유통되는데, 이를 피시 솔류블 흡착사료 또는 SP 사료(soluble protein fodder)라고 한다.

## 3. 식품소재

### (1) 어류단백농축물

#### ① 어류단백농축물의 분류

어류단백농축물(fish protein concentrate, FPC)은 선어를 화학적, 생물적 또는 물리적인 고도의 처리로 정제한 식용어분(fish flour)의 일종이다. 즉, 일시에 대량 어획되고 변패되기 쉬운 어류 단백질의 보존성을 높이고 이용하기에 편리하도록 제조한 것이 식용어분인데, 특유한 불쾌취와 맛으로 인하여 별로 실용화되지를 못하였다. 그 후에 어류단백농축물이 여러 나라에서 많이 개발됨에 따라, 1961년에 FAO는 품질 개량과 규격화를 위해서 FPC를 3종류로 분류하고, 그 품질기준을 규정하였다.

이 기준은 지질함량의 과다에 따라 분류되었다. 즉, A형은 유기용제를 사용하여 지질을 제거한 것이고, B형은 유기용제를 사용할 필요가 없는 지질이 적은 백색육어류를 원료로 하여 제조한 것이며, C형은 지방이 많은 어류를 원료로 했지만 유기용제를 사용하지 않고 제조한 것이다.

표 14-23 FAO에 의한 FPC의 분류와 성분기준 (%)

| 성 분 | A 형 | B 형 | C 형 |
|---|---|---|---|
| 단백질(NX6.25) | 67.5 이상 | 65 이상 | 60 이상 |
| 소화율(Pepsin) | 9.2 이상 | 92 이상 | 92 이상 |
| 유효성(lysine) | 6.5 | 6.5 | 6.5 |
| 수 분 | 10 이하 | 10 이하 | 10 이하 |
| 지 질 | 0.75 이하 | 3 이하 | 10 이하 |
| 염화물 | 1.5 이하 | 1.5 이하 | 2 이하 |
| 규 산 | 0.5 이하 | 0.5 이하 | 0.5 이하 |

#### ② 제조법

제조공정 중 가장 중요한 점은, 수분이 많은 어육으로부터 효율적으로 지질을 제거할 수 있는 용제의 선택이다. 가장 효과적인 용제는 isopropyl alcohol이다. 즉, 처음에는 20~30℃의 저온에서, 다음은 70℃에서, 2회에 걸쳐 지질을 추출한다. Isopropyl alcohol은 독성이 적고, 또 제조과정에서 아미노산의 파괴도 적다. 그러나 isopropyl alcohol의 사용이 허용되지 않는 경우에는, 친수성의 에틸 알코올을 사용한다.

### ③ 제품의 성상과 용도

FPC는 대개 백색 또는 회색의 분말이다. 지질 제거를 위하여 고온에서 어육을 유기용제로 처리하였기 때문에 단백질은 변성이 일어난다. 따라서 FPC에 함유된 단백질은 그 기능성을 상실하여 물을 가하여도 팽윤하거나 용해되지 않는다. 그러므로 빵, 비스킷, 쿠키, 수프 등에 첨가하여 사용한다. 그러나 친수성이 없기 때문에 껄끄러운 촉감을 지닌다.

FPC의 단백효율은 casein과 동등하거나 또는 그것보다 높다. 또한 polyethylene포장을 하여 3년 이상 실온에 저장하여도 품질저하가 일어나지 않는다.

FAO가 세계 동물성 단백질의 부족을 해결하기 위한 방안의 하나로서 개발한 FPC는, 영양적으로도 우수하고 저장성도 좋으나, 맛이 없고 단백질의 기능성이 결여되어 있기 때문에 용도가 제한되는 결점이 있다. 그래서 FPC의 개량품인 친수성의 어류단백 농축물이 marine beef 나 또는 식품의 결합제로써 일부 사용되고 있다.

## (2) 기능성 어류단백농축물(functional fish protein concentrate, FFP)

FPC는 보수력이 약하고 gel 형성능이 없기 때문에, 이 결점을 보완한 각종 친수성의 어류단백농축물이 개발되고 있다. 어육만을 취하여 알칼리로써 pH 9.0으로 조정하고, 필요에 따라 과산화수소로써 표백한 후, isopropyl alcohol 또는 ethyl alcohol로써 지질을 추출 및 제거한 다음, 건조하여 제품으로 만든다.

FFP는 미세한 분말로, 담백한 맛과 약간의 어취가 있다. 단백질 함량도 92% 이상으로 매우 높고, 또 필수아미노산의 조성도 좋다. 또 보수성, gel 형성능, 유화력 등의 어육단백질의 기능성을 가지고 있다. 그래서 FFP는 어육을 주체로 하는 연제품이나 fish cake의 제조나 축육 가공품 등에 첨가하는 방법으로 이용한다.

## (3) 축육유사 어류단백농축물 (meat textured fish protein concentrate, MTFP)

어육에서 수분과 지질을 제거한 단백질 제품으로, 물을 가하면 팽윤하여 우육 및 계육과 유사한 texture를 나타내므로 marine beef 라 한다. FPC의 일종이지만 분말이 아니고, 축육과 비슷한 조직을 가진 과립형태의 제품이라는 점이 일반 FPC와 다른 점이다.

① 제조공정

일반적인 제조공정은, 먼저 원료어에서 채육하여 수세한 다음, $NaHCO_3$를 첨가하여 육의 PH 를 약 7.8 정도로 한 후, 1~2%의 식염을 첨가하고 마쇄하여 고기풀로 만든다. 이 고기풀을 압출기를 통하여 약 5℃의 에틸알코올 중에 과립상으로 성형하면서 압출한다. 그리고 에틸알코올을 분리하고 건조하여 제품으로 한다.

② 제품의 성상 및 용도

제품의 외관은 원통형의 과립이다. 시판품의 일례를 들면, 지름이 약 1mm, 길이가 약 3mm 정도이다. 백색육어류를 원료로 한 것은 백색이고, 적색육어류의 것은 약간 암회색이다. 4배량의 물에 침지하면 팽윤하여 약 20분 만에 생육상태로 된다.

일반성분은 수분 10% 이하, 조단백질 약 90%, 조지방 0.1% 이하, 조회분 약 3%, Ca 약 500mg/100g, acetaldehyde 0.1 ppm, TMAO 0. 05 ppm, 잔존 에틸 알코올 100 ppm 이하 등이다.

물에 불린 marine beef는 결착성이 약간 떨어지나, 축육과 유사한 조직감을 나타낸다. 이 때문에 marine beef 만을 축육 대용재료로 하여 요리할 수 있다. 그러나 결착력을 필요로 하는 햄버거, meat ball 등의 요리에는 소량의 축육을 혼합한다. 때로는 marine beef를 축육대체품 또는 축육증량재로 취급하지만, marine beef 그 자체가 우수한 영양가를 지닌 고단백질 및 저칼로리의 식품소재이다.

# 9. 해조 가공품

## 1. 식용 해조제품

### (1) 김 가공품

① 마른 김

우리나라에서 생산되는 김은 거의 대부분이 양식산이고, 자연산은 총 생산량의 1% 내외에 지나지 않는다. 우리나라 김의 종류는 14종이 알려져 있는데, 이 중에 방사무늬김 및 참김이 주요 양식종이고, 그 밖에 긴잎돌김과 쐐기꼴돌김 및 모무늬돌김 등이 있다.

김 수확의 최성기는 11월부터 다음해 3월까지이다. 채취한 원조는 해수에 잘 씻어서 진흙, 모래, 잡태 등을 제거한 다음, 탈수기나 압착기로 탈수하고 chopper로 세절한다. 이때 김을 두껍게 뜰 때나 원조가 억셀 때에는 잘게 자르고, 얇게 뜰 때나 연한 원조는 조금 크게 자른다.

세절한 원조는 청수로써 깨끗이 씻은 다음, 청수에 풀어서 잘 교반한다. 이때 청수 72L에 대해서 초사리는 2.4kg, 중사리는 2.7kg, 늦사리는 3.2kg 정도이다. 또 초제(抄製)하는 김의 매수는 각각 120매 정도이다. 김을 떠서 말리는 발장의 규격은 일반적으로 28~29cm X 27~28cm 정도이다. 이어, 초제틀을 들어내고 김이 부착된 발장을 모아서 탈수기로 탈수한 다음 건조장에 낸다. 처음에는 김이 붙어 있지 않은 발장의 뒷면부터 햇볕에 쬐어 충분히 건조한 후에 뒤집어서 표면을 햇볕에 쬔다. 날씨가 좋으면 표면은 30~60 분 정도로 건조가 완료되고, 뒷면은 3시간이 걸린다.

최근에는 마른 김의 제조에 자동초제기, 원심탈수기, 열풍건조기 등을 사용하고 있다. 열풍건조를 하는 경우에는 건조실의 온도를 37℃ 전후로 하여 3~4시간 정도를 건조한다. 건조를 마친 김은 발장에서 떼어내어, 10장을 1첩으로 접고, 10첩을 1속(또는 톳)으로 하여 결속한다.

마른 김은 품질이 좋은 것일수록 흑자색을 띠고 윤택이 나며, chlorophyll 함량이 높다. 마른 김의 수분은 10~13% 정도이다. 이런 상태로 저장하면 변질이나 변색이 일어나서 품질이 손상되기 쉬우므로, 2차 건조를 실시한다. 이 처리를 화입(火入)이라고 한다.

마른 김은 흡습하면 chlorophyll이 속히 분해되고, 상대적으로 phycobilin 색소가 많이 잔존하게 되어, 흑자색이었던 색택이 적갈색으로 변색하게 된다. 마른 김의 치수는 20.2~21.2cm x 17.5~19.0cm이고, 무게는 100장에 240~290g이 표준이다.

### ② 조미 김

원료가 되는 마른 김의 접은 자리를 펴기 위해서 가열처리하여 편평하게 한 다음, 한쪽의 면에 조미액을 도포하여 굽는다. 조미료로는 참기름이나 정제 식용유 및 맛소금을 사용한다. 또는 간장, 설탕, 미림, 향신료 등을 배합한 것을 쓸 때도 있다. 이러한 조미액을 sponge roller에 떨어뜨린 후, 김 표면에 바른다. 이어서 180~200°C에서 5~30초간을 구운 다음, 적당한 치수로 절단하고, 탈산소제를 봉입하여 밀봉포장한다. 가열할 때, 열에 약한 phycobilin색소는 속히 분해되어 퇴색되고, 비교적 열에 안정한 chlorophyll은 상대적으로 많이 잔존하여 청녹색을 띠게 된다.

### (2) 미역 가공품

#### ① 마른 미역

미역의 채취는 2~3월이 최성기이다. 마른 미역은 건조 전의 처리에 따라서 소건(素乾) 미역, 자건(煮乾) 미역, 회건(灰乾) 미역 등으로 나누어진다.

소건 미역은 모래나 자갈 위에서 수분이 18% 이하가 될 때까지 자연건조시킨 것이다. 소건 미역 중에는, 일정한 크기의 판자나 발 위에 조금씩 포개어 붙여서 말린 판미역도 있다.

자건 미역은 생미역을 끓는 물에 넣어서 조체의 색이 녹색으로 변할 때 곧 건져 올려서 냉수 중에 넣어 식힌 다음, 조체를 갈라서 굵은 줄기를 제거하고 일광건조한 것이다.

회건 미역은, 생미역에 초목을 태운 재를 25% 정도 섞어서 묻힌 다음, 줄에 널어서 말린 것이다. 회건한 제품은 타고 난 재의 알칼리 성분에 의하여 chlorophyll 의 분해가 억제됨으로써 진한 녹색을 띠고, 조직감도 좋아서 상품적 가치가 높다.

#### ② 간미역

생미역을 해수로 잘 씻고 물기를 뺀 다음, 염장 탱크에 미역 중량 50% 이상의 소금을 가해서 잘 혼합하여 1시간 정도를 두었다가 마대에 넣어서 누름돌을 얹은 후, 하룻밤을 탈수시킨나. 나음은 조체를 살라서 줄기를 제거하고, 다시 10~20%의 소금을 가해서 선별포장한다.

#### ③ 데친 간미역

생미역을 해수로 잘 씻은 다음, 85~100%로 가열한 해수나 4~5%의 식염수에 30~60초 동안을 데쳐서 미역줄기가 녹색으로 변한 시점에서 건져올린 후, 차가운 민물이나 해수에 넣어서 신속히 냉각시킨다. 냉각이 불충분하면 그 잔열로 인해서 색소가 변화하여 색택이 좋지 않게 된다. 데치는 것이 불충하면 효소활성이 남아서 보관 중에 변질을 일으키는 원인이 되고, 반대로 데치는 것이 과도하면 색소의 변화로 인해서 색조가 퇴색하게 된다.

그 후 미역 중량 40~50%의 소금을 고루 섞어서 약 24시간을 염장한다. 다음은 마대에 넣고 누름돌을 얹어서 약 48시간을 탈수시킨다. 이어, 5~10% 정도의 소금을 첨가하여 포장한다.

### (3) 그 밖의 해조가공품

① 자건 톳

톳의 날것은 떫은맛이 있어, 삶든지 증기로 쪄서 떫은맛을 뺀 후, 건조시켜서 제품으로 한다. 보통 마른 톳을 원료로 하는데, 제법을 보면 민물에 담가서 염분을 빼는 동시에 원조를 흡수팽윤시킨다. 물기를 뺀 후 증기를 쐰 다음, 약 6시간 정도를 증자하고 건조한다. 제품의 검은 빛을 진하게 하기 위해서 증자액즙에 2회 정도를 담갔다가 건조를 반복한다.

한편, 채취한 생톳을 원료로 할 때는 수세한 다음에 조체가 연하게 될 때까지 삶은 후, 불을 끄고 덮개를 덮어서 하룻밤 두었다가 일광건조한다.

② 마른 다시마

주로 7월에서 9월에 걸쳐서 채취되는 다시마는, 건조장에 한 엽체씩 널어서 일건시킨다. 건조 중 한두 번 뒤집어 널어서 고르게 건조되게 하고, 야간에는 옥내에 거두어들인 다음에 거적을 덮어서 수분이 균일하게 되도록 한다. 다음 날은 다시 건조장에 내어 일건을 하는데, 이렇게 반복하는 건조기간은 보통 2~7일 정도가 소요된다. 건조기간이 길어지면 색택이나 맛이 떨어지게 된다.

## 2. 한천 해조제품

한천(agar−agar)은 우뭇가사리, 꼬시래기, 석묵, 개우무, 새발 등과 같은 홍조류에 함유하는 점질성의 복합다당류를 건조시킨 제품이다. 냉수에는 불용성이지만, 끓는 물에는 가용성이다.

한천을 제조할 때의 탈수하는 방법에 따라 자연한천과 공업한천으로 나누는데, 자연한천은 겨울의 찬 냉기로 동결과 해동을 반복하여 탈수 및 건조하는 방법이고, 공업한천은 동결이나 압착하여 탈수하는 방법이다. 우리나라에서 생산되는 한천은, 실한천과 분말한천이 주종을 이루고 있다.

### (1) 한천의 화학성분

한천은 단일 다당류가 아니고 2종류의 다당류, 즉 agarose 및 agaropectin의 혼합물이다. acetyl화 또는 methyl화 한 한천을 chloroform에 녹일 때 , 녹는 부분이 agarose이고, 약 70%를 차지한다. 또 녹지 않는 부분은 agaropectin인데, 약 30%를 차지한다.

Agarose는 중성 다당류로 황산기의 함량은 적으며, gel화 능력이 강하여 한천에 응고성을 부여하는 성분이다. Agaropectin은 황산기를 많이 함유하는 산성 다당류로, gel 화 능력은 약하다.

### (2) 원 조

한천의 원료가 될 수 있는 해조류를 agarophytes라고 총칭한다. 모든 홍조류 중 진정홍조류의 우뭇가사리목, 지누아리목, 돌가사리목, 로오디메니아목 및 비단풀목에 속하는 해조들이다. 일반적으로 많이 사용되는 원조는 우뭇가사리속, 개우무, 새발 등이다. 이것들은 조체가 단단하고 끓이는 중에 잘 뭉크러지지 않으므로 경초(硬草) 또는 친초(親草)라고 한다. 이에 대하여 꼬시래기, 석묵, 비간풀 등은 gel의 강도가 약하고 냉수 가용성 물질이 많으므로 배합조 또는 잡초라고 한다.

4월에서 6월까지에 채취되는 원조를 1번초, 그 후에 채취되는 것을 2번초라고 하는데, 품질은 1번초가 좋다.

### (3) 자연한천의 제조법

#### ① 제조 적합지

우무를 부패시키지 않고 동결 및 융해를 반복하여 건조시키는 데 알맞은 기온은, 최저기온이 −5~10℃가 되는 곳이 좋다. 눈이 많은 지방은 동결과 융해가 순조롭지 못하므로 부적당하다.

#### ② 원조의 배합

응고력이 강한 원조만 사용하면 각한천의 경우에 모가 튀어나와 모양이 올바르지 못할 때가 많다.

일반적으로 우뭇가사리, 게우무, 새발 또는 알칼리 처리를 한 꼬시래기 등의 응고력이 강한 경초에 비단풀, 석묵, 꼬시래기 등의 응고력이 약한 배합조를 섞는다. 그 배합비율은 원조의 종류, 채취시기, 기온 등에 따라 다르다. 그러나 일반적으로 경초, 배합조의 비율은, 6~8 : 4~2 정도이다.

### ③ 원조의 전처리

원조를 물에 담그어, 경초는 12~20시간, 배합조는 2~3시간을 팽윤시킨 후에 부착하여 있는 석회조류, 조개껍질, 토사 등을 제거한다. 원조를 다시 유수 중에 담가 색소, 토사, 패각 및 수용성 불순물 등을 씻어낸다. 침지 세척시간은 경초일 때 10~20시간, 배합조일 때 8시간 이상이다.

### ④ 끓이기

- **초벌끓이기 :** 끓일 물의 양은 한천농도가 1.0~1.5% 정도로 되도록 조절한다. 일반적으로 물 1L에 대하여 원조 40g의 비율을 표준으로 가감한다. 또 끓일 때에 황산을 첨가하는데, 그 목적은 한천 분의 추출을 용이하게 하고, 또 한천 분을 적당히 가수분해하여 추출액의 점도를 떨어뜨림으로써 여과를 용이하게 하는 데 있다. 보통은 0.01~0.02%의 황산 농도가 되도록 물 1L에 대하여 황산 0.13g의 비율로 가감한다.

  끓이는 방법은, 원조를 먼저 넣고 5~10분간을 비등시키고, 그 다음에 우뭇가사리를 넣고 40분간 정도를 비등시킨다. 이어 물로 희석한 일정량의 황산을 고루 교반하면서 첨가하여 다시 40분간을 비등시킨다. 그 후에 꼬시래기, 석묵, 비단풀 등의 배합조를 넣고서 15분간 정도를 끓인 후에 불을 끈다.

  불을 끈 후에 남아 있는 열을 이용하여 85°C 정도에서 8~10시간을 보온하여 한천질을 추출한 다음, 여과하기 전에 표백제를 가한다.

- **표 백 :** 원조 중에 함유되어 추출액에 이행하는 색소를 분해하기 위하여, 보통 끓이기 공정 말기에 표백제를 첨가한다. 표백제로는 주로 hydrosulfite(차아황산소다, $Na_2S_2O_3$)를 사용하는데, 사용량은 일반적으로 원조 10kg에 대하여 12~24g 정도를 사용한다.

- **두벌끓이기 :** 초벌여과 찌꺼기를 적당량의 열탕에 넣어서 약 1시간 끓이고, 초벌 때의 황산 약 1/3 을 첨가한 후, 다시 20~30분간을 가열한다. 그 다음은 불을 끄고 85℃ 정도에서 약 7~9 시간을 두었다가 한천질을 추출한다. 초벌끓이기와 두벌끓이기에서 추출되는 한천의 양은 각각 80~90%, 20~10% 정도이다.

- **여 과 :** 끓이기가 끝나면 무명이나 합성섬유로 만든 여과포에 끓인 액의 상층액부터 퍼 넣으며, 마지막에 조체를 퍼 넣고 가압하여 여과한다. 여액에는 원조 부스러기 등의 침전물이 섞여 있으므로, 정치하였다가 상등액을 작은 나무통에 나누어 붓고 그대로 두어서 충분히 냉각하여 응고시킨다.

- **우무의 동결, 융해 및 건조 :** 응고한 우무 절단기로 실한천용 또는 모한천용의 일정한 치수로 절단하여 야외의 발 위에 널어 놓는다. 단, 실한천을 만들 때에는 우무를 다시 한 번 우무 세절기로 자른다.

  우무의 동결은, −5~ 10°C의 기온에서 두 밤 정도 걸리는 것이 좋다. 기온이 너무 낮으면 제품의 광택이 적어진다. 반대로 기온이 높아서 완만하게 동결이 되면, 건조 때문에 색소가 잔류되기 쉽고, 제품의 모양도 좋지 못하게 된다.

  1일 동안의 해빙률은 우무 무게의 20% 정도로 하고, 나머지 수분은 밤 동안에 재차 동결시키며, 다음날에 또 20% 정도를 해빙시킨다.

  그러므로 낮 동안의 기온은 5~10℃가 적당하다. 그 이상이 되면, 녹은 수분을 우무가 재흡수하여 보수하거나 또는 적하(滴下)하지 않고 증발에 의한 건조가 진행되므로, 색소와 기타의 불순물의 제거가 불완전하고, 탈수의 불균일로 모양도 비틀어지기 쉽다.

- **수율 및 제조일수 :** 한천의 수율은 원조의 종류, 제조방법, 제품의 종류 등에 따라 다르다. 그러나 일반적으로 모한천보다 실한천의 수율이 적다. 보통의 전처리를 마친 세척 원조에 있어서는 수율이 35~40% 정도이다.

자연한천의 제조기간은 일반적으로 12월 하순부터 2월 하순까지의 60~70일간이다. 그리고 원조의 전처리에서 제품이 완성될 때까지의 소요일수는 순조롭게 진행되면 모한천이 18~19일 정도, 실한천이 15~16일 정도이다.

### (4) 공업한천의 제조법

현재 많이 이용되는 공업한천 제법은 주로 동결탈수법과 압착탈수법의 두 가지이다. 분무건조법이나 전기영동법 등은 과거에 시도된 일이 있으나, 실용화되지 못하였다.

#### ① 동결탈수법

원조의 전처리는 거의 자연한천의 경우와 같다. 끓이기는 수증기 가열을 많이 한다. 원조를 투입하여 끓인 후, 1시간만에 황산을 첨가하여 pH 6으로 조절하고, 다시 3시간을 조용히 비등시킨다. 다음, 수증기 투입을 가감하여 85℃에서 3시간 동안에 한천질을 추출한다.

추출액은 여과포나 체로 초벌여과를 한 다음, 여과액을 가온하면서 원심분리한다. 여과 찌꺼기는 자연한천의 경우와 같이 두벌끓이기를 한다. 여액은 얕은 용기에 담아서 응고시킨 다음, 3~4mm의 실한천 모양으로 잘게 끊어서 냉동 팬에 담아 놓고 −8℃ 정도에서 약 10시간 정도를 예냉한 후, −15~ −20℃에서 동결한다. 완전히 동결되면 30 ~ 40℃를 넘지 않는 유수 중에서 해동시킨다. 이어 묽은 염소수(유효 염소 0.05%)로 표백한 다음, 다시 원심 분리로 탈수하고, 60℃ 정도에서 통풍건조한다.

#### ② 압착탈수법

이 방법은 주로 꼬시래기를 원조로 할 때에 사용되는 방법이다. 먼저, 꼬시래기 조체를 알칼리 처리 한 후에 끓인다. 알칼리 처리는 보통 원조를 세척하기 전에 그대로 알칼리 용액에 담그어서 가온하는데, 이렇게 알칼리 처리를 한 꼬시래기로부터 만들어진 우무는 가압하면 쉽게 탈수된다.

압착 틀에 여포를 깔고 두께 5~10cm 정도로 응고한 우무를 놓은 후, 다시 그 위에 여포를 깐다. 이와 같이 여포와 응고한 우무를 교대로 쌓아 올려 lm 높이로 한 다음, 수압기로 천천히 압력을 가하면 우무 중의 수분이 유출된다.

### (5) 한천의 용도

한천의 용도는 그 보수성, 응고성, 점탄성 및 촉감 등의 물성을 이용하는 것이다. 한천의 응고력은 젤라틴의 7~8배나 되며, 그 젤리는 비교적 융점이 높고, 잘 부패되지 않는다. 또한 젤라틴은 가열이나 장기간 방치를 하면 성질이 변화하기 쉬운 데 비하여, 한천은 가열이나 냉각을 반복하여도 가역성 gel을 만드는 특성이 그대로 유지된다.

응고한 우무의 특징 중의 하나는, 일정한 형태로 수분을 보유하는 능력이다. 순도가 높은 것은 0.1% 정도의 농도이면 gel을 형성한다. 한천의 gel형성능은 기본적으로 한천분자와 물분자 간의 수소결합에 의한 망상구조에 기인한다. 또 gel화 기능은 온도 및 농도에 따라 다르다.

이러한 성질을 이용하여 젤라틴의 대용품, 성형제, 보수제, 식품안정제, 식물성 유지제 등으로 식품가공에 많이 이용된다. 또 한천은, 보통 세균이나 효소 등의 작용으로 분해되지 않고 또한 응고력이 강하므로, 세균배양기에도 이용된다. 그리고 변비를 막는 완하제로도 이용되고 있다.

## 3. 카라기난

카라기난(carrageenan)은 진두발 및 돌가사리 등의 홍조류에서 추출한 수용성 다당류로, 같은 홍조류에서 추출한 수용성 다당류인 한천에 비하여 gel 화 능력은 약하나 점성은 강하다. 70℃ 이상의 물에는 완전히 용해되고, 냉각되면 점성을 나타내며, 중성 및 알칼리성에서는 안정하나 산성에서는 약하므로 점도 및 gel화 능력이 떨어진다. 카라기난의 가장 큰 특성은 단백질과의 반응성이다. 유제품이나 어육 연제품 등의 액즙분리 방지제 및 보수력 증강제로 사용되고 있다.

### (1) 카라기난의 제조

원조 중량 20배 가량의 물을 가한 다음, 80℃에서 2시간 정도를 가열하여 추출한다. 다음 90℃ 정도의 열수를 3배량 가해서 묽게 하여 초벌여과한다. 이 여과액에 규조토를 가하고 원심분리하여, 미세입자를 흡착제거시켜 정제한다.

여과찌꺼기는 두벌끓이기를 하는데, 초벌끓이기 때와 같은 양의 물을 붓고, 80°C에서 1시간 동안을 가열추출한다. 추출액의 여과 및 정제법은 첫 번째와 같다. 남은 찌꺼기는 다시 세 번째의 추출을 하는데, 처리법은 앞의 과정과 같다.

다만, 물의 양만 초벌추출 때의 1/3 정도로 한다.

이렇게 얻은 추출여액에 2.5배 용량의 메틸 알코올이나 또는 isopropyl alcohol을 가하여 침전시킨다. 이것을 여과하고 다시 무수 메틸 알코올로 정제하며, 알코올을 제거한 다음, 80℃에서 30분간을 건조시킨다. 그 후, 80 mesh 정도로 분쇄하여 포장한다.

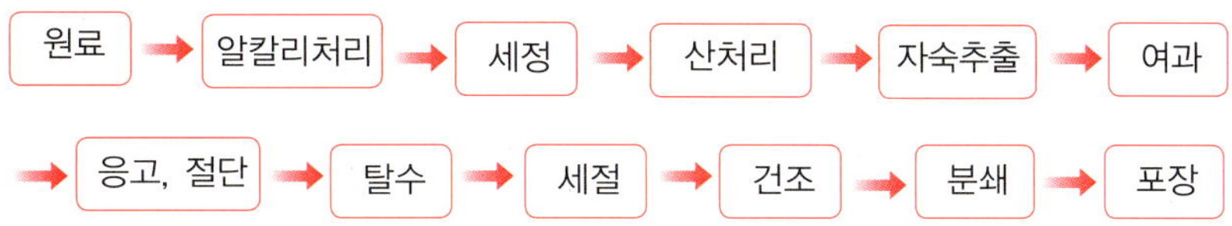


그림 14-30 카라기난의 제조공정도

### (2) 카라기난의 용도

#### ① 유제품

아이스크림에 0.01~0.05% 를 첨가하면 whey 분리 방지, over run의 향상 및 보형성을 높이는 효과가 있다. 또 chocolate milk에 0.01~0.02%를 첨가하면 milk중 입자의 침전을 방지하는 효과가 있다.

#### ② 제과

양갱에 0.1~0.2%의 카라기난을 첨가하면 수분이탈방지 및 광택이 좋아진다. 또 식빵, 케이크류의 조직감 개량 및 수분유지 등의 목적으로 첨가하고 있고, 첨가량은 밀가루에 대하여 0.1% 정도이다.

#### ③ 축육가공품

카라기난이 가지는 단백질과의 반응성을 이용하여 햄 및 소시지 등의 육즙분리를 방지하고, 제품의 탄성 및 조직감을 개선시킨다. 원료육에 대하여 0.2% 정도의 첨가로 효과를 볼 수 있다.

#### ④ 수산연제품 및 조미조림품

어묵 및 부들어묵의 제조에서 원료어육에 대하여 0.1% 정도의 카라기난을 첨가하면 제품의 수분이탈방지와 광택을 내는 효과가 있다. 그러나 첨가량이 너무 많으면 제품의 gel화에 오히려 역효과를 낸다.

⑤ 소스와 케첩

소스류에 0.2~0.5% 정도의 카라기난을 첨가하면 현탁고형물의 침전을 방지하는 효과가 있다. 케첩류에는 0.2~0.5% 정도의 첨가로 증점효과와 수분이탈방지 효과를 얻을 수 있다.

⑥ 기타

수산냉동품의 glaze제, 화장품 및 치약의 증점제 등으로도 사용된다. 또한 화장품에서는 콜로이드막 형성의 피부보호 효과가 있다.

## 4. 알긴산

알긴산(alginic acid)은 감태, 모자반, 미역 등과 같은 갈조류에 보편적으로 함유되는 산성다당류이다. 알긴산은 조체 중에서 대부분 Ca 염으로 존재하는데, 이 Ca 염은 물에 불용성이다. 그러나 그 알칼리 염은 물에 용해되어 극히 점조한 용액을 만들기 때문에 천연호료로 사용된다. 또한 단백질, 전분, 당류, glycerin 등과는 용이하게 혼합된다.

### (1) 알긴산의 제조

① 원조의 전처리

원조는 선별하여 2cm 정도로 절단한 후에 묽은알칼리 처리와 묽은산 처리를 한다. 이로서 알긴산 이외의 성분을 될 수 있는 대로 제거하는 동시에 다음 추출공정을 용이하게 한다. 일반적으로 원조 중량 10~15 배의 0.03~0.05% NaOH 용액에 담그어서 50~60°C로 약 1시간을 처리한다.

표 14-24 갈조류의 알긴산 함량 (단위 : %)

| 원 조 | 함 량 | 원 조 | 함 량 | 원 조 | 함 량 |
|---|---|---|---|---|---|
| 미 역 | 23~28 | 다시마 | 22~28 | 쌍발이모자반 | 17~31 |
| 감 태 | 21~34 | 톳 | 16~22 | 짝잎모자반 | 25~31 |
| 대 황 | 18~32 | 큰잎모자반 | 17~25 | 비틀대모자반 | 23~31 |

② 추출용해

전처리를 마친 원조는 보통 $Na_2CO_3$ 또는 NaOH 용액으로 처리하여 조체 중의 알긴산을 알긴산소다로 바꾸어서 물에 용출시킨다. NaOH를 사용하면 알긴산의 분해중합이 일어나서 점성이 떨어지기 쉬우므로, 주로 $Na_2CO_3$ 를 많이 쓴다.

#### ③ 청정 및 여과

물을 첨가하여 묽게 한 알긴산 추출액으로부터 섬유질의 불용잔사를 제거하기 위하여 침강법, 공기부유법, 원심분리법, 규조토 첨가여과법 등이 쓰이고 있다. 일반적으로 많이 쓰이고 있는 방법은 공기부유법이다.

#### ④ 표백 및 응고

여과액에 알맞은 양의 NaClO 수용액을 가하여 알긴산을 표백한 다음, 적당량의 묽은 황산을 첨가하여 알긴산을 응고시켜서 석출한다.

#### ⑤ 탈수, 중화 및 정제

응고로 석출시킨 알긴산 gel은 압착 또는 원심탈수법으로 최대한 수분을 제거한다. 이것을 그대로 건조하여 제품으로 할 수도 있으나, 보통은 수용성의 알긴산소다로 바꾸어서 제품화한다.

#### ⑥ 건조 및 분쇄

중화 및 정제를 마친 것은 screw press로 압착하여 알코올을 분리시키고, 열풍건조나 진공건조에 의하여 알코올을 증발시킨 후에 80~100mesh 정도로 분쇄한다.

### (2) 알긴산의 용도

#### ① 직물용 호료

전분풀에 알긴산소다를 섞으면 점착성이 좋아지고, 부패성은 낮아진다.

#### ② 식품가공용

알긴산의 수용성 염류인 알긴산소다는 친수성 물질로서 증점성, 보호 콜로이드성, 포말안정성, 보형성, 피막 형성성, 이장 방지작용, 응교성, 결정석출방지 및 응집침강촉진 효과를 갖는다.

식품가공용으로 가장 큰 수요를 가지고 있는 것은 아이스크림의 안정제이다. 즉, 저장 중 빙결정의 성장방지, 이장방지, Ca과의 반응에 의한 보형성 향상 등의 효과를 나타낸다.

그리고 연유나 주스류의 증점제, 식육의 결착제, 연제품의 보형제, 주류의 청정제 등으로 이용된다.

③ 의약용

알긴산소다의 수용액을 $CaCl_2$나 에틸 알코올 용액 중에서 응고 방사하면 알긴산칼슘 섬유를 얻을 수 있다. 알긴산칼슘 섬유를 NaOH 에탄올 용액으로 처리하여 수용성의 알긴산소다 섬유를 만들어서 외과용 섬유(가제, 수술 봉합사 등)로 사용하면, 시일의 경과와 더불어 혈액 중에 용해하므로 실을 뽑아낼 필요가 없다.

④ 경수 또는 폐수처리

알긴산소다와 같은 고분자 전해질을 극히 소량 첨가하여도 수중의 소수성 현탁입자를 잘 응집시키는 작용이 있다. 그러므로 수돗물의 처리에 알긴산소다가 사용되고 있다.

# Part VI 식용유지

Chapter 15

# 식용유지

예로부터 사람이 식용유지로 이용해온 것으로는 크게 동물성 유지와 식물성 유지가 있는데, 우리나라에서의 동물성 유지 자원으로는 주로 소, 돼지, 그리고 어류인 꽁치, 전갱이, 명태, 고래 및 상어 등을 이용해 왔으나 수자원의 부족으로 대부분이 직접 식용으로 이용되며, 공업적인 제유용으로 사용할 수 있는 양은 매우 적기 때문에 외국으로부터 상당량의 crude fish oil을 수입하여 국내 유지공장에서 정제한 다음 경화유 및 쇼트닝으로 가공하거나 마가린의 주원료로 사용하고 있다.

식물성 유지에는 참깨기름, 유채유, 대두유, 면실유, 미강유 및 옥수수기름 등이 있으나 면실유는 원료공급의 부족으로 비교적 사용하지 않으며, 국내에서 가장 많이 사용하는 salad oil의 원료인 대두는 대부분 외국으로부터의 수입에 의존하고, 옥수수기름은 옥수수를 수입하여 전분 및 가공품을 만들 때 부산물로 생기는 배아를 유지원료로 이용한다.

국내의 유지자원으로서의 유채는 경작면적이 제주도와 남부의 일부 지역에 한정되어 생산량도 비교적 적지만, 미강유의 원료인 쌀겨는 생산량이 가장 많을 뿐 아니라 제유원료로 이용되는 양도 가장 많다. 그러나 원료수집의 비합리화와 제유 이외의 용도로 이용되는 양이 점차 증가하여 유지자원으로서 부족현상이 심화되고 있다.

근래에는 세계적인 유지자원의 부족현상으로 동남아 등지에서 천연고무의 생산을 기피하고 경제성이 높은 야자유나 팜유를 대량으로 생산하고 있어서 우리나라에서도 이들 crude oil을 수입하여 여러가지 용도로 다양하게 가공처리하고 있다.

# 1. 식용유지원료

유지는 단백질, 전분과 함께 식품의 주성분으로서 에너지원인 지용성비타민을 용존(溶存)하기도 한다. 또한 영양상으로도 중요한 가치를 갖고 있다.

유지는 일반적으로 물과는 상반되는 성질을 갖고 있어서, 채유, 정제, 가공 등은 다른 친수성 소재를 원료로 하는 식품과는 다르다. 한편 우유를 원료로 하는 유지식품에 관해서는 제 13 장에서 다루었으므로 여기서는 기술하지 않기로 한다.

식용유지 원료로는 동 · 식물유지로서, 특별한 것을 제외하고는 어느 것이나 식용으로 이용된다. 그러나 식용유지로 이용되는 원료는 유지의 성질, , 함유량, 집하 등의 문제가 있으므로 한정되어 있다.

우리나라에서는 콩, 유채, 쌀겨, 참깨, 동물의 지방조직 등이 주로 이용된다.

# 2. 식용유지의 종류

식용유지는 크게 나누어 상온(15~20℃)에서 액체상태인 액체유와 고형의 고체가 있는데, 액체유는 불포화지방산이 많고 고체는 포화지방산이 많다. 또한 육산동물에는 고체(脂)가 많고 해산어류에는 액체(油)가 많다.

- 식용유지
  - 동물성유지
    - 육산동물기름 : 해드(정제 소기름), 라아드(정제 돼지기름)
    - 해산동물기름 : 어유, 간유, 고래기름
  - 식물성유지
    - 식물성 유(油) : 콩기름, 유채기름, 면실유, 참깨기름
    - 식물성 지(脂) : 야자기름, 피아무기름, 카카오기름

### (1) 동물성 유지

우리나라에는 우지(쇠기름), 돈지(돼지기름), 어유(생선기름) 등이 사용되고 있는데 우지의 수요가 특히 많다. 우지는 소의 지방조직에서 채취한 지방으로 고체인데 식용으로 하는 것은 콩팥과 장의 지방이다. 콩팥지방에서 분리한 가장 품질이 좋은 우지를 프리미어 주스(premier juice)라 한다. 우지(beef tallow)는 주로 돈지와 마찬가지로 정제하여 마가린이나 쇼트닝의 원료로 한다.

돈지는 돼지의 지방조직을 가열하여 지방을 용출시켜 정제한 것이다. 신장지방에서 채취한 것을 중성 라아드라 하며 가장 품질이 좋다. 돈지는 우지와 마찬가지로 상온에서 고체이지만 우지보다 불포화지방산이 많으므로 연질이다. 지방의 구성지방산은 주로 팔미트산, 스테아르산, 올레인산, 리놀레산이다. 돈지는 그대로는 산화되기 쉬워서 안정하지 못하므로 황산화제를 넣은 것이 많고, 튀김유로 쓰이며 라면제조에 많이 사용된다. 그밖에 과자, 마가린, 쇼트닝유의 원료가 된다.

### (2) 식물성 유지

우리나라에 있어 식물성유지의 소비량은 유채유, 콩기름, 참기름이 압도적으로 많다.

식물기름에는 건성유(요오드가 135 이상)로 사프라워유 · 호두기름 · 반건성유(요오드가 100~135)로는 유채기름 · 참깨기름 · 쌀겨기름(미강유) · 면실유, 그리고 불건성유(요오드가 100 이하)로는 올리브 · 야자기름 · 낙화생기름(땅콩기름) 등이 있다.

건성유는 이중결합을 많이 갖는 지방산의 글리세라이드이고 건조성이 있는 것을 말한다.

## 3. 식용유지의 성분

표 15-1 각종 유지의 구성 지방신

| 구 분 | | C 數 | 이중결합수 | 유지의 지방산 (%) | | | | | | | |
|---|---|---|---|---|---|---|---|---|---|---|---|
| | | | | 대두유 | 유채기름 | 참깨기름 | 면실유 | 올리브유 | 옥수수유 | 사프라워 유 | 해바라기기름 |
| 포화산 | 미리스틴산 | (14) | 0 | 0.1~0.4 | | | | 0.1~0.2 | 0~2 | | |
| | 팔미트산 | (16) | 0 | 2~11 | 1~3 | 7~9 | | 7~16 | 8~12 | 5 | 4~6 |
| | 스테아린산 | (18) | 0 | 2~7 | 0.2~3 | 4~6 | | 1~3 | 2~5 | ~19 | 1~3 |
| | 아라키돈산 | (20) | 0 | | 0.4~2 | | | 0.1~0.3 | | | 1~4 |
| | 기 타 | | | C18 이상 1~3 | C22~C24 1.1~4.5 | | | | | | C22~C24 1 |
| 불포화산 | 올레인산 | (18) | 1 | 23~31 | 12~18 | 35~46 | 15~36 | 65~85 | 19~49 | 13~38 | 14~43 |
| | 에루신산 | (22) | 1 | - | 45~55 | - | - | - | - | - | - |
| | 리놀산 | (18) | 2 | 49~52 | 12~16 | 35~48 | 34~55 | 4~15 | 34~62 | 39~79 | 44~68 |
| | 리노젠산 | (18) | 3 | 2~11 | 7~9 | | | | 0~3 | 0~5 | |

유지는 지방산과 glycerine의 화합물인 triglyceride가 주성분이며, 그 밖에 유리지방산, stearine, 색소 성분 등 검화되지 않은 물질도 소량 함유하고 있다. 또 식용유지에 다량이 함유된 지방산도 그 종류가 상당히 많다.

식용유로 주로 이용되는 유지방의 지방산 조성은 표 15-1과 같다.

## 4. 유지의 이용

유지는 단백질, 탄수화물과 함께 3대 영양소의 하나로서 우리들의 생활에 필요한 것이다. 그리고 그 발열량이 다른 것보다 2배 이상 되고 지용성 비타민류의 공급원으로서도 영양상 극히 중요한 역할을 하고 있다.

유지원료로는 우지, 돈지 등의 동물성과 유채유, 콩기름, 참기름 등의 식물성으로 구별된다. 그러나 최근에는 동물성유지의 과용이 혈중콜레스테롤을 증가시켜 건강상의 문제가 있다고 하여 세계적으로 식물성 유지의 소비가 증대하고 있다.

우리나라에서는 전통적으로 식물성유지가 많이 쓰여왔는데 현재에도 식용유지의 대부분을 차지하고 있다. 동물 생체 내에 축적되어 있는 유지는 피하조직, 복강, 간장, 결체조직, 내장 주위 등에 많으며, 식물에서는 종자, 과실에 많다. 또 곡물에서는 배아에 많다. 식용유지는 식용조리 등의 사용목적에 따라 표 15-2 와 같이 분류된다.

표 15-2 용도에 따른 유지류의 분류

| 용 도 | 유 지 |
|---|---|
| 식탁용 (spread) | 버터, 마가린 |
| 샐러드유(salad oil) | 올리브유, 땅콩기름, 콩기름, 면실유, 옥수수기름, 유채유 |
| 튀김용(frying oil) | 유채유, 콩기름, 들기름, 미강유, 참기름 |
| 조리용(cooking oil) | 우지, 돈지, 콩기름, 유채유 |
| 제과용 | 카카오지, 야자유, 쇼트닝 |
| 저장용(preservation oil) | 올리브유, 콩기름, 면실유 |

# 5. 채유 (採油)

유지의 공업적인 채유방법에는 동물성원료를 가열하여 원료 중에 함유된 유지를 용출시키는 용출법과 기계적인 압력으로 원료를 압착하여 기름을 짜내는 압착법, 그리고 원료에 휘발성 용제를 사용하여 유지를 추출한 후 증류하여 용제를 회수함으로써 유지를 얻는 추출법 등이 있다. 그 중에 식물성유지 채유방법으로는 압착법과 착유법이 많이 이용되고 있다.

표 15-3 식용유지원료의 함유율과 채유율

| 원료명 | 유지명 | 함유율(%) | 채유율(%) | 원료주산지 |
|---|---|---|---|---|
| 대두 | 콩기름 | 15~23 | (壓)10(抽)15 | 미국, 중국 |
| 유채 | 유채기름 | 35~48 | (壓)30~40(33) | 한국, 일본, 중국 |
| 쌀겨 | 미강유(겨기름) | 15~20 | (壓)15(抽)19 | 한국, 일본 |
| 목화열매 | 면실유 | 16~22 | (抽)15~35 | 미국 |
| 사프라워종자 | 사프라워유 | 11~38 | | 아메리카 |
| 코프라(Copra) | 야자유 | 57~75 | (壓)50~75(63) | 동남아시아 |
| 참깨 | 참기름 | 흑 45, 백55 | (壓)40~50(45) | 관동 |
| 팜과실 | 팜유 | 55~65 | (壓)45~55(50) | 아프리카, 인도 |
| 팜액 | 팜핵유 | 45~55 | (壓)35~45(40) | 아프리카, 인도 |
| 카카오 | 카카오유 | 48~57 | (壓)40~50(40) | 아프리카, 남미 |
| 판야(panha) | 판야유 | 20~24 | (抽)17~21(19) | 말레이반도 |
| 돼지지방조직 | 라아드 | 50~50 | 45~75 | 각국 |
| 소지방조직 | 헤드 | 50~80 | 45~75 | 각국 |
| 우유 | 버터 | 3.5~5.0 | 2.5~4.0 | 각국 |
| 정어리(멸치) | 정어리유 | 5~15 | 3~12 | 각국 |
| 청어 | 청어유 | 5~14 | 3~12 | 북해도 |
| 고래지방조직 | 고래기름 | 70~80 | 65~75 | 北氷洋 |

* 채유방법에 따라 壓 : 압착법, 抽 : 추출법, 채유율의 ( )안은 평균치

## 1. 압착법(mechanical expression)

### (1) 전처리

원료에는 협잡물이 혼합되어 있으므로 이것들을 제거함과 동시에 열처리를 해서 채유효율을 높이도록 한다. 이때의 과정이 기름이나 탈지박의 품질에 큰 영향을 미치므로 적당히 볶아지도록 충분히 유의해서 행한다.

① 정선

원료 속에 짚이나 빈껍질 등 협잡물은 기름을 흡수해서 생산량과 품질을 저하시키며 모래나 쇳가루 등은 기계를 손상시키므로 충분히 제거해야 한다.

② 파쇄

원료를 파쇄하고 나면 건조 · 증열을 동시에 신속히 하여야 한다. 그러나 너무 미세한 가루로 만들면 분말이 유지를 흡수해서 오히려 생산량이 저하한다. 이때 분쇄기로 roll mill을 이용하는데 원료의 분쇄정도에 따라 roller의 간격을 조절한다.

③ 배초

원료를 증열기 안에서 가열하면 세포가 부서져 단백질이 응고하고 기름의 유동성이 증가하므로 압착시 기름이 쉽게 나오게 된다. 또한 적당하게 볶으면 기름의 비린내가 없어지고 품질이 양호하여 좋은 향을 내게 되지만 지나치게 볶으면 색과 향기가 나빠지고 원료도 미분이 되어 원료의 효율이 저하한다.

그림 15-1과 같은 볶음솥에 원료를 절반정도 넣고 15~20분 볶는데 때때로 원료를 으깨봐서 적당한 볶음을 조절한 후 원료를 솥으로부터 꺼내어서 다음의 조작으로 옮긴다.

④ 압편

엑스펠러의 경우에는 배초까지 전처리를 끝내지만 케이지 프레스의 경우에는 다시 압편 증자 하고나서 압착한다. 압편기는 그림 15-2와 같은 3~4 단의 활면롤이 적당하며, 롤의 간격은 마지막으로 0.5mm로 한다. 이보다 두껍거나 얇아도 효율적이지 못하다.

⑤ 증자

건조한 원료에 적당한 수분을 가하여 세포기름과 수분과의 치환을 행하게 하고 기름은 점도를 내리게 하여 기름방울이 집결해서 조직의 표면에 나오는 것을 촉진한다. 증기로 10~20분간 찌는 것이 보통인데 건조한 원료의 수분 약 4%를 쪄서 약 8%로 만들면 기름의 품질이 양호해진다

증자기는 대체로 그림 15-3과 같은 케틀(kettel)이 이용되며, 또 밀폐하는 내압이 걸리는 압증기도 많다. 압증하면 조직이 부드러워지고 수분과 기름과의 치환이 잘 행해져서 원료의 소비가 증가하고 증자시간이 단축하여 열효율도 향상된다.

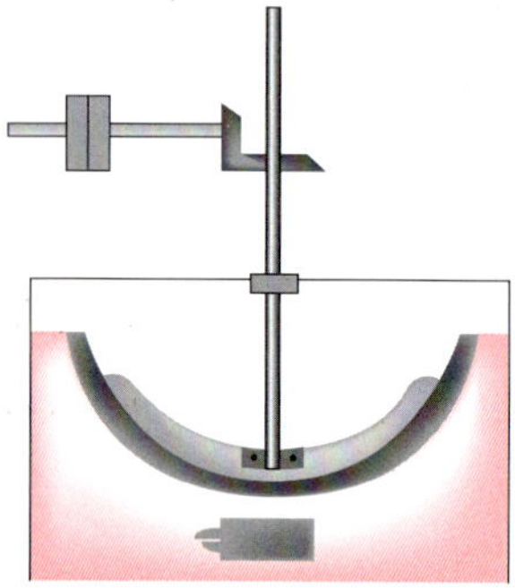

그림 15-1 볶음솥

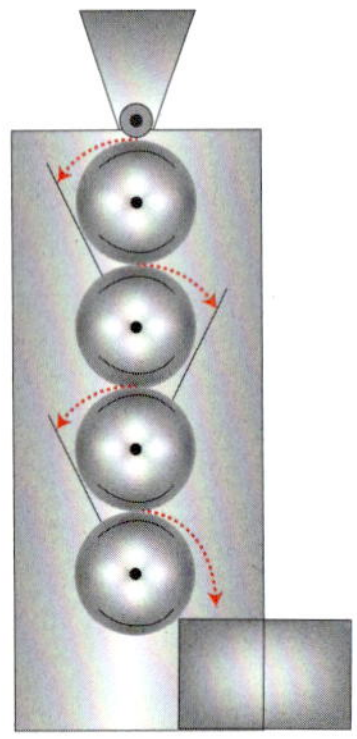

그림 15-2 압편기

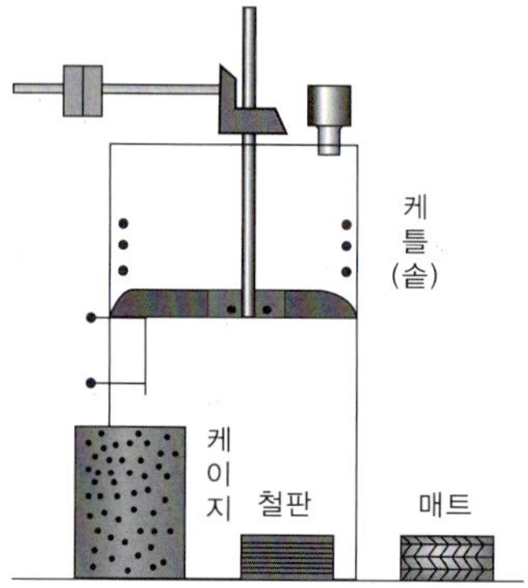


그림 15-3 증자기와 케이지(cage)

### (2) 착유법 (expression process)

케이지 프레스(cage press) Kettle에서 찐 원료를 케이지 속에 일정량씩 낸다. 철판, 매트원료의 순으로 되풀이해서 넣고 케이지를 가득 채워 프레스의 중앙에 밀어넣고 압력을 가해서 케이지를 올리면 상부의 고정한 원주와 철판의 사이에서 원료가 압착되고 기름은 매트 속을 통과하여 케이지 내의 입기의 틈으로부터 케이지의 구멍을 통과해서 밖으로 흘러나오는 것이다.

압착의 원리는 파스칼의 법칙을 응용한 것으로 펌프의 작은 힘이 커다란 압력이 되어 케이스를 올린 대(臺)를 눌러서 올리는 것이다. 처음 100pound의 압력으로 약 5분간 계속하고 400pound로 약 15분간 압착한다. 압착박 속의 함유율은 5~6%이다.

엑스펠러(expeller)는 연결식 압착기로 여러 가지 형이 있는데 원리를 그림 15-4에 나타내었다.

호퍼 (hopper)로부터 들어간 원료는 스크류(screw)로 압착되면서 보내지고 기름은 중간 링의 틈으로부터 낙하하고 찌꺼기는 두께 약 1mm의 얇은 파편이 되어 끝의 틈으로부터 밀어내게 된다. 엑스펠러는 함유율이 높은 유채, 참깨, 땅콩, 고프라(copra), 야자나무 열매의 과육(果肉)을 말린 것 등의 착유에 이용되는데 함유율이 낮은 콩, 쌀겨의 착유에는 적합하지 않다. 엑스펠러는 설비비가 적게 들고 조작이 간편하므로 케이지 프레스를 대신해서 많이 보급되고 있다.

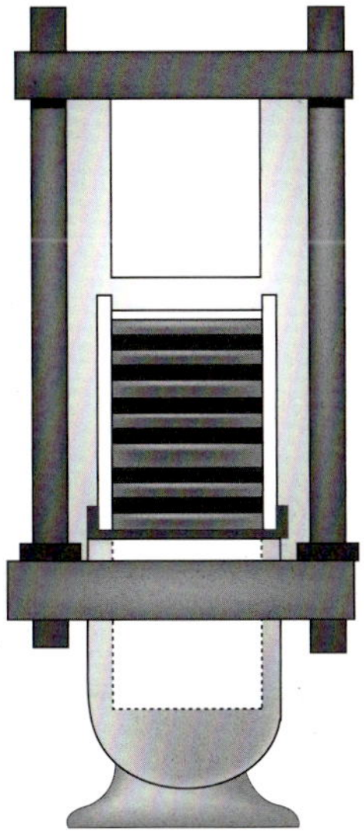

그림 15-4 케이스 프레스

## 2. 추출법 (extraction process)

유지용제로 유지를 추출해서 용제를 증류하여 회수하는 방법이다. 추출법에 의하면 함유량이 적은 원료로도 채유할 수 있으며, 기름의 원료에 대한 제품의 비율이 높고, 능률적이다. 대량처리에 적당하므로 큰 공장에서는 오로지 추출법에 의하고 있다.

### (1) 전처리

추출법에서도 파쇄, 압편, 건조 등의 전처리가 기름의 원료에 대한 제품의 비율에 크게 영향을 준다. 압착법의 전처리와 다른 점은 볶거나 찌지 않는다는 것이며, 볶는 대신에 압편(壓扁) · 건조하면 용제가 잘 침투해서 채유율이 높아진다.

### (2) 추출

그림 15-5의 추출그릇 위에서 건조한 원료를 넣고 헥산(n-hexane)과 같은 용제를 이용해서 60~70℃에서 약 2시간 추출하여 미셀라 (miscella : 기름이 용제에 용해된 용액)를 얻고, 이것을 밑에서 빼서 증류기로 보내고 용제를 회수한다. 추출찌꺼기에 증기를 빨아 들여서 용제를 회수하고 증류통으로부터의 용제와 함께 용제탱크로 되돌린다. 추출공장에서는 추출통 5기(基)와 증류통 2기(基)를 1조로 한다.

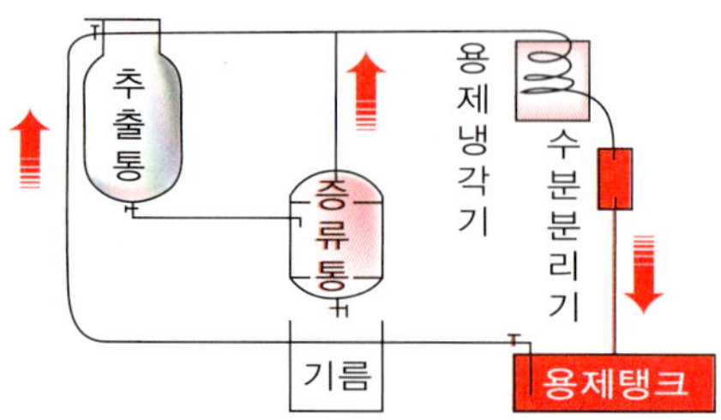


그림 15-5 추출장치

미셀라는 다음 추출통의 새로운 원료를 통해서 농후하게 되어 증류통에 들어가며, 각 추출통의 원료는 2회 추출되므로 채유율이 높아진다. 추출법에 의하면 잔류율은 0.2% 정도이다.

[추출 공정]

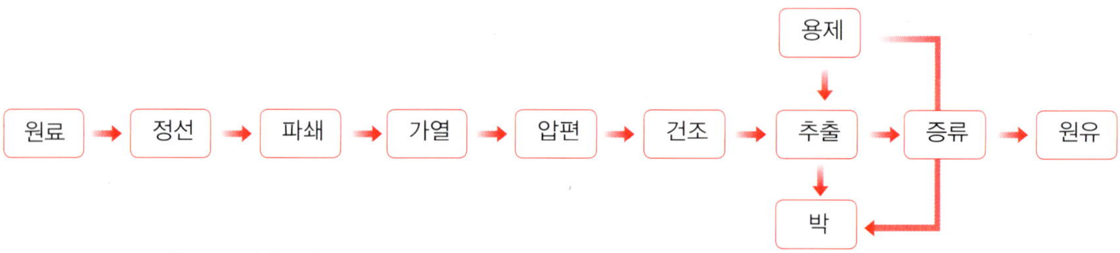


## 3. 그 밖의 채유법

### (1) 초취법(볶음)

지방육 등 지방조직으로부터의 채유에 이용된다. 소 · 돼지 · 고래 등의 지방조직을 절단해서 이중솥에 넣고 증기를 통해 가열하고 지방을 녹여서 방냉하거나 뜨거울 때에 천주머니로 여과 · 압착한다. 결체조직은 침전하거나 주머니 속에 남는다. 직화로는 부분적 과열 때문에 색과 향기가 나빠지기 쉽다.

### (2) 증 열 법

지방육 등 지방조직으로부터의 채유에 이용된다. 동물의 지방조직을 고압통에 넣고 증기를 불어넣어 가압용융하고 여과 · 압착한다. 초취법보다도 대량처리에 적당하고 원료에 대한 제품의 비율도 좋다.

### (3) 자취법

어유나 간유 제조에 이용된다. 어유를 뜨거운 물속에 넣어 삶고 뜬 기름을 정치 또는 원심분리해서 취한다. 원료는 추파로 켜서 약 2%의 수산화나트륨 용액 속에 투입하고 삶아서 원료를 녹이고 원심분리해서 간유를 취한다.

## 6. 정제 (精製)

채유한 원유에는 먼지, 단백질, 껍질, 지방산, 색소, 유취(有臭) 물질 등이 포함되어 있으므로 용도에 따른 정제를 한다.

[정제의 공정]

원유 → 탈검 → 탈산 → 탈색 → 탈취 → 윈터링 → 제품

### 1. 탈 검 (degumming)

인지질, 단백질 일부, 점질물은 무수로 기름에 가용이지만 수증기 등으로 수화시키면 기름에 불용성이 된다. 이것을 원심분리해서 탈검을 행한다.

### 2. 탈 산 (deaciding)

채유한 기름은 지방산을 반드시 포함하고 있으므로 이 유리하고 있는 지방산을 제거해야만 한다. 탈산방법에는 여러가지가 있지만 소다법이 가장 일반적인 방법이다.

기름을 60~70℃로 가온하고 느리게 교반하면서 10~15%의 수산화나트륨 액을 샤워 상태로 강하시키고 나서 정치하면 지방산은 비누액이 된다. 이 비누액을 빼고 온탕에서 기름을 깨끗이 한다. 알칼리와 따뜻한 물로 씻으면 단백질이나 인지질이 제거되므로 튀긴 음식일 때 거품이 일지 않게 된다. 또한 동시에 색소도 상당히 제거되는 탈색의 효과도 있다. 탈산 후의 유화액은 샤프레스 등의 원심분리기로 분리한다.

## 3. 탈 색 (decoloring)

기름 속의 색소는 탈산 중이나 탈취의 공정에서도 제거되지만 이것으로는 충분하지 않으므로 흡착제에 의해서 탈색한다. 흡착제는 산성백토나 활성백토가 이용되고 활성탄을 병용하는 경우도 있다. 활성백토를 기름의 1~3% 넣고 105℃로 달구어서 색소를 백토로 흡착시켜 여과한다. 미강유는 백토를 5~10% 넣어서 여과하는데 기름에 따라서는 백토(白土)를 이용하지 않고 고온(230~240℃)에 단시간 가열하는 것만으로 카로티노이드계(Carotenoid)색소가 분해해서 담색이 된다. 다만 가열 전의 정제를 충분히 행하는 것이 필요하다.

## 4. 탈 취 (deodorization)

기름 속의 유취(有臭) 성분(ketone류나 aldehyde류)이나 탈색공정에서 생긴 백토 냄새를 제거하는 것이 목적이다. 고도의 진공(2~6mmHg 정도)을 유지하게 된 탈취 탑의 내부에 있는 탱크(트레이라고 한다)로 기름은 자동적으로 이동하게 되어 있다. 제 1의 트레이에서는 수증기로 170℃에 예열되고 제 2트레이에서는 300℃, 제 4에서는 230℃, 제 5에서 약 60℃로 냉각되어 악취성분을 유출한다.

## 5. 윈터링(wintering)

겨울에도 흐려지지 않는 기름을 만드는 것을 윈터링이라고 하는데 0~6℃에서 18시간 정도 방치하고 검출한 결정을 여과 또는 원심분리해서 제거한다. 샐러드유, 병 · 통조림용 기름, 간유 등은 윈터링을 할 필요가 있다. 식용유는 정제 정도에 따라 튀김기름, 특제유, 백교유(白絞油), 샐러드유의 4종으로 나뉘어지고 있다.

# 7. 유지의 가공식품

## 1. 식용경화유

액체유에 수소를 첨가하면 적당히 단단한 고체(脂)가 된다. 글리세라이드(glyceride)는 포화, 불포화지방산이 결합하고 있지만 이 불포화지방산의 이중결합에 수소가 결합되면 불포화도가 낮아지고 경화유가 생기게 된다.

경화유의 제조공정은 유지의 정제, 수소첨가와 촉매의 제거, 제품화의 3단계로 크게 나눌 수 있다. 전처리를 한 기름을 탈기 · 탈수하고 환원 니켈(Ni)을 0.1~0.2% 넣고 160℃ 로 가열해서 수소를 불어넣으면 불포화지방산에 수소가 첨가되어서 포화지방산이 되어 경화가 된다.

식용경화유는 완전하게 수소첨가를 하지 않고 융점이 30~36℃가 되도록 결합하는 수소의 양을 조절한다. 원료는 어유, 장수경유(長須鯨油), 면실유, 대두유, 그 밖의 식물유를 정제한 것이 주이며, 식용경화유는 충분히 탈취해서 마가린, 쇼트닝의 원료로 한다.

## 2. 마가린 (Margarine)

[마가린의 제조공정]

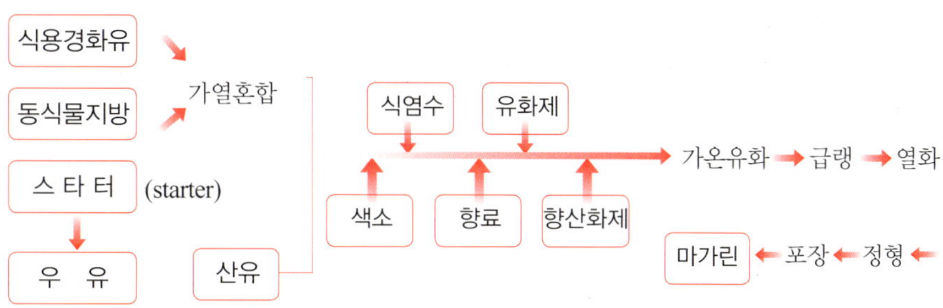


원료는 식용경화유와 야자유, Palm 핵유, 카폭크유, 소기름(牛脂) 등을 충분히 탈취한 것으로 융점 32~36℃가 되도록 배합한다. 발효유는 향기를 좋게 하고 또한 유지와 비타민 A 의 산화를 방지하는 효과가 있다.

발효유를 넣지 않을 경우에는 향료를 넣는데, 향료는 deacetyl, acetylmethyl carbonyl vaniline 등이 쓰이며, 열화 시에 식염수를 넣는 일도 있다.

유화기에는 고속도 교반식 호모지나아제나 보테타(Votator)라고 하는 밀폐 가입연속식 유화기가 있다. Votator는 원료를 혼합해서 고속도회전 샤프로와 냉각관 사이를 압력을 가해서 밀어내고 냉각해서 굳히고 다공판을 통해서 밀어내고 얼고 나면 굳히는 장치이다. 가압(加壓)하면서 유화, 열화하므로 기포가 들어있지 않다.

마가린은 유중수적형(W/O) 유화액이고, 수분 15~17%, 식염 3~5%, 유지 80% 이상으로 원료에 대한 제품의 비율은 원료유지에 대해서 약 125%이다.

## 3. 쇼트닝 (Shortening)

쇼트닝은 식품에 바삭하고 잘 부스러지는 쇼트닝성(Shortness)을 주기 위해 사용되는 지방이다. 쇼트닝기름은 충분히 정제한 동물지(脂), 식용경화유 또는 그 혼합물을 혼합한 마가린 상태의 것이지만 마가린과 다른 점은 유화되어 있지 않고, 식염, 향료, 색소 등을 전혀 포함하지 않으며, 질소가스 중에서 롤러 (roller)로 섞고 제품을 부드럽게 해서 사용하기 쉽고, 또 산화를 방지하는 효과가 있다는 점이다.

쇼트닝기름은 식품 속에 넣을 뿐만 아니라 천판(天板) 등 오븐에 넣어서 쓰는 철판으로 된 네모진 그릇으로 형(型)에 발라서 구울 때 반죽이 묻지 않도록 하기 위해서도 사용된다. 쇼트닝기름의 규격은 수분 0.5% 이하, 산가 1.0% 이하, 가스량 100g 중 20mL 이하이다.

## 4. 마요네즈 (mayonnaise)

마요네즈는 소스의 일종으로서 샐러드유, 난황, 초, 조미료를 넣어서 유화한 수중유적형(O/W) 유화액이다. 마요네즈는 최근 유지가공식품 중에서 가장 증산률이 높은 것이다.

원료 배합비율은 샐러드유 70~80, 초(酢) 1~11, 난황 8~9, 설탕 1.5 ~2.5, 식염 1.0~2.0, 겨자가루 1.0, 후추가루 0.2 이다. 소량을 만들려면 난황에 설탕, 식염, 향신료를 넣어 강하게 교반하면서 샐러드유를 붓고 점성(끈적거림)이 강해지면 초를 넣어 늦추고 기름과 초를 넣어서 서로 잘 유화한다.

겨자가루에는 유화력이 있고 제품의 기름과 물의 분리를 막는 안정제 역할을 하기도 한다. 공업적으로 원료를 동시에 배합하고 유화제를 넣어 Votator 모양의 유화기로 기포가 들어가지 않도록 유화한다.

## 8. 유지의 저장과 산패

유지는 불포화지방산이 들어 있으므로 공기 중의 산소에 의해서 산화되기 쉽고 불쾌한 맛과 냄새가 난다. 산화된 기름은 신선한 기름에 비하여 영양가도 낮고, 유독해지는 일도 있다. 이 현상을 산패(rancidity)라고 한다. 유지의 산화는 산소 뿐 아니라 광선, 열, 미량의 금속이 있으면 한층 촉진된다. 따라서 이 유지의 산화를 방지하는데는 이들 촉진인자를 제거하는 일이 중요하다. 또 유지가 대량으로 들어 있는 가공식품에는 항산화제(antioxidant agent)를 쓰는 일이 있다.

우리나라에서 주로 쓰이고 있는 항산화제는 BHA(Butyl Hydroxy Anisole), BHT(Butyl Hydroxy Toluene), 토코페롤 등이다. 식물성 유지가 동물성 유지보다 산패가 잘 일어나지 않는데 이는 식물성 유지에 항산화제 (예 : tocopherol, sesamol, ascorbic acid, quercetin, gallic acid 등)가 들어있기 때문이다. 그러나 이들 항산화물질은 항산화력이 강하지 않고 양도 적기 때문에 유지 저장에는 항산화제나 상승세(예 :구연산, maleic acid, 중합인산)를 첨가하여야 한다. 상승제(synergist) 자신은 항산화력이 없으나 이것의 첨가로 항산화제의 능력을 크게 하는 효과가 있다. 기름은 되도록 입구가 작은 용기에 가득 채워 공기에 접촉하는 부분이 적게 밀봉하여 냉암소에 저장하는 것이 산패를 막는 방법이 된다.

그리고 일단 개봉한 것은 다시 밀봉하여도 산화가 촉진되며, 쓰던 기름을 새 기름과 섞어써도 역시 산패가 쉽게 일어나므로 식용유지를 구입할 때에는 제조년월일을 확인하고 가족수에 맞추어 적당량을 구입하도록 하며 개봉한 것은 되도록 빨리 소비하는 것이 바람직하다.

일반적으로 통에 넣은 기름은 제조 후 약 2년, 유리병(갈색)에 넣은 것은 1년~1 년 반, 플라스틱 용기에는 반년~1년 동안은 풍미가 그다지 떨어지지 않고 저장할 수 있는 기간이다. 또 포테이토칩(감자튀김), 즉석면류와 같이 수분이 적고 다공질이며 표면적이 큰 튀김식품에 들어있는 유지는 식용유지보다도 산화되기 쉬우므로 주의가 필요하다.

# Part Ⅶ 기호식품

Chapter 16

# 제 과

## 1. 과자류

과자는 설탕 등 특히 어린이의 기호에 맞는 조미료를 사용하여 만든 식품으로 식사와 구별된다고 할 수 있다.

이와 같이 과자는 기호식품이지만 생활에 즐거움과 윤택함을 주고 어린이에게는 심신의 성장에 중요한 역할을 갖는 등 식생활에서 차지하는 중요성은 높다. 그런 까닭에 예로부터 과자는 여러 종류의 원료로부터 고안되어 연구 및 개량되어 왔다.

우리나라 과자의 기원은 삼국유사(609년)에 기록된 미과(美菓)라는 말과 불국사 석가탑에 과자라는 단어가 기록되어 있는 등 오랜 역사를 가지고 있으며, 곡류를 가공한 제품이 주류를 이루고 있었다.

2차 세계대전 이후 서구문명이 도래하면서 현대적 과자류가 소개되기 시작했는데 캔디류를 중심로 제과공업이 발달하여 현재에 이르고 있다. 종전의 과자류는 주로 설탕을 사용한 기호식에 불과했으나 근래에는 소비형태의 고급화에 따라 영양간식으로 변화되는 경향이 있다.

① **한식과자** : 유과(油菓), 전과(煎菓), 타식(打食), 강정 등

② **양과자** : 건과자(비스킷류, 초콜릿류, 캔디류, 츄잉껌류), 생과자(카스텔라류, 케이크류, 파이류, 슈크림류, 도넛류), 디저트(빙과 등)

③ **일식과자** : 건과자, 생과자(요오깡), 당과 및 미과 · 유과 등

④ **스낵과자** : potato 계(potato chip), corn계(pop corn), rice류(rice cake)

# 2. 양과자

## 1. Biscuit 류

비스킷은 19세기 초 프랑스와 스페인 사이의 Biscay만에서 난파된 영국 선원들이 처음으로 만들어 먹었다고 하여 Biscay란 어원에서 만들어졌다고 한다. 밀가루 과자의 일종으로 밀가루에 설탕, 유지, 유제품, 달걀 등을 혼합하고 여기에 팽창제를 넣어 반죽을 만든 후 120~250℃에서 구운 다공질 식품이다.

### (1) 원료배합에 따른 분류

① Hard biscuit

강력분을 많이 사용하며, 설탕, 유지의 사용량이 적은 것으로 단단하고 표면에 광택이 있고, 구울 때 팽창방지를 위해 표면에 바늘구멍이 있다. 저장성이 좋아 휴대식량으로 적합하다.

② soft biscuit

박력분을 사용하는데, 설탕, 유지의 사용량이 hard biscuit보다 많으며 표면에 바늘구멍이 없고 광택도 없다.

③ fancy biscuit

달걀과 설탕의 사용량이 많아 연하고 감미가 큰 고급 비스킷이다.

### (2) 모양에 따른 분류

① 조각과(stamping goods) : cutting machine이라고도 하며, 표면의 안 또는 밖으로 나온 조각모양이 있는 것. 대부분의 biscuit이 여기에 속한다.

② 성형과(moulded goods) : 반죽을 형에 넣어 성형시킨 것으로 soft biscuit의 최고급품이 여기에 속한다.

③ Bar과(bar goods) : 반죽을 압출구를 통해 압출하면서 절단기로 절단한 것으로 주로 soft biscuit 에 많다.

④ Wire cut goods : 반죽을 압출시키면서 철사로 절단한 것으로 표면이 거칠고 요철이 있다.

⑤ eposite과(deposite goods) : 비교적 수분이 많은 유동성 반죽을 전개판 위에 흘려서 성형시킨 것으로 대부분의 fancy biscuit이 여기에 속한다.

그 밖에 위의 방식을 약간씩 변형한 Rotary biscuit, Loute press biscuit 등 여러 종류가 있다.

표 16-1 양과자의 원료배합 비율

| 양 과 자 | | 밀 가 루<br>(전 분)<br>(콘스타치) | 설 탕<br>(가루설탕)<br>(물 엿) | 달 걀<br>(노른자) | 버 터<br>(쇼트닝) | 우 유<br>(분 유)<br>(연 유) | 기 타 |
|---|---|---|---|---|---|---|---|
| 파운드케이크 | | 100 | 100 | 100 | 100 | 20 | |
| 스펀지케이크 | | 100 | 120 | 150 | 15 | 30 | |
| 슈크림 | 껍 질 | 10 | | | | | 물 180 |
| | 크 림 | 70 또는 (70) | 150 | (60) | | 360 | |
| 파 이 | 껍 질 | 100 | | | 70 | | 물 50 |
| | 잼 | | 75 | | | | 사과 300 |
| 비스킷 | 하 드 | 100<br>+<br>(0~20) | 25~35<br>+<br>(4~10) | - | 0~4<br>+<br>(0~10) | (0~10) | 팽창제 : 물 : 소금<br>1~2 : 22 : 0 |
| | 소프트 | 100<br>+<br>(0~20) | 25~35<br>+<br>(5~8) | 1~10 | 0~4<br>+<br>(0~10) | (0~25) | 0.5~1 |
| | 팬 시 | 100<br>+<br>(0~50) | 70~150 | 40~150 | 0~10 | – | 0~1.17 |
| 카 라 멜 | | 7~15 | 100<br>+<br>(80~130) | | 5~7 | (30~180) | |
| 초 콜 릿 | | | (120~130) | | | (150) | |
| 판(板) 껌 | | | 60~65<br>+<br>(10~25) | | | | 추잉껌 20<br>기타 1~4 |

### (3) 원 료

① **밀가루** : 조단백 10% 이하, 회분 0.4% 전후의 박력분을 많이 사용한다.

② **기타 가루** : biscuit 종류에 따라 밀전분, 고구마전분, 옥수수전분 등을 혼합해서 사용한다.

③ **당류** : 설탕을 주로 사용하며 포도당, 전화당 및 물엿 등도 쓰인다. 설탕은 감미, 광택, 색깔을 좋게 하고 쇼트닝성을 증가시킨다.

④ **유지** : 쇼트닝을 주로 사용하며 버터, 마가린, 면실유 등도 사용한다. 유지는 비스킷의 영양가, 식미를 향상시키고 수축 및 변형방지에 효과가 있으며 쇼트닝성을 증가시킨다.

⑤ **유화제** : 비스킷의 맛과 영양가, 착색을 좋게 하고 특히 영양가를 높일 목적으로 사용하는데 우유, 가당연유, 분유 등이 주로 쓰인다.

⑥ **팽창제** (baking powder) : 가스 발생제로 사용하며, 중탄산나트륨 ($NaHCO_3$), 탄산암모늄($[CNH_4]_2CO_3$) 및 중탄산암모늄이 있다. 비스킷의 팽화작용을 하는데 대체로 사용량의 0.5~2.0%을 첨가한다.

⑦ **기타 원료** : 달걀, 이스트, 식염, 향료, 색소, 유화제, 계면활성제 등 여러 가지 원료가 제조목적에 따라 사용된다.

그 밖에 애호가의 기호에 따라 치즈, 코코아, 초콜릿, 잼, nuts 등을 첨가하기도 한다.

### (4) 제 조 법

비스킷 · 크래커류의 제조공정은 아래와 같다.

[biscuit의 제조공정도]

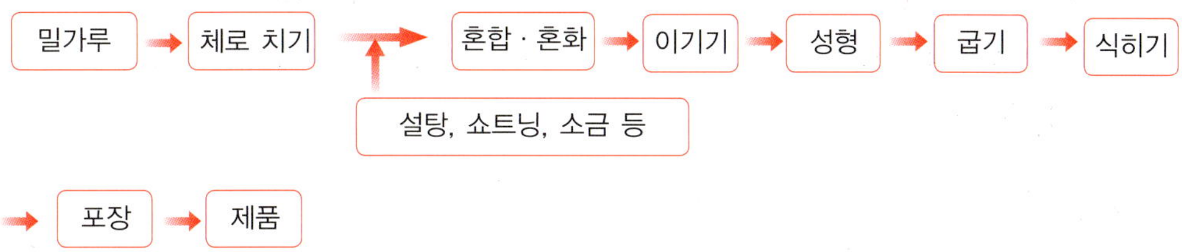


① 원료의 전처리

제품에 따라 여러 종류의 밀가루를 섞어 사용하며 체로 쳐서 협잡물을 제거하고 부원료를 섞어 놓는다.

### ② 혼합

일정한 배합량의 원료와 물을 배합기에 넣고 혼합 및 균질화하는 공정이다. 이때 gluten이 점성을 일으키며, 전분은 수분을 흡수하게 된다. 혼합공정에서 가수량과 밀가루 반죽의 연화, gluten의 생성속도, 제품의 형태, 기계의 적응성에 상당한 영향을 미친다.

soft biscuit의 경우 배합에 사용하는 소량의 물은 설탕, 유지, 유제품으로 cream을 만들 때 넣고 여기에 소맥분과 전분을 혼합하여 잠시 반죽한다. 그러나 hard biscuit의 경우는 혼합시간이 40~60분 정도로 비교적 길어서 반죽할 때 배합기에서 마찰열이 생겨 반죽온도가 상승하므로 40℃ 이하로 낮추어 팽창제의 손실을 막아주는 것이 좋다.

### ③ 성형

과자의 성형을 애호가가 주로 여성과 아이들이므로 더욱 섬세함과 아름다운 모양을 요한다.

· Cutting maching(Stamping machine) : 반죽을 dough break 혹은 dough sheet로 접어서 압연시키고, 이를 5~7단 roll에서 일정한 두께로 dough sheet를 만들어 여러가지 형태로 절단과 동시에 성형한다. hard biscuit 제조에 주로 이용된다.

· Rotary molding machine : 여러가지 형태를 조각한 금속 또는 플라스틱 roll 위에 반죽을 채워 회전시키면서 성형한다. soft biscuit 류 제조에 주로 이용한다.

· Wire-cut, deposit equipment : 수평으로 설치된 2개의 roll 사이를 여러 가지 형태를 가진 성형기를 통해 반죽을 압출시키면서 절단하여 성형한다. 주로 wire cut, bar형 제품에 이용한다.

### ④ 굽기

가열에 의해 단백질이 응고되고 표면전분의 호화와 함께 열이 내부로 전달된다. 주로 Traveling chain오븐 등을 사용하는데 오븐 입구의 온도는 180~200℃, 중간부분이 220~250℃, 출구를 120~150℃정도로 조절하여 굽는다. 이 과정에서 팽창, 착색, 제품이 완료된다.

⑤ 냉각

오븐에서 바로 나온 비스킷은 냉각 conveyor belt를 통해 운반되면서 서서히 수분을 발산하고 냉각된다. 이때 서서히 냉각하여 제품이 경화되도록 하는 것이 좋다.

⑥ 포장

비스킷류는 수분함량이 낮아(5% 이하) 특유의 바삭바삭한 촉감과 풍미가 생기므로 포장 · 완제품으로 할 때 흡습하여 제품의 품질이 떨어지기 쉬우므로 이 점에 특히 유의하여 포장한다.

## 2. 크래커

제조공정에 밀가루, 쇼트닝, 이스트, 설탕, 소금 등을 반죽하여 발효공정을 거쳐서 비스킷과 같은 방법으로 굽는다. 향미, 조직, 식감이 비스킷과는 다르며, 간식의 성질을 가진 스낵의 일종이다.

### (1) 원료

밀가루가 원료의 80%를 차지하며 주로 박력분을 사용한다. 기타 원료로는 쇼트닝, 효모, 소금, yeast food를 사용한다.

### (2) 종류

cracker에는 soda cracker, cheese cracker, cream cracker 등이 있다.

### (3) soda cracker의 제조

스펀지법으로 반죽을 만든다. 반죽은 5분 이내에 하며, 22~30℃에서 발효시키는데 이때 발효 온도는 단백질 함량 9.5~11.0%의 것은 26~30℃, 8~9%의 것은 22~25℃이다.

발효시간은 18~20시간으로 최종 pH는 4~4.5가 되고, 온도는 5.5~6.5℃ 상승한다. 여기에 남은 원료를 넣고 다시 22~30℃에서 4시간 발효시킨 후 신염, 압연하여 성형하고 식염을 첨가한 후 260~300℃의 오븐에서 3~4분 굽는다.

## 3. 초콜릿(Chocolate)

Cacao는 적도를 중심으로 남북 20° 내외의 습도가 높은 지역에서 자라는 식물이다. "신의 음식" 을 의미하는 학명 Theobroma cacao의 열매인 카카오 콩을 주원료로 하여 만든다. 1876년 스위스의 M. D. Peter가 최초로 milk chocolate을 제조한 이래 1세기가 지난 오늘날에는 세계적으로 소비가 계속 급증하고 있다.

Cacao bean을 볶아 껍질을 제거하고 분말화 한 cacao, butter, 설탕, 우유, 향료 등을 혼합하여 만든 것이다.

### (1) 원 료

① cacao bean : 카카오 콩은 외피, 자엽(배유), 배아로 구성되어 있는데 chocolate 제조에 사용하는 부분은 배유부분으로 전체의 87.3%를 차지하고 있다.

② cacao butter : cacao 콩에서 추출한 지방을 의미하며 융점은 27~35℃로 입안의 온도보다 낮아 chocolate은 입안에서 잘 녹는다. 또한 융점과 응고점의 관계가 예민한데 이것이 다른 기름과의 차이이다. 일반적으로 chocolate 중에서 함량은 30% 이상이다.

③ 설탕 : 성분 중 40% 정도를 차지하며 단맛과 함께 입에서 느끼는 감촉에 영향을 주므로 입도를 조절하는 것이 중요하다.

④ 분유 : 유지방을 첨가함으로써 chocolate 풍미의 증강, blooming 방지, 내열변형성의 저하를 가져온다.

⑤ 유화제 : 주로 lecithin을 사용하는데, chocolate의 점도가 떨어져 성형이 잘 되게 하며, blooming 방지에도 효과가 있다.

### (2) 종 류

배합조성에 따라 분유를 배합한 milk chocolate, 설탕을 배합한 sweet chocolate 등으로 나눌 수 있는데, 전자는 판 chocolate, shell chocolate, 후자는 판 chocolate, covering chocolate의 제조에 많이 사용된다. 또한 제조법 및 형태에 따라 판 chocolate, covering chocolate, shell chocolate, chocolate covering goods, sugar coating chocolate, chocolate powder 등으로 나눈다.

### (3) 제조법

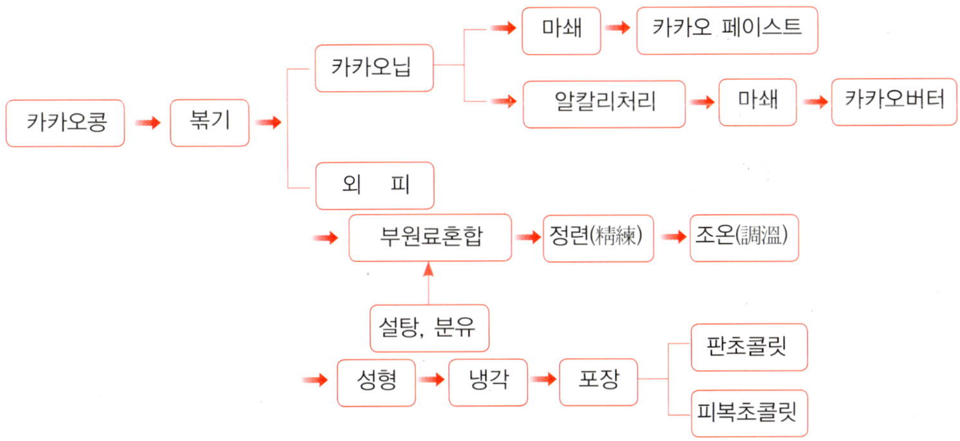


① 원료처리

cacao 콩에 들어있는 돌, 모래 등의 이물질을 정선기로 제거 선별한다.

② 볶기

볶는 과정은 chocolate 제조에서 고도의 기술을 필요로 하는 공정 중의 하나로 볶음으로써 ⓐ flavor의 발생 ⓑ 탄닌물질의 변화에 의한 고미의 경감 ⓒ 수분과 휘발산의 제거 ⓓ 배유와 외피의 분리 용이 ⓔ 배유의 미세화 용이 ⓕ 살균효과 ⓖ 색상을 좋게 하는 효과가 있다.

Roaster를 이용해 과열증기로 100~150℃ 온도에서 25~50분 볶으며 수분 함량은 0.3~0.5%가 되도록 한다.

③ 외피의 분리

볶은 cacao 콩은 winnowing machine으로 배유와 외피를 분리한 다음 roll로 조쇄한다.

④ 마쇄 (grinding)

조쇄한 배유는 grinder로 통과하여 압력과 마찰열로 bitter chocolate이 되며 이것은 paste상으로 chocolate liquor라고도 한다.

⑤ 혼합 및 미립화

제조목적에 따라 원료를 mixer에 넣어 혼합한다. mixer에서의 혼합시간과 온도는 다음의 refiner에 의한 미립화공정에도 관계가 있다. 혼합이 끝난 chocolate dough는 5~7개의 roll을 가진 refiner에 의해 미립화되어 최종적으로 15~30$\mu$까지 되어 매끄러운 상태가 된다. 이 공정에서 수분의 휘발, 성분의 산화, 향기성분의 반응도 일어난다.

⑥ 정련(conching)

미립화된 반죽은 정련기로 옮겨져 cacao butter, lecithin을 넣어 50~70℃에서 24~72시간 정련시킨다. 이때 chocolate의 불쾌한 휘발성분의 일산, 수분의 증산, 입자의 분산 등 화학변화의 촉진에 의해 향미의 숙성이 이루어진다. 탄닌은 정련에 의해 떫은 맛이 줄어들고 flavor의 발생을 가져온다.

⑦ 조온(tempering)

정련공정을 마친 chocolate는 조온공정으로 이동된다. 조온공정은 cacao butter를 $\beta$형의 안정한 결정형으로 만들며 성형작업을 쉽게 해 준다. chocolate 반죽을 29~31℃로 온도를 낮춰 다음의 성형공정으로 옮긴다.

⑧ 성형 및 냉각

정련된 chocolate는 일정량씩 일정한 모양의 형틀에 넣어 냉각터널을 통과시켜 냉각한다. 보통 7~10℃의 온도에서 20분 정도 통과시켜 냉각 · 응고시킨다.

### (4) 문제점

chocolate은 습도가 80%가 되면 표면의 설탕이 용해되고 온도가 낮아지면 설탕이 결정으로 나타나는 sugar blooming이 일어난다. 또한 고온에서는 cacao butter의 융해가 일어나며, 저온에서 이것이 굳어져 chocolate 표면의 광택이 없어지는 fat blooming 현상이 일어난다.

이를 방지하기 위해서는 초콜릿을 저온건조한 곳에서 보관하여야 한다.

## 4. 캔디류

Candy는 설탕을 주원료로 물엿, 기타 당류, 유제품, 유지, 산, 식용색소, 향료 등을 부원료로 하는 설탕과자이다.

Candy라는 어원도 설탕을 의미하는 Can과 형틀에 흘려서 굳힌다는 dy의 의미의 결합어이다.

### (1) 원료

#### ① 설탕

설탕은 가열에 의해 전화당이 생성되고 동시에 축합과 중합이 일어나며, 최종적으로 caramel화 된 뒤 단백질이 존재하면 maillard반응을 일으킨다.

Drops 등은 투명해야 하므로 물엿, 전화당을 첨가해서 설탕의 결정 석출을 방지해야 하며, caramel은 설탕과 유단백질의 반응으로 생기는 진한 맛을 이용하는 것이다. 또 whisky bonbon은 설탕의 재결정하는 성질을 이용한 것이다.

#### ② 기타 당

물엿에는 산화당엿, 맥아엿, 효소당화엿 등이 있는데 설탕의 결정방지, 점성 부여, 제품의 풍미향상, 원료비 절감 및 습윤성과 감미의 조정 목적으로 사용한다. 또한 전화당은 보습성, 설탕의 결정방지작용, 단백질과의 반응성 등을 이용할 목적으로 사용된다.

#### ③ 전분

캔디의 body형성용으로 사용되는데 흡습방지의 효과가 있다. 원료로는 옥수수전분이 가장 좋다.

#### ④ 유제품

우유, 분유, 연유 등을 사용하며 풍미, 영양효과, 조직 및 색조 등을 좋게 하며 영양가 등을 높여준다.

⑤ 유 지

유지는 광택, 조직, 향미, 영양 및 chewing성을 향상시킨다. butter, magarine, 야자경화유 등이 사용된다.

⑥ 견과류 (fruit류, nut류)

땅콩이 가장 많이 쓰이며 그 밖에 콩, 팥 등이 쓰인다.

⑦ 기타 원료

Candy류의 산미제로는 각종 유기산, gel형성제로 gelatin · 한천 · 펙틴 등, 기포제로 albumin, 달걀 결합제로서 dextrin, 아라비아검, 착색료로 천연 및 합성색소 등이 사용된다.

## (2) 종 류

원료의 농축 정도에 따라 아래와 같이 세 종류로 나눌 수 있다.

① 고온(132∼154℃)으로 가열하는 것 : drops, taffy, brittle 등

② 저온(112∼130℃)으로 가열하는 것 : caramel, fondant, nougat, fudge, jelly, marshmellow 등

③ 가열하지 않는 것 : 정과, 건조물, jelly beams, chocolate, ball 등

## (3) 제조법

① Hard candy

[Hard candy의 제조공정도]

설탕을 증발솥에 넣고 소량의 물(설탕의 1/3 정도)을 넣고 가열하여 완전히 녹인 다음 그 위에 물엿을 가해 43℃가 되도록 농축시킨다. 이때 증발솥은 상압은 160~165℃, 진공솥은 26~27인치의 진공도에서 125~128℃로 졸인다.

여기에 향료, 색소를 넣고(drops의 경우 1~1.2%의 구연산을 첨가) 교반, 혼합한다. 품온을 80℃로 하여 압연 roll, 성형 roll을 통과시켜 형을 만들고 냉각 tunnel을 통과시켜 냉각시킨 다음 진동체로 박막부분을 제거하여 균일한 형태의 제품을 얻는다.

② Caramel

caramel은 설탕, 물엿, 연유, 유지, 유화제, 향료, 물 등을 혼합하여 가열 · 용해한 것을 수분함량 8~10%까지 농축한 것으로 이것을 냉각, 성형한 chewy candy이다.

개방된 증발솥으로 졸일 경우 caramel은 갈색이 되지만 진공 증발솥을 사용할 경우 백색의 caramel이 된다.

위의 배합 중 향료를 제외한 재료를 혼합기에 넣어 설탕이 용해되게 물을 넣어 60~80℃로 혼합, 교반, 용해시킨 후 이것을 수분 8.5%까지 졸인 다음 향료를 첨가한 후 냉각판 위로 3cm 두께로 흘려 20분 정도 냉각시킨 후 정형, 포장한다.

표 16-2 Caramel의 배합 예

| 원 료 | 배 합 (%) | 원 료 | 배 합 (%) |
|---|---|---|---|
| 설 탕 | 16.0 | 전 분 | 6.0 |
| 연 유 | 34.0 | 소 금 | 0.1 |
| 물 엿 | 37.7 | 향 료 | 0.2 |
| 유 지 | 6.0 | | |

③ Fondant

설탕 100kg에 물엿 25kg, 물 90L의 비율로 혼합한 후 가열하여 117℃가 되었을 때 다른 용기에 이것을 옮겨 beater로 강하게 교반하여 cream화 시킨다. 교반 종료시의 온도는 약 43℃를 유지하고 여기에 달걀흰자 10kg을 격렬히 교반하여 거품을 일으킨 것과 향료를 첨가하여 혼합한다.

단독하여 과자로도 사용되지만 chocolate, candy 등의 내용물 혹은 양생과자의 장식용으로 사용되고 있다.

④ Fudge

설탕 4kg, 물엿 16kg, 유지 1kg, 가당천지연유 20kg, 물 2L, lecithin 50g의 비율로 혼합하여 115℃로 졸인 다음 불을 끄고 10kg의 fondant, 소량의 식염, 향료를 첨가하여 냉각판 위로 흘려 냉각시켜 적당한 모양으로 절단한 후 포장한다.

⑤ Nougat

설탕, 물엿, 알부민 혹은 젤라틴, 견과류를 원료로 기포를 많이 함유한 chewing성이 있는 candy이다.

설탕 50%, 물엿 35%를 혼합하여 125℃로 끓인다. 따로 알부민 1%를 물에 녹여 포립기로 충분히 교반하여 거품을 만들고, 여기에다 앞서 농축된 시럽을 소량씩 넣으면서 교반한 다음 바깥에서 물로 냉각시키는 것이 좋다.

이때 설탕의 결정이 나타나고 조직도 부드러워진다. 향료와 견과류를 넣고 균일하게 혼합 · 교반하여 tray에 흘려 냉각하여 굳힌다.

⑥ Marshmallow

젤라틴 550g을 1.1L의 더운물에 용해하고 여기에 알부민 57g을 첨가 · 혼합한 다음 설탕 6.3kg, 물엿 2.7kg, 물 2.3L의 비율로 넣고 110℃ 정도에서 beater로 격렬히 교반하여 거품을 만든 후 성형용 전분 가운데로 흘려 하룻밤 실온에서 방치하여 전분을 사별시켜 만든다.

⑦ Taffy

설탕 80, 물엿 20, 물 30의 비율로 혼합하여 150℃로 농축한 것에 제품특성에 따른 견과류를 넣어 교반, 혼합한 것을 냉각판 위에서 냉각, 고화시킨 후 절단, 성형, 포장한 것이다.

⑧ Peanuts brittle

설탕 100, 물엿 80, 물 30의 비율로 혼합하여 140~150℃로 가열한 다음 가열을 멈추고 butter 5, peanuts 50 및 중조, 식염을 소량 첨가하여 재빨리 교반하고 냉각판 위로 흘려 일정한 두께로 한 후 굳혀 적당한 크기로 절단한다.

⑨ Jelly

펙틴 1.4kg, 설탕 6.8kg, 물 28.5L의 비율을 혼합하여 가열하고 끓으면 가열을 멈추고 초산나트륨 200g을 함유한 포화액 및 물엿 45kg을 첨가한 다음에 주석산 175kg을 함유한 수용액을 첨가하고 다시 가열하여 끓인다. 여기에 마지막 배합원료인 설탕 38kg을 가해 110℃에서 졸인 다음 여기에 다시 주석산 175g을 함유한 포화용액, 색소, 향료를 첨가하여 성형용 전분 위로 흘려 하룻밤 방치하여 제조한 후 granule 설탕을 묻힌다.

⑩ 정 과

설탕에 향료를 넣어 타정기로 압축, 성형한 제품이다. 설탕 100, 아라비아껌 0.7, 스테아린산을 3의 비율로 혼합기에 넣어 혼합한 다음 이것을 과립화하여 건조한 후 정립한다. Screw conveyor로 향료를 첨가하고 믹서로 충분히 혼합하고 회전식 타정기로 압축, 성형하여 포장기로 포장한다.

## 5. 추잉 껌(Chewing gum)

Chewing gum은 16세기경 미국으로 이민간 유럽사람들이 sapodilla수지를 씹는 인디언으로부터 배워 19세기 미국에서 공장이 서게 되었다.

Chewing gum은 입안에 gum상 물질이 남아 다른 과자와는 독특한 특징이 있다. chewing gum은 판껌, 풍선껌, 당의 껌으로 나눌 수 있다.

### (1) 원료

① 검기초제 (Gum base)

- chicle gum : Achras sapota의 나무에서 그 액을 채취한 것으로 멕시코와 온두라스가 원산지이다. 주성분은 gutta(polyisoprene)와 resins(trite- rpens 과 sterol류)로 전자는 탄력성을 후자는 가소성을 부여하며, 이것이 적당히 배합되어 상쾌한 씹는 맛을 준다.

- 가공(chicle base) : chicle gum 대용의 천연 gum은 자바, 수마트라, 보르네오에서 생산되는 jelutong이 있다.

- 초산비닐수지(polyvinyl acetate) : 일본에서 개발한 것으로서 대체로 중합도 200~700 정도의 것을 사용하며, 풍선껌은 500~600, 판껌은 200~400 정도의 중합도 제품을 사용한다. 천연 chicle이 소수성을 가진데 비해 초산 비닐수지는 친수성이 있어 향미를 유지할 수 있는 힘은 chicle에 미치지 못한다.

- polyisobutylene : 초산비닐수지와 대조적인 성질을 가졌으며, 무극성 중합물의 탄성을 이용한다. 초산비닐수지의 보조제로 사용한다.

- Ester gum : resin(송진)을 glycerin과 반응시켜 ester화 한 것으로 풍선껌의 피막 강화제로 사용한다.

② 가소제 (plasticizer)

- microcrystalline wax : 석유정제시에 생기는 wax 중의 미결정상 부분으로 껌에 유연성과 윤활성을 주며 겨울철에 부스러지는 것을 방지한다.

- wax 류 : gum base에 가소성을 주는 목적으로 사용되며 candelilla wax, 밀납, carnauba wax, paraffin 등이 사용된다.

- 합성 가소제 : dibutyl phthalate, butyl phthalyl buthyl glycolate(B.P.B.G), methyl acethyl ricinolate 등이 사용된다.

③ 충 진 제

미세한 가루의 탄산칼슘 또는 talc분말이 첨가되는데 이는 gum base의 탄성을 적당히 억제하여 씹는 맛을 좋게 하고 동시에 gum base 자체가 가진 접착성을 방지한다.

④ 설탕 및 당류

설탕은 250mesh 이상의 미세한 분당을 사용하며 포도당, 전분당도 같은 입도의 것이 사용된다. 특히 결정포도당은 단맛이 고상하고 담백할 뿐만 아니라 입안에서 상쾌한 청량감을 주는 특징이 있다.

⑤ 향 류

chewing gum의 가치를 결정하는 가장 중요한 요인으로 사용량도 다른 과자에 비해 비교적 많아 판껌은 1% 전후, 풍선껌은 0.6~0.8 % 이다.

종래에는 유성향료를 사용하였지만 이것은 향미의 조화가 좋지 않아 분말향료를 병행하여 사용한다. 분말향료는 속효성이 있고, 침에서 잘 분산되며 국부적인 농도변화가 적다. 일반적으로 사용되는 향료로는 spearmint, pep-permint, fruits이며, 그 외에도 coffee 등이 사용된다.

⑥ 그 밖의 원료

계면활성제, 산화방지제, 인공감미료, 식용색소 외에 습윤제로서 sorbitol, glycerin, 영양강화를 목적으로 비타민류 등을 각각의 목적에 맞게 사용한다.

### (2) 제 조 법

[판껌의 제조공정도]

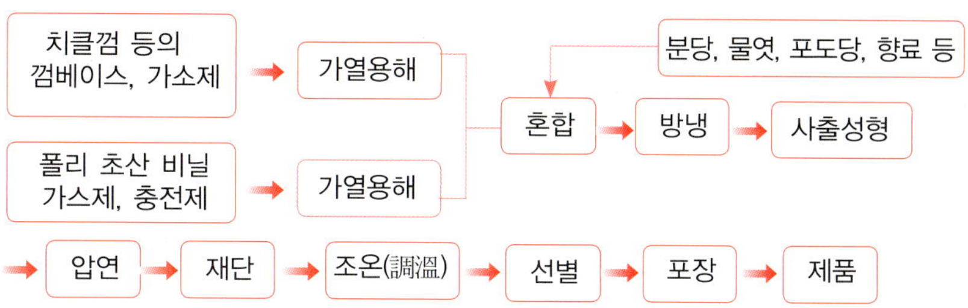


① Gum base의 조제

Gum base는 초산비닐수지, polyisobutene, ester gum, BPBG, chicle base 등으로 만든다. 이들 원료를 반죽기에 넣어 약 120°C로 혼합하여 조제한다. gum base에는 천연지와 합성수지를 사용하는 2종류가 있으며 배합 예는 표 16-3과 같다.

표 16-3 Chiewing gum류의 원료배합의 예

| 원료 \ 종류 / 배합예 | plate gum (1) | plate gum (2) | bubble gum (1) | bubble gum (2) |
|---|---|---|---|---|
| 초산비닐수지 | 20(%) | – | – | – |
| 가 공 gum base | – | 22(%) | – | 10(%) |
| 풍 선 gum base | – | – | 23(%) | – |
| ester gum | – | – | – | 10 |
| 분 당 | 48 | 40 | 41 | 49 |
| 포 도 당 | 24 | 20 | 4 | 20 |
| 물 엿 | – | 15 | 25 | – |
| 탄 산 칼 슘 | 2 | 2 | – | 4 |
| 가 소 제 | 5 | – | 5 | 6 |
| 향 료 | 1.7 | 1 | 2 | 1 |

② 혼 합

혼합기에 가열 용해한 껌 base에 설탕, 포도당, 물엿, 향료 등을 차례로 넣어 균일하게 교반한다.

③ 성형 및 포장

수분이 3% 이하가 된 껌은 block cutter로 8 X 20 X 5cm 크기로 절단되고 압출기로 압출되어 다단식 roll에 의해 일정한 두께의 sheet가 된다. 이것을 절단기로 절단하고 21~24°C, 45~50% 습도의 조온실에서 6~8시간 두었다가 포장하거나 sheet화 된 후 cooling tunnel을 통과시켜 냉각 · 절단 · 포장한다.

## 6. 케이크류

Cake류는 서양에서 sweet dessert로 분류하여 왔는데 제품의 성질상 보존기간이 짧고 수송하기가 불편하며, 섬세한 가공기술이 필요하므로 주로 수공업으로 행해 왔다. 그러나 근래에는 소득 향상에 따른 식생활 향상으로 수요가 늘어 대량생산이 되고 있다.

### (1) cake 류의 종류

① Sponge cake ② Pound cake ③ Pie

④ Cream puff ⑤ Doughnuts ⑥ Castella

### (2) Cake 제조방법

#### ① 배 합

cake의 배합 비율은 표 16-4와 같다. 최근에는 달걀과 유지의 배합비율이 증가하고 있다.

표 16-4 Cake의 배합 예

| 원 료 | 배 합 량 | 원 료 | 배 합 량 |
|---|---|---|---|
| 밀 가 루 | 100g | 설 탕 | 95g |
| 쇼 트 닝 | 65g | baking powder | 0.6g |
| 달 걀 | 90g | 우 유 | 30mL |

#### ② 생지의 제조

생지의 기본적 제조법에는 세 가지가 있다. 첫째, Sugar batter법은 설탕과 유지를 중간 정도의 교반속도로 교반하여 크림을 만든 후 달걀을 서서히 가하고 마지막으로 밀가루와 우유를 교대로 첨가하여 생지를 만든 것으로 주로 고급 cake 제조에 사용된다.

둘째 flour batter 법은 밀가루와 유지로 크림을 만들고 따로 달걀과 설탕으로 거품을 만들어서, 이것을 앞서 만든 크림에 넣어 우유를 소량씩 넣으면서 생지를 만든다. 앞의 방법에 비해 저급용 cake의 제조에 쓰인다.

또한 근래에는 설탕, 유지로 크림을 만들고 여기에 유지와 동량의 밀가루를 넣어 가볍게 교반하여 크림을 만든 후 달걀과 향료를 첨가하고 마지막으로 남은 밀가루와 baking powder를 배합하는 방법이 많이 사용된다.

#### ③ 굽 기

cake은 150~220℃에서 구우며 설탕이 많이 들어간 고급 반죽의 굽는 온도는 이보다 저온에서 행한다.

### (3) Sponge cake

아래와 같은 기본배합으로 205℃에서 구운 것으로 제조법은 다음과 같다.

달걀을 풀어 거품을 내고 설탕을 넣어 다시 거품을 잘 만들어서 체로 친 밀가루를 가해 물이나 우유를 첨가하여 가볍게 혼합 · 반죽을 만든 다음 이것을 틀에 부은 후 굽는다. 구운 반죽은 냉각 후 적당한 형태로 자르거나 그대로 jam, butter cream, chocolate cream, 과실, 견과류 등으로 장식을 하기도 한다. 응용 예로는 jam roll, decoration cake 등이 있다.

표 16-5 sponge cake의 원료배합 예

| 원 료 | 배합 예(1) | 배합 예(2) |
|---|---|---|
| 밀 가 루 | 70 | 100 |
| 달 걀 | 100 | 100 |
| 설 탕 | 70 | 100 |

### (4) Pound cake

기본배합은 주원료인 버터, 설탕, 밀가루, 달걀을 배합하여 만든다. sponge 반죽과 다른 점은 sponge반죽은 거품이 있는데 비하여 pound 반죽은 으깬 반죽이라는 점이다. 따라서 제품은 sponge에 비교해 내부조직이 치밀하고 단단한 느낌이 있으며, 구웠을 때 표면이 갈라지는 특징이 있다. 배합 예는 아래와 같다.

표 16-6 Pound cake의 원료배합 예

| 원 료 | 배 합 량 | 원 료 | 배 합 량 |
|---|---|---|---|
| 버 터 | 200g | 바 닐 라 | 3.4g |
| 설 탕 | 370g | 건 포 도 | 80g |
| 달 걀 | 370g | 우 유 | 70ml |
| 밀 가 루 | 370g | baking powder | 3.4g |

버터를 으깨어 부드러운 크림상으로 만들고 여기에 설탕을 2회에 나누어 넣고 으깬 다음에 달걀 노른자를 서서히 교반하면서 넣고 우유, 건포도, 향료 등을 혼합한다.

다른 용기에 충분히 거품을 낸 달걀 흰자의 반을 넣고 밀가루, baking powder의 혼합물을 가볍게 섞은 후 남은 달걀 흰자를 배합하여 반죽을 완성시켜 170℃에서 40분 정도 굽는다.

### (5) 파 이

파이는 밀가루반죽과 유지가 그대로 층을 이루고 있는 특징을 가지고 있으며 만드는 방법에는 접은(切) 파이와 이김(練) 파이의 두 가지가 있다.

전자는 소금, 찬물을 밀가루에 넣고 이긴 다음 엷게 펴서 버터를 싼다. 버터가 밖으로 나오지 않게 하면서 늘이고 이것을 접고 늘이는 것을 반복하여 여러 층의 밀가루반죽과 유지층을 갖게 하는 방법이다.

후자는 버터를 엄지손가락 끝 정도의 크기로 하여 밀가루에 섞고 소금, 냉기를 가해 얇게 늘이고 접어 층을 만드는 방법으로 접는 횟수가 적다.

사과파이는 두 매의 파이반죽 사이에 설탕졸임을 한 사과를 넣고 그 표면에 달걀 노른자를 발라 200℃에서 구운 것이다.

표 16-7 cake의 원료배합 예

| 원 료 | 배 합 량 | 원 료 | 배 합 량 |
|---|---|---|---|
| 강 력 분 | 100g | 무 염 버 터 | 80g |
| 물 | 70mL | 식 염 | 1.5g |

### (6) 슈크림(choux cream)

버터, 우유를 가열하여 끓이고 버터가 용해된 직후 밀가루를 가하고 물에 섞어 눌지 않게 교반하면서 혼합한 다음 달걀을 서서히 혼합하여 교반한다. 반죽을 25~30℃로 유지하면서 전개판에 흘려 약한 불을 약간 강하게 하여 평균 200℃의 오븐에서 구워 껍질을 만든다.

크림은 밀가루, 옥수수전분, 설탕의 혼합물에 달걀을 서서히 가하고 더운 우유를 첨가하여 혼합한다. 가열 · 교반하여 크림상이 되면 향료를 넣고 냉각하여 크림을 만든다. 위에서 만든 choux 껍질에 넣어 choux cream을 만든다.

슈크림의 배합 예는 아래와 같다.

표 16-8 choux cream의 원료배합 예

| 원 료 | 껍 질 | 크 림 | 원 료 | 껍 질 | 크 림 |
|---|---|---|---|---|---|
| 밀 가 루 | 100g | 20g | 달 걀 | 500g | 80g |
| 옥수수전분 | - | 40g | 설 탕 | - | 180g |
| 버 터 | 5g | - | 향 료 | 소 량 | 소 량 |
| 우 유 | 400mL | 500mL | | | |

### (7) 도넛(Doughnuts)

대표적인 기름튀김과자로 배합은 아래와 같다.

버터와 설탕으로 크림을 만들고 달걀을 나누어 넣고 여기에 식염, 향료, 우유를 차례로 혼합한 것에 박력분, baking powder의 혼합물을 첨가하여 반죽을 만들고 반죽을 늘여 형을 만든 뒤 160~165℃의 기름에서 튀긴다.

표 16-9 Doughnuts의 원료배합 예

| 원 료 | 배 합 량 | 원 료 | 배 합 량 |
|---|---|---|---|
| 강 력 분 | 100g | 무 염 버 터 | 80g |
| 물 | 70mL | 식 염 | 1.5g |

### (8) 카스텔라(Castella)

밀가루와 향료를 섞어 체로 쳐서 준비해두고 달걀은 깨어 흰자를 그릇에 넣고 거품을 낸다. 달걀 노른자에 설탕의 ⅓과 우유, 소금을 넣고 중탕(43℃)하면서 거품을 낸다. 거품을 낸 흰자에 나머지 설탕을 넣는다. 달걀 노른자에 밀가루를 넣고 거품을 낸 흰자를 넣은 후 철판에 기름을 바르거나 파라핀 종이를 깔고 그 위에 부어서 굽는다.

표 16-10 castella의 원료배합 예

| 원　　료 | 배 합 량 | 원　　료 | 배 합 량 |
|---|---|---|---|
| 중 력 분 | 300g | 우　　유 | 100g |
| 설　　탕 | 400g | 소　　금 | 2g |
| 달　　걀 | 350g | 향　　료 | 약 간 |

[카스텔라 제조공정]

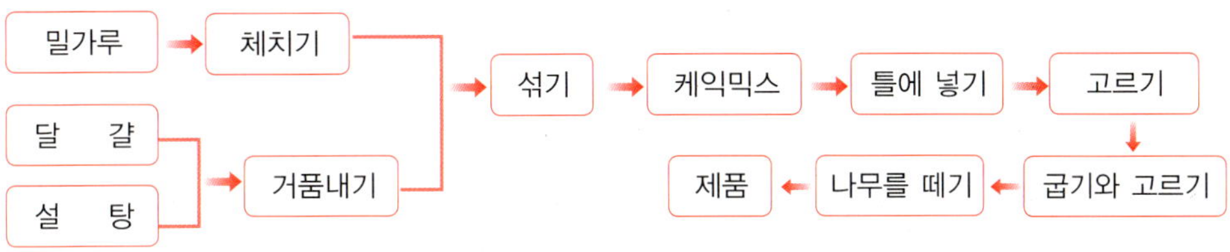


## 3. 한식 과자

우리나라의 전통적인 과자로 종류가 많으나 삼국시대부터 만들어졌다는 것 외에는 계통적인 분류가 이루어지지 않고 있다. 일반적으로 유밀과, 전과, 숙밀과 등으로 분류한다.

### 1. 유밀과(油蜜菓)

원료를 혼합해 반죽을 한 후 기름에 튀긴 과자의 일종이다.

#### (1) 약과

밀가루를 체로 치고 참기름, 설탕을 녹인 것과 잘 섞고 다져 눌러 칼로 적당한 크기로 절단하여 약과판에 눌러 박아낸다. 끓는 기름에 넣어 속까지 잘 익게 튀겨 빛이 검누렇게 되면 꺼내 조청, 꿀 등을 묻혀 만든다.

표 16-11 약과의 원료배합 예

| 원 료 | 배 합 량 | 원 료 | 배 합 량 |
|---|---|---|---|
| 밀 가 루 | 30 | 생 강 즙 | 0.5 |
| 참 기 름 | 3 | 후 추 가 루 | 0.5 |
| 꿀 | 4 | 설 탕 | 15 |
| 술 (정 종) | 1 | 물 | 15 |
| 생 강 즙 | 1 | | |

## (2) 강정

찹쌀가루를 원료로 하여 떡을 쪄서 반죽하여 말려 튀긴 것으로 보통 속이 비어있다. 재료에 따라 깨강정, 콩강정, 흑임자강정, 계피강정 등이 있다.

표 16-12 강정의 원료배합 예

| 원 료 | 배 합 량(비) | 원 료 | 배 합 량(비) |
|---|---|---|---|
| 강 정 속 | 10 | 설 탕 | 적량 |
| 찹 쌀 가 루 | 1 | 집 청 물 | 적량 |
| 정 종 | 0.5 | 강 정 고 물 | 적량 |
| 물 | 0.5 | (깨, 콩, 쌀 튀긴 것 등) | |

### ① 강정 속

찹쌀을 충분히 물에 담갔다가 세척 후 분쇄하여 고운가루를 만든 뒤 여기에 물, 설탕, 청주 등을 넣어 반죽하고 이것을 솥에서 수증기로 쪄서 방망이로 세게 찧는다. 이것을 도마 위에 넓게 펴고 1cm 정도 두께로 밀어 적당한 크기로 절단한 후 45℃의 오븐에서 건조시킨다.

### ② 강정튀기기

속이 마른 강정은 참기름을 넣어 불린 다음 따뜻한 기름에 넣어 약간 부풀어 오르면 꺼내 끓는 기름에 넣어 튀긴다.

### ③ 고명묻히기

튀긴 강정에다 꿀이나 조청을 바르고 콩가루, 깨 등을 묻힌다.

## 2. 전과(煎菓)

물, 설탕 등에 졸여서 만든 한국의 전통적인 숙과로 과일 중에 물기가 적은 것이나 채소 중에서도 엽채가 아닌 것 몇 가지가 주재료가 된다.

졸일 때 넣는 과실의 종류에 따라 생강전과, 연뿌리전과, 당근전과, 매실전과 등이 만들어지고 있다.

### (1) 생강전과

생강껍질을 벗기고 생강모양이 그대로 나타나도록 깨끗이 씻어 넓고 얇게 저며 썬 다음 물을 붓고 20분 이상 충분히 끓여 매운 맛을 빼낸 후 건져낸다.

표 16-13 생강전과의 원료배합 예

| 원 료 | 배 합 량(비) | 원 료 | 배 합 량(비) |
|---|---|---|---|
| 생 강 | 100g | 소 금 | ¼ts |
| 설 탕 | 320Ts | 잣 가 루 | 3Ts |
| 꿀 | 1Ts | 꼬 치 | 약 간 |

생강을 냄비에 담고 위의 분량의 설탕, 꿀, 소금을 넣고 은은한 불에서 졸인다. 생강이 투명에 가깝게 빛이 노릇노릇하게 되고 윤택이 나며 졸깃졸깃해지면 꼬치에 예쁘게 끼워 잣가루를 묻힌다.

### (2) 인삼전과

인삼을 깨끗이 씻어서 잔뿌리는 빼고 6~7cm 길이로 잘라 ½~¼절로 만든다. 끓는 물에 인삼을 넣어 잠깐 데치고 다른 냄비에 물엿, 간장, 설탕을 넣고 약한 불에서 끓을 때 앞의 인삼을 넣어 졸인다.

물이 거의 다 졸았을 때 꿀을 넣고 잠깐 더 졸여서 약간 진한 색깔이 나고 투명하게 익어 윤택이 나며 인삼향기가 나면 제품이 된 것이다.

표 16-14 인삼전과의 원료배합 예

| 원 료 | 배 합 량 | 원 료 | 배 합 량 |
|---|---|---|---|
| 인 삼 (수삼) | 3뿌리 | 꿀 | 1Ts |
| 물 엿 | 3Ts | 설 탕 | 1Ts |
| 간 장 | 1Ts | | |

## 3. 다식(茶食)

원료 가루에 감미료를 넣어 반죽을 해 일정한 형틀로 찍어 만든 것으로 가루에 따라 흑임자다식, 녹말다식, 밤다식, 콩다식 등이 있다.

끓인 물에 식용색소를 조금씩 풀어 둔다. 가루에 색소를 탄 것과 꿀을 넣어 반죽을 하여 다식판에 박아 성형을 하여 만든다.

### (1) 흑임자 다식

흑임자를 깨끗이 일어 건진 후 손바닥으로 싹싹 비벼가며 여러 번 헹구어 대강 껍질을 제거한 다음 냄비에 담고 불 위에 얹어 주걱으로 저어가며 타지 않게 볶아서 분마기에 소금과 같이 넣고 빻아 검은색 가루를 만든다.

물엿, 시럽을 넣고 뭉쳐질 정도로 반죽하여 다식판에 흰 설탕을 뿌리고 꼭꼭 눌러 박아 낸다.

표 16-15 흑임자다식의 원료배합 예

| 원 료 | 배 합 량 | 원 료 | 배 합 량 |
|---|---|---|---|
| 흑 임 자 | 1cup | 소 금 | 1/8ts |
| 물 엿 | 1Ts | 설 탕 | 조 금 |

### (2) 콩 다식

흑임자다식을 만들 때와 마찬가지로 콩을 깨끗이 씻어 일어 건져 볶아서 가루를 만든 다음 물엿과 시럽으로 반죽하여 다식판에 찍어 낸다.

# 4 일식 과자

## 1. 팥 소

팥소는 일본인들이 가장 즐기는 과자재료의 하나이며, 일본과자에는 팥소를 이용하는 것이 매우 많다. 따라서 팥소를 이용한 과자는 팥소의 좋고 나쁨이 제품의 품질을 결정한다.

### (1) 팥소의 원료

① **종류** : 팥소의 원료가 되는 콩은 전분과 단백질 함량이 많은 콩류로서, 팥 · 누에콩 · 완두콩 · 강남콩 · 리마콩 등이 좋다. 지방과 단백질의 함량이 많은 콩은 팥소의 원료로는 되지 않는다(낙화생, 대두 등).

② **감자류** : 고구마, 감자, 참마 등

③ **열매과류** : 견과(밤, 호두)

### (2) 팥소의 종류

① 생팥소, 사라시안(체에 받친 팥소를 말려 가루로 만든 것), 에리안(짓이긴 팥소)

② 흰팥소, 붉은 팥소, 오오시마안(흑설탕을 넣어서 만든 팥소)

③ 고시안(삶은 팥을 체 따위에 받친 팥소) 쯔브시안(으깬 팥소)

### (3) 팥소의 제조

[팥소의 제조공정]

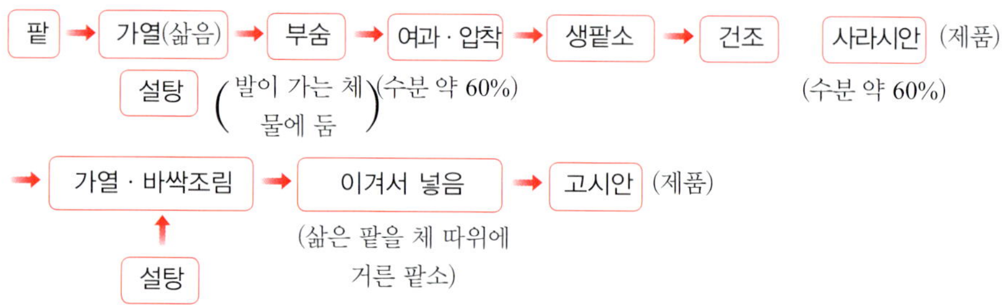


팥을 물에 넣어 하루 정도 방치하여 충분히 물을 흡수시킨 뒤 물을 넣고 가열하여 연하게 될 때까지 가열한 후 물속에서 손으로 주물러 부순다. 이것을 자루에 넣어 짜거나 또는 원심분리를 하여 수분이 60~65%가 되게 한 것(생팥소)을 설탕을 넣은 냄비에 소량을 먼저 넣어 타지 않을 정도로 교반하면서 가열하고 나머지 생팥소를 두 번에 나누어 넣는다.

이때의 배합 예는 생팥소 100에 대해 설탕 70~100, 소금 0.4~0.7이 적당하다.

## 2. 양갱(요오깡)

양갱(羊羹)이라고 쓰듯이 양(羊) 등의 육류 스프를 사용한 것으로 중국에서 전해졌다. 처음에는 곡물가루, 설탕, 팥소를 혼합하여 쪄서 만든 찐요깡을 주로 만들었다. 이 찐요깡은 한천(우무)를 쪄서 설탕과 팥소를 넣어 이기면서 당도 약 70%가 되기까지 바짝 조린다음 상자에 흐르게 하여 냉각 · 응고 후 봉상(막대모양)으로 자른다. 이 같은 막대모양의 과자를 총칭해서 棹物(사오모노 : 막대)라고 한다.

최근에는 내열성의 플라스틱필름의 가늘고 긴 보자기에 바짝 조린 원료를 흐르게 해서 응고시켜서 만든다.

### (1) 한천의 처리

무게를 잰 한천(우무)을 물에 하룻밤 담가 충분히 물을 흡수시킨 후 체를 이용해 1~2회 세척한 후 다시 맑은 물을 씻고 솥에 한천과 물을 넣고 끓여 녹인다. 필요하면 설탕을 첨가하여 녹이고 체를 이용해 불순물을 거른다.

### (2) 양갱의 배합 및 성형

앞에서 만든 한천 끓인 것에 이미 만든 팥소의 소금을 넣고 가열 교반하면서 농축시켜 용기에 부어 굳힌다.

[양갱(요오깡)의 제조공정]

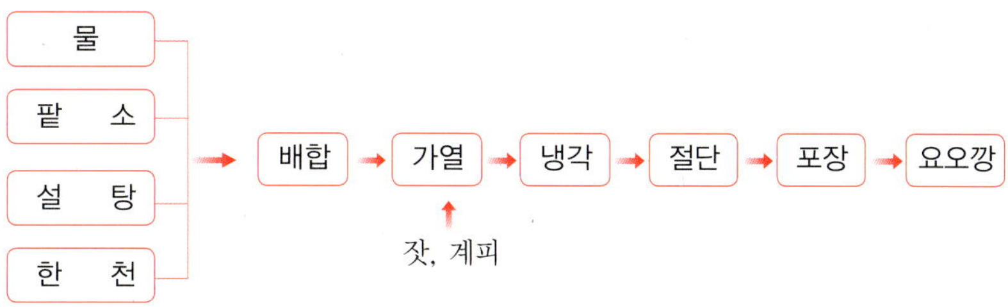


### (3) 만 두 (앙꼬모지)

찹쌀가루나 소맥분을 물로 이긴 바탕에 팥소를 싸서 판 것이다. 중국의 만또우가 기원이며, 팥과 설탕의 앙코에 의한 것은 일본인들이 만든 것으로서 재료로 팥소는 흰 팥소, 붉은 팥소, 이긴 팥소, 으깬 팥소 등이 있고, 껍질은 소맥분, 미분, 메밀가루 등이 사용된다. 같은 방법으로 군과자의 제법도 있으며 종류는 매우 많다.

[만두(앙꼬모지) 제조공정]

### (4) 미과(米菓)

주원료가 되는 것은 찹쌀과 맵쌀이다. 찹쌀을 사용한 것을 찹쌀미과(아다래)라 하고, 맵쌀을 사용한 것은 센베이라 하며, 제조는 찹쌀을 씻어 하룻밤 물에 담갔다가 물을 빼고 증기로 15~25분간 찐 다음 떡방아로 빻아서 이것을 가닥으로 뽑아 3~5℃에서 2~3일 두어 전분을 충분히 노화시킨다.

이것을 적당하게 잘라서 햇볕 또는 그늘에서 말려 수분함량 20% 전후로 건조한 후 200~260℃에서 볶거나 굽는다. 그 다음 기름 혹은 장유로 조미하여 건조시켜 완성한다.

[미과의 제조공정]

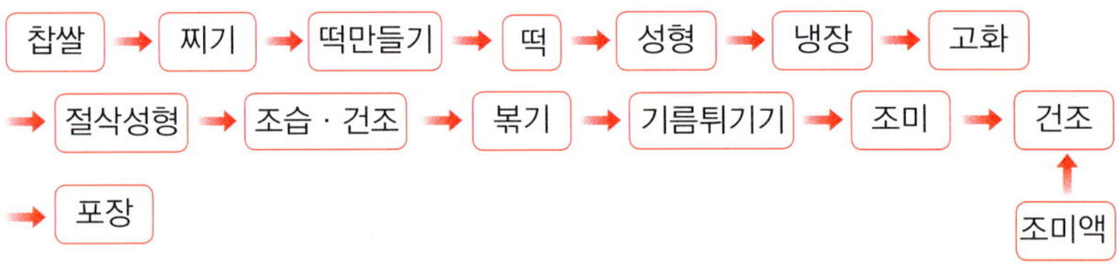


### (5) 라 꾸 강

틀에 넣어 찍어낸 일본식 마른과자의 대표적인 것이다. 찹쌀 또는 떡을 갈아서 가루로 한 찹쌀미숫가루, 라꾸강가루 등의 $\alpha$화 전분의 곡물가루에 같은 양 내지 그 이상의 설탕에 습기를 가해서 혼합하고 나무틀에 눌러 넣어서 건조하여 만든다. 설탕이 습윤상태이고 곡분의 입자사이에 존재해서 굳어진다.

곡분으로 콩가루나 보리미숫가루, 맥분 등도 이용할 수 있는데 재료마다의 특유한 풍미가 있다. 라꾸강에는 오꼬시도 포함되지만 오꼬시는 설탕과 물엿을 졸인 것에 찹쌀을 쪄서 건조하여 비교적 크게 부순 것에 속을 섞어 형틀에 넣어 굳힌 것으로 땅콩 또는 검은콩을 넣는 경우도 있다.

[라꾸강의 제조공정]

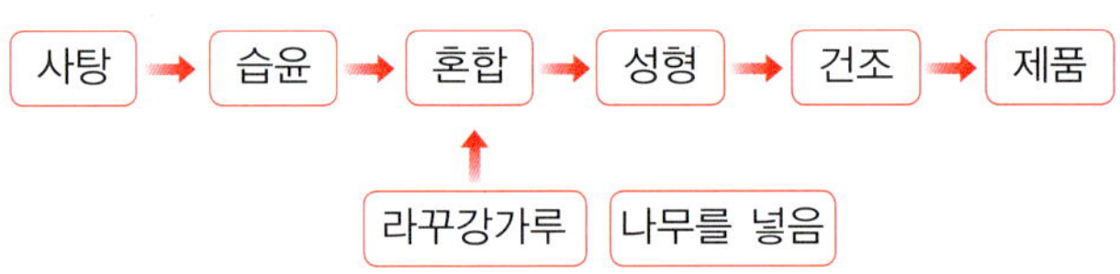


## 5. 중국식 과자류

중국식 과자류는 크게 다과(茶菓)와 다점(茶点)의 두 가지로 나눌 수 있는데, 다과는 과실, 나무열매, 종자를 건조하기도 하고, 꿀절임하기도 한 것이며, 다점은 곡류, 곡분, 한천(우무) 등을 원료로 해서 만든 과자로 생과자류와 마른과자류로 나눌 수 있다.

그 밖에 點心(중국요리에서 마지막에 나오는 과자, 차에 곁들이는 과자나 절임 따위)이라고 불리는 것이 있는데, 이것은 간단한 간식에 나올 수 있는 것을 말하며, 단고, 면류, 만또오 등이 이용된다. 중국과자는 일본과자의 기원이 된 것이 많다.

## 1. 생과자류

### (1) 팔보반(八寶飯)

반구형의 모양 가운데에 살구를 달게 졸인 것으로 건포도, 체리, 오렌지, 피이르 등을 보기좋게 채색 · 장식하여 찹쌀을 담고 중심에 팥소를 찐 다음 형틀에서 빼내 꿀을 뿌린 과자로 디저트에 이용된다.

[팔보반의 제조공정]

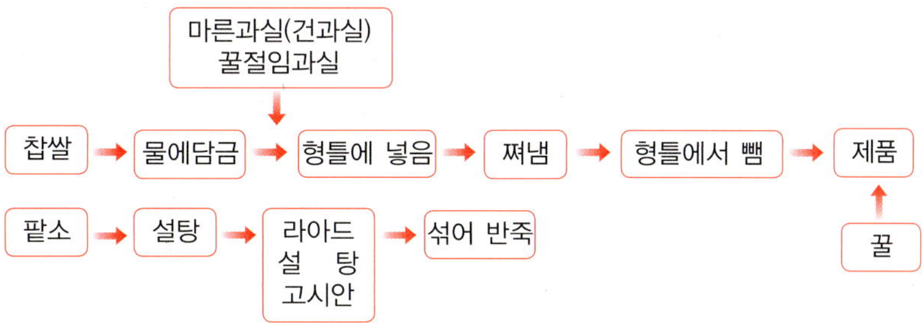


### (2) 찌마끼(米宗)

중국에서 5월 단양절을 축하하는데 많이 사용하는 과자이다. 찹쌀에 건포도를 혼합한 원료를 구마자사의 잎으로 삼각형으로 싼 다음 쪄서 만드는데 뜨거울 때 설탕을 뿌려서 먹는다.

[찌마끼의 제조공정]

### (3) 계단치(鷄蛋禧 : 찐 카스텔라)

소맥분, baking powder, 설탕, 달걀을 원료로 해서 찐 것으로 위에 빨갛게 착색한 코코넛을 가늘게 자른 것을 분산시키는 것이 중국식의 찐 카스테라이다.

[계단치 제조공정]

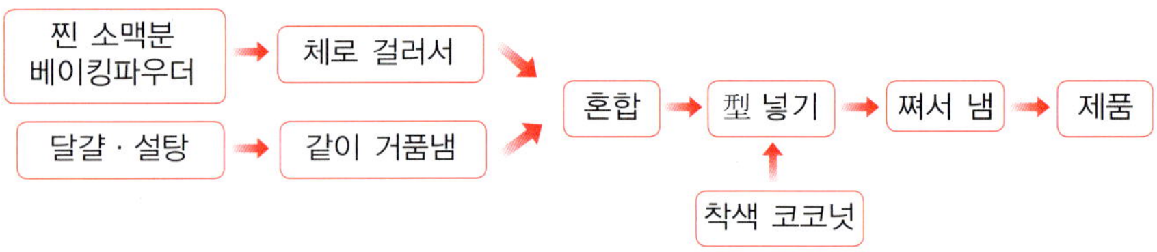


## 2. 간(干) 과자류(乾點)

우리나라에서 이용되고 있는 중국식 간과자의 대표적인 것은 월병(月餠, 달떡)이다. 월병은 소맥분, lard, 달걀, 설탕, 시나몬을 섞어 반죽한 껍질에 간과물과 나무열매를 잘게 잘라서 혼합한 팥소를 쌓고, 월병형으로 모양을 만든 다음 구워낸다. 단팥 팥소인 것도 있다.

[월병의 제조공정]

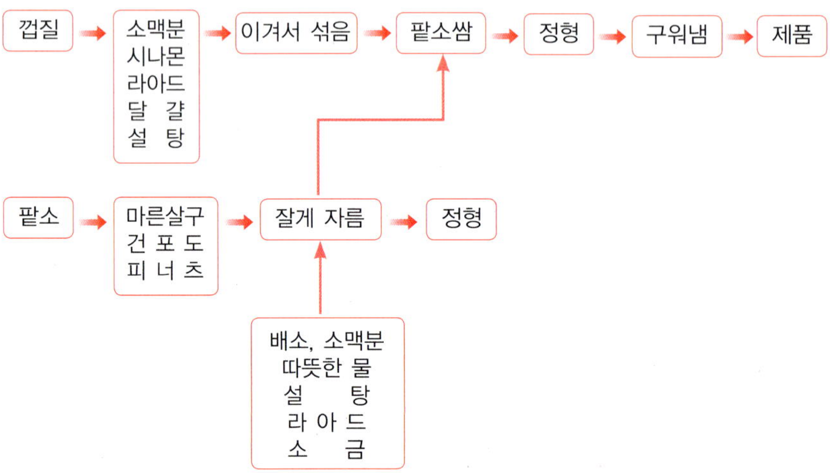

Chapter 17

# 인스턴트 식품

사람이 먹을 수 있는 상태로 가공하는 데에 상당한 시간을 필요로 하는 식품을, 찬물이나 뜨거운 물을 넣거나 또는 따뜻하게 하는 등의 간단한 방법으로 짧은 시간 내에 곧바로 먹을 수 있도록 만든 식품이 instant(즉석)식품이다. 따라서 Convenience food의 대표적인 것이라고 할 수 있다.

인스턴트 식품의 역사는 상당히 오래되었다. 예를 들면 옛날에 가지고 다녔던 말린밥, 분말(미숫가루, 콩가루 등), 된장, 분말간장, 즉석떡 등이 그 선구 제품이라고 할 수 있을 것이다. 근년에 식생활양식의 급속한 개선과 더불어 동결, 건조, 포장, 저장 등 고도로 발전한 가공기술에 의해서 각종 인스턴트 식품이 계속 편리하게 우리 식생활을 간결하게 하고 있다.

## 1. 전분질의 인스턴트 식품

### 1. 인스턴트 라이스(Instant rice)

맵쌀의 전분은 생것일 때에는 아밀로오스와 아밀로펙틴이 강한 미결정구조(미세구조)를 갖는 $\beta$-전분형을 취하고 있다. 그러나 밥을 짓게 되면 미결정 구조 중에 물분자가 침입해서 분자 간의 틈을 넓히고 $\alpha$-전분의 상태가 되어 효소의 작용을 받기 쉽다. 그대로 방치해 두면 각종 첨가물도 헤치고 들어가게 된다.

표 17-1 쌀의 $\alpha$ 화에 필요한 가열온도와 소요시간

| 가 열 온 도 ℃ | 소 요 시 간 |
|---|---|
| 70~80 | 10시간 |
| 90 | 2~3시간 |
| 100 | 10분 정도 |

$\alpha$ 화한 전분을 그대로 방치해두면 점차로 $\beta$전분으로 되돌아가는데 그 변화는 수분이 30~50%이고 저온일 때 특히 빠르다. 그러나 수분 5% 이하로 건조하면 전분은 $\beta$형으로 되돌아가지 않고 전분인 채로 오래 보존할 수가 있다. 이렇게 해서 만들어진 것이 인스턴트 라이스이다.

일반적으로는 정백미로 완전하게 밥을 짓거나 80% 정도 끓인 후 신속하게 건조해서 만든다. 완전히 밥을 지은 제품은 뜨거운 물을 넣기만 하면 바로 먹을 수 있지만 때로는 진 경우도 있다. 그러나 80% 정도 끓인 제품은 물을 넣어 비등시키기만 하면 양호한 밥이 된다. 또한 인스턴트 라이스의 제조에 적합하게 카레가루와 조미료를 가미하여 즉석 드라이 카레(dry curry rice)의 원료로 하기도 하고, 기름과 조미료로 처리해서 죽순, 고기, 생선, 버섯 등 여러 가지를 섞어 지은 즉석볶음밥의 원료로 만들기도 한다.

표 17-2 인스턴트 식품의 분류

| 먹는방법 | 가공내용 | 품명 |
|---|---|---|
| 물, 우유, 뜨거운 물을 부어 곧 먹을 수 있는 것 | 수용성인 것, 수용성 성분을 추출한 것을 복원성이 크게 탈수건조한 것 | 인스턴트커피<br>인스턴트차<br>인스턴트밀크, 인스턴트주스 |
| | 곡류나 감자녹말 등을 $\alpha$화 한 것 | 콘플레이크<br>인스턴트 매쉬드 |
| 그대로 가열하거나, 뜨거운 물에 넣어 끓여 먹을 수 있는 것 | 조리가공해서 먹기 전까지의 조리가 끝난 것 | 인스턴트 라면<br>인스턴트 카레, 냉동조리식품 |
| | 여러가지의 건조원료를 만들고 이것을 조합 · 가공한 것 | 인스턴트 수프 |

## 2. 즉석떡의 원료

즉석떡의 원료제조는 인스턴트 라이스의 제조원리와 같다. 물에 담갔다가 물기를 뺀 정백 찹쌀을 쪄서 전분을 $\alpha$화 하여 건조, 분말한 것으로 원료에 냉수 또는 뜨거운 물을 붓고 이기면 떡이 된다. 또한 $\alpha$화한 건조떡이나 모나카[1] 껍질에 $\alpha$화한 사라시앙[2]을 넣은 즉석 단팥죽의 원료가 있다. 이것은 뜨거운 물을 뿌려서 섞어 저으면 단팥죽이 되도록 한 제품이다.

1) 모나카 : 찹쌀가루 반죽에 팥소에 넣어 구운 일본과자
2) 사라시앙 : 체에 받친 팥소를 말려 가루로 만든 것

## 3. 인스턴트 마카로니와 인스턴트 스파게티

마카로니는 막대기모양이나 띠모양 또는 직경 2.5mm 이상의 관상, 그 밖의 형상으로 성형한 것이며 스파게티는 직경 1.2mm 이상 2.5mm 미만 굵기의 막대기 또는 띠모양으로 성형한 면이다.

인스턴트 마카로니나 인스턴트 스파게티는 마카로니나 스파게티원료인 전분을 $\alpha$화 해서 건조한 것으로 음식을 삶는 시간을 보통 마카로니나 스파게티와 비교해서 약 1/5로 단축할 수 있다. 현재 수퍼마켓 등에서 시판되고 있는 마카로니나 스파게티의 대부분은 인스턴트 마카로니나 인스턴트 스파게티이다.

## 4. 인스턴트 라면

인스턴트 라면의 제조원리는 밀가루를 주원료로 해서 물 · 식염 및 면질개량제를 섞어 만든 생라면을 증열해서 가열한 후 기름으로 튀겨서 건조하고 전분을 $\alpha$화해서 복원성을 좋게 한 것이다. 거기에 면 그 자체에 양념을 한 것, 조미료를 따로 목적하는 요리에 곁들이거나 채소나 해초 따위를 곁들인 것, 건조야채 등의 건더기를 넣은 것 등이 있다.

원료 소맥분은 준강력분(34~30%, 회분 0.42~0.55%인 것)을 이용한다. 여기에 식염(3~5 %), 간수(0.8~1.2 %)를 넣고 면류를 만든다.

촉감, 광택, 탄력, 복원성을 좋게 하기 위해서는 중합 인삼염류, 레시몬, 슈거에스테르 등이 첨가되고 있다.

면은 약 2분간 증열해서 $\alpha$화하고 조미액을 침적해서 맛을 스며들게 한 다음 액을 뺀 후 기름을 튀기고 건조해서 제품으로 한다. 제품은 특히 기름의 산화방지에 주의를 기울여야 하는데 현재는 대개 플라스틱, 필름봉지로 포장하고 있다. 포장은 컵식이고 뜨거운 물을 부어 먹을 수 있게 한 Noodle(컵라면, 서양식국수) 등의 즉석면류도 만들어지고 있다.

### (1) 라면의 제조

[즉석면류의 제조공정]

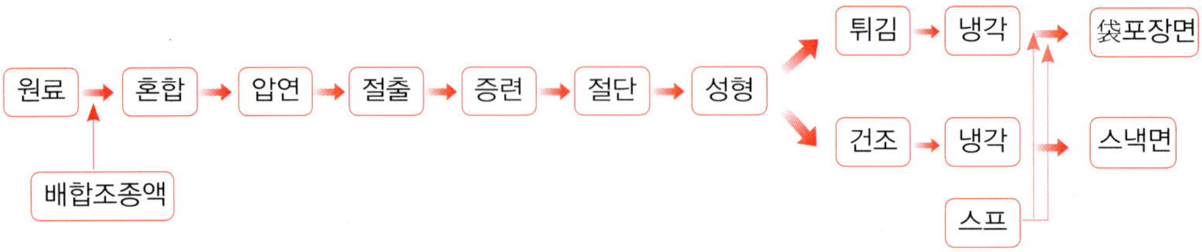


표 17-3 라면의 제조원료(α화 튀김면)

| 원 료 | 배 합 량 | 원 료 | 배 합 량 |
|---|---|---|---|
| 밀 가 루 | 97.0 | 간 수 | 0.3 |
| 소 금 | 11.5 | C. M. C. | 0.3 |
| 달 걀 | 0.6 | 인 산 염 | 0.3 |

#### ① 원료의 혼합

밀가루, 식염, 검수분말과 소맥분 양의 20%에 상당하는 물에 기타 원료를 용해시켜 이들을 혼합기에 넣고 10~15분간 혼합한다. 이때 반죽의 수분량을 32~33% 정도로 조정하고 물의 온도는 계절에 따라 맞추어 밀가루 반죽의 온도를 30~35℃로 하는 것이 좋다.

#### ② 압 연

반죽을 2개의 제면 roll로 압연시켜 면대를 만드는데 이때 밀가루의 글루텐과 전분이 잘 결합되도록 roller의 압연비와 속도를 조절하여 면대의 두께를 1mm 정도로 조절하면서 끊어지지 않고 잘 나가도록 한다.

#### ③ 절 출

절단칼이 달린 roll에 면대를 통과시키며 일정한 두께로 자른다.

#### ④ 증 련

소맥분과 전분을 α 화시키는 공정으로 장방형의 상자형 안에 100~105℃의 증기를 불어넣어 2~3분간 증련한다. α화건조면의 경우는 증련직후 성형하여 90~100℃에서 45~60분간 열풍 · 건조한다.

⑤ **튀 김** : 증련한 면을 튀김용의 금망상 용기에 일정량씩 넣어 130~140℃의 온도가 유지되고 있는 oil fryer에 2~3분간 통과시켜 튀기면 튀김면의 풍미가 좋아지고 $\alpha$화가 고정된다. 이때 면의 튀김온도는 고온이므로 열에 의한 유지의 산패가 빨리 일어나 품질관리에 중요한 문제로 대두된다.

⑥ **냉각건조** : oil frying을 끝낸 직후의 튀김면은 수분 5%, 유지 15~20%를 함유하고 품온도 120℃ 정도되어 충분히 냉각하지 않고 포장하면 포장지 내면에 응축수가 생겨 유지의 산패를 촉진하므로 이를 방지하기 위하여 oil frying 한 후 30℃ 정도로 냉각 및 건조시켜 포장한다.

### (2) 스프제조

[스프의 제조공정]

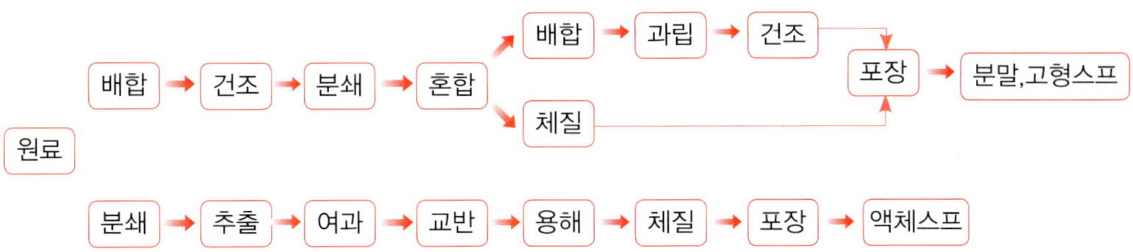


표 17-14 스프류의 원료배합 예

| 분말스프 | | 액체스프 | |
|---|---|---|---|
| 식염 | 17 | 농축간장 | 10 |
| 설탕 | 10 | 소금 | 1.8 |
| 글루타민산나트륨 | 4.2 | 글루타민산나트륨 | 0.8 |
| 양파분말 | 0.3 | 설탕 | 1.2 |
| 쇠고기추출물 | 2.0 | 호박산소다 | 0.02 |
| 생강분말 | 0.5 | 쇠고기추출물 | 0.15 |
| 고추가루 | 0.4 | 양파추출물 | 0.7 |
| 간장분말 | 1.7 | 생강추출물 | 0.03 |
| | 5.9 | 고추추출물 | 0.3 |

라면용 스프에는 분말스프, 과립스프, 고형스프, 액체스프 및 paste상 스프 등 맛과 종류가 다양하다.

### 5. 콘 플레이크

콘플레이크[3]의 제조원리는 옥수수의 씨부분을 정선하고 그 전분을 $\alpha$화해서 탈수하고 $\alpha$-전분대로 유지하는 것이다. 찰옥수수의 곡립(곡식 알)을 갈아서 껍질과 배아를 제거한 다음 여기에 설탕, 맥아, 식염의 수용액을 넣고 압력솥으로 가열해서 조미하여 삶아 익힌다. 그 다음 수분함량 15~20%로 건조하여 압편 로울러(roller) 플레이크(flake) 상태로 한다. 마지막에 회전식 오븐으로 토스트해서 전분을 $\alpha$전분화하고 수분함량 3% 이하로 건조하여 제품을 한다. 제품은 우유와 설탕을 뿌려서 먹을 수가 있다.

## 2. 인스턴트 음료

### 1. 인스턴트 커피 (Soluble coffee)

커피분말을 그대로 뜨거운 물에 타서 마시는, 우리가 흔히 이용하는 방법이 서양에서는 인스턴트 음료로는 역사가 가장 오래된 방법으로 1640년경부터 널리 이용되고 있었다.

우리나라에서는 1960년대 이래 대규모 생산이 행해지고 있다.

커피의 풍미나 음료효과는 주로 클로로겐산 등의 커피 탄닌물질, 메티오닌, 시스틴 등의 함황아미노산의 분해 생성물인 티오화합물 카페인 등에 기초한 것으로 이러한 물질들을 효과적으로 이용하기 위해 건조, 분말로 처리하는 것이 중요하다. 원료커피콩을 잘 골라 달여서 스틸컷트식 분쇄기로 입자가 일정하도록(약 10매시) 분쇄하고 향기가 달아나지 않도록 80℃ 이상의 열탕에서 추출한다.

[인스턴트 커피의 제조공정]

원료커피 → 볶기 → 분쇄 → 체로치기 → 가열추출 →

농후커피액 → 분무건조 · 동결건조 → 분말커피

3) 콘플레이크 : 찐옥수수알을 납작하게 눌러 우유, 설탕 등을 가미한 간이 식품

추출용수는 특히 철이나 염소를 포함하지 않는 양질의 물을 이용하고, 추출탑이 다수연결된 다중단식 추출방식으로 행한다. 추출액은 분무건조 또는 동결건조에 의해서 단시간에 건조하고 미분말로 하여 저습조온실에서 병에 넣는다. 커피콩 100g에서 20~30g의 미분말을 얻을 수 있다. 취향에 따라 연유, 분유, 설탕을 타서 마시면 한층 더 풍미를 느낄 수 있다. 인스턴트 커피의 성분조성의 예를 나타내면 표 17-5와 같다.

표 17-5 인스턴트 커피의 성분조성 (예)

| 성 분 | 함유량(%) | 성 분 | 함유량(%) |
|---|---|---|---|
| 수 분 | 2~4 | 당 질 | 55~65 |
| 단 백 질 | 8~10 | 직 접 환 원 당 | 4~6 |
| 지 질(脂質) | 0.1~0.2 | 클 로 로 겐 산 | 12~14 |
| 회 분 | 10~12 | 카 페 인 | 3.5~4 |

## 2. 인스턴트 홍차(Soluble black tea)

홍차분말을 그대로 뜨거운 물에 녹여 음료로 하는 방법은 외국에서는 일찍부터 실용적으로 이용되고 있었지만 우리나라에서는 비교적 늦은 1960년대부터 대중화되었다.

인스턴트 홍차는 홍차를 우려내서 동결 · 건조한 것이다.

원료 홍차는 가용성 고형분이 많고 향기가 농후한 것이 좋다. 이것을 다중단식 추출탑을 이용하여 90℃에서 5분간 정도 스며나오게 하고 고형분 10~13% 정도의 액을 취하여 박막유하식 진공농축기로 20℃ 내외의 온도로 농축을 행한다. 제품이 고형분 30% 정도가 되게 한다.

탄닌산 카페인을 주성분으로 할 때에 탁함을 제거하기 위해서 여과하여 동결건조한다. 또한 인스턴트 녹차(Soluble green tea)도 녹차를 원료하는 것 외에는 인스턴트홍차의 제조와 같은 방법으로 처리 · 제조된다.

## 3. 분말과즙음료 (Juice powder)

물만 넣으면 과즙이 되는 제품을 말한다. 사용이 간편한데다가 수송 · 보관이 용이하므로 급격하게 수요가 증가하고 제조기술도 향상됨에 따라 맛좋은 음료를 만들 수 있게 되었다. 그러나 최근에는 자연식품 선호현상과 캔 종류가 많이 나와 선호도가 떨어지고 있다. 분말과즙음료의 종류에는 오렌지, 그레이프, 파인애플, 멜론, 레몬, 딸기, 복숭아 등 여러 가지가 있다.

배합하는 방법도 다양한데 일반적으로 천연과즙분말이 많이 포함되어 있는 것일수록 풍미가 우수하다. 분말과즙음료의 배합 재료로는 천연과즙분말 외에 감미료(포도당, 설탕, 사카린 등), 산미료(구연산, 사과산, 푸마르산 등), 착색료, 분말착향료, 유화제 등이 이용된다.

영양강화를 위해서 비타민 C를 넣기도 하고 맛을 좋게 하기 위해서 글루타민산 모노나트륨이나 이노신산나트륨을 넣기도 하며, 고결방지나 산화방지를 위해서 안정제가 배합된다. 이 중 분말착향료는 원래 액체상태인 향료를 아라비아껌이나 당류 속에 록킹하는 기술에 의해서 분말상태로 만들었던 것이고, 이것이 분말과즙음료의 제조에 크게 기여했다고 볼 수 있다.

제품의 포장, 보존에는 방습에 충분히 주의해야 하므로 제품은 바로 조습실(調濕室)에서 밀봉되어 보존된다.

최근에는 비타민 C 등의 보충을 위해 과즙분말을 그대로 먹는 방법도 개발되어 제품화되고 있다.

## 4. 분말 탄산음료

분말사이다, 분말소다, 분말콜라 등이 있는데, 이것들은 향료와 착색료가 다를 뿐 대개 유사한 배합으로 제조된다. 가장 중요한 것은 이산화탄소를 발생시킬 재료의 적절한 배합으로서 이산화탄소가 유효하게 발생하는 것, 저장 중에 흡습 등으로 인하여 이산화탄소 발생이 적은 것, 이산화탄소가 발생한 후에 남는 화합물이 음료의 풍미에 나쁜 영향을 주지 않을 것 등에 주의를 기울여야 한다.

탄산음료의 원료는 중탄산나트륨보다는 유기산이 배합되는데 반응속도나 흡습성을 고려해서 유기산에는 주석산, 사과산, 푸마르산 등을 적당히 배합하여 사용하여야 한다. 이들 탄산음료 원료는 일반적으로 전량(全量)의 약 20% 함유하고 있고 나머지 약 80%는 포도당, 설탕, 분말향료, 착색료, 안정제 등이 차지하고 있다.

### 5. 그 밖의 분말음료

그 밖에도 즉석 분말음료에는 분말산유음료, 커피우유의 원료, 감주(단술) 의 원료 등이 있으며, 최근에는 땅콩차, 인삼차, 호박차, 코코아 등 영양함유량이 높거나 소비자 기호에 맞는 원료를 개발하여 많은 분말음료들이 제품화 되고 있다.

## 3. 수프의 분말원료

멸치 따위를 삶아서 우려낸 국물 또는 수프의 원료, 나라마다 전통적인 식생활에 따라 한국적인 것, 서양풍인 것, 일본풍인 것, 중국풍인 것 등 여러 제품이 있다. 예로부터 구미에서는 시간이 걸리는 수프류를 일찍부터 즉석화(콤비니엔스 타입)하고 있는데, 유럽에서는 고형(固型)이나 분말, 미국에서는 통조림으로 발달되어 왔다.

우리나라에서도 식생활의 다양화로 배합조미료의 발달 등에 의해서 각종 스프나 국물의 원료를 만들 수 있게 되었다.

제품은 어느 것이나 흡습성이 강하므로 알루미늄, 폴리에틸렌의 라미네에트지를 이용해서 포장하고 있다. 또한 지방질이 산화하기 쉽고, 산화하면 풍미를 손상시키는 원인이 되므로 대체로 산화방지제를 배합하고 있다.

### 1. 콘소메 수프의 원료

육즙(고기국물)을 주로 해서 각종 조미재료, 향신료, 식염 등을 배합하여 만든다. 제품의 형태에는 농후한 액체상태인 것, 페이스트 상태인 것, 분말상태인 것, 고형상태인 것이 있으며, 비이프(beef), 치킨(chicken), 오니온 (onion) 등의 종류가 있다.

이용방법으로는 맑은 스프의 재료로 이용하는 것 외에 로울카베쓰(데친 양배추잎에 다진 쇠고기, 돼지고기, 양파 따위를 싸서 스프에 끓인 요리)나 카레요리의 스프스톡 등, 요리재료로서도 편리하게 이용되고 있다.

## 2. 포타아즈[4](Potage) 원료

보통 크림스프, 토마토스프, 콩스프, 코온스프 외에 건육(乾肉), 누들(Noodle : 서양식 국수), 머시룸[5], 양파, 피망, 그 밖의 야채류 등의 고형물을 배합한 것이 있다.

제품의 형태는 크림상, 분말상, 고형상 등이 있는데, 크림상인 것은 일반적으로 통조림으로, 분말상 · 고형상인 것은 알루미늄 · 폴리에틸렌의 라미네에트지를 이용해서 포장하고 있다.

제조법은 종류에 따라 다르지만 일반적으로 탈지분유, 소맥분, 식염 등의 주재료를 건조분말로 체에 받쳐서 미분말상태의 향신료를 가하고 지방을 혼합한다. 마지막으로 건조해 둔 전분을 넣고 수분의 조절을 도모한다.

고기, 야채류, 버섯류, 누들 등을 넣을 경우에는 잘 건조해 두고 지방을 첨가하기 전에 혼입하여야 한다. 고기, 야채류, 버섯류 등은 동결건조제품을 이용하면 제품품질이 뛰어나고 복원성이 좋은 것을 얻을 수 있다.

## 3. 그 밖의 수프 · 국물의 원료

### (1) 인스턴트 카레, 인스턴트 하야시

카레의 원료, 하야시의 원료로 재료나 제조법은 인스턴트 포타아즈에 준하며, 각기 카레가루, 토마토페이스트를 배합하고 있다.

4) 포타아즈 (potage) : 걸쭉한 스프
5) 머시룸 : 서양원산의 식용버섯

### (2) 인스턴트 된장국

우리나라를 비롯하여 일본, 중국에서 주로 제조되는 된장은 인스턴트적인 식품이지만 곰팡이가 생긴다든가 효모에 의해 발효가 진행되어 품질의 저하가 일어난다. 또 중량면에서도 분말화를 생각할 수 있다.

된장에는 12% 전후의 단백질이나 그 분해물인 펩티드, 아미노산이 들어 있고 당질은 12~13% 정도 들어 있다. 따라서 가열고온 건조로는 아미노카르보닐 반응에 의한 갈변화가 일어난다. 그 때문에 건조에는 분무건조나 저온(50°C 전후) 진공건조 등이 실시되고 있지만 동결건조법을 이용한 경우가 품질이 우수하다. 분말된장에 동결건조한 채소, 튀김두부, 약간의 화학조미료 등을 가하여 포장한 것이 인스턴트 된장국이다.

### (3) 기타

맑은 국(장국)의 원료, 메밀국물(소바쯔유)의 원료, 고쯔유 중국스프의 원료, 볶음밥 스프의 원료, 중국국수 국물의 원료 등이 있다. 이것들은 국물(다시) 분말간장, 식염 등에 글루타민산 모노나트륨, 이노신산나트륨, 구아닐산나트륨, 호박산나트륨 등의 맛좋은 조미료를 각기 제품의 목적에 맞도록 배합해서 만들어지고 있다.

# 4. 즉석과자류 등

## 1. 분말젤리

젤라틴(gelatin)의 분말 또는 펙틴의 분말을 주재료로 하고 여기에 감미료, 유기산, 향료, 착색료 등을 배합해서 만든다. 어느 것이나 물을 넣고 가열 · 용해한 후 모양틀에 넣고 냉각 · 응고시켜서 식용으로 한다. 아교질 성분으로서는 젤라틴 펙틴 외에 한천(우무), 알긴산 등이 이용된다.

사용량은 종류에 따라 다르지만 일반적으로 1~5%이다. 펙틴은 유기산, 설탕, 펙틴의 비율이 젤리형성에 필요한 배합에 중요하다. 물을 넣어서 가열 · 용해했을 때, 유기산(구연산으로 0.39% pH 3.46), 설탕 60~65%, 펙틴 1.0~ 1.5%가 되도록 배합되고 있다.

## 2. 아이스크림 믹스파우더 (icecream mix-powder)

아이스크림 믹스의 분말제품이다. 전지분유에 설탕, CMC[6], 달걀, 향료 등을 배합해서 만들어진다. 또한 원료를 미리 물에 용해해서 액체상태로 하여 균질화하고 이것을 농축·건조해서 분말로 하는 경우도 있다. 일반적으로 이것을 2배 분량의 물에 녹이고 소프트 아이스크림용 냉동기를 작동해서 간편하게 제품화할 수가 있다.

## 3. 즉석 두부

두부분말과 응고제를 맞춰 넣어서 두부를 간단하게 만들 수 있도록 한 제품이다. 두부를 분무건조법 등에 의해서 분말로 만들어 이것을 물에 녹여서 가볍게 끓여 응고제인 글루코스 델타락톤을 넣어서 두부용기에 넣고 가열처리를 해서 굳힌다.

영업용·가정용이 있으며, 편리하므로 많이 이용되고 있다.

6) CMC : (CARBOXYL MERHYL CELLULCOSE)

# 찾아보기

## ㄱ



## ㄴ



## ㄷ

알기 쉬운

# 식품가공저장학

2023년 3월 1일 초판 인쇄
2023년 3월 6일 초판 발행

저 자 김정숙·배태진·오창환·이나겸
이명헌·이정훈·장재선·한정순

발행인 주병오·주민기

발행처 ㈜지구문화
JIGU CULTURE Co.Ltd

경기도 파주시 회동길 209 (문발동)
파주출판문화정보산업단지

영업팀 (031) 955－7566 · 7577
편집팀 (031) 955－7731
FAX (031) 955－7730
홈페이지 www.ji-gu.co.kr
전자우편 jigupub@hanmail.net
등록번호 1979년 7월 13일 제 9－57호

ISBN 978－89－7006－348－5 값 24,000원